高等职业教育精品工程系列教材

移动通信与终端

（第4版）

刘立康　主　编

孙龙杰　刘晓雪　副主编

電子工業出版社·

Publishing House of Electronics Industry

北京·BEIJING

内 容 简 介

本书系统地介绍了以数字化技术为代表的现代移动通信的基本原理、主要技术、典型系统、设备及发展趋势。

全书共 11 章，内容包括概论、数字移动通信系统的相关技术、电波的传播与干扰、移动通信的组网技术、GSM 数字蜂窝移动通信系统及设备、GPRS、CDMA 数字蜂窝移动通信系统及设备、CDMA2000 1x 数字蜂窝移动通信系统、第三代移动通信系统、LTE 系统的原理与架构、数据终端单元（DTU）的原理与应用、附录。附录中包含移动通信技术缩略语、陆地移动信道的场强估算和 HATA-OKUMURA 传输模型，各章均附有小结和习题。

本书可作为高职高专院校通信、电子技术类专业的专业课教材，也可作为从事移动通信技术相关工作的人员的参考书。

图书在版编目（CIP）数据

移动通信与终端 / 刘立康主编. —4 版. —北京：电子工业出版社，2022.1

ISBN 978-7-121-35578-3

Ⅰ. ①移… Ⅱ. ①刘… Ⅲ. ①移动通信－高等学校－教材 Ⅳ. ①TN929.5

中国版本图书馆 CIP 数据核字（2018）第 265186 号

责任编辑：郭乃明　　　特约编辑：田学清
印　　刷：保定市中画美凯印刷有限公司
装　　订：保定市中画美凯印刷有限公司
出版发行：电子工业出版社
　　　　　北京市海淀区万寿路 173 信箱　　　　邮编：100036
开　　本：787×1092　　1/16　　印张：22.25　　字数：598 千字
版　　次：2003 年 7 月第 1 版
　　　　　2022 年 1 月第 4 版
印　　次：2022 年 1 月第 1 次印刷
定　　价：55.00 元

凡所购买电子工业出版社图书有缺损问题，请向购买书店调换。若书店售缺，请与本社发行部联系，联系及邮购电话：（010）88254888，88258888。

质量投诉请发邮件至 zlts@phei.com.cn，盗版侵权举报请发邮件至 dbqq@phei.com.cn。

本书咨询联系方式：（010）88254561，guonm@phei.com.cn。

前　言

本书第 1 版、第 2 版和第 3 版分别于 2003 年 7 月、2007 年 5 月和 2011 年 1 月问世，这次的第 4 版能比较好地反映现代数字移动通信技术的发展和实际应用的需要。本书第 4 版与第 3 版的不同之处在于：将第 3 版的第 10 章数字无绳电话系统的相关内容替换为 LTE 系统的原理与架构。

本书是为高职高专师生提供的一本将移动通信技术与实际应用相结合的教材和参考书。由于本书涉及移动通信技术的多个方面，如现代移动通信的基本概念、基本组成、基本原理、基本技术和典型系统设备，内容多、涉及面宽、难度大，因此编写本书时尽量避免了烦琐的数学推导，力求由浅入深、系统全面、通俗易懂，强调理论与实际相结合，使来自不同院校、不同职业背景的读者都能够通过本书了解移动通信系统与设备的基本概念、运行机制及未来移动通信技术的发展趋势，对他们以后的工作有所帮助。

作为教材，建议将本书的内容按 60 学时组织教学，也可根据实际情况选取部分内容进行教学。每章均附有小结和习题，并且书末附有附录，以便读者理解和学习。本书的编写主要基于以下几个指导思想。

（1）本书面向的是初学者和指导初学者的教师，在内容的选取上，本书立足于打好基础，注意联系工程实际，帮助学生提高分析和解决问题的能力，叙述力求易于理解，并对习题内容和形式进行了改革，注重实用性。

（2）移动通信技术的覆盖面很广，为了增加可读性，本书对相关内容进行了融合和总结，引入的每个概念都基于前一部分阐述过的概念，以便学生融会贯通。

（3）根据移动通信技术的发展，本书尽量详尽地介绍了数字移动通信技术，尽可能地反映当前移动通信技术的实际水平，以满足读者当前的教学需求和以后的工作需求。

（4）市场的需求决定了技术的发展，移动通信技术的发展更离不开市场，因此本书对一些相关的移动通信系统设备的市场情况和未来的市场需求进行了分析，便于读者了解相关移动通信市场的现状和未来。

全书共 11 章。第 1 章主要对移动通信的发展概况、移动通信系统的特点和分类、移动通信系统的构成，以及移动通信的类型、基本技术和标准化进行了介绍；第 2 章介绍了数字移动通信系统的相关技术，涉及调制解调技术、多址技术、语音编码及信道编码技术、扩频技术，这些都是移动通信的基础知识和基本技术；第 3 章为电波的传播与干扰，涉及电波传播特性、移动信道的特征、分集接收技术、噪声与干扰，这些是讨论移动通信系统必不可少的组成部分；第 4 章是移动通信的组网技术，主要包括区域覆盖、区群的构成与激励方式、系统容量与信道（频率）配置、移动通信的网络结构、信令、越区切换和位置管理、多信道共用技术，这些都是构成移动通信网络的基础；第 5 章介绍 GSM 数字蜂窝移动通信系统及设备，主要包括 GSM 数字蜂窝移动通信系统、GSM 系统的工作方式、编号和主要业务、我国 GSM 移动通信网的网络结构、GSM 系统的控制与管理、主要接续流程、GSM 移动台、GSM 基站设备；第 6 章为 GPRS，主要包括 GPRS 概述、GPRS 的网络结构、GPRS 协议、GPRS 管理功能、GPRS 组网结构、典型方案；第 7 章为 CDMA 数字蜂窝移动通信系统及设备，主要包括 CDMA 系统概述、CDMA 系统综述、CDMA 数字蜂窝移动通信系统、CDMA 系统逻辑信道的结构、CDMA 系统的控制功能和呼叫处理、典型设备介绍、CDMA 移动台；第 8 章为 CDMA2000 1x 数字蜂窝移动通信系统，主要包括 CDMA 系统概述、CDMA2000 1x 系统分层结构、CDMA2000 1x 系统网络实现结构、CDMA2000 1x 系统信道结构、CDMA2000 1x 系统物理信道的接续流程、CDMA2000 1x 分组数据业务的实现、CDMA2000 1x 系统升级方案和典型系统的介绍；第 9 章为第三代移动通信系统，主要包括第三代移动通信系统的简介、第三代移动通信系统的结构、WCDMA 移动通信系统、TD-SCDMA 系统、CDMA2000 1x EV-DO、第三代移动通信主流技术标准的比较；第 10 章为 LTE 系统的原理与架构，主要包括 LTE 系统的演进目标、扁平化的组网架构、EPC 架构、接口协议、空中接口 LTE-Uu、地面接口、FDD 和 TDD 的频段分段及 LTE 的两种帧结构、LTE 信道、物理信号、物理层过程、随机接入过程、寻呼过程、无线资源管理 RRM、LTE 系统中的 UE 流程、LTE 组网方案及设备；第 11 章为数据终端单元（DTU）的原理与应用，主要包括 DTU 原理与应用场合、DTU 的 TCP/IP/PPP 协议、DTU 的工作模式、DTU 的工作过程、AT 控制指令、DTU 设计应用实例。

刘立康负责编写本书第 1、2、3、7、8、9、10、11 章并统稿全书，第 4、5、6 章由孙龙杰编写。

感谢电子工业出版社郭乃明、陈晓明编辑和所有关心及对本书出版做出贡献的人员。

由于编写时间仓促且水平有限，书中难免有错误和疏漏之处，敬请读者批评指正。

编者于西安

2020 年 6 月

目　　录

第1章　概论 ··· 1

　1.1　移动通信的发展概况 ··· 1

　　1.1.1　移动通信的发展历程 ··· 1

　　1.1.2　我国移动通信的发展情况 ·· 3

　1.2　移动通信系统的特点和分类 ··· 4

　　1.2.1　移动通信系统的特点 ··· 4

　　1.2.2　移动通信系统的分类 ··· 5

　1.3　移动通信系统的构成 ··· 6

　　1.3.1　蜂窝移动通信系统 ·· 7

　　1.3.2　无绳电话系统 ·· 7

　　1.3.3　集群移动通信系统 ·· 8

　　1.3.4　卫星移动通信系统 ··· 10

　1.4　移动通信的类型 ··· 13

　　1.4.1　工作方式 ··· 13

　　1.4.2　模拟网和数字网 ·· 15

　　1.4.3　语音通信和数据通信 ·· 15

　1.5　移动通信的基本技术 ·· 16

　　1.5.1　调制技术 ··· 16

　　1.5.2　移动信道电波传播特性 ·· 17

　　1.5.3　多址方式 ··· 17

　　1.5.4　抗干扰技术 ·· 18

　　1.5.5　组网技术 ··· 18

　1.6　移动通信的标准化 ·· 19

　　1.6.1　国际无线电标准化组织 ·· 19

　　1.6.2　欧洲共同体（EC）的通信标准化组织 ·· 20

　　1.6.3　北美地区的通信标准化组织 ·· 20

　　1.6.4　太平洋地区的通信标准化 ·· 20

　本章小结 ·· 20

　习题1 ··· 20

第2章　数字移动通信系统的相关技术 ·· 22

　2.1　调制解调技术 ·· 22

　　2.1.1　概述 ··· 22

　　2.1.2　数字调制的性能指标 ·· 23

　　2.1.3　数字调制技术 ··· 24

2.2 多址技术···30
　　2.2.1 概述··30
　　2.2.2 FDMA··31
　　2.2.3 TDMA··31
　　2.2.4 CDMA··32
2.3 语音编码及信道编码技术·································33
　　2.3.1 语音编码技术··33
　　2.3.2 信道编码技术··35
2.4 扩频技术···36
　　2.4.1 概念··36
　　2.4.2 直接序列扩频（DSSS）·····························37
　　2.4.3 扩频通信的主要性能指标·························39
　　2.4.4 跳频技术··39
本章小结··40
习题 2··40

第 3 章 电波的传播与干扰··42
3.1 电波传播特性···42
　　3.1.1 自由空间传播损耗·································42
　　3.1.2 电波的三种基本传播机制·······················43
3.2 移动信道的特征···43
　　3.2.1 传播路径··43
　　3.2.2 信号衰落··44
　　3.2.3 地形、地物对电波传播的影响·················44
3.3 分集接收技术···45
　　3.3.1 分集接收原理··45
　　3.3.2 分集方式和方法·····································46
　　3.3.3 合并方式··47
3.4 噪声与干扰··48
　　3.4.1 噪声··48
　　3.4.2 干扰··50
本章小结··53
习题 3··53

第 4 章 移动通信的组网技术····································54
4.1 区域覆盖···54
　　4.1.1 区域覆盖的概念·····································54
　　4.1.2 带状网··56
　　4.1.3 面状网··56
4.2 区群的构成与激励方式··································57
　　4.2.1 区群的构成··57
　　4.2.2 同频（信道）小区的距离·······················58

　　　4.2.3　激励方式 ··· 58

　4.3　系统容量与信道（频率）配置 ·· 59

　　　4.3.1　系统容量 ··· 59

　　　4.3.2　信道（频率）配置 ·· 61

　4.4　移动通信的网络结构 ·· 62

　　　4.4.1　基本网络结构 ·· 62

　　　4.4.2　移动通信系统的主要功能 ·· 64

　　　4.4.3　数字蜂窝移动通信网的网络结构 ····································· 64

　　　4.4.4　移动通信空中接口协议模型 ·· 66

　　　4.4.5　信道结构 ··· 66

　4.5　信令 ··· 68

　　　4.5.1　信令类型 ··· 68

　　　4.5.2　数字信令 ··· 68

　　　4.5.3　信令的应用 ·· 69

　4.6　越区切换和位置管理 ·· 70

　　　4.6.1　越区切换 ··· 70

　　　4.6.2　位置管理 ··· 71

　4.7　多信道共用技术 ··· 73

　本章小结 ··· 73

　习题 4 ·· 74

第 5 章　GSM 数字蜂窝移动通信系统及设备 ································· 75

　5.1　GSM 数字蜂窝移动通信系统 ·· 75

　　　5.1.1　GSM 标准技术规范 ··· 75

　　　5.1.2　网络结构 ··· 76

　　　5.1.3　GSM 功能模型 ·· 79

　　　5.1.4　GSM 系统的网络接口 ·· 80

　　　5.1.5　GSM 系统的语音传输示例 ··· 82

　5.2　GSM 系统的工作方式 ·· 83

　　　5.2.1　无线传输方式 ·· 83

　　　5.2.2　时分多址 / 频分多址接入方式 ·· 85

　　　5.2.3　信道分类 ··· 87

　　　5.2.4　时隙格式 ··· 89

　　　5.2.5　语音和信道编码 ·· 90

　　　5.2.6　跳频和间断传输技术 ··· 92

　5.3　编号和主要业务 ··· 93

　　　5.3.1　编号 ·· 93

　　　5.3.2　拨号方式 ··· 97

　　　5.3.3　主要业务 ··· 98

　　　5.3.4　补充业务 ··· 99

　5.4　我国 GSM 移动通信网的网络结构 ·· 102

　　　5.4.1　全国 GSM 移动通信网的网络结构 ··································· 102

5.4.2 省内 GSM 移动通信网的网络结构 ·········· 103
5.4.3 移动业务本地网的网络结构 ············ 103
5.5 GSM 系统的控制与管理 ················ 104
5.5.1 位置登记与更新 ·················· 104
5.5.2 越区切换 ······················ 107
5.5.3 鉴权与加密 ···················· 109
5.6 主要接续流程 ························ 111
5.6.1 移动用户至固定用户出局呼叫的基本流程 ···· 111
5.6.2 固定用户至移动用户入局呼叫的基本流程 ···· 112
5.7 GSM 移动台 ······················ 113
5.7.1 技术特征 ······················ 113
5.7.2 移动台的组成和工作原理 ············ 113
5.7.3 SIM 卡 ························ 114
5.8 GSM 基站设备 ······················ 115
5.8.1 概念 ························ 116
5.8.2 基站的组成 ···················· 116
5.8.3 主要基站设备性能 ················ 117
本章小结 ···························· 125
习题 5 ······························ 126

第 6 章 GPRS ···························· 128
6.1 GPRS 概述 ························ 128
6.1.1 GPRS 概念 ···················· 128
6.1.2 GPRS 的主要特点 ················ 130
6.1.3 GPRS 的业务 ·················· 131
6.1.4 GPRS 业务的具体应用 ·············· 132
6.1.5 GPRS 的优势及问题 ·············· 132
6.1.6 GPRS 标准和业务的发展 ············ 133
6.2 GPRS 的网络结构 ·················· 134
6.2.1 GPRS 网络的总体结构 ·············· 134
6.2.2 GPRS 体系结构 ················ 135
6.2.3 空中接口的信道构成 ·············· 137
6.3 GPRS 协议 ······················ 138
6.3.1 GPRS 的协议模型 ················ 138
6.3.2 GPRS 的主要接口 ················ 140
6.4 GPRS 管理功能 ···················· 145
6.4.1 网络访问控制功能 ················ 145
6.4.2 分组选路和传输功能 ·············· 145
6.4.3 移动性管理（MM）功能 ············ 147
6.4.4 逻辑链路管理功能 ················ 148
6.4.5 无线资源管理功能 ················ 148
6.4.6 网络管理功能 ·················· 148

6.4.7 计费管理功能 ··· 149
6.5 GPRS 组网结构 ··· 150
6.5.1 GPRS 网络结构 ·· 150
6.5.2 GPRS 系统的组网 ··· 151
6.5.3 GPRS 组网原则 ··· 153
6.6 典型方案 ·· 154
6.6.1 诺基亚 GPRS 系统解决方案 ································ 154
6.6.2 金鹏 GPRS 组网方案 ······································· 156
本章小结 ··· 157
习题 6 ··· 157

第 7 章 CDMA 数字蜂窝移动通信系统及设备 ···················· 159
7.1 CDMA 系统概述 ··· 159
7.1.1 扩频通信的概念 ·· 159
7.1.2 码分多址蜂窝通信系统的特点 ···························· 159
7.2 CDMA 系统综述 ··· 160
7.2.1 CDMA 的发展 ·· 160
7.2.2 CDMA 的技术标准 ··· 161
7.2.3 CDMA 系统的基本特性 ···································· 162
7.3 CDMA 数字蜂窝移动通信系统 ································· 164
7.3.1 CDMA 网络 ·· 164
7.3.2 CDMA 蜂窝系统的信道组成 ······························ 169
7.4 CDMA 系统逻辑信道的结构 ···································· 172
7.4.1 正向传输逻辑信道的结构 ·································· 172
7.4.2 反向传输逻辑信道的结构 ·································· 174
7.5 CDMA 系统的控制功能和呼叫处理 ···························· 175
7.5.1 CDMA 系统的功率控制 ···································· 175
7.5.2 CDMA 系统的切换 ··· 177
7.5.3 登记注册与漫游 ·· 178
7.5.4 呼叫处理 ··· 179
7.6 典型设备介绍 ··· 182
7.6.1 组网结构 ··· 182
7.6.2 CDMA-MSC ·· 183
7.6.3 CDMA 集中基站控制器 ···································· 184
7.6.4 CDMA 基站设备 ··· 185
7.7 CDMA 移动台 ·· 186
7.7.1 概述 ··· 186
7.7.2 移动台的组成和工作原理 ·································· 187
7.7.3 UIM 卡 ·· 188
本章小结 ··· 190
习题 7 ··· 190

第 8 章　CDMA2000 1x 数字蜂窝移动通信系统 ································· 192

　8.1　CDMA 系统概述 ································· 192

　　8.1.1　CDMA 系统的技术与标准 ································· 192

　　8.1.2　CDMA2000 1x 系统的特点 ································· 193

　8.2　CDMA2000 1x 系统分层结构 ································· 194

　　8.2.1　CDMA2000 1x 系统结构 ································· 194

　　8.2.2　CDMA2000 1x 系统分层结构 ································· 195

　8.3　CDMA2000 1x 系统网络实现结构 ································· 196

　　8.3.1　CDMA2000 1x 系统实现结构 ································· 196

　　8.3.2　频段设置、无线配置和后向兼容性 ································· 198

　8.4　CDMA2000 1x 系统信道结构 ································· 201

　　8.4.1　前向物理信道 ································· 201

　　8.4.2　反向物理信道 ································· 204

　　8.4.3　CDMA2000 1x 系统的关键技术 ································· 207

　8.5　CDMA2000 1x 系统物理信道的接续流程 ································· 208

　　8.5.1　CDMA2000 1x 系统的语音 / 低速数据率接续流程 ································· 208

　　8.5.2　CDMA2000 1x 系统的高速数据接续流程 ································· 209

　8.6　CDMA2000 1x 分组数据业务的实现 ································· 210

　　8.6.1　简单 IP ································· 210

　　8.6.2　移动 IP ································· 211

　8.7　CDMA2000 1x 系统的升级方案和典型系统的介绍 ································· 213

　　8.7.1　CDMA2000 1x 系统的升级方案 ································· 213

　　8.7.2　东方通信 CDMA2000 1x 系统的介绍 ································· 214

　　8.7.3　中兴 CDMA2000 1x 移动通信系统的介绍 ································· 216

　本章小结 ································· 218

　习题 8 ································· 218

第 9 章　第三代移动通信系统 ································· 220

　9.1　第三代移动通信系统的简介 ································· 220

　　9.1.1　第三代移动通信系统的概述 ································· 220

　　9.1.2　第三代移动通信系统的标准 ································· 221

　　9.1.3　3G 演进策略 ································· 223

　　9.1.4　3G 技术体制 ································· 225

　　9.1.5　3G 频谱 ································· 226

　9.2　第三代移动通信系统的结构 ································· 227

　　9.2.1　IMT—2000 系统的网络结构 ································· 227

　　9.2.2　IMT—2000 的功能结构模型 ································· 228

　　9.2.3　第三代移动通信系统中的关键技术 ································· 230

　9.3　WCDMA 移动通信系统 ································· 231

　　9.3.1　概述 ································· 231

　　9.3.2　WCDMA 系统 ································· 233

9.3.3 信道结构 ································· 235

9.3.4 WCDMA 核心网（CN）的基本结构 ············· 235

9.3.5 华为 WCDMA 网络的解决方案 ·············· 237

9.4 TD-SCDMA 系统 ·································· 238

9.4.1 概述 ······································· 238

9.4.2 TD-SCDMA 系统的技术特点 ················· 239

9.5 CDMA2000 1x EV-DO ································· 242

9.5.1 CDMA2000 1x EV-DO 与 CDMA2000 1x 的兼容性 ·· 242

9.5.2 CDMA2000 1x EV-DO 的技术特点 ·············· 242

9.5.3 CDMA2000 1x EV-DO Release 0 存在的问题 ········ 245

9.5.4 CDMA2000 1x EV-DO Release A 版本 ··········· 245

9.6 第三代移动通信主流技术标准的比较 ················ 246

9.6.1 概述 ······································· 246

9.6.2 三种主流 3G 技术标准的比较 ················· 246

本章小结 ·· 247

习题 9 ·· 247

第 10 章 LTE 系统的原理与架构 ····················· 249

10.1 LTE 系统的演进目标 ······················· 249

10.1.1 LTE 的标准化和目标 ···················· 249

10.1.2 无线组网架构 ························· 252

10.2 扁平化的组网架构 ························· 253

10.2.1 LTE 组网架构 ························· 253

10.2.2 核心网 EPC ························· 254

10.2.3 基站 eNodeB ························ 254

10.3 EPC 架构 ······························ 255

10.3.1 EPC 结构 ·························· 255

10.3.2 职能划分 ·························· 256

10.4 接口协议 ····························· 257

10.4.1 接口三层协议 ························ 257

10.4.2 用户面协议和控制面协议 ················· 258

10.5 空中接口 LTE-Uu ······················· 258

10.5.1 数据链路层功能模块 ··················· 259

10.5.2 网络层功能模块 ····················· 260

10.6 地面接口 ····························· 261

10.6.1 同层接口 X2 ······················· 261

10.6.2 上下层接口 S1 ······················ 262

10.6.3 LTE 接口协议栈的特点 ·················· 262

10.7 FDD 和 TDD 的频段分配及 LTE 的两种帧结构 ······ 263

10.7.1 FDD 和 TDD 的频段分配 ················· 263

10.7.2 LTE 的两种帧结构 ···················· 265

10.8　LTE 信道 ·· 267
　　10.8.1　三类信道 ··· 268
　　10.8.2　传输信道 ··· 269
　　10.8.3　物理信道 ··· 271
　　10.8.4　信道映射 ··· 273
10.9　物理信号 ·· 274
　　10.9.1　下行参考信号 ··· 274
　　10.9.2　下行同步信号 ··· 275
　　10.9.3　上行参考信号 ··· 276
10.10　物理层过程 ·· 276
　　10.10.1　物理层 ··· 276
　　10.10.2　小区搜索步骤 ··· 277
　　10.10.3　UE 在合适位置寻找合适的信息 ································· 278
10.11　随机接入过程 ·· 278
　　10.11.1　Preamble 结构 ··· 279
　　10.11.2　功率控制过程 ··· 280
　　10.11.3　小区间的功率控制 ··· 281
10.12　寻呼过程 ··· 282
　　10.12.1　不连续接收 ··· 282
　　10.12.2　共享信道物理过程 ··· 283
10.13　无线资源管理 RRM ·· 286
　　10.13.1　LTE 的无线资源管理 ·· 287
　　10.13.2　越区切换 ··· 288
　　10.13.3　TD-LTE 系统的切换流程 ·· 292
　　10.13.4　LTE 初始随机接入过程 ·· 294
　　10.13.5　LTE 小区的搜索过程 ·· 297
10.14　LTE 系统中的 UE 流程 ··· 298
　　10.14.1　LTE 的全流程 ·· 298
　　10.14.2　UE 开机流程 ··· 299
　　10.14.3　UE 附着和去附着流程 ··· 300
10.15　LTE 的组网方案及设备 ··· 303
　　10.15.1　LTE 系统的组网方案 ·· 304
　　10.15.2　LTE 系统的组网设备 ·· 306
本章小结 ·· 308
习题 10 ·· 308

第 11 章　数据终端单元（DTU）的原理与应用 ······························ 312
11.1　DTU 原理与应用场合 ·· 312
　　11.1.1　DTU 的 5 个核心功能 ·· 312
　　11.1.2　DTU 工作原理 ·· 313
　　11.1.3　DTU 应用场合 ·· 314

11.2 DTU 的 TCP/IP/PPP 协议栈 ……………………………………………… 315

11.3 DTU 的工作模式 ………………………………………………………… 317

11.4 DTU 的工作过程 ………………………………………………………… 318

11.5 AT 控制指令 ……………………………………………………………… 318

11.6 DTU 设计应用实例 ……………………………………………………… 319

    11.6.1 CDMA DTU 的远程数据传输系统 ………………………………… 319

    11.6.2 无线上网卡 ………………………………………………………… 322

本章小结 …………………………………………………………………… 323

习题 11 ……………………………………………………………………… 324

附录 A 移动通信技术缩略语 …………………………………………………… 325

附录 B 陆地移动信道的场强估算 ……………………………………………… 333

附录 C Hata-Okumura 传输模型 ……………………………………………… 341

参考文献 ………………………………………………………………………… 342

第1章 概　论

【内容提要】

移动通信的出现为人们带来了自由和便捷。本章将阐述移动通信系统的发展历程、特点、分类、基本组成、基本概念、工作方式，以及相关的国际无线电标准化组织。

无线电自 19 世纪末被发明后，马可尼第一次实现了海上航行船舶间的通信，可以说这是无线移动通信的开端。自那以后，移动通信得到了举世瞩目的发展，特别是从 20 世纪 70 年代后期蜂窝网正式开放供公众使用以后，全世界的移动通信总量持续快速增长，人们都在期盼着使用新的无线通信方法和手段，极大地促进了移动通信在数字化和设备制造技术方面的发展，移动通信技术和设备在小型化、高集成度、高可靠性、低成本的新技术、新工艺的推动下飞速发展。

1.1　移动通信的发展概况

现代移动通信技术的发展始于 20 世纪 20 年代，是 20 世纪的重大成就之一，在不到 100 年的时间中，随着计算机技术和通信技术的发展，移动通信技术也得到了巨大的发展。移动通信已成为人们生活的一部分，移动通信业务用户的数量与日俱增。第 2 代移动通信系统（2G）向 3G、4G、5G 移动通信系统的演进，促进了技术融合，实现了全球统一标准的形成。总之，移动通信系统是一个不断演进的系统，各种新技术的发展和应用将推动下一代移动通信系统不断发展。

1.1.1　移动通信的发展历程

1934 年，美国已有 100 多个城市的警察局采用调幅（AM）制式的移动通信系统。1946 年，根据美国联邦通信委员会（FCC）的计划，圣路易斯城建立了公用汽车电话网，这种公众移动电话随后被引进到美国的 25 个主要城市。每个系统使用单个大功率发射机和高塔，覆盖范围超过 50km。语音通话只占用 3kHz 的基带带宽，使用 3 个频道，间隔为 120kHz，通信方式为单工，采用人工接续方式，通信网的容量较小。20 世纪 40 年代至 20 世纪 60 年代为移动通信技术的早期发展阶段，在此阶段，公用移动通信业务问世，移动通信所使用的频率开始向更高的频段发展。在 20 世纪 70 年代，蜂窝网问世，在一个适当大的地区设置多个半径约为 1km 的蜂窝小区，使其互相邻近、紧密排列，其中心基站可使用较低的射频发射功率，每隔几个蜂窝小区就可使用相同的频率，以节约无线电频谱资源。因此，这样的蜂窝网方式比过去利用大功率发射机的覆盖半径为 50km 的区域的方法有显著改进。虽然移动手机从一个蜂窝小区移动至邻近的另一个蜂窝小区存在越区交接等问题，但这些问题都可以通过技术得到妥善解决。1973 年至 1979 年，美国有几个城市试用了这种蜂窝网系统；20 世纪 80 年代初，美国政府正式批准这种商用系统提供公众服务，与此同时，欧洲的部分国家及日本等国家也开始陆续建设和运营蜂窝网业务。

20世纪50年代至20世纪70年代后期，由于半导体技术的引入，无线移动通信系统进一步智能化，其成本也有所降低。大规模集成电路元器件和微处理器的发展使移动通信系统的商用化成为可能。

20世纪70年代后期至20世纪80年代初期，蜂窝网已正式开放供公众使用，虽然那是第1代蜂窝网（1G），只提供模拟语音电话移动通信服务，但当时的固定通信已开始向数字化方向发展，对移动通信的研究也开始考虑数字蜂窝系统的应用可能性和实际可能获得的好处，其中包括能否获得更大的容量、更好的语音质量。直至20世纪90年代初期，泛欧数字蜂窝网正式向公众开放使用，采用数字时分多址（TDMA）技术，信道带宽为200kHz，使用新的900MHz频谱，称为GSM（全球移动通信系统），属于第2代蜂窝网（2G），这是具有现代网络特征的第1个全球数字蜂窝移动通信系统。实际上，当时，模拟网与数字网是共存的，模拟或数字移动手机都能使用蜂窝网服务。从此以后，世界各地都大力发展数字蜂窝网。GSM成为当时最为流行的数字蜂窝网标准，随后，多国政府又联合制定了GSM的等效技术标准——DCS1800，它在1.8~2GHz的频段上提供个人通信业务（PCS）。在北美，出现了几种不同制式的数字蜂窝网，如1991年开始使用数字时分多址技术的美国数字蜂窝系统（USDC），称为IS-54；1993年又出现了基于码分多址（CDMA）技术的数字蜂窝移动通信系统，称为IS-95。日本也发展了基于TDMA技术的数字蜂窝系统，称为个人数字蜂窝系统（PDC）。在1995年至1997年期间，美国联邦通信委员会（FCC）又指定了一个新的频段（1850~1990MHz），专门用于个人通信业务（PCS）的研究发展。表1.1所示为1995年以前世界上的主要数字移动标准。总之，自20世纪90年代后，第2代数字蜂窝网（2G）迅速发展，原先开放的公用第1代模拟电话已停止使用，移动用户全都依靠第2代数字蜂窝网通信。数字通信技术成为大势所趋，而且2G系统除了为移动手机提供互通电话的服务，还让移动手机和便携计算机实现了数据通信，允许移动手机和便携计算机"上网"，从互联网（Internet）获取需要的数据信息。这意味着2G系统的基站可能提供这类应用的不对称传输通路，用户至基站方向的上行线路传送的信息较短，而基站至用户方向的下行线路传送的信息可以较长，这样的蜂窝网称为GPRS（通用分组无线业务），介于2G和3G之间，俗称2.5G。

表1.1　1995年以前世界上的主要数字移动标准

地区或国家	标准名称	类型	出现年份	多址接入方式	频段	调制方式	信道带宽
欧洲	GSM	蜂窝/PCS	1990	TDMA	890~960MHz	GMSK	200kHz
欧洲	CT2	无绳	1989	FDMA	864~868MHz	GFSK	100kHz
欧洲	DECT	无绳	1993	TDMA	1880~1900MHz	GFSK	1728kHz
欧洲	DCS-1800	蜂窝/PCS	1993	TDMA	1710~1880MHz	GMSK	200kHz
美国	USDC (IS-54)	蜂窝	1991	TDMA	824~894MHz	π/4-DQPSK	30kHz
美国	CDPD	蜂窝	1993	FH/分组	824~894MHz	GMSK	30kHz
美国	IS-95	PCS	1993	CDMA	824~894MHz 1.8~2.0GHz	QPSK/BPSK	1250kHz
美国	DCS-1900 (GSM)	PCS	1994	TDMA	1850~1990MHz	GMSK	200kHz

地区或国家	标准名称	类型	出现年份	多址接入方式	频段	调制方式	信道带宽
美国	PACS	无绳/PCS	1994	TDMA/FDMA	1850～1990MHz	π/4-DQPSK	300kHz
美国	MIRS	SMR/PCS	1994	TDMA	若干	16-QAM	25kHz
日本	PDC	蜂窝	1993	TDMA	810～1501MHz	π/4-DQPSK	25kHz
日本	PHS	无绳	1993	TDMA	1895～1907MHz	π/4-DQPSK	300kHz

注：CDPD（Cellular Digital Packet Data）即蜂窝数字分组数据；

MIRS（Motorola Integrated Radio System）即摩托罗拉集成无线系统。

第 3 代移动通信系统（3G）被称为国际移动通信系统，此系统允许移动用户随身携带手机，每个手机都有指定的专用号码。手持此类手机，用户不仅可以参与城市之间的通信，而且可以走遍全球，随时随地与同类用户通信。研制第 3 代移动通信系统的目的主要是大力发展综合通信业务和宽带多媒体通信，建立一个无缝立体覆盖全球的通信网络，其数据通信速率为 2Mbps。第 3 代移动通信系统采用当时最新的无线电技术和扩大利用数字技术，可以发挥各种通信技术的优点，能够满足当时大多数国家的数字蜂窝网建设和个人通信业务的需求。

今天，第四代移动通信系统（4G）已经在全球大范围应用。4G 的数据传输速率为 1Mbps~100Mbps，技术上采用 IP 网络架构、正交频分复用（OFDM）技术、智能天线技术、发射分集技术、联合检测技术相结合的方式来实现高速数据传输的目的。而 5G 系统的应用正在逐步展开。5G 是 3GPP 为适应未来多种应用场景，满足超高速率、超低时延、高速移动、高能效和超高流量等多维能力指标，提供"柔性、绿色、极速"业务能力的移动网络。从设计目标来看，5G 相比 LTE 网等具有传输速率快、减少延迟、节省能源、降低成本、提高系统容量和大规模设备连接的特点。5G 通过云计算、虚拟化、软件化等互联网技术，主要聚焦于用户中心网络（UCN）和软件定义网络（SDN）两个核心概念构建网络。5G 与现有的通信接入网的架构不同，将采用以用户为中心的接入网架构，这将赋予终端侧更强大、更丰富的通信能力，以满足 5G 智能终端设备的各项通信需求。可以预想，移动通信系统将朝着传输速率快、减少延迟、节省能源、以用户为中心、软件定义网络、不同接入技术互联的方向发展。

1.1.2　我国移动通信的发展情况

早期，移动通信在我国主要应用于军事通信，把无线电台用于舰船、飞机的通信早已有之，但主要是使用短波工作的普通调幅电台。至于陆地上的移动通信，除了军队的坦克通信（从建立坦克部队起就有无线通信），早期的民用陆上通信一般都是专用的，如 20 世纪 60 年代起我国列车上使用的机车调度无线电话。汽车调度电话则到 20 世纪 70 年代才随着出租车业务的发展而出现。公用的移动通信系统建立得比较晚，第一个大区制公用移动通信系统（150MHz 频段）由原邮电部第一研究所研制，于 1980 年在上海建立并试用。1987 年冬，广州市率先开通蜂窝移动电话业务。随后，北京、重庆、上海和武汉等地陆续建起蜂窝网，但这些是引进国外设备安装的，其中，珠江三角洲地区的蜂窝网最大，覆盖广州、深圳和珠海等地区，采用瑞典爱立信（Ericsson）公司的 CMS88 移动通信系统，于 1988 年开通。1993 年，浙江嘉兴引入数字移动蜂窝网 GSM 系统，开始试运转，并从 1994 年下半年开始建设 GSM 网，1995 年，GSM 系统的应用扩展到 15 个省，1996 年后，GSM 系统的应用扩展到全国，成为承载新增移动用户的主体网络；2002 年，中国移动从 5 月 17 日起在全国正式运营 GPRS（通用分组无线业务）商用系统，这意味着 GPRS 在中国实现了大规模应用。

1998 年，北京电信长城 CDMA 数字移动蜂窝网商用试验网——133 网，在北京、上海、广州、西安投入试用；2002 年，中国联通"新时空"CDMA 网络正式开通。2003 年上半年，中国联通 CDMA2000 1x 数字移动蜂窝网在全国投入运营。

2009 年 1 月 7 日，中国移动获得我国具有自主知识产权的 3G 标准（TD-SCDMA）牌照，中国联通和中国电信分别获得 WCDMA 和 CDMA2000 牌照。2009 年 4 月 16 日，中国电信率先启动 CDMA2000 的正式商用；2009 年 4 月 1 日，中国移动的 TD-SCDMA 业务启动正式商用；2009 年 9 月 28 日，中国联通的 WCDMA 业务启动正式商用，我国商用通信正式进入 3G 时代。

1999 年 10 月底，在芬兰赫尔辛基举行的国际电联（ITU）会议上，由原信息产业部电信科学技术研究院代表中国提出的 TD-SCDMA 标准提案被国际电联采纳为世界 3G 无线接口技术规范建议之一。2000 年 5 月，国际电联无线（ITU-R）大会上又正式将 TD-SCDMA 列入世界 3G 无线传输标准之一。TD-SCDMA 的成功结束了中国在电信标准领域的空白历史，作为中国享有独立知识产权的 3G 通信标准，TD-SCDMA 的研发工作自 1998 年提出标准以来取得了巨大的进步。

1.2 移动通信系统的特点和分类

移动通信是指通信双方至少有一方在移动状态中进行信息传输和交换，这包括移动体（车辆、船舶、飞机或行人）和移动体之间的通信、移动体与固定点（固定无线台或有线用户）之间的通信。

1.2.1 移动通信系统的特点

1. 移动通信必须利用无线电波进行信息传输

通信中的用户可以在一定范围内自由活动，不过无线电波的传播特性一般要受到诸多因素的影响。

移动通信系统的运行环境十分复杂，无线电波不仅会随着传播距离的增加而发生弥散损耗，而且会因受到地形、物体的遮蔽而发生"阴影效应"，信号经过多点反射，会从多条路径到达接收地点，其幅度、相位和到达时间都不一样，它们相互叠加会产生电平衰落和时延扩展。图 1.1 所示为电波的多径传播。

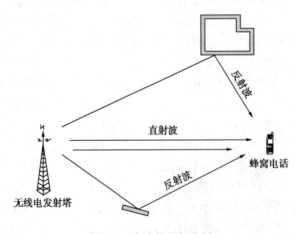

图 1.1 电波的多径传播

移动通信常常在快速移动中进行，这不仅会引起多普勒频移，产生随机调频，而且会使电波的传输特性发生快速的随机起伏，严重影响通信质量，故应根据移动信道的特征合理设计移动通信系统。多普勒频移效应如图 1.2 所示。

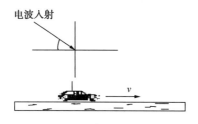

图 1.2　多普勒频移效应

2．移动通信是在存在干扰的复杂环境中运行的

移动通信系统采用多信道共用技术，在一个无线小区内，同时通信的人数可能有成百上千，多部收发信机同时工作会产生许多干扰信号，还有各种工业干扰和人为干扰，归纳起来有同道干扰、互调干扰、邻道干扰、多址干扰等，而且近基站强信号会压制远基站弱信号，这种现象称为"远近效应"。在移动通信中，一般会采用多种抗干扰、抗衰落技术，以减弱这些干扰的影响。

3．移动通信业务量的需求与日俱增

移动通信可以利用的频谱资源非常有限，不断扩大的移动通信系统的通信容量始终是移动通信发展的痛点。要解决这一问题，一方面要开辟和启动新的频段，另一方面要研究发展新技术，并采取新措施，提高频谱利用率。对有限的频谱资源的合理分配和严格管理是有效利用频谱资源的前提，这是国际上和各国频谱管理机构和组织的重要职责。

4．移动通信系统的网络管理和控制必须有效

根据不同通信地区的需要，移动通信系统的网络结构多种多样，为此，移动通信系统必须具备很强的管理和控制能力，如用户登记和定位，通信（呼叫）链路的建立和拆除，信道的分配和管理，通信计费、鉴权和安保管理，以及用户过境切换和漫游控制等。

5．移动通信设备（主要是移动台）必须适用于移动环境

对移动通信设备的要求是体积小、重量轻、省电、携带方便、操作简单、可靠耐用和维护方便，可在震动、环境温度变化剧烈等恶劣条件下正常工作。

1.2.2　移动通信系统的分类

移动通信系统的分类如下。
（1）按使用对象可分为民用设备和军用设备。
（2）按使用环境可分为陆地通信、海上通信和空中通信。
（3）按多址方式可分为频分多址（FDMA）、时分多址（TDMA）和码分多址（CDMA）等。
（4）按接入方式可分为频分双工（FDD）和时分双工（TDD）。
（5）按覆盖范围可分为广域网和局域网。
（6）按业务类型可分为电话网、数据网和综合业务网。

（7）按工作方式可分为同频单工、异频单工、异频双工和半双工。

（8）按服务范围可分为专用网和公用网。

（9）按信号形式可分为模拟网和数字网。

随着移动通信应用范围的扩大，移动通信系统的类型越来越多。常用移动通信系统有蜂窝移动通信系统、无线电寻呼系统、无绳电话系统、集群移动通信系统和卫星移动通信系统等。

1.3 移动通信系统的构成

移动通信系统一般由移动台（MS）、基站（BS）、移动交换中心（MSC）及与公用交换电话网（PSTN）相连的中继线等组成，如图 1.3 所示。移动通信系统中各组成部分的定义如表 1.2 所示。

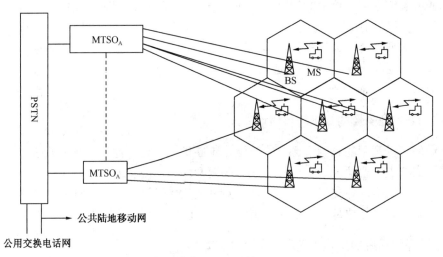

MTSO—移动交换中心；BS—基站；MS—移动台

图 1.3 移动通信系统的组成

表 1.2 移动通信系统中各组成部分的定义

术　语	定　义
移动台	移动台是移动服务网中在不确定的地点移动使用的终端。移动台可以是便携的手持设备或安装在移动车辆上的设备，具有收发信机和馈线等设备
基站	基站即移动无线系统中的固定站，用来和移动台进行无线通信。基站建在覆盖区域的中央或边缘，有收信机和架在塔上的发射天线、接收天线等设备
移动交换中心	移动交换中心是在大范围服务区域中协调通信的交换中心，在蜂窝移动通信系统中，移动交换中心将基站和移动台连接到公用交换电话网上。移动交换中心也称为移动电话交换局
无线小区	无线小区指每个基站发射机覆盖的小块地理区域。无线小区的大小取决于基站发射机的功率和天线的高度
用户	用户即使用移动通信服务且为之付费的人
收发信机	收发信机指能同时发送和接收无线信号的设备

每个移动用户通过无线方式与某个基站通信，在通信的过程中，通信连接可能被切换到其他基站上。基站就像桥一样，将小区内所有用户的通信通过中继线（电话线、光纤或微波线路）传输到移动交换中心。移动交换中心协调所有基站的操作，并将整个系统连接到公用

交换电话网上，从而实现移动用户与移动用户、移动用户与固定用户之间的通信，构成一个有线与无线相结合的移动通信系统。

1.3.1　蜂窝移动通信系统

蜂窝网的概念于 20 世纪 70 年代由美国贝尔实验室提出，第一代蜂窝移动通信系统的实施使蜂窝移动通信正式走向商用化。蜂窝移动通信网的示意图如图 1.4 所示。

蜂窝移动通信网的概念实质上是一种系统级的概念，利用蜂窝小区的结构实现了频率的空间复用。它将采用许多小功率发射机形成的小覆盖区来代替采用大功率发射机形成的大覆盖区，并将原来大覆盖区内较多的用户分配给不同蜂窝小区的小覆盖区，以减少用户间和基站间的干扰，再通过空间复用的概念满足用户数量不断增长的需求，从而大大提高了系统的容量，真正解决了公用移动通信系统容量大的需求与有限的无线频率资源之间的矛盾。

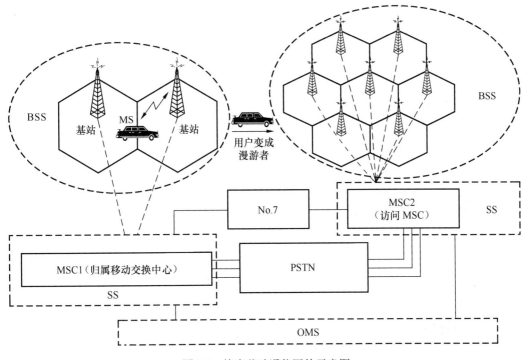

图 1.4　蜂窝移动通信网的示意图

蜂窝网不仅成功地用于第一代模拟移动通信系统，第二代、第三代移动通信系统也沿用了蜂窝网的概念，并在原有的基本蜂窝网的基础上进行了改进和优化。

1.3.2　无绳电话系统

无绳电话是指用无线信道代替普通电话线，在限定的业务区内给无线用户提供移动或固定公用交换电话网业务的电话系统，也是一种无线接入系统。它由一个或若干个基站和多部手机组成，允许手机在一组信道内任选一个空闲信道进行通信。一个基站形成一个“微蜂窝”，多个“微蜂窝”构成一个服务区，服务区内的手机都可通过基站得到服务。无绳电话系统分为 70 年代出现的模拟无绳电话系统和现代数字无绳电话系统。从 20 世纪 80 年代后期开始，无绳电话逐步向网络化和数字化的方向发展，并从室内应用扩展到室外应用，从专用系统扩展到公用系统，形成了以公用交换电话网为依托的多种网络结构，如图 1.5 所示。

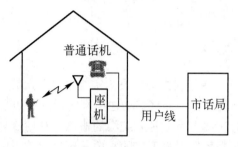

图 1.5　无绳电话系统

　　无绳电话自 20 世纪 70 年代发展至今，经历了 CT0、CT1、CT2、CT3、DECT 等阶段。

　　第一代无绳电话（CT1）存在一些固有的缺陷，如频谱利用低、信道数少、服务范围小、干扰严重、音质差、难保密、不易进行数据通信等。

　　第二代无绳电话（CT2）伴随着第一个数字无绳电话标准出现。紧接着，北美、日本都有了各自的数字无绳电话标准。CT2 不仅适用于家庭、办公室等室内场合，还可用于公共场合，它采用语音编码、时分双工等数字技术，通话质量较高、保密性强、抗干扰能力强、价格便宜，克服了第一代无绳电话存在的一些固有缺陷，但 CT2 无越区切换和漫游功能。

　　1992 年，欧洲电信标准协会（ETSI）推出了新一代数字无绳电话标准：欧洲数字无绳电话系统（DECT）。1993 年，日本推出了个人便携电话系统（PHS）。美国联邦通信委员会（FCC）的联合技术委员会（JTC）也于 1994 年 9 月批准了使用个人接入通信系统（PACS）。这些数字无绳电话系统具有容量大、覆盖面宽、支持数据通信业务、支持微蜂窝越区切换和漫游、应用灵活等特点，提高了频谱的利用率，能保证用户终端无论是在待机状态还是在通话状态都能选用最好的信道，成为无绳电话的主流。

　　1999 年，国际电联将 DECT 作为 IMT—2000 的数字无绳电话通信标准。由于 IMT—2000 标准充分体现了 3G 移动通信网络对带宽和移动性的需求，而数字无绳电话标准充分考虑了前向兼容，所以协议体系能够提供不断演进的应用和服务，迅速拓展带宽，以适应多媒体业务的需求。

1.3.3　集群移动通信系统

　　集群移动通信系统（简称集群系统）是一种共用无线频道的专用调度移动通信系统，它采用多信道共用和动态分配信道技术。集群是指无线信道不由某个用户群专用，而是由若干个用户群共同使用。集群移动通信系统所采用的基本技术是频率共用技术，其最重要的目的是尽可能地提高系统的频率利用率，以便在有限的频率空间内为更多的用户服务。

　　泛欧数字集群（TETRA）是由欧洲电信标准协会（ETSI）从 1990 年开始制定的一种多功能数字集群无线电标准，于 1995 年正式确定，于 1998 年 4 月投入商用。TETRA 整套设计规范可提供集群、非集群通信，以及具有话音、电路数据、短数据信息、分组数据业务的直接模式（移动台对移动台）的通信。TETRA 系统可支持多种附加业务，其中大部分业务是 TETRA 系统独有的。TETRA 是一种非常灵活的数字集群标准，它的主要优点是兼容性好、开放性好、频谱利用率高、保密性强。

1．TETRA 系统的网络构成

TETRA 系统的网络构成如图 1.6 所示，该系统采用的是类似蜂窝系统的分布式结构，单个系统主要包括无线交换机和控制器、基站、分布式调度台等；更大的系统（多系统）可由单个系统通过无线交换机互连组成；用户台主要包括车台和手机。

TETRA 系统采用 TDMA 多址接入方式和 π/4-DQPSK 调制方式，调制信道比特率为 36kbps，一个 TDMA 帧为 170/3ms，分为 4 个时隙，每个时隙为 85/6ms，可携带 510bit 调制信息，上行时隙又可进一步分为 2 个子时隙，每个子时隙为 85/12ms，可携带 255bit 调制信息。18 个 TDMA 帧构成 1 个复帧（周期为 1.02s），60 个复帧构成 1 个超帧（周期为 61.2s）。

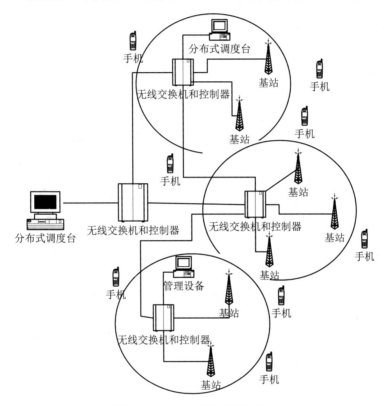

图 1.6　TETRA 系统的网络构成

2．TETRA 系统的主要功能

1）常规集群通话功能

● 单呼功能。TETRA 系统具有以无线方式单呼无线用户的功能。

● 组呼功能。无线用户可同时呼叫同一组内的多个用户，单网呼叫建立时间小于 300ms。

● 广播呼叫。网内有权无线用户可以呼叫系统中的所有用户。

2）特殊功能

除具有集群的普通通话功能外，TETRA 系统还具备以下特殊功能：组呼确认功能、区域选择功能、接入优先功能、迟入网功能、监听功能、动态重组呼叫功能、显示主叫号码和信道功能、转告第三者功能、用户识别功能、组呼控制功能、计费提示功能、查询呼叫功能和呼叫转移功能。

3）数据传输功能

TETRA 系统的数据传输速率可达 28.8kbps，可以采用电路交换、X.25 分组交换、IP 分组交换的方式传输数据。

4）移动台的直通功能

- 普通直通功能。移动台能在脱离系统后相互直接交换数据。
- 双监视直通功能。当移动台在系统覆盖范围内时，既可以和移动台直通，也可以监视系统发来的信息。
- 网关直通功能。移动台既可以作为转信台对两个脱网的移动台起中继作用，也可以将脱网的移动台转信入网，起直通网关的作用。

3．TETRA 系统的主要技术指标及接口

1）主要技术指标

TETRA 系统的主要技术指标如表 1.3 所示。

表 1.3　TETRA 系统的主要技术指标

项　　目	指　　标
工作频率	400MHz，800MHz
收发间隔	10MHz（400MHz）；45MHz（800MHz）
载频间隔	25kHz
通信方式	TDMA 方式，每个载频可载 4 个时隙（信道）
语音编码	4.567kbps ACELP 编解码
调制方式	$\pi/4$-DQPSK
信道速率	36kbps
数据传输速率	2.4kbps～28.8kbps

2）TETRA 系统的接口

TETRA 系统可提供下列系统的接口。

- 公用交换电话网（PSTN）。
- 综合业务数据网（ISDN）。
- 公众数据网（PDN）。
- 专用移动通信网（PIN）。
- 互联网/局域网/区域网（Internet/LAN/WAN）。

在 TETRA 系统应用方面，1998 年，英国 Tetralink 电信公司已为超过 87%的英国公民提供全业务的 TETRA 服务；另外，芬兰、挪威、荷兰、新西兰、澳大利亚和亚洲部分国家也开通了 TETRA 业务。

TETRA 系统的主要生产厂商有 Motorola 公司的 Dimetra 系统、Marconi 公司的 ELETTRA 系统；此外，OTE 公司、Alcatel（阿尔卡特）公司、TAIT 公司、SIMOCO 公司都有相应的 TETRA 数字集群系统产品。

1.3.4　卫星移动通信系统

卫星移动通信系统是将通信卫星作为中继站，为移动用户之间或移动用户与固定用户之间提供通信服务的系统。卫星移动通信系统一般由卫星、关口站、控制中心、基站及移动终

端组成，如图 1.7 所示。与蜂窝移动通信系统相比，卫星移动通信系统增加了卫星中继站，通过中继站延长了通信距离，扩大了用户活动范围，因此，从某种意义上来说，卫星移动通信系统是蜂窝移动通信系统的延伸。

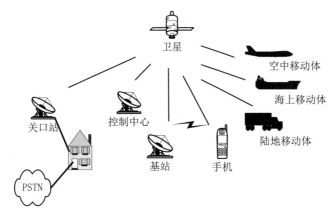

图 1.7　卫星移动通信系统

控制中心的职责是管理接入卫星信道的移动终端的通信过程，以及根据卫星工作状态控制移动终端呼叫接入的设备，控制中心是系统的控制管理中心。

关口站是该系统同公用交换电话网（PSTN）间的接口，它负责移动终端同 PSTN 用户间的相互连接。

基站可在移动无线业务中，为小型网络的各个用户提供一个中心控制点。

卫星移动通信系统可以根据应用领域、卫星轨道高度、提供的主要业务、卫星覆盖面等因素进行划分。通常按卫星轨道高度划分，可分为高、中、低轨卫星移动通信系统。

在世界上已经投入运营和服务的卫星移动通信系统有国际海事卫星通信系统（INMARSAT）、美国的 MSAT 系统、日本的 N-STAR 系统及澳大利亚的 Auputus 系统等。

除了上述利用高轨卫星提供移动通信业务的系统，比较著名的低轨卫星移动通信系统有铱（Iridium）系统、全球星（Globalstar）系统；中轨卫星移动通信系统有 ICO 系统，由国际海事卫星组织发起。这些系统都支持手机终端通信，提供全球数字卫星移动通信业务。

1. 铱（Iridium）系统

铱系统是 Motorola 公司于 1987 年提出的低轨全球个人卫星移动通信系统。该系统的空间部分由围绕 6 个极地圆轨道运行的 66 颗卫星组成，以覆盖全球，极地圆轨道高度约为 780km，每个轨道平面分布 11 颗在轨运行卫星及 1 颗备用卫星。铱系统主要由 66 颗卫星及其地面控制设施、12 个关口站及用户终端（话音、数据、传真）组成。每颗卫星可提供 48 个通信波束，每个通信波束平均包含 80 个信道，每颗卫星可提供 48×80=3840 个全双工通信信道。每颗卫星把星际交叉链路作为联网的手段，系统具有空间交换和路由选择的功能。星际链路使用 K_a 频段，频率为 22.55～23.55GHz，每条星际链路可提供 600 路全双工话路，总容量为 3000 条全双工话路。同轨道面内的前后卫星链路的长度是固定的（约为 4024km）。不同轨道平面间的卫星链路的长度在 2000～4000km 之间变化。卫星与地球站之间的链路也采用 K_a 频段。每颗卫星可与多个关口站同时通信。系统采用"倒置"的蜂窝区结构，每颗卫星投射的多波束在地球表面形成 48 个蜂窝区，每个蜂窝区的直径约为 667km，它们相互结合，总覆盖直径约为 4000km，全球共有 2150 个蜂窝区。卫星与用户终端的链路采用 L 频段，频率为 1610～1626.5MHz，发射和接收以时分多址（TDMA）方式分别在蜂窝小区之间进行。关口站是铱系统的一个重要组成部分，是提供铱系统业务和支持铱系统网络的地面设施。

铱系统的主要技术特点是系统性能极为先进。卫星采用先进的星上处理和星上交换技术，具有独特的星际链路功能。星际链路利用类似 ATM 的分组交换技术，通过卫星节点进行最佳路由选址，因其卫星网络建立了独立的星际信令和话音链路，从而形成了覆盖全球的卫星通信网络。理论上，铱系统只需一个关口站负责接续，即可在全球范围内实现用户之间、用户与地面固定网、地面移动网用户之间的呼叫建立及通信。同地面移动网相比，铱系统可形象地称为“空中 GSM 网”。铱系统设计的漫游方案不仅实现了卫星网与地面蜂窝网的漫游，还实现了地面蜂窝网间的跨协议漫游，这是铱系统有别于其他卫星移动通信系统的另一个特点。铱系统的用户终端包括双模手机（铱/GSM）、单模手机和寻呼机。铱系统不仅提供电话业务，还提供传真、数据和全球寻呼等业务。

铱系统于 1998 年投入运营，但由于系统运营成本高等原因于 2003 年 3 月关闭。

2．全球星（Globalstar）系统

全球星系统是由 Loral（劳拉）公司和 Qualcomm（高通）公司与世界上其他十几家电信服务公司（包括中国电信）及设备制造商共同倡导发展的系统。该系统由 48 颗绕地球运行的低轨道卫星在全球范围（不包括南北极）向用户提供卫星移动通信服务，包括话音、传真、数据和定位服务等。全球星系统的卫星分布在 8 个倾角为 52° 的圆形轨道平面上，每个平面有 6 颗值班卫星，另有 1 颗备用卫星。轨道高度约为 1414km。整个系统的覆盖区为南北纬 70° 之间的地区。全球星系统在全球设置了数十个关口站。

全球星系统主要由三部分组成：空间段、地面段、用户段。全球星系统馈线链路使用 C 频段，关口站到卫星上行链路使用 5091～5250MHz 频段，卫星到关口站下行链路使用 6875～7055MHz 频段。

全球星系统用户链路使用 L 频段和 S 频段，用户终端到卫星上行链路使用 1610～1626.5MHz 频段，卫星到用户终端下行链路使用 2483.5～2500MHz 频段。卫星的 L 频段和 S 频段均由 16 个波束组成。L 频段和 S 频段的频道间隔为 1.23MHz。

各个服务区被 2～4 颗卫星覆盖，用户可随时接入该系统。每颗卫星能够与用户保持 17 分钟的连接，然后通过软切换，连接被转到另一颗卫星上，用户感觉不到切换。每颗卫星的输出功率约为 1000W，可发射 16 个点波束，即 2800 个双工话音信道或数据信道，共有 268800 个信道。话音传输速率有 2.4kbps、4.8kbps、9.6kbps 3 种，数据传输速率为 7.2kbps（持续流量）。卫星采用码分多址（CDMA）方式，码元带宽为 1.23MHz。卫星定位精度最高可达 300m。卫星制造商为 Loral 公司。

全球星系统的主要技术特点是没有采用星上交换和空间链路技术，从而简化了网络结构并保障了各国的通信主权。全球星系统的卫星采用透明弯管卫星转发器，与卫星系统有关的操作管理相对简单。在不同卫星的覆盖区间，用户通信必须经过地面网络接续。由于没有星际链路，所有呼叫要经关口站进行转接，系统对网络的控制通过许多连接本地电话网和长途电话网的关口站实现，由业务提供者操作管理。关口站通过卫星覆盖地面网络无法到达的地区，相当于增加了地面蜂窝移动通信系统的覆盖区。

全球星系统的关口站配置有不同制式的交换设备，可与地面不同制式的蜂窝移动通信系统互联，以实现全球星卫星网与地面蜂窝移动通信网间的漫游。全球星系统用户终端包括双

模手机（全球星/GSM）、三模手机（全球星/AMPS/CDMA）、单模手机、车载机和固定终端。全球星系统的话音传输速率有 2.4kbps、4.8kbps、9.6kbps 3 种，数据传输速率为 7.2kbps（持续流量）。全球星系统的另一个特点是具有定位功能，卫星定位精度最高可达 300m。

全球星系统采用低轨卫星通信技术和 CDMA 技术，因此具有一系列 CDMA 技术所带来的好处，如容量大、抗多径衰落、频谱利用率高、可软切换、话音质量好、保密性和安全性高、用户感觉不到时延等特点。连贯的多重覆盖和路径分集接收使全球星系统能在有可能产生信号遮挡的地区不间断地提供服务。

3. 卫星移动通信系统的主要特点

铱系统、全球星系统和 ICO 系统的共同特点是用户可使用双模手机。双模手机既能工作在蜂窝通信模式，也能工作在卫星通信模式。在蜂窝网能覆盖到的地方，双模手机可用作普通的蜂窝手机；在蜂窝网覆盖不到的地方，双模手机可用卫星通信模式进行通信。双模手机既能自动选择卫星或地面操作模式，也能由用户根据现有的卫星和地面系统的情况及用户的意愿进行选择。利用双模手机能实现全球范围内任何人在任何时间、任何地点与任何人以任何方式进行的通信，即所谓的全球个人通信。

只有利用卫星通信覆盖全球的特点，通过将卫星通信系统与地面通信系统（光纤、无线等）结合，才能实现名副其实的全球个人通信。图 1.8 所示为卫星与地面个人系统的相互补充。

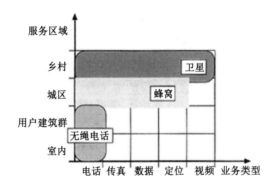

图 1.8 卫星与地面个人系统的相互补充

卫星移动通信系统的主要特点是不受地理环境、气候条件和时间的限制，在卫星覆盖区域内无通信盲区。卫星移动通信可提供移动用户间、移动用户与陆地用户间的语音、数据、寻呼和定位等业务，适用于多种通信终端。利用卫星移动通信业务可以建立范围广大的服务区，成为覆盖地域、空域、海域的跨越国境的全球系统。目前卫星移动通信系统在各个领域均有广泛的应用，如大型远洋船舶的通信、导航，以及海难救助、陆地移动通信和航空移动通信。

1.4 移动通信的类型

1.4.1 工作方式

按照通话的状态和频率使用方法，移动通信有 3 种工作方式：单工通信、双工通信、半双工通信。

1．单工通信

单工通信是指通信双方电台交替地进行收信和发信。根据收、发频率的异同，又可分为同频单工和异频单工。单工通信常用于点对点通信，如图 1.9 所示。

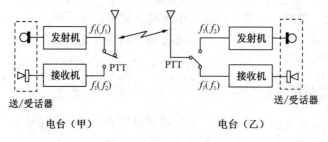

图 1.9　单工通信系统

（1）同频单工指通信双方使用相同的工作频率（f_1）；通常双方的接收机均处于收听状态。如果某方需要发话，可按下发话开关，关掉自己的接收机，使发射机工作，这时另一方的接收机处于收听状态，即可实现通话。在该方式中，同一个电台的接收机和发射机是交替工作的，故其可使用同一副天线，不需要使用天线共用器。

（2）异频单工指接收机和发射机使用两个不同的频率分别进行发送和接收。例如，甲方用频率 f_1 发射，乙方也用频率 f_1 接收；而乙方用频率 f_2 发射，甲方也用频率 f_2 接收，可实现通话。

2．双工通信

双工通信指通信双方可同时进行信息传输的工作方式，有时也称全双工通信，如图 1.10 所示。

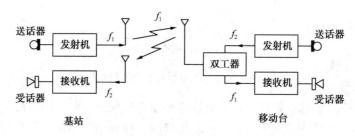

图 1.10　双工通信系统

在双工通信过程中，通信双方的接收机、发射机同时工作，即任意一方在发话的同时，也能收听到对方的语音，无须采用"按—讲"方式，与普通市话的使用情况类似，操作方便。但是采用这种方式，在使用过程中，不管是否发话，发射机总处于工作状态，故电能消耗大。这对以电池为能源的移动台是很不利的。为解决这个问题，在某些系统中，移动台的发射机仅在发话时工作，而接收机总处于工作状态，通常称这种系统为准双工系统，它可以和双工系统兼容。目前，这种工作方式在移动通信系统中被广泛应用。

3．半双工通信

半双工通信系统的组成与双工通信系统相似，如图 1.11 所示。

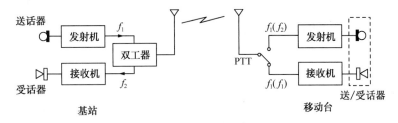

图 1.11　半双工通信系统

移动台采用单工的"按一讲"方式，即按下送话开关，发射机才工作，而接收机总处于工作状态，其基站的工作情况与双工通信系统中的基站的工作情况完全相同。半双工通信系统的优点是：设备简单、功耗小、克服了单工通话断断续续的现象；但操作仍不太方便，所以半双工通信系统主要用于专业的移动通信系统中，如汽车调度等。

1.4.2　模拟网和数字网

人们把模拟通信系统（包括模拟蜂窝网、模拟无绳电话与模拟集群调度系统等）称为第一代通信产品，而把数字通信系统（包括数字蜂窝网、数字无绳电话、移动数据系统及卫星移动通信系统等）称为第二代通信产品。

数字通信系统的主要优点如下。

（1）频谱利用率高，有利于提高系统容量。

（2）能提供多种业务服务，提高通信系统的通用性。

（3）抗噪声、抗干扰和抗多径衰落的能力强。

（4）能实现更有效、更灵活的网络管理和控制。

（5）便于实现通信的保密。

（6）可降低设备成本，并减小手机的体积、重量。

1.4.3　语音通信和数据通信

移动通信系统的传统业务是语音通信，而随着计算机和通信技术的迅速发展，人们对数据传输的需求不断增加，把语音、图像和数据传输融为一体的高效移动通信系统既是技术发展的目标，也满足了市场需求，是今后移动通信发展的主要方向。多年来，移动通信基本上是围绕语音通信和数据通信两种网络发展的。图 1.12 所示为移动通信网络的分类示意图。

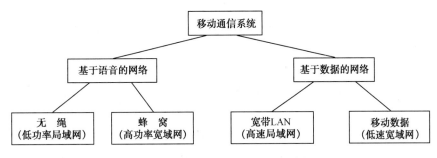

图 1.12　移动通信网络的分类示意图

1.5　移动通信的基本技术

1.5.1　调制技术

调制技术在通信系统中占有十分重要的地位。只有经过调制才能将基带信号转换成适合信道传输的已调信号，而且它对系统的传输有效性和可靠性都有很大的影响。

第一代蜂窝移动通信系统采用模拟调频（FM）传输模拟语音，其信令系统采用 2FSK 数字调制。第二代数字蜂窝移动通信系统传送的语音都是经过语音编码和信道编码后的数字信号。GSM 系统采用 GMSK 调制；IS-54 系统和 PDC 系统采用 π/4-DQPSK 调制；IS-95 CDMA 系统的下行信道采用 QPSK 调制，其上行信道采用 OQPSK 调制。第三代蜂窝移动通信系统采用 MQAM、QPSK 或 8PSK 调制。

数字调制与模拟调制在本质上并无不同，它们同属于正弦载波调制。但是数字调制的调制信号为数字型正弦调制信号，模拟调制的调制信号为连续型正弦调制信号。模拟信号传输的质量标准是信噪比（S/N），数字信号传输的质量标准是误码率（BER）。

数字调制技术是第二代、第三代和未来移动通信的关键技术之一。在移动通信中，选择调制方式的原则主要有 3 条：首先是可靠性，即抗干扰性能，选择具有低误码率的调制方式，其功率谱密度集中于主瓣内；其次是有效性，它主要体现在选取有效的频谱调制方式上，特别是多进制调制；第三是在工程上易于实现，它主要体现在恒包络与峰平比的性能上。

数字调制的基本类型有振幅键控（ASK）、频移键控（FSK）和相移键控（PSK），还有许多由基本调制类型改进或综合而获得的新型调制技术。

在实际应用中，有两类用得较多的数字调制方式。

（1）线性调制技术：主要包括 PSK、QPSK、DQPSK、OK-QPSK、π/4-DQPSK 和多电平 PSK 等调制方式。在线性调制技术中，传输信号的幅度 $s(t)$ 随调制信号 $m(t)$ 的变化线性变化，其主要特点是带宽效率较高，非常适用于在窄频带的要求下需要容纳越来越多的用户的无线通信系统，但在传输中必须使用功率低的 RF 放大器。

（2）恒包络调制技术：主要包括 MSK、GMSK、GFSK 和 TFM 等调制方式。其主要特点是已调信号具有包络幅度不变的特性，其发射功率放大器可以工作在非线性状态而不引起严重的频谱扩散。

1986 年以前，由于线性高功放未取得突破性的进展，移动通信中的调制技术多采用恒包络调制技术中的 MSK 和 GMSK，如 GSM 系统采用的就是 GMSK 调制技术，但是它实现起来较复杂，且频谱效率较低。1986 年以后，由于实用化的线性高功放取得了突破性进展，人们又重新对简单易行的 BPSK 和 QPSK 予以重视，并在它们的基础上改善峰平比、提高频谱利用率，形成了 OQPSK、CQPSK 和 HPSK 等调制技术。

恒包络调制技术和线性调制技术是移动通信中较常用的两种调制方式，在 CDMA 系统中，由于有专门的导频信道或导频符号传送机制，因此 CDMA 系统中不采用相对移相的 DPSK 和 DQPSK 等。

由于带宽资源受限，目前调制技术的主要设计思路就是最小化传输带宽，相反，基于扩频技术的 CDMA 系统使用的传输带宽比要求的最小信号带宽大几个数量级。事实证明，在多址干扰（MAI）环境中，基于扩频技术的 CDMA 系统能获得很高的频谱利用率，因此，基于扩频技术的 CDMA 在移动通信系统中成为非常具有竞争力的多址方式。

1.5.2　移动信道电波传播特性

移动信道属于无线信道，它既不同于传统的固定式有线信道，也与一般的具有可移动功能的无线接入的无线信道有所区别。它是移动的动态信道，是一种"不够好"的信道。视距、衰落、多径和随机变化是移动信道的基本指标，其主要有 3 个特点。

（1）传播的开放性。

（2）接收地点地理环境的复杂性与多样性。

（3）通信用户的随机移动性。

在移动信道中，发送到接收机的信号会受传播环境中地形、物体的影响而产生绕射、反射或散射，因此形成多径传播。多径传播会使接收端的合成信号在幅度、相位和到达时间上发生随机变化，严重降低接收信号的传输质量，这就是所谓的多径衰落。自由空间传播所引起的扩散损耗与阴影效应所引起的慢衰落也会影响所需信号的传输质量。

研究移动信道的传播特性，首先要弄清移动信道的传播规律、各种物理现象的机理及这些现象对信号传输所产生的不良影响，进而研究消除各种不良影响的对策。为了给通信系统的规划和设计提供依据，人们通常通过理论分析或根据实测数据进行统计分析（或将二者结合），总结和建立有普遍性的数学模型，利用这些模型，可以估算一些传播环境中的传播损耗和其他有关的传播参数。

由于移动信道是非常复杂的动态信道，其状态取决于用户所在地点的环境条件，其信道参数是时变的。利用这类复杂的移动信道进行通信，首先必须分析和掌握信道的基本特点和实质，然后才能针对存在的问题一一对症下药，给出相应的解决方案。优化任何一种通信系统都离不开完成通信的三项基本指标——有效性、可靠性和安全性。移动通信中的各类新技术都是针对移动信道的动态时变特性，为解决移动通信中的有效性、可靠性和安全性的基本问题而设计的。因此，分析移动信道的特点是解决移动通信关键技术的前提，是产生移动通信中的各类新技术的源泉。

1.5.3　多址方式

移动通信与固定式有线通信的最大差异在于固定通信是静态的，而移动通信是动态的。为了让多个移动用户同时进行通信，必须解决以下两个问题，首先是动态寻址，其次是对多个地址的动态划分与识别，这就是所谓的多址技术，多址方式的基本类型有频分多址（FDMA）、时分多址（TDMA）和码分多址（CDMA）。实际中也常用到基于三种基本多址方式的混合多址方式，如频分多址/时分多址（FDMA/TDMA）、频分多址/码分多址（FDMA/CDMA）、时分多址/码分多址（TDMA/CDMA）等。此外，随着数据业务的需求日益增长，另一类称为随机多址方式的多址方式也日益得到广泛应用，如 ALOHA 和载波检测多址（CSMA）等，其中也包括固定多址和随机多址的综合应用。

多址划分从原理上看与固定通信中的信号多路复用是一样的，实质上它们都属于信号的正交划分与设计技术。不同之处在于多路复用的目的是区别多个通路，通常是在基带和中频上实现的，而多址划分的目的是区分不同的用户地址，通常需要利用射频频段辐射的电磁波来寻找动态的用户地址，同时，为了实现多址信号之间互不干扰，信号之间必须满足正交特性。

目前，在多址技术中重点研究的是利用扩频技术来实现码分多址。

1.5.4　抗干扰技术

抗干扰技术一直是无线通信领域研究的重点课题。在移动信道中，除存在大量的环境噪声和干扰外，还存在大量电台产生的干扰，如邻道干扰、共道干扰和互调干扰等。网络设计者在设计移动通信网络时，需要预计网络运行环境中可能出现的各种干扰（包括网络外部产生的干扰和网络自身产生的干扰）的强度，采取有效措施，保证网络在运行时，干扰电平和有用信号相比不超过预定的阈值（通常用信噪比 S/R 或载干比 C/I 来度量），或者保证传输误码率不超过设定的数量级。

移动通信系统中采用的抗干扰措施是多种多样的，主要有以下几点。

（1）利用信道编码进行检错和纠错（包括前向纠错 FEC 和自动请求重传 ARQ）是降低通信传输的误码率、保证通信质量和可靠性的有效手段。

（2）为克服由多径干扰引起的多径衰落，广泛采用分集技术（包括空间分集、频率分集、时间分集及 RAKE 接收技术等）、自适应均衡技术、具有抗码间干扰和时延扩展能力的调制（如多电平调制、多载波调制等）技术。

（3）为提高通信系统的综合抗干扰能力而采用扩频和跳频技术。

（4）为减少蜂窝网络中的共道干扰而采用扇区天线、多波束天线和自适应天线阵列等。

（5）在 CDMA 通信系统中，为了减少多址干扰，常使用干扰抵消技术和多用户信号检测技术。

1.5.5　组网技术

移动通信要实现移动用户在更大范围内的有序通信，就必须解决组网的问题。组网技术大致可分为网络结构、网络接口、网络的控制与管理3方面。

1．网络结构

设计移动通信系统时，为了满足运行环境、业务类型、用户数量和覆盖范围等要求，必须确定通信网络的基本组成部分和部署方式，才能构成实用的网络结构。

2．网络接口

由于移动通信网络由若干部分（或称为功能实体）组成，因此在用功能实体进行网络部署时，为了使其相互之间能够交换信息，有关功能实体之间都要用接口进行连接，同一通信网络的接口必须符合统一的接口规范。网络接口规范标准通常由全球或地区范围内许多研究部门、生产部门、运营部门和使用部门的专家集体创作制定，具有广泛性、统一性和可行性，这对设备生产厂商的大规模生产与不断进行设备升级提供了技术规范，也为运营商的组网提供了方便。

3．网络的控制与管理

无论何时，当某一移动用户接入信道向另一移动用户或有线用户发起呼叫，或者某一有线用户呼叫移动用户时，移动通信网络就要按照预定的程序开始运转，这一过程会涉及网络的各个功能部件，包括基站、移动台、移动交换中心、各种数据库及网络的各个接口等；网络要为用户呼叫配置所需的控制信道和业务信道，指定和控制发射机的功率，进行设备和用户的识别和鉴权，完成无线链路和地面线路的连接和交换，最终在主呼用户和被呼用户之间建立起通信链路，提供通信服务。这一过程称为呼叫接续过程，是移动通信系统的连接控制（或管理）功能。

当移动用户从一个位置区漫游到另一个位置区时，网络中的有关位置寄存器要随之对移动台的位置信息进行登记、修改或删除。如果移动台在通信过程中越区，网络要在不影响用户通信的情况下，控制该移动台进行越区切换，其中包括判定新的服务基台、指配新的频率和信道，以及更换原有的地面线路等程序。这种功能是移动通信系统的移动管理功能。

在移动通信网络中，重要的管理功能还有无线资源管理。无线资源管理的目标是在保证通信质量的前提下，尽可能提高通信系统的频谱利用率和通信容量。为了适应传播环境、网络结构和通信路由的变化，有效的办法是采用动态信道分配（DCA）法，即根据当前用户周围的业务分布和干扰状态选择最佳的（无冲突或干扰最小）信道，分配给通信用户使用。显然，这一过程既要在用户的常规呼叫中完成，也要在用户过区切换的通信过程中迅速完成。

上述控制和管理功能均由网络系统的整体操作实现，每个过程均涉及各个功能实体的相互支持和协调配合，网络系统必须为这些功能实体规定明确的操作程序、控制规程和信令格式。

1.6　移动通信的标准化

随着移动通信新技术的不断涌现，一代又一代的新系统被开发出来，形形色色的通信技术不断发展，日新月异。为了使通信系统的技术水平能综合体现整个通信技术领域的技术高度，移动通信的标准化显得越来越重要。通信的本质就是按照公认的协定传递信息。如果不按照公认的协定随意传递发信者的信息，收信者就可能收不到该信息；或者虽收到信息，但不能理解，也就达不到通信的目的；没有技术体制的标准化就不能把多种设备组成互联的移动通信网络；没有设备规范和测试方法的标准化，也无法进行大规模生产。关于移动通信系统的公认的协定就是通信标准化的内容之一。随着通信技术的快速发展，人类社会的活动范围也日益扩大，国际社会对移动通信标准化工作历来非常重视，标准的制定也超越了国界，具有广泛的国际性和统一性。

1.6.1　国际无线电标准化组织

国际无线电标准化工作主要由国际电信联盟（ITU）负责，它是设于日内瓦的组织，下设四个永久性机构：综合秘书处、国际频率登记局（IFRB）、国际无线电咨询委员会（CCIR）及国际电话电报咨询委员会（CCITT）。

国际频率登记局的职责有两项：一是管理国际性频率的分配；二是组织世界管理无线电会议（WARCs）。WARCs 是为了修正无线电规程和审查频率注册工作而举行的，曾做出涉及无线通信发展的有关决定。

国际电话电报咨询委员会可提供对通信设备（如在有线电信网络中工作的数据调制解调器）的开发建议，还通过其不同的研究小组提出了许多与移动通信有关的建议，如编号规划、位置登记程序和信令协议等。

国际无线电咨询委员会为国际电信联盟提供无线电标准的建议，研究的内容着重于无线电频谱利用技术、网间兼容的性能标准和系统特性。

1993 年 3 月 1 日，国际电信联盟进行了一次组织调整。调整后的 ITU 分为 3 个组：无线通信组（以前的 CCIR 和 IFRB）、电信标准化组（以前的 CCITT）、电信开发组（BDT）。

经过调整后，国际电信联盟的标准化工作实际上都落到电信标准化组的管理下，现在常常把这个组称为 ITU-T，而把无线通信组称为 ITU-R。

1.6.2 欧洲共同体（EC）的通信标准化组织

欧洲邮电管理协会（CEPT）曾经是欧洲通信设施的主要标准化组织。其任务是协调欧洲的电信管理和支持 CCITT、CCIR 的标准化活动。近年来，CEPT 在这方面的工作已越来越多地被 EC 管理下的其他标准化组织所取代。

隶属于欧洲共同体的标准化组织主要有欧洲电信标准协会（ETSI）。它成立于 1988 年，已经担任许多以往由 CEPT 领导的标准化职责，下设服务与设备分会、无线电接口分会、网络形式和数据分会等。GSM、无绳电话（Cordless Phone）和欧洲无线局域网（HIPERLAN）等标准就是由 ETSI 制定的。

1.6.3 北美地区的通信标准化组织

在美国，负责移动通信标准化的组织是电子工业协会（EIA）和电信工业协会（TIA）。此外，还有一个蜂窝电信工业协会（CTIA）。1988 年年末，TIA 应 CTIA 的请求组建了数字蜂窝标准委员会（TR45），来自美国、加拿大、欧洲和日本的制造商参加了这个组织。TR45 下属的各个分会的主要职责是对用户需求、通信技术等方面的建议进行评估。1992 年 1 月，EIA 和 TIA 发布了数字蜂窝通信系统的标准——IS-54（TDMA）暂时标准，它定义了用于蜂窝移动终端和基站之间的空中接口标准（EIA92）。

基于码分多址（CDMA）的数字蜂窝移动通信系统已被 Qualcomm（高通）公司开发出来，并于 1993 年 7 月被电信工业协会（TIA）标准化，成为 IS-95（CDMA）标准。

1.6.4 太平洋地区的通信标准化

太平洋数字蜂窝移动通信系统（PDC）标准发布于 1993 年，也称为日本数字蜂窝移动通信系统（JDC）。PDC 标准类似于 IS-54 标准。

本 章 小 结

本章首先介绍了移动通信系统的发展历程，随后对移动通信系统的特点、分类、基本组成、基本概念、工作方式及基本技术进行了阐述，最后对移动通信系统所涉及的标准化组织进行了介绍。本章的教学目的是让学生对移动通信有所认识，掌握移动通信的概念、结构及特点，了解移动通信系统的发展趋势和其标准化组织所制定的标准。

习 题 1

1.1 GSM、PCS 和 PDC 移动通信系统的多址接入方式为_____，而 IS-95 系统的多址接入方式为_____。

1.2 移动通信系统一般由_____、_____、_____及以_____相连的中继线组成。

1.3 ETSI 是_____标准化组织，而 EIA 和 TIA 是_____负责移动通信标准化的组织。

1.4　通信双方可同时进行传输消息的工作方式，有时亦称 _____。

　　A．半双工通信　　　　B．全双工通信　　　C．单工通信

1.5　什么是移动通信系统？移动通信有哪些特点？

1.6　数字移动通信系统有哪些优点？

1.7　集群通信系统的主要用途是什么？有何特点？

1.8　泛欧数字集群（TETRA）系统的主要特点是什么？由哪几部分组成？

1.9　卫星移动通信系统的典型系统有哪些？

1.10　全球星系统与铱系统在组网方式上主要有哪些不同？

1.11　移动通信标准化的作用是什么？

1.12　试讲述移动通信的发展过程与发展趋势。

第2章　数字移动通信系统的相关技术

【内容提要】

本章是移动通信的基础部分，将阐述移动通信系统所涉及的基础知识和主要技术，包括调制解调技术、多址技术、语音编码及信道编码技术、扩频技术的基本概念、结构特点、实现方式及应用领域。

数字移动通信涉及许多技术问题，本章将讨论应用于数字移动通信系统中的调制解调技术、多址技术、语音编码及信道编码技术、扩频技术。

2.1　调制解调技术

调制在通信系统中占有十分重要的地位。只有经过调制才能将基带信号转换成适合信道传输的已调信号，而且它对系统的传输有效性和可靠性都有很大的影响。

按照调制器输入信号（调制信号）的形式，调制信号可分为模拟调制信号和数字调制信号。数字调制与模拟调制在本质上区别不大，它们同属于正弦载波调制。但是经过数字调制的调制信号为数字型正弦调制信号，经过模拟调制的调制信号为连续型正弦调制信号。模拟信号传输的质量标准是信噪比（S/N），数字信号传输的质量标准是误码率（BER）。数字调制具有许多优点，已成为目前和未来应用和研究的主要调制技术。

2.1.1　概述

移动通信信道具有以下基本特征。

（1）带宽有限，带宽取决于可使用的频率资源和信道的传播特性。

（2）干扰和噪声的影响大，这主要是由移动通信工作的电磁环境决定的。

（3）存在多径衰落问题，针对移动通信信道的特点，已调信号应具有较高的频谱利用率和较强的抗干扰、抗衰落的能力。

调制的目的是把要传输的模拟信号或数字信号变换为适合信道传输的信号，这意味着把基带信号（信源）转变为相对基带频率而言频率非常高的带通信号，该信号称为已调信号，而基带信号称为调制信号。调制可以通过使高频载波随信号幅度变化而改变载波的幅度、相位或频率来实现。调制过程用于通信系统的发送端，在接收端需要将已调信号还原成要传输的原始信号，也就是将基带信号从载波中提取出来，以便预定的接收者（信宿）处理和理解，该过程称为解调。

按照调制器输入信号（该信号称为调制信号）的形式，调制可分为模拟调制（或连续调制）和数字调制。模拟调制是利用输入的模拟信号直接调制（或改变）载波（正弦波）的振幅、频率或相位，从而得到调幅（AM）、调频（FM）或调相（PM）信号。数字调制是利用数字信号来控制载波的振幅、频率或相位。常用的数字调制方式有频移键控（FSK）和相移键控（PSK）等。

现代移动通信系统大多采用数字调制技术。随着超大规模集成电路（VLSI）和数字信号处理（DSP）技术的发展，数字调制技术比模拟调制技术更有效。相对于模拟调制，数字调制具有许多优点，其中包括更好的抗干扰性能、更强的抗信道损耗、更容易复用各种不同形式的信息（如声音、数据和图像等）和更好的安全性等。除此之外，数字传输系统适应于可以检查和纠错的数字差错控制编码，并支持复杂的信号条件和处理技术，如信源编码、加密技术等。数字信号处理器使得数字调制解调器的功能可以完全用软件来实现。不同于以前硬件永久固定、面向特定数字调制解调器的实现方法，嵌入式软件的出现使得"在不重新设计或替换数字调制解调器的情况下改变和提高其性能"成为可能。

在数字移动通信系统中，调制信号可表示为符号或脉冲的时间序列，其中，每个符号可以有 m 种有限状态，每个符号代表 n bit 的信息，$n = \ln m$ bit/符号。许多数字调制解调技术方案都被应用于数字移动通信系统中，未来还会有更多新的方案。

2.1.2　数字调制的性能指标

在移动通信中选择调制方式主要考虑三点：首先是可靠性，即抗干扰性能，要求选择具有低误码率的调制方式，其功率谱密度集中于主瓣内；其次是有效性，要求选取频谱有效的调制方式，特别是多进制调制；第三是在工程上易于实现，要求较好的恒包络与峰平比性能。

数字调制的性能指标通常通过功率有效性 η_p（Power Efficiency）和带宽有效性 η_B（Spectral Efficiency）来反映。

（1）功率有效性 η_p 可以反映调制技术在低功率电平情况下保证系统低误码率的能力，可表述成每比特的信号能量与噪声功率谱密度之比：

$$\eta_P = \frac{E_b}{N_0} \tag{2.1}$$

（2）带宽有效性 η_B 可以反映调制技术在一定频带内的数字有效性，可表述成在给定带宽条件下每赫兹的数据通过率：

$$\eta_B = \frac{R}{B} \text{ [(bps)/Hz]} \tag{2.2}$$

式中，R 为数据传输速率（bps），B 为调制射频信号占用的带宽。

具体而言，数字调制技术应满足以下特性要求。

（1）为了在衰落的条件下获得所要求的误码率（BER），需要好的载噪比（C/N）和载干比（C/I）。

（2）所用的调制技术必须在规定的频带约束内提供较高的数据通过率，以（bps）/Hz 为单位。

（3）应使用高效率的功率放大器，必须降低带外辐射以满足要求（−60～−70dB）。

（4）恒包络。

（5）载波与同道干扰（CCI）的功率比较低。

（6）必须满足快速的比特再同步要求。

（7）成本低，易于实现。

2.1.3　数字调制技术

数字调制可分为线性调制和非线性调制，而在数字蜂窝通信系统中，多采用线性调制和恒包络调制。

1. 线性调制

在线性调制中，传输信号的幅度 $S(t)$ 随调制信号 $m(t)$ 的变化而线性变化。线性调制的带宽效率高，所以非常适用于要求在有限频带内容纳较多用户的无线通信系统。

在线性调制方案中，载波幅度随调制信号呈线性变化，一般来说都不是恒包络调制，如高频载波的相位随数字信号改变的相移键控（PSK）调制。

线性调制方案有较高的频谱效率，但传输过程中必须使用功率效率低的射频（RF）放大器，用功率效率高的非线性放大器会导致已滤除的边瓣再生，造成严重的相邻信道干扰，使线性调制得到的频谱效率全部丢失。

线性调制主要有 PSK 调制、正交移相键控（QPSK）调制和交错正交相移键控（OQPSK）调制、π/4-DQPSK 调制等。

（1）PSK 调制。设输入比特率为 $\{a_n\}$，$a_n=\pm 1$，则 PSK 的信号形式为

$$S(t)=\begin{cases} A\cos(\omega_c t) & a_n=+1 \\ -A\cos(\omega_c t) & a_n=-1 \end{cases} \quad nT_b \leqslant t < (n+1)T_b \qquad (2.3)$$

即当输入为"+1"时，对应的信号 $S(t)$ 附加相位为"0"；当输入为"−1"时，对应的信号 $S(t)$ 附加相位为"π"。PSK 调制的信号波形如图 2.1 所示。

PSK 调制的原理框图如图 2.2 所示。图 2.2 中的乘法器完成基带信号到 2PSK 载波调制信号的变换过程。

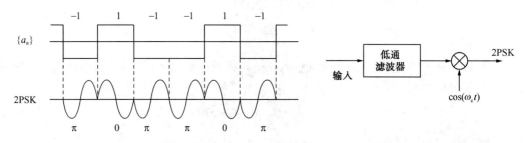

图 2.1　PSK 调制的信号波形　　　　　　　图 2.2　PSK 调制的原理框图

经 PSK 调制的信号可采用相干解调和差分相干解调，如图 2.3 所示。

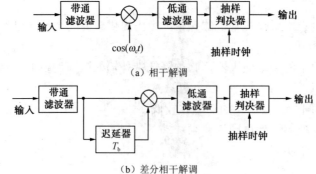

（a）相干解调

（b）差分相干解调

图 2.3　PSK 解调的原理框图

（2）QPSK 调制和 OQPSK 调制。图 2.4 所示为 QPSK 调制和 OQPSK 调制的原理框图。其中，图 2.4（a）为 QPSK 调制的原理框图；图 2.4（b）为 OQPSK 调制的原理框图。

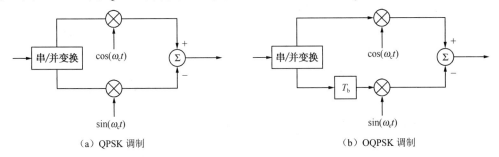

（a）QPSK 调制　　　　　　　　　（b）OQPSK 调制

图 2.4　QPSK 调制和 OQPSK 调制的原理框图

由图 2.4（a）可知，QPSK 调制信号可视为 2 路正交载波经 PSK 调制后的信号叠加，在这种叠加过程中，所占用的带宽将保持不变。因此在 1 个调制符号中传输 2bit 信号，QPSK 调制的带宽效率为 PSK 调制的 2 倍，载波的相位为 4 个间隔相等的值：$\pm\pi/4$、$\pm 3\pi/4$，QPSK 调制的星座图如图 2.5（a）所示；也可以将图 2.5（a）旋转 45°，得到图 2.5（b），其相位值是 0、$\pm\pi/2$、π，为 OQPSK 调制的星座图。

由图 2.4（b）可知，OQPSK 调制与 QPSK 调制类似，不同之处是在正交支路引入了 1bit（半个码元）的时延，这使得两个支路的数据不会同时发生变化，因此只能产生 $\pm\pi/2$ 的相位跳变，OQPSK 调制的星座图如图 2.5（b）所示。

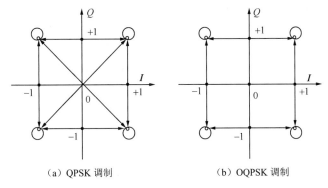

（a）QPSK 调制　　　　　　　　　（b）OQPSK 调制

图 2.5　QPSK 和 OQPSK 的星座图

假定输入二进制序列为 $\{a_n\}$，a_n 的值为 $+1$ 或 -1，则在 $kT_S \leqslant t < (k+1)T_S$ 的区间内（$T_S = 2T_b$），QPSK 产生器的输出为（令 $n=2k+1$）

$$S(t)=\begin{cases} A\cos\left(\omega_c t+\dfrac{\pi}{4}\right) & a_n a_{n-1}=+1+1 \\[2mm] A\cos\left(\omega_c t-\dfrac{\pi}{4}\right) & a_n a_{n-1}=+1-1 \\[2mm] A\cos\left(\omega_c t+\dfrac{3}{4}\pi\right) & a_n a_{n-1}=-1+1 \\[2mm] A\cos\left(\omega_c t-\dfrac{3}{4}\pi\right) & a_n a_{n-1}=-1-1 \end{cases}$$

$$=A\cos(\omega_c t+\theta_k) \tag{2.4}$$

QPSK 或 OQPSK 调制信号的解调与 PSK 调制信号的解调相同，采用相干解调。QPSK 调制信号的相干解调原理框图如图 2.6 所示，对输入的 QPSK 调制信号分别用同相和正交载波进行解调。解调用的相干载波用载波恢复电路从接收信号中恢复。解调器的输出提供一个判决电路，产生同相和正交的二进制数据流。这两部分经并/串变换后，产生原始的二进制数据流。

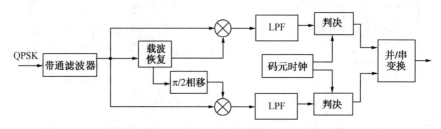

图 2.6　QPSK 调制信号的相干解调原理框图

QPSK 和 OQPSK 调制信号占用相同的带宽，但在信号抗噪声干扰性能、带宽效率、带限性上，OQPSK 调制要优于 QPSK 调制，因此 OQPSK 调制信号非常适用于移动通信系统。

（3）π/4-DQPSK 调制。π/4-DQPSK 调制是一种正交相移键控调制技术，是对 QPSK 调制进行改进而得到的一种调制方式。改进之一是将 QPSK 调制的最大相位跳变从 ±π 降为 ±3π/4，从而改善了 π/4-DQPSK 调制的频谱特性。改进之二是解调方式：QPSK 调制只能用相干解调，而π/4-DQPSK 调制既可以用相干解调，也可以用非相干解调，这就使接收机的设计大大简化。因此，π/4-DQPSK 调制信号比 QPSK 调制信号有更好的恒包络性。π/4-DQPSK 调制已用于日本数字蜂窝通信系统（PDC）和日本数字无绳电话 PHS 等个人通信系统中。

π/4-DQPSK 调制器的原理框图如图 2.7 所示。输入数据经串/并变换后得到同相通道 I 和正交通道 Q 的两种脉冲序列，即 S_I 和 S_Q。通过差分相位编码，使得在 $kT_s \le t < (k+1)T_s$ 时间内，I 通道的信号 U_k 和 Q 通道的信号 V_k 发生相应的变化，再将二者分别进行正交调制后合成 π/4-DQPSK 调制信号。

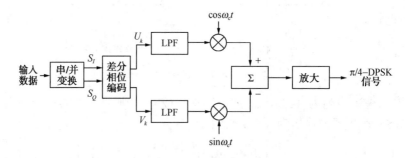

图 2.7　π/4-DQPSK 调制器的原理框图

设已调信号为

$$S_k(t) = \cos[\omega_c t + \theta_k] \tag{2.5}$$

式中，θ_k 为 $kT_s \le t < (k+1)T_s$ 之间的附加相位。

π/4-DQPSK 调制的星座图如图 2.8 所示。

π/4-DQPSK 调制的跳变量只有 ±π/4 和 ±3π/4 四种取值。从图 2.8 中可以看出，相位跳变必定在 "o" 组和 "*" 组之间跳变。π/4-DQPSK 调制是一种线性调制，但其包络不恒定。

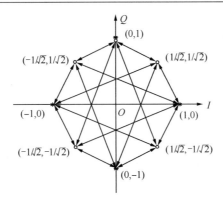

图 2.8　π/4-DQPSK 调制的相位星座图

π/4-DQPSK 调制信号的解调可采用相干检测、差分检测或鉴频器检测实现。中频差分检测原理框图如图 2.9 所示。在图 2.9 中，π/4-DQPSK 调制信号的中频差分检测器由两个鉴相器组成，而不需要采用本地振荡器，被接收的π/4-DQPSK 调制信号先被变频到中频（IF），再经带通滤波器，经过 X_k 和 Y_k 抽样、判决，再经限幅器和并/串变换后，最后生成原始的二进制数据流。

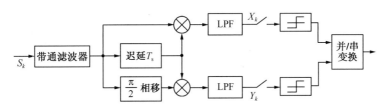

图 2.9　中频差分检测原理框图

2. 恒包络调制

许多实际的移动通信系统都采用恒包络调制，这时不管调制信号如何改变，载波的幅度恒定。恒包络调制具有以下优点。

（1）可使用功率高的 C 类放大器。

（2）带外辐射低，可达-60～-70dB。

（3）可用限幅器和鉴频器检测，从而简化接收机。

恒包络调制有许多优点，但它占用的带宽比线性调制大。它包括频移键控（FSK）调制、最小频移键控（MSK）调制、高斯最小频移键控（GMSK）调制和高斯滤波频移键控（GFSK）调制。

（1）FSK 调制。在 FSK 调制中，幅度恒定不变的载波信号的频率随着两个状态（高频率和低频率，代表二进制的"1"和"0"）切换。FSK 调制信号或呈现连续相位，或呈现不连续相位。

设输入调制器的数据流为 $\{a_n\}$，$a_n=\pm 1$。FSK 调制的输出信号形式（第 n 个数据区间）为

$$S(t)=\begin{cases}\cos(\omega_1 t+\varphi_1)\\\cos(\omega_2 t+\varphi_2)\end{cases} \tag{2.6}$$

即当输入为"＋1"时，输出频率为 f_1 的正弦波；当输入为"－1"时，输出频率为 f_2 的正弦波。

FSK 调制的调制指数定义为

$$h=(f_2-f_1)T_b \tag{2.7}$$

式中，T_b 为输入数据流的数据宽度（$1/f_b$）。

FSK 调制信号的带宽为

$$B=|f_2-f_1|+2f_b \tag{2.8}$$

FSK 调制信号可采用包络检波法、相干解调法和非相干解调法等方法解调。相干解调法的原理框图如图 2.10 所示。整个系统主要由带通滤波器、低通滤波器（两个相干器）和相乘器组成，提供本地相干解调信号。低通滤波器输出的差值经过比较判决器的比较判决来判决数据是"1"还是"0"。

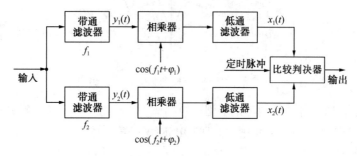

图 2.10　相干解调法的原理框图

非相干解调法的原理框图如图 2.11 所示。解调系统由带通滤波器、包络检波器和比较判决器组成。在图 2.11 中，上面一路的带通滤波器的中心频率为 f_1，下面一路的带通滤波器的中心频率为 f_2，比较判决器根据包络检波器输出的大小来判决数据是"1"还是"0"。

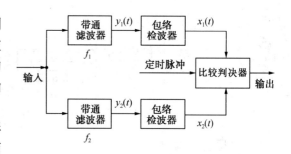

图 2.11　非相干解调法的原理框图

（2）MSK 调制。MSK 调制是一种特殊形式（相位连续）的 FSK 调制，其频差是满足两个频率相互正交（相关函数等于 0）的最小频差，并要求 MSK 调制信号的相位连续，其频差 $\Delta f=f_2-f_1=1/2T_b$，即调制指数为

$$h=\frac{\Delta f}{1/T_b}=0.5 \tag{2.9}$$

式中，T_b 为输入数据流的数据宽度。

MSK 调制信号的表达式为

$$S(t)=\cos\left(\omega_c t+\frac{\pi}{2T_b}a_k t+x_k\right) \tag{2.10}$$

式中，x_k 是为保证 $t=kT_b$ 时相位连续而加入的相位常量。

MSK 调制是一种高效的调制方法，特别适合在移动通信系统中使用。它有很好的特性，如恒包络、频谱利用率高、误码率低和可自同步。MSK 调制器的原理框图如图 2.12 所示。

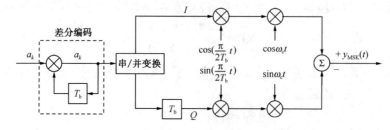

图 2.12　MSK 调制器的原理框图

图 2.12 中给出的差分编码的定义为

$$d_k=a_{k-1}+a_k \tag{2.11}$$

从图 2.12 中可以看出，I 支路数据和 Q 支路数据每隔 $2T_b$ 秒才有可能改变符号。I 支路和 Q 支路的码元在时间上相差 T_b 秒。输入数据 d_k 经过差分编码后，再进行 MSK 调制。

MSK 调制信号可以采用鉴频器解调，也可以采用相干解调。相干解调的原理框图如图 2.13 所示，采用平方器加锁相环来提取相干载波。

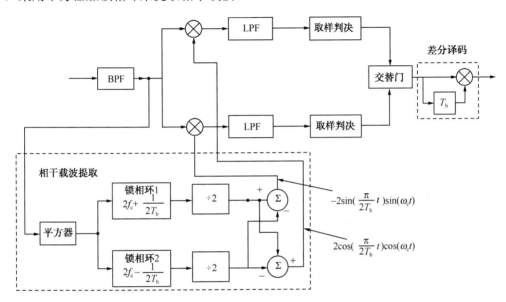

图 2.13 相干解调的原理框图

在 MSK 调制中，由于各支路的实际码元宽度为 $2T_b$，其对应的低通滤波器的带宽减小为 FSK 调制中相应带宽的 1/2，从而使 MSK 调制的输出信噪比比 FSK 调制增加了 1 倍。

（3）GMSK 调制。我们将输入端接有高斯低通滤波器的 MSK 调制器称为 GMSK 调制器。GMSK 调制是由 MSK 调制演变来的一种简单的二进制调制方法，是连续相位的恒包络调制。GMSK 调制因具有极好的功率效率（恒包络特性）和极好的频谱效率而备受青睐。图 2.14 所示为 GMSK 调制的原理框图。其中，B_b 为高斯低通滤波器的 3dB 带宽。

图 2.14 GMSK 调制的原理框图

最简单的产生 GMSK 调制信号的方法是在 FM 调制器前加入高斯低通滤波器（称为预调制滤波器），如图 2.15 所示。

图 2.15 直接由 FM 调制器构成 GMSK 调制器

如图 2.15 所示的这种 GMSK 调制技术被多种模拟和数字通信系统采用，如 GSM 等系统。GMSK 调制信号的解调可使用与 MSK 调制一样的正交相干解调。在正交相干解调中，最为重要的是相干载波的提取，这在移动通信环境中是比较困难的，因此移动通信系统通常采用差分解调和鉴频器解调等非相干解调的方法。如图 2.16 所示为差分检测解调的原理框图。

图 2.16　差分检测解调的原理框图

（4）GFSK 调制。图 2.17 所示为 GFSK 调制的原理框图。

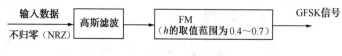

图 2.17　GFSK 调制的原理框图

从图 2.17 中可以看出，GFSK 调制与 GMSK 调制类似，是相位连续的恒包络调制。GFSK 调制吸取了 GMSK 调制的优点，但对调制指数的要求没有 MSK 调制和 GMSK 调制那样严格（MSK 调制和 GMSK 调制要求调制指数 h=0.5），通常情况下，调制指数 h 的取值范围为 0.4～0.7。GFSK 调制方式主要应用于数字无绳电话系统，如 CT2 和 DECT 等。

2.2　多址技术

多址技术允许许多移动用户同时共享有限的无线频谱资源。采用多址技术需要分配有效的带宽（或有效的信道）给多个用户，以获得高的系统容量，对于高质量的通信，必须保证不降低系统性能。

2.2.1　概述

在移动通信系统中，可以让通信双方同时进行传输信息的工作（收和发同时进行）称为全双工通信，用频域技术和时域技术都可以实现全双工通信。

频分双工（FDD）为每个用户提供两个确定的频率波段。一个波段（前向波段）提供从基站到移动台的传输，而另一个波段（后向波段）提供从移动台到基站的传输。在 FDD 系统中，任何双工信道（双向信道）实际上都由两个单工信道组成，允许同时在双工信道上进行无线发射和接收。不同的双工信道之间是用频率分隔的，需要在基站和移动台里设置双工器设备。

时分双工（TDD）用时间（而不是用频率）来提供前向链路和后向链路。如果前向链路和后向链路之间的时间间隔很小，那么从用户的角度观察，语音、数据的发送和接收就是同时发生的，这时需要在发送和接收之间设置一段时间间隔。TDD 系统允许在一个信道上通信，并且不需要双工器，从而简化了用户设备。

在无线通信环境的电波覆盖区内，如何建立用户之间的无线信道的连接是多址接入技术的问题。因为无线通信具有大面积无线电波覆盖和广播信道的特点，任何用户均可接收网内用户发射的信号，所以网内用户如何能从播发的信号中识别出发送给本用户地址的信号成为建立信道的首要问题。

当以传输信号的载波频率的不同划分来建立多址接入时，称为频分多址（FDMA）；当以传输信号存在时间的不同划分来建立多址接入时，称为时分多址（TDMA）；当以传输信号码型的不同划分来建立多址接入时，称为码分多址（CDMA）。FDMA、TDMA 和 CDMA 是在无线通信系统中共享有效带宽的三种主要接入方式。

2.2.2　FDMA

在 FDMA 系统中，把可以使用的总频段划分为若干占用较小带宽的频道，这些频道在频域上互不重叠，每个频道就是一个通信信道，分配给一个用户。一个典型的 FDMA 频道划分方案如图 2.18 所示。在接收设备中使用带通滤波器，允许指定频道里的信号通过，但滤除其他频率的信号，从而限制临近信道之间的相互干扰。FDMA 系统工作示意图如图 2.19 所示。由图 2.19 可见，FDMA 系统的基站必须同时发射和接收多个不同频率的信号；任意两个移动用户之间进行通信都必须经过基站的中转，因此必须占用 4 个频道才能实现双工通信。不过，移动台在通信时所占用的频道并不是固定指配的，它通常是在通信建立阶段由系统控制中心临时分配的，通信结束后，移动台将退出它占用的频道，可以将这些频道重新分配给别的用户使用。

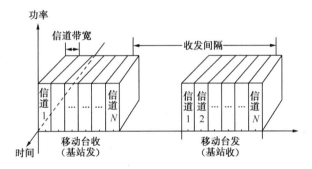

图 2.18　一个典型的 FDMA 频道划分方案

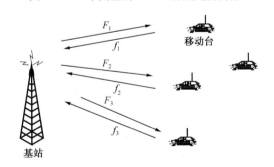

图 2.19　FDMA 系统工作示意图

在模拟移动通信系统中，信道带宽通常等于传输一路模拟语音所需的带宽，如 25kHz 或 30kHz。

2.2.3　TDMA

在 TDMA 系统中，时间被分成周期性的帧，每帧再被分割成若干时隙（帧和时隙都互不重叠），每个时隙就是一个通信信道，被分配给一个用户。一个典型的 TDMA 频道划分方案如图 2.20 所示。TDMA 系统根据一定的时隙分配原则，使各个移动台在每帧内只能按指定的时隙向基站发射信号，在满足定时和同步的条件下，基站可以在各时隙中接收各移动台的信号而互不干扰。同时，基站发向各个移动台的信号都按顺序安排在预定的时隙中传输，各移动台只要在指定的时隙内接收信号，就能在合路的信号中把发给它的信号区分出来。TDMA系统工作示意图如图 2.21 所示。

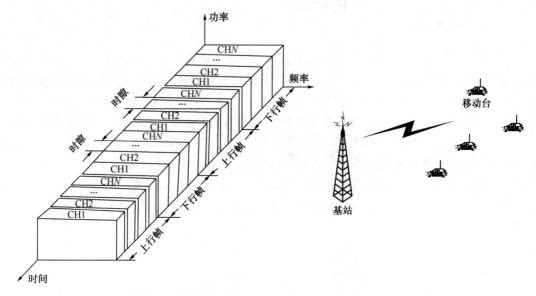

图 2.20　一个典型的 TDMA 频道划分方案　　　　图 2.21　TDMA 系统工作示意图

TDMA 系统和 FDMA 系统相比具有以下特点。

（1）TDMA 系统的基站只需要一部发射机，可以避免 FDMA 系统因多部不同频率的发射机同时工作而产生的互调干扰。

（2）TDMA 系统不存在频率分配问题，对时隙的管理和分配比对频率的管理和分配简单。

（3）TDMA 系统的移动台只在指定的时隙中接收信息，有利于控制和管理通信网络，可保证移动台的越区切换功能的实现。

（4）TDMA 系统可同时提供多种业务，使系统的通信容量和通信速率成倍增长。

（5）TDMA 系统具有精确的定时和同步功能，可保证各移动台发送的信号不在基站发生重叠和混淆。

TDMA 系统既可以采用频分双工（FDD）方式，也可以采用时分双工（TDD）方式。在FDD 方式中，上行链路和下行链路的帧结构既可以相同，也可以不同。在 TDD 方式中，通常将在某频率上一帧中一半的时隙用于移动台发送，将另一半的时隙用于移动台接收；收发工作在相同的频率上。例如，GSM 系统的帧长为 4.6ms（每帧 8 个时隙），采用 TDMA/FDD接入方式。

2.2.4　CDMA

在 CDMA 通信系统中，不同用户传输信息所用的信号不是靠频率不同或时隙不同来区分的，而是用各自不同的编码序列来区分的，或者说，是靠信号的不同波形来区分的。如果从频域或时域的角度来观察，多个 CDMA 信号是互相重叠的。接收机的相关器可以在多个CDMA 信号中选出使用的特定码型的信号。其他使用不同码型的信号因为和接收机本地产生的码型不同而不能被解调。它们的存在类似于在信道中引入了噪声或干扰，通常称之为多址干扰。

在 CDMA 系统中，用户之间的信息传输也是由基站进行转发和控制的。为了实现双工通信，正向传输和反向传输各使用一个频率，即所谓的频分双工（FDD）。无论是正向传输还是反向传输，除传输业务信息外，还必须传送相应的控制信息。为了传送不同的信息，需要设置相应的信道。但是，CDMA 系统既不分频道又不分时隙，传送各种信息的信道都靠采用不同的码型来区分。类似的信道属于逻辑信道，这些逻辑信道无论是从频域还是从时域的角度来看都是相互重叠的，或者说它们占用相同的频段和时间。一个典型的 CDMA 频道划分方案如图 2.22 所示。

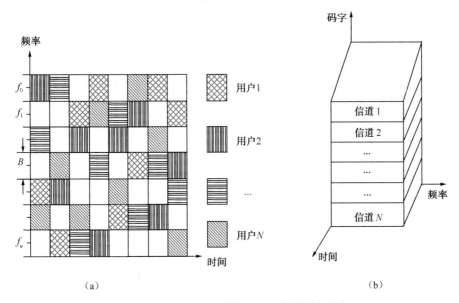

图 2.22　一个典型的 CDMA 频道划分方案

与 FDMA 系统和 TDMA 系统相比，CDMA 系统具有更大的系统容量、更高的语音质量、抗干扰、保密性强等优点，因此得到各个国家的普遍关注。

2.3　语音编码及信道编码技术

语音编码及信道编码是移动通信数字化的两个重要技术领域。在移动通信数字化中，模拟语音信号的数字化（语音编码）可提高频带利用率和信道容量。信道编码技术可提高通信系统的抗干扰能力，从而保证良好的通话质量。语音编码及信道编码技术对降低信道误码率、提高通话质量、提高频道利用率、增大系统通信容量具有重要作用。

2.3.1　语音编码技术

在通信系统中，语音编码技术相当重要。因为在很大程度上，语音编码决定了接收到的语音质量和系统容量。在移动通信系统中，带宽是十分宝贵的。在编码器能够传送高质量语音的前提下，如果采用低误码率的语音编码，则可在一定的带宽内传送更多的高质量语音。

语音编码为信源编码，是将模拟语音信号转变为数字信号以便在信道中传输的技术。语音编码的目的是在保持一定的算法复杂程度和通信时延的前提下，占用尽可能少的信道容量，传送尽可能高质量的语音。语音编码技术可分为波形编码、参量编码和混合编码三大类。

1. 波形编码

波形编码是对模拟语音波形信号进行取样、量化、编码而形成数字语音信号。为了保证数字语音信号解码后的高保真度，波形编码需要较高的编码速率，一般为 16～64kbps，在此速率下对各种各样的模拟语音波形信号进行编码均可达到很好的效果。波形编码的优点是适用于很宽范围的语音编码，在噪声环境下能保持稳定，所需的技术复杂度很低。波形编码的费用在语音编码的各项技术中属于中等程度，但其所占用的频带较宽，多用于有线通信中。波形编码包括脉冲编码调制（PCM）、差分脉冲编码调制（DPCM）、自适应差分脉冲编码调制（ADPCM）、增量调制（DM）、连续可变斜率增量调制（CVSDM）、自适应变换编码（ATC）、子带编码（SBC）和自适应预测编码（APC）等。

2. 参量编码

参量编码是基于人类语言的发声机理，找出表征语音的特征参量，对特征参量进行编码的一种方法。在接收端，可以根据所接收的语音特征参量恢复出原来的语音。由于参量编码只需要传送语音特征参量，可实现低速率的语音编码，其编码速率一般在 1.2～4.8kbps 之间。线性预测编码（LPC）及其变形均属于参量编码。参量编码的缺点在于语音质量只能达到中等水平，不能满足商用语音通信的要求。对此，人们通过综合参量编码和波形编码各自的优点，即保持参量编码的低速率和波形编码的高质量等优点，提出了混合编码。

3. 混合编码

混合编码是基于参量编码和波形编码发展出来的一类新的编码技术。在混合编码的信号中，既含有若干语音特征参量，又含有部分波形编码信息，其编码速率一般在 4～16kbps 之间。当编码速率在 8～16kbps 之间时，其语音质量可达到商用语音通信标准的要求。因此，混合编码技术在数字移动通信中得到了广泛应用。混合编码包括规则脉冲激励长期预测编/解码（RPE-LTP）、矢量和激励线性预测编码（VSELP）、码激励线性预测编码（CELP）等。

多址技术的运用是决定系统频谱效率的重要因素，并影响着语音编/解码器的选择。表 2.1 所示为常用数字移动通信系统语音编/解码器的类型。

表 2.1　常用数字移动通信系统语音编/解码器的类型

标　准	服　务　类　型	语音编/解码器	（单位：kbps）
GSM	数字蜂窝网	RPE-LTP	13
USDC（IS-54）	数字蜂窝网	VSELP	16
IS-95（CDMA）	数字蜂窝网	CELP	1.2，2.4，4.8，9.6
CT2、DECT、PHS	数字无绳电话	ADPCM	32
DCS-1800	个人通信系统	RPE-LTP	13
PACS	个人通信系统	ADPCM	32

GSM 系统采用 RPE-LTP 方案，其编/解码器相对复杂，每个话音信道的净编/解码速率为 13kbps。

IS-95（CDMA）系统采用 Qualcomm（高通）公司的 CELP 方案，也称为 QCELP，采用该方案研制的编/解码器检测到语音后激活，在静默期间数据传输速率降为 1.2kbps。每个语音信道的净编/解码速率可为 2.4kbps、4.8kbps 和 9.6kbps。

2.3.2　信道编码技术

进行数字信号的传输时，所传输的信号的质量常常用"接收数据中有多少是正确的"来表示，并由此引出误码率（BER）的概念。BER 表明所传输数据的总比特数中有多少比特数据被检测为错误，差错数据的数目或其占比应尽可能小。然而，要把它减小到零是不可能的，因为路径是在不断变化的，也就是说，必须允许存在一定数量的差错，还必须能恢复出原信息（对语音来说只是质量降低），或至少能检测出差错，这对于数据传输来说特别重要。

为了有所补益，可使用信道编码。信道编码能够检测并校正接收数据流中的差错，具体做法是加入一些冗余数据，把几个数据位上携带的信息扩散到更多的数据位上。为此付出的代价是必须传送比该信息本身更多的数据，但能有效地减少差错。

图 2.23 所示为数字信号传输方框图，其中，信源可以是语音、数据或图像的电信号 s，信源发出的信号经信源编码器构成一个具有确定长度的数字信号序列 m，人为地按一定规则向其中加入非信息数字序列，构成一个新的序列 C（信道编码），然后将其经调制器变换为适合信道传输的信号。经信道传输后，在接收端经解调器判决输出的数字序列为接收序列 R，此序列经信道译码器译码后变为信息序列 m'，而信源译码器则将 m' 变换成客户需要的信息形式 s'。

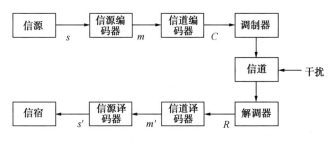

图 2.23　数字信号传输方框图

在数字通信中，要利用信道编码对整个通信系统进行差错控制。差错控制编码可以分为分组编码和卷积编码两类。分组编码的原理框图如图 2.24 所示。分组编码是把信息序列以 k 个码元分组，通过分组编码器将每组的 k 个码元信息按一定规律产生 r 个多余码元（称为检验元或监督元），输出长度为 n（$n=k+r$）的码组。

图 2.24　分组编码的原理框图

卷积编码的原理框图如图 2.25 所示。卷积编码就是将信息序列以 k_0 个码元分段，通过卷积编码器输出长度为 n_0 的码段。但是该码段的 $n_0 - k_0$ 个检验码不仅与本段的信息元有关，还与其前面 m 个码段的信息元有关，故卷积码用（n_0, k_0, m）表示，称 $N_0 = (2n+1)n_0$ 为卷积编码的编码约束长度。

图 2.25　卷积编码的原理框图

在 GSM 系统中，上述两种编码方法均被使用。例如，首先对一些信息数据位进行分组编码，构成"信息分组＋奇偶（检验）数据位"的形式，然后对全部数据进行卷积编码，从而形成编码数据位。这种两次编码的方案适用于语音和数据的传输，但二者的编码方案略有差异。采用两次编码的好处是：当有差错时，对能校正的编码进行校正（利用卷积编码特性），对能检测的编码进行检测（利用分组编码特性）。

2.4　扩频技术

2.4.1　概念

扩频通信指信号所占的频带宽度远大于所传信息所需的最小带宽；频带的扩展通过一个独立的码序列来完成，用编码及调制的方法来实现，与所传信息数据无关；在接收端则用同样的码进行同步接收、解扩及恢复所传信息数据。

图 2.26 所示为典型扩频通信系统示意图。它主要由信源、信源编/译码、信道编/译码（差错控制）、载波调制、符号解调、扩频调制、解扩频等部分组成。信源编码的目的是去掉信息的冗余度，压缩信源的数码率，提高信道的传输效率。信道编/译码（差错控制）的目的是增加信息在信道传输中的冗余度，使其具有检错和纠错能力，提高信道传输质量。调制部分的目的是使经信道编码后的符号能在适当的频段传输，如微波频段、短波频段等。扩频调制和解扩频是为了某种目的而使用的信号频谱展宽和还原技术。与传统通信系统不同的是，在扩频通信系统的信道中传输的是一个宽带的低谱密度的信号。

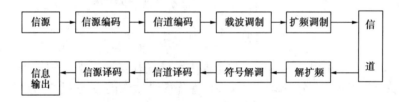

图 2.26　典型扩频通信系统示意图

这种通信方式与常规的窄带通信方式相比有以下区别。

（1）信息经频谱扩展后形成宽带传输。

（2）传输的信息经相关处理后恢复成窄带信息。

正是上述区别使扩频通信有如下优点。

（1）易于重复使用频率，提高了无线频谱利用率。易于在同一地区重复使用同一频率，也可与现今各种窄带通信共享同一频率资源。

（2）抗干扰性强，误码率低。扩频通信在空间传输时所占有的带宽相对较宽，而接收端又采用相关检测办法来解扩频，使有用宽带信号恢复成窄带信号，即把非所需信号扩展成宽带信号，然后通过窄带滤波技术提取有用的信号。图 2.27 所示为扩频系统抗宽带干扰能力示意图。

（a）接收输入端　　　　　　　（b）解扩频后

图 2.27　扩频系统抗宽带干扰能力示意图

（3）隐蔽性好，对各种窄带通信系统的干扰很小。由于扩频信号在相对较宽的频带上被扩展了，单位频带内的功率很小，信号湮没在噪声里，一般不容易被发现，因此说其隐蔽性好。

（4）可以实现码分多址，适合数字语音和数据传输。利用该技术可让许多用户共用这一宽频带，频带的利用率大大提高。

（5）抗多径干扰。利用扩频码的自相关特性，在接收端从多径信号中提取和分离出最强的有用信号，或把多个路径发来的同一码序列的波形进行合成，其作用相当于梳状滤波器。

基于以上特点，扩频技术首先应用于军事通信，现在已广泛应用于民用和商用通信系统。

① 卫星通信（多址、抗干扰、便于保密、降低平均功率谱密度）。

② 移动通信（多址、抗干扰、便于保密、抗多径干扰、提高频谱利用率）。

③ 无线本地环路（WLL）。

④ GPS（选址、抗干扰、便于保密、测距）。

⑤ 测试仪器，如干扰仪、误码测试仪等。

随着数字处理技术的发展、集成电路制造工艺的进步和大规模集成电路的出现，扩频系统的实现变得越来越简单。因此，扩频技术在这些年发展得非常迅速，其应用领域由军用扩展到民用、商用，应用范围越来越广泛。

2.4.2　直接序列扩频（DSSS）

1. DSSS 的调制

DSSS 系统通过将伪随机（PN）序列直接与基带脉冲数据相乘来扩展基带数据，其伪噪声序列由伪噪声序列生成器产生。伪随机（PN）序列波形的脉冲或符号称为"码片（chip）"。图 2.28 所示为 DSSS 调制示意图。这是一个普通的 DSSS 实现方法。图 2.28 中输入的同步数据可以是数据，也可以是信道编码，以模 2 加的方式形成码片，通过基带带通滤波器（BPF），然后与振荡器产生的载波相乘进行调制，形成 DSSS 信号，将已调信号输出。

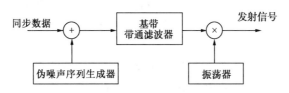

图 2.28　DSSS 调制示意图

2. DSSS 的解调

图 2.29 所示为 DSSS 解调示意图。若接收机已经同步，接收到的 DSSS 调制信号通过宽带滤波器，然后与本地产生的伪随机序列相乘，得到的解扩信号作为解调器的输入，这样信号经解调器后可恢复为原数据信号。

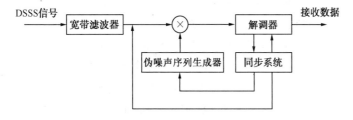

图 2.29　DSSS 解调示意图

3. DSSS 系统

DSSS 就是直接用具有高码率的扩频码，即 PN 序列在发送端扩展信号的频谱。而在接收端，用相同的扩频码序列进行解扩，把展宽的扩频信号还原成原始的信息。图 2.30 所示为 DSSS 系统的组成与原理示意图。

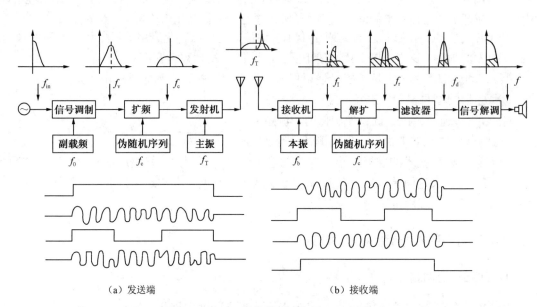

（a）发送端　　　　　　　　　　　（b）接收端

图 2.30　DSSS 系统的组成与原理示意图

我们以窄带信号的二相相移键控（BPSK）调制解调为例，在图 2.30（a）中，假定发送的是一个频带限于 f_{in} 以内的窄带信号。将此信号在调制器中先对某一副载频 f_0 进行调制（如进行调幅或窄带调频），得到中心频率为 f_0 而带宽为 $2f_{in}$ 的信号，即通常的窄带信号。一般的窄带通信系统直接将此信号在发送端对射频进行调制后由天线辐射出去。但在扩频通信系统中还需要增加一个扩展频谱的处理过程。常用的一种扩展频谱的方法是用高码率的随机码序列（f_c）对窄带信号进行 BPSK 调制，如图 2.30（a）所示。BPSK 调制相当于载波抑制的调幅双边带信号。选择 $f_c \gg f_0 > f_{in}$。这样可以得到带宽为 $2f_c$ 的载波抑制的宽带信号。将这一扩展了频谱的信号送到发射机中，对射频 f_T 进行调制后由天线辐射出去。

信号在射频信道传输的过程中必然受到各种外来信号的干扰。因此，进入接收端的除有用信号外还存在干扰信号。假定干扰为功率较强的窄带信号，宽带有用信号与干扰信号同时变频，至中心频率为中频 f_I，然后被输出。不言而喻，对这一中频宽带信号必须进行解扩处理才能进行信号解调。解扩实际上就是扩频的反变换，通常使用与发送端相同的调制器，并用与发送端完全相同的伪随机序列对收到的宽带信号再一次进行 BPSK 变换。

从图 2.30（b）中接收端的波形可以看出，再一次进行的 PSK 变换正好把扩频信号恢复成第一次 PSK 变换前的原始信号。从频谱上看则表现为宽带信号被解扩压缩还原成窄带信号。这一窄带信号经中频窄带滤波器后被送至解调器，再恢复成原始信号。但是，进入接收端的窄带信号在接收端的调制器中同样受到伪随机序列的 BPSK 调制，它反而使窄带干扰信号变成宽带干扰信号。由于干扰信号频谱的扩展，经过中频窄带带通滤波器的作用，只允许通带内的干扰通过，使干扰功率大大减小。由此可见，接收端输入的信号与噪声经过解扩处理，使信号功率集中起来通过滤波器，同时使干扰功率扩散后被滤波器大量滤除，结果便大大提高了输出端的信噪比。

这一过程说明了 DSSS 系统的基本原理和它是怎样通过对信号进行扩频与解扩而提高输出信噪比的，它体现了 DSSS 系统的抗干扰能力。

总之，扩频信号的产生包括调制和扩频两个步骤。例如，先用要传送的信息数据对载波进行调制，再用 PN 序列扩展信号的频谱；也可以先用 PN 序列与信息数据相乘（把信息的频谱扩展），再对载波进行调制，这二者是等效的。接收端要从收到的扩频信号中恢复出它携带的信息，必须经过解扩和解调两个步骤。

接收端用与发送端完全相同的 PN 序列与收到的扩频信号进行相关解扩后，再经过常规的解调，即可恢复所传信息。

2.4.3　扩频通信的主要性能指标

处理增益和抗干扰容限是扩频通信系统的两个主要性能指标。

1. 处理增益（G_p）

G_p 也称扩频增益，它被定义为频谱扩展前后的信息带宽 ΔF 与 W 的比值：

$$G_p=W/\Delta F \tag{2.12}$$

在扩频通信系统中，接收端进行扩频、解调后，只提取相关处理后的信息带宽 ΔF，而排除掉宽频带 W 中的外部干扰、噪声和其他用户的通信影响。因此，G_p 反映了扩频通信系统信噪比改善的程度。工程上常以分贝为单位（dB）来表示 G_p，即

$$G_p=10\lg W/\Delta F \tag{2.13}$$

2. 抗干扰容限

抗干扰容限是指扩频通信系统在存在干扰的环境下正常工作的能力，其定义为

$$M_j=G_p-[(S/N)_{out}+L_s] \tag{2.14}$$

式中，M_j 为抗干扰容限；G_p 为处理增益；$(S/N)_{out}$ 为信息数据被正确解调而要求的最小输出信噪比；L_s 为接收系统的工作损耗。

例如，一个扩频系统的 G_p 为 35dB，要求误码率小于 10^{-5} 的信息数据解调的最小输出信噪比 $(S/N)_{out}<10$dB，系统损耗 $L_s=3$dB，则抗干扰容限 $M_j=35-(10+3)=22$dB。

这说明，该系统能在干扰输入功率电平比扩频信号功率电平高 22dB 的范围内正常工作，也就是说该系统能够在接收输入信噪比大于或等于 -22dB 的环境下正常工作。

2.4.4　跳频技术

跳频的载频受 PN 序列的控制，在其工作带宽范围内，其频率合成器按 PN 序列的规律不断改变频率。在接收端，频率合成器受 PN 序列的控制，并保持与发送端的变化规律一致。

跳频指载波频率在一定范围内不断跳变的扩频，而不是对被传送信息进行频谱扩展。跳频相当于瞬时的窄带通信系统，基本等同于常规通信系统，无抗多径能力，且发射效率低。跳频的优点是抗干扰性能强，定频干扰只会干扰部分频点。用于语音信息传输时，当定频干扰只占一小部分时，跳频不会对语音通信造成很大的影响。跳频系统是靠躲避干扰来达到抗干扰的目的的，其抗干扰性能用 G_p 表征，G_p 的表达式为

$$G_p=10\lg\frac{B_W}{B_C} \tag{2.15}$$

式中，B_W 为跳频系统的频率跳变范围；B_C 为跳频系统的最小跳变频率间隔（GSM 的 $B_C=200\text{kHz}$）。

以 GSM 蜂窝通信系统为例，若 $B_W=15\text{MHz}$，$B_C=200\text{kHz}$，则 $G_p=18\text{dB}$。

跳频的频率高低直接反映跳频系统的性能，频率越高，跳频系统的抗干扰性能越强，军用系统的跳频频率可以达到每秒上万跳。实际上，GSM 移动通信系统也是跳频系统，其规定的跳频频率为 217 跳/秒。出于成本方面的考虑，商用跳频系统的跳频频率都较低，一般不超过 50 跳/秒。由于慢跳跳频系统实现起来较简单，因此低速无线局域网产品常常采用这种技术。

本 章 小 结

本章介绍了移动通信系统所涉及的主要技术，即调制解调技术、多址技术、语音编码及信道编码技术、扩频技术，这些内容是关于移动通信的基础知识。本章着重介绍这些技术的基本概念、特点及应用领域，目的是让学生对这些技术有所了解，为后续介绍移动通信系统奠定基础。本章的主要内容如下。

1．调制解调技术

（1）调制解调技术的主要性能指标和分类。
（2）线性调制解调技术：PSK、QPSK 和 π/4-DQPSK 的概念、组成结构、特点及应用领域。
（3）恒包络调制解调技术：FSK、MSK 和 GMSK 的概念、组成结构、特点及应用领域。

2．多址技术

首先介绍了频分双工（FDD）和时分双工（TDD）的概念和特点，随后介绍了频分多址（FDMA）、时分多址（TDMA）和码分多址（CDMA）三种无线通信系统的主要接入方式的概念、特点及应用领域。

3．语音编码及信道编码技术

各种语音编码及信道编码技术的基本概念、特点及应用领域。

4．扩频技术

扩频技术的基本概念、特点、应用领域及扩频通信的主要性能指标。

习 题 2

2.1 移动通信信道具有＿＿＿＿＿＿＿＿、＿＿＿＿＿＿＿＿＿＿和＿＿＿＿＿＿＿＿＿等基本特征。

2.2 线性调制技术的特点为＿＿＿＿＿＿，传输中必须使用＿＿＿＿＿＿的射频放大器，所以非常适用于在有限频带内要求容纳较多用户的无线通信系统。

2.3 恒包络调制的特点是不管调制信号如何变化，＿＿＿＿＿＿＿＿＿＿＿＿＿。

2.4 ＿＿＿＿＿＿＿调制解调方式是恒包络调制。

　　A．QPSK　　　　　　B．GMSK　　　　　　C．PSK

2.5 当以传输信号的码型的不同划分来建立多址接入时，称为＿＿＿＿。

　　A．TDMA　　　　　　B．FDMA　　　　　　C．CDMA

2.6 GSM 移动通信系统采用＿＿＿＿接入方式。

　　A．TDMA/TDD　　　B．TDMA/FDD　　　C．CDMA/FDD

2.7 PCM 属于_____语音编码技术。

    A．波形编码   B．参量编码   C．混合编码

2.8 CDMA 移动通信系统采用的语音编码技术为_____。

2.9 信道编码的目的是增加信息在信道传输中的_____，使其具有检错和纠错的能力，提高信道传输质量。

2.10 直接序列（DS）扩频，就是直接用具有高码率的_____在发送端扩展信号的频谱。

2.11 调制和解调的目的是什么？

2.12 调制分为哪两大类？各有什么特点？

2.13 线性调制主要有哪几种？试简述 QPSK 和π/4-DQPSK 调制解调的基本原理。

2.14 恒包络调制主要有哪几种？试简述 GMSK 和 GFSK 调制解调的基本原理。

2.15 无线通信系统中主要有哪几种接入方式？它们各自具有什么特点？

2.16 通信系统中的语音编码和信道编码各自的目的是什么？

2.17 语音编码技术主要有哪几种方法？它们各自具有什么特点？

2.18 信道编码一般采用什么方法？分组编码和卷积编码各自的特点是什么？

2.19 什么是扩频技术？它的优点是什么？

2.20 一个扩频系统的信息带宽为 4kHz，频带扩展后的信号带宽为 2MHz，处理增益是多少？若要求误码率小于 10^{-5} 的信息数据解调的最小的输出信噪比 $(S/N)_{out} < 12dB$，系统损耗 $L_s=3dB$，则干扰容限是多少？

2.21 什么是跳频技术？它有什么特点？

第3章 电波的传播与干扰

【内容提要】

从移动通信信道设计和提高设备的抗干扰性能的角度考虑，必须研究电波的传播与干扰的特性及其对信号传输的影响，采取措施提高通信质量。本章将讨论移动通信系统所涉及的电波传播特性、移动信道的特征、分集接收技术、噪声与干扰；研究电波传播特性，以及噪声与干扰产生的原因、特性和需采取的必要措施，并研究分集接收技术的分集方式和方法。

无线通信系统的性能主要受移动无线信道的制约。发射机与接收机之间的传播路径非常复杂。无线信道具有很高的随机性，甚至移动台的移动速度都会对信号电平的衰落产生影响。在这一章中，我们将主要讨论移动通信所涉及的电波传播特性、噪声干扰问题和分集接收技术。

3.1 电波传播特性

电波传播的机理是多种多样的，但总体上可归结为反射、绕射和散射。在无线通信系统中，接收机的接收功率随距离增大而减小的现象为路径损耗。多数移动通信系统工作在城区，发射机和接收机之间无直接视距路径，而且高层建筑会产生强烈的绕射损耗；由于不同物体的多路径反射，经过不同长度路径的电波相互作用会引起路径损耗；随着发射机和接收机之间距离的不断增加会引起电波强度的衰减。接收天线在几十至几百米的范围内移动，使接收信号中的尺度发生变化，这称为阴影效应，这通常是因树和树叶等物体的遮挡而产生的。移动通信系统的电波传播路径损耗和多径衰落如图 3.1 所示。

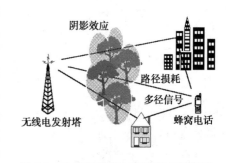

图 3.1 电波传播路径损耗和多径衰落

3.1.1 自由空间传播损耗

自由空间传播是指天线周围为无限大的真空空间时的电波传播，它是理想状态下的传播条件。电波在自由空间传播时，其能量既不会被障碍物吸收，也不会产生反射或散射。在实际情况下，传播路径上没有障碍物阻挡，到达接收天线的地面反射信号的场强也可以忽略不计，在这种情况下，电波可视作在自由空间传播。对于移动通信系统而言，自由空间传播损耗 L_{fs} 与传播距离 d 和工作频率 f 有关，可定义为

$$[L_{fs}] \ (dB) = 32.44 + 20\lg d + 20\lg f \tag{3.1}$$

式中，d 为距离，单位为 km；f 为频率，单位为 MHz。

从式（3.1）中我们可以得出，传播距离 d 越远，自由空间传播损耗 L_{fs} 越大，当传播距

d 增加一倍时，自由空间传播损耗 L_{fs} 就增加 6dB；工作频率 f 越高，自由空间传播损耗 L_{fs} 越大，当工作频率 f 增加一倍时，自由空间传播损耗 L_{fs} 就增加 6dB。

3.1.2　电波的三种基本传播机制

在移动通信系统中，影响电波传播的三种基本传播机制是反射波、绕射波和散射波。

1．反射波

当电波传播遇到比波长大得多的物体时会发生反射，反射发生于地球表面、建筑物表面和墙壁表面等，如图 3.2 所示。

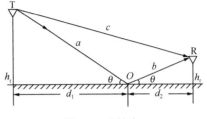

图 3.2　反射波

2．绕射波

当接收机和发射机之间的无线电波的传播路径被尖利的边缘物阻挡时会发生绕射。由阻挡表面产生的二次波散布于空间，甚至会散布于阻挡体的背面。绕射使得无线电波信号绕地球的曲线表面传播，能够传播到阻挡物后面。

3．散射波

当电波穿行的介质中存在小于波长的物体，并且单位体积内阻挡体的个数非常大时，会产生散射波。散射波产生于粗糙表面、小物体或其他不规则物体上。在实际的移动通信环境中，接收信号比单独绕射和反射的信号要强，这是因为当电波遇到粗糙表面时，反射能量散布于各个方向。像灯柱和树木这样的物体会在各个方向上散射能量，这就给接收机提供了额外的能量。

3.2　移动信道的特征

移动通信系统常常工作在城市建筑群和其他地形、地物较为复杂的环境中，其传输信道的特性是随时随地变化的，具有极强的随机性。

3.2.1　传播路径

如图 3.3 所示，h_b 为基站天线高度（一般为 30m），h_m 为移动台天线高度。直射波的传播距离为 d，地面反射波的传播距离为 d_1，散射波的传播距离为 d_2。移动台接收信号的场强由上述三种电波的矢量合成。

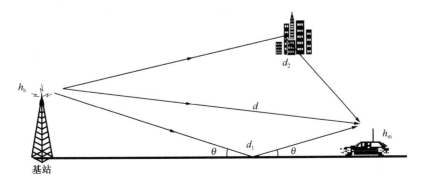

图 3.3　移动信道的传播路径

3.2.2　信号衰落

移动通信接收点所接收到的信号场强是随机起伏变化的，这种随机起伏变化称为衰落。通常采用统计分析法对这种随机量进行研究。典型的信号衰落特性如图 3.4 所示。

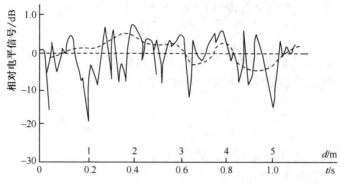

图 3.4　典型的信号衰落特性

在图 3.4 中，横坐标是时间或距离（$d=vt$，v 为移动速度），纵坐标是相对信号电平（dB），变化范围为 30～40dB。在图 3.4 中，虚线表示的是信号局部中值，其含义是在局部时间内，信号电平大于或小于该值的时间各为 50%。由于移动台不断运动，电波传播路径上的地形、地物也是不断变化的，因此局部中值也是变化的，这种变化造成了信号衰落。

移动台接收的信号场强值（dB）是时间 t 的函数。具有 50%概率的场强值称为场强中值。若场强中值等于接收机的最低阈值，则通信的可通率为 50%。因此，为了保证正常的通信，必须使实际的场强中值远远大于接收机的最低阈值。

3.2.3　地形、地物对电波传播的影响

1．地形的分类与定义

为了计算移动信道中信号的场强中值（或传播损耗中值），可将地形分为两大类，即中等起伏地形和不规则地形，并以中等起伏地形作为传播基准。中等起伏地形是指在传播路径的地形剖面图上，地面起伏高度不超过 20m，且起伏缓慢，峰点与谷点之间的水平距离大于起伏高度的地形。其他地形（如丘陵、孤立山岳、斜坡和水陆混合地形等）统称为不规则地形。下面我们来看基站天线的有效高度（h_b）的定义，如图 3.5 所示。

在图 3.5 中，若基站天线顶点的海拔高度为 h_{ts}，从天线设置地点开始，沿着电波传播方向的 3km～15km 之内的地面平均海拔高度为 h_{ga}，则定义基站天线的有效高度为

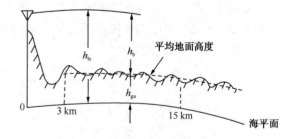

图 3.5　基站天线的有效高度（h_b）

$$h_b = h_{ts} - h_{ga} \tag{3.2}$$

若传播距离不到 15km，则 h_{ga} 是 3km 到实际距离之间的平均海拔高度。

移动台天线的有效高度 h_m 是指天线在地面上的高度。

2．地物（或地区）分类

不同地物环境的传播条件不同，按照地物的密集程度的不同可将其分为三类地区。

（1）开阔地。开阔地是指在电波传播的路径上无高大树木、建筑物等障碍物，呈开阔状地面，或在 400m 内没有任何阻挡物的场地，如农田、荒野、广场、沙漠和戈壁滩等。

（2）郊区。郊区是指在靠近移动台近处有些障碍物但不稠密的场地，如有少量的低层房屋或小树林等。

（3）市区。市区是指有较密集的建筑物和高层楼房的场地。

3．电波传播的估算

电波传播的估算通常采用 Okumura 电波传播衰减计算模式和 Cost-2-Walfish-Ikegami 电波传播衰减计算模式。

GSM 900MHz 主要采用国际无线电咨询委员会（CCIR）推荐的 Okumura 电波传播衰减计算模式。该模式以准平坦地形大城市的场强中值或路径损耗中值作为参考，对其他传播环境和地形条件等因素分别以校正因子的形式进行校正，可参考附录 C 或参考文献［6］。

GSM 1800MHz 主要采用欧洲电信科学技术研究联合会推荐的 Cost-2-Walfish-Ikegami 电波传播衰减计算模式。该模式是从对众多城市的电波实测中得出的一种小区域覆盖范围内的电波损耗模式。

无论用哪一种模式来预测无线覆盖范围，都是基于理论和测试结果统计的近似计算。由于实际地理环境千差万别，很难用一种数学模型来精确地描述，特别是城区街道中各种密集的、不规则的建筑物的反射、绕射及阻挡，给数学模型预测带来了很大困难。因此。有一定精度的预测虽可指导网络基站选点及布点的初步设计，但是通过数学模型预测得到的值与实际的信号场强值总是存在差别的。关于电波传播估算的具体方法，可参见本书附录 B 或查阅有关无线通信和移动通信的书籍，这里就不介绍了。

3.3　分集接收技术

分集接收技术是通信中的一种用较低费用就可以大幅度改进无线通信的性能的有效接收技术，适用范围很广。它是通过查找和利用无线传播环境中独立的多径信号来实现的。在实际的应用中，分集接收技术的参数都是由接收机决定的。

3.3.1　分集接收原理

分集接收是指接收端对它收到的多个衰落特性互相独立（携带同一信息）的信号进行特定的处理，以降低信号电平起伏的办法。其基本思想是：将接收到的多径信号分离成独立的多路信号，然后将这些多路信号的能量按一定的规则合并，使接收的有用信号的能量最大，使接收的数字信号误码率最小。图 3.6 所示为选择式分集合并示意图。

在图 3.6 中，A 和 B 代表两个同一来源的独立衰落信号。如果在任意瞬间，接收机选择其中幅度较大的信号，则可得到合成信号 C。

分集接收技术包括两方面。

（1）如何把接收到的多径信号分离成独立的多路信号。

（2）怎样将这些多路信号的能量按一定的规则合并，使接收的有用信号的能量最大，以降低衰落的影响。

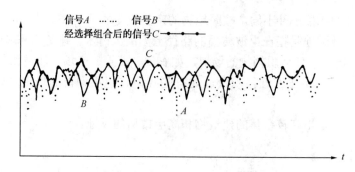

图 3.6　选择式分集合并示意图

3.3.2　分集方式和方法

在移动通信系统中，可能用到两类分集方式：一类称为"宏分集"；另一类称为"微分集"。

"宏分集"主要用于蜂窝通信系统中，也称为"多基站"分集。这是一种减小衰落影响的分集技术，其做法是把多个基站设置在不同的地理位置上（如蜂窝小区的对角上）和不同方向上，同时和蜂窝小区内的一个移动台进行通信（可以选用其中信号最好的一个基站进行通信）。显然，只要在各个方向上的信号传播没有同时受到阴影效应或地形的影响而出现严重的衰落（架设基站天线可以防止这种情况发生），这种办法就能保证通信不会中断。

"微分集"也是一种减小衰落影响的分集技术，该技术在各种无线通信系统中经常使用。理论和实践都表明，在空间、频率、极化、场分量、角度及时间等方面分离的无线信号都呈现互相独立的衰落特性。

微分集方法主要有空间分集、频率分集和时间分集等。分集方法如图 3.7 所示。

1．空间分集

空间分集的依据在于衰落的空间独立性，即在任意两个不同的位置上接收同一个信号，只要两个位置的距离大到一定程度，则两处所接收的信号的衰落就是不相关的（独立的），如图 3.7（a）所示。

2．频率分集

由于频率间隔大于相关带宽的两个信号所遭受的衰落是不相关（独立的）的，因此可以用两个以上不同的频率传输同一信息，以实现频率分集，如图 3.7（b）所示。频率分集需要用两部以上的发射机（频率间隔 53kHz 以上）同时发送同一信号，并用两部以上的独立接收机来接收信号。它不仅使设备更复杂，还在频谱利用率方面有不足之处。

3．时间分集

同一信号在不同的时间区间内多次重发，只要各次发送的时间间隔足够大，那么各次发送信号所出现的衰落将是彼此独立的，接收机将重复收到的同一信号合并，就能减小衰落的影响，如图 3.7（c）所示。时间分集主要用于在衰落信道中传输数字信号。此外，时间分集也有利于克服移动信道中由多普勒效应引起的信号衰落现象。

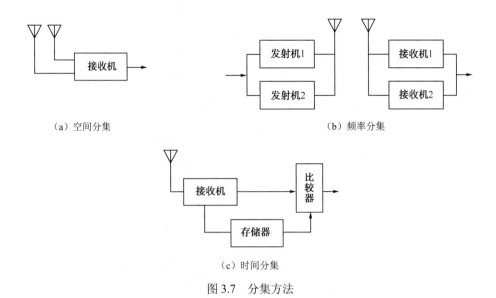

（a）空间分集　　　　　　　　　　　　　　　　　　（b）频率分集

（c）时间分集

图 3.7　分集方法

3.3.3　合并方式

接收端收到 M 条相互独立的支路信号后，如何利用这些信号减小衰落的影响就是合并问题。一般采用线性合并的方式，把输入的 M 路独立衰落信号加权相加后合并输出。

设 M 个输入信号电压为 $r_1(t),r_2(t),\cdots,r_M(t)$，则合并器的输出电压 $r(t)$ 为

$$r(t)=a_1r_1(t)+a_2r_2(t)+\cdots+a_Mr_M(t)=\sum_{k=1}^{M}a_kr_k(t) \tag{3.3}$$

式中，a_k 为第 k 个信号的加权系数。

选择不同的加权系数会形成不同的合并方式。常用的合并方式有选择式合并、最大比值合并和等增益合并三种。

1．选择式合并

选择式合并是检测所有分集支路的信号，以选择其中信噪比最高的那一个支路的信号作为合并器的输出。由上式可见，在选择式合并器中，加权系数 a_k 只有一项为 1，其余项均为 0。

图 3.8 所示为选择式合并的示意图。两个支路的中频信号分别经过解调，然后进行信噪比的比较，选择其中有较高信噪比的支路接到接收机的共用部分。选择式合并又称开关式相加。这种方式简单，容易实现，但由于未被选择的支路信号将不被使用，因此其抗衰落性能不如最大比值合并和等增益合并方式强。

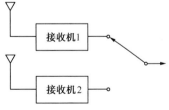

图 3.8　选择式合并的示意图

2．最大比值合并

最大比值合并是一种最佳的合并方式，最大比值合并方式如图 3.9 所示。为了书写简便，每一支路信号包络 $r_k(t)$ 用 r_k 表示。每一支路的加权系数 a_k 与信号包络 r_k 成正比，而与噪声功率 N_k 成反比，即

$$a_k = \frac{r_k}{N_k} \tag{3.4}$$

由此可得最大比值合并器输出的信号包络为

$$r_R = \sum_{k=1}^{M} a_k r_k = \sum_{k=1}^{M} \frac{r_k^2}{N_k} \tag{3.5}$$

式中，下标 R 表征最大比值合并方式。

由于在接收端通常要有各自的接收机和调相电路，以保证在叠加时各个支路的信号是同相位的，最大比值合并方式输出的信噪比等于各个支路的信噪比之和，因此，即使各个支路信号都很差，采用最大比值合并方式仍能解调出所需的信号。DSP 技术和数字接收技术采用的就是这种方式。

3. 等增益合并

等增益合并无须对各支路信号加权，各支路信号是等增益相加的，等增益合并方式如图 3.10所示。

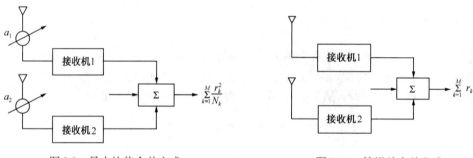

图 3.9　最大比值合并方式　　　　　　　图 3.10　等增益合并方式

等增益合并方式是把各支路信号同相后再进行叠加，加权时各支路信号的权重相等。这样，其性能只比最大比值合并方式差一些，但比选择式合并方式的性能好很多。

3.4　噪声与干扰

除损耗和衰落外，另一个重要的信道对信号传输的限制因素就是噪声与干扰。在通信系统中，任何不需要的信号都是噪声与干扰。因此，从移动通信系统的性能方面考虑，必须研究噪声与干扰的特性及它们对移动通信系统性能的影响。

3.4.1　噪声

移动信道中的噪声来源是多方面的，一般可分为内部噪声、自然噪声、人为噪声。

内部噪声是系统设备本身产生的各种噪声，不能预测的噪声统称为随机噪声。自然噪声及人为噪声为外部噪声，它们也属于随机噪声。依据噪声特征又可将噪声分为脉冲噪声和起伏噪声。脉冲噪声是在时间上无规则的突发噪声，如汽车发动机产生的点火噪声，这种噪声的主要特点是其突发的脉冲幅度较大而持续时间较短，从频谱上看，脉冲噪声通常有较宽的频带。热噪声、散弹噪声及宇宙噪声是典型的起伏噪声。

在移动信道中，噪声的影响较大，可分为大气噪声、太阳噪声、银河噪声、郊区人为噪声、市区人为噪声、典型接收机的内部噪声 6 种。其中，前 5 种为外部噪声。有时将太阳噪声和银河噪声统称为宇宙噪声。大气噪声和宇宙噪声属于自然噪声。图 3.11 所示为各种噪声的功率与频率的关系的示意图。

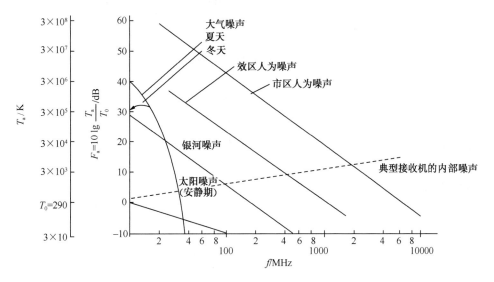

图 3.11 各种噪声的功率与频率的关系

在移动通信系统使用的频率范围内，由于自然噪声通常低于典型接收机的内部噪声，所以可以忽略不计，仅需考虑人为噪声。

人为噪声是指各种电气装置中因电流或电压发生急剧变化而形成的电磁辐射，如因电动机、电焊机、高频电气装置、电气开关等产生的火花放电而形成的电磁辐射。

在移动信道中，人为噪声主要是车辆的点火噪声。汽车火花引起的噪声系数不仅与频率有关，而且与交通密度有关。交通密度越大，噪声电平越高。由于人为噪声源的数量和集中程度因地点和时间而异，因此从地点和时间的角度来看，人为噪声是随机变化的。图 3.12 所示为几种典型环境的人为噪声系数平均值示意图。

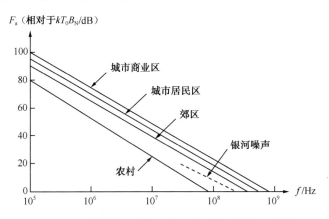

图 3.12 几种典型环境的人为噪声系数平均值示意图

由图 3.12 可见，城市商业区的噪声系数比城市居民区的噪声系数高 6dB 左右，比郊区的噪声系数高 12dB。

3.4.2　干扰

在移动通信系统中，基站和移动台接收机必须能在其他通信系统产生的众多较强的干扰信号中保持正常通信。因此，移动通信对干扰的限制更为严格，对接收和发射设备的抗干扰特性的要求更高。

在移动通信系统中，应考虑的干扰主要有邻道干扰、同频干扰和互调干扰。

1. 邻道干扰

邻道干扰是指邻近信道的信号相互干扰。为此，移动通信系统的信道必须有一定宽度的频率间隔。考虑到因发射机、接收机的频率的不稳定和不准确而造成的频率偏差以及接收机的滤波特性欠佳等原因，No.1 信道发射信号的 n_L 次边频将落入邻近的 No.2 信道内，如图 3.13 所示。

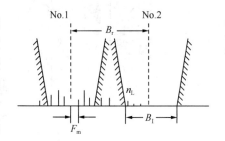

图 3.13　邻道干扰示意图

在图 3.13 中，调制信号的最高频率为 F_m，信道间隔为 B_r，B_I 为接收机的中频带宽。

在移动通信系统中，增加两个电台间地理上的间隔距离有助于减小信号干扰。但是在某种情况下，增加地理上的间隔距离并不利于减小信号干扰，反而会带来另一种邻道干扰。现在我们考虑另一种情况，在基站覆盖区内有一些移动台在移动，其中有一些移动台距基站较近，另一些移动台距基站较远。设想有两个移动台同时向基站发射信号，基站从接近它的移动台（k 信道）接收到很强的信号，而从远离它的移动台（$k+1$ 信道）接收到的信号很微弱，然而，远离基站的信号为需要信号，靠近基站的信号为非需要信号，此时，较强的接收信号（非需要信号）将掩盖较弱的接收信号（需要信号），在解调器输出端，弱信号以噪声形式输出，而强信号作为"有用"信号输出，也就是说，强的非需要信号（k 信道）对弱的需要信号（$k+1$ 信道）形成了邻道干扰。

为了减小邻道干扰，需提高接收机的中频选择性并增加优选接收机指标；还要限制发射信号的带宽，可在发射机调制器中采用瞬时频偏控制电路，防止带宽过大的信号进入调制器产生过大的频偏；在移动台的功率方面，应在满足通信距离要求的前提下，尽量采用小功率输出，以缩小服务区。而大多数移动通信设备都采用的是自动功率控制方式，利用移动台接收到的基站信号的强度对移动台的发射功率进行自动控制，使移动台在驶近基站时降低发射功率。还有其他减小邻道干扰的方法，如使用天线定向波束指向不同的水平方向及指向不同的仰角方向。

2. 同频干扰

同频干扰是指同载频电台之间的干扰。在电台密集的地方，若频率管理或系统设计不当，就会造成同频干扰。

在移动通信系统中，为了增加频谱利用率，可能有两条或多条信道被分配在相同的频道上工作，这样就形成了一种同频结构。在同频环境中，当有两条或多条频道同时进行通信时，就有可能产生同频干扰。

移动通信设备能够在同频道上承受干扰（同频干扰）的程度与所采用的调制类型有关。一般情况下，信号强度随着距基站的距离的增大而减弱，但信号强度还与地形等其他因素有关。

为了避免产生同频干扰，应在满足一定通信质量的前提下选择适当的复用频道的保护距离，这段距离就是使用相同工作频道的各基站之间的最小安全距离，简称为同频道再用距离或共频道再用距离。所谓"安全"，是指接收机输入端的有用信号与同频道干扰的比值大于射频防护比。

射频防护比是指达到主观上限定的接收质量所需的射频信号与干扰信号的比值。

假定各基站与各移动台的设备参数相同，地形条件也是理想的。这样，同频道再用距离只与以下因素有关。

（1）调制方式。要达到规定的接收质量，对于不同的调制方式，所需的射频防护比是不同的。例如，窄带调频或调相，其射频防护比约为 8 ± 3dB。

（2）电波传播特性。假定传播路径是光滑的地平面，路径损耗 L 为

$$[L]=120+40\lg d-20\lg(h_\mathrm{t}\cdot h_\mathrm{r}) \tag{3.6}$$

式中，d 为发射天线与接收天线之间的距离（km）；h_t、h_r 分别表示发射天线和接收天线的高度（m）。

（3）基站的覆盖范围或小区半径 r_0。

（4）通信工作方式。

（5）可靠通信概率。

图 3.14 所示为同频道再用距离的示意图。假设基站 A 和基站 B 使用相同的频道，移动台 M 正在接收基站 A 发射的信号，由于基站的天线高度大于移动台的天线高度，因此当移动台 M 处于小区的边缘时，易受到基站 B 发射的信号的同频干扰。假如输入移动台接收机的有用信号与同频干扰之比等于射频防护比，则 A、B 两基站之间的距离为同频道再用距离，记为 D。由图 3.14 可见：

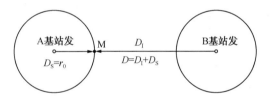

图 3.14　同频道再用距离的示意图

$$D=D_\mathrm{I}+D_\mathrm{S}=D_\mathrm{I}+r_0 \tag{3.7}$$

式中，D_I 为同频干扰源到被干扰接收机的距离；D_S 为有用信号的传播距离，即小区半径 r_0。

通常情况下，定义同频道复用系数为

$$\alpha=\frac{D}{r_0} \tag{3.8}$$

由式（3.8）可得，同频道复用系数为

$$\alpha=\frac{D}{r_0}=1+\frac{D_\mathrm{I}}{r_0} \tag{3.9}$$

为了避免产生同频干扰，也可以采用别的办法，如使用定向天线、斜置天线波束、降低天线高度、选择适当的天线场址等。在实践中，频道规划是一项复杂的任务，需要详细考虑有关区域的地形、电波传播特性、调制方式、无线电小区半径和工作方式等。目前已广泛使用的计算机分析方法可以协助解决这个复杂的问题。

3. 互调干扰

（1）互调干扰的形成。在无线电通信拥挤的区域里，当有两个或更多个信号加入非线性

器件时，会产生互调干扰分量，发射机和接收机都能产生这种干扰分量，因此互调干扰成了一个值得注意的问题。这些分量出现在不同的频率上，而且能在其他信道上引起干扰。如果干扰和有用信号的强度相似或比有用信号强，则有用信号会受到严重的干扰。如果干扰比有用信号弱，那么只有在没有有用信号时，干扰才能被听到。

　　当两个或更多个发射机彼此间靠得很近时，各个发射机与其他发射机之间通常通过天线系统耦合，来自各个发射机的辐射信号进入其他发射机的末级放大器和传输系统，于是形成了互调，而这些互调产物落到末级放大器的通带内并被辐射出去，这种辐射可能落在除已指配的发射机频率外的信道上。

　　互调产物（干扰）也可能在接收机中产生。两个或更多个强的带外信号可以推动射频放大器进入非线性工作区，甚至在第一级混频器中互相调制。这些分量能干扰进来的有用信号，或者当工作信道上没有信号时，在输出端端能够听到干扰声。

　　图 3.15 中的例子可以用来说明互调产物的影响。发射机和接收机处于正常工作状态，移动台以频率 f_0 与基站 B 通信，基站 A 产生的三阶互调频率（$2f_1-f_2$）正好等于 f_0，移动台与基站 A 和基站 B 的距离分别为 d_1 与 d_2。

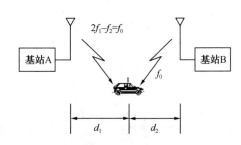

　　当两个发射机同时工作时，基站 A 产生的互调频率和有用信号频率一起发射出去，干扰基站 B 与移动台间的通信，因此会对使用频率 f_0 产生干扰。

图 3.15　基站发射机互调干扰示意图

　　互调干扰也可以在接收机上产生。如果有两个或多个干扰信号同时进入接收机高放或混频器，只要它们的频率满足一定的关系，由于器件的非线性特性，就有可能形成互调干扰。

　　应注意到移动通信中可能产生多种互调干扰分量；最值得注意的是奇次谐波，因为偶次谐波（2 次和 4 次）远离有效频率，因此值得注意的是 3 次谐波和 5 次谐波。对于一般的移动通信系统而言，三阶互调的影响是主要的，其中，两信号三阶互调的影响最大。虽然能够产生更高次的谐波，但是它们的电平通常很低。

　　（2）减小互调干扰的方法。为了消除或减轻互调干扰对移动通信系统的干扰，对发射机和接收机可采用不同的方法。

　　对于发射机，必须设法减小互调电平，可以采用下列措施。

　　① 尽量增大基站发射机之间的耦合损耗。当各发射机分用天线时，要增大天线间的空间隔离度；在发射机的输出端接入高 Q 带通滤波器，增大频率隔离度；避免馈线相互靠近和平行敷设。

　　② 改善发射机末级功放的性能，提高其线性动态范围。

　　③ 在共用天线的系统中，向各发射机与天线之间插入单向隔离器或高 Q 谐振腔。

　　对于接收机，可以采取下列措施。

　　① 高放和混频器宜采用具有平方律特性的器件（如结型场效应管和双栅场效应管）。

　　② 接收机输入回路应有良好的选择性，如采用多级调谐回路，以减小进入高放的强干扰。

　　③ 在接收机的前端加入衰减器，以减小互调干扰。当输入的信号与干扰均衰减 10dB 时，互调干扰将衰减 30dB。

本 章 小 结

本章介绍了移动通信系统涉及的电波传播特性、移动信道的特征、分集接收技术、噪声与干扰。这些都是移动通信系统必不可少的组成部分。对电波传播特性、移动信道的特征、分集接收技术、噪声与干扰的基本概念、特性和技术的学习和了解，可以为后续学习移动通信系统的实现方式等奠定基础。本章的主要内容如下。

（1）电波传播特性。对电波的三种基本传播机制，即反射波、绕射波和散射波进行了介绍。

（2）移动信道的特征。对移动信道的传播路径，信号衰落，地形、地物对电波传播的影响进行了介绍。

（3）分集接收技术。介绍了三种分集方法，即空间分集、频率分集和时间分集，以及常用的三种合并方式，即选择式合并、最大比值合并和等增益合并。

（4）噪声与干扰。介绍了噪声和干扰的分类和特点。着重介绍了移动通信系统所涉及的三种常用干扰（邻道干扰、同频干扰和互调干扰）的起因、特点、消除或减轻干扰的措施。

习 题 3

3.1　衰落是指移动通信接收点所接收到的_____是随机起伏变化的。

3.2　按照地物的密集程度的不同，将有较密集的建筑物和高层楼房的地区称为_____。

　　A．开阔地　　　　　　B．市区　　　　　　C．郊区

3.3　在任意两个不同的位置上接收同一个信号，只要两个位置的距离大到一定程度，就认为两处所收到的信号的衰落是独立的，称为_____。

　　A．时间分集　　　　　B．频率分集　　　　C．空间分集

3.4　汽车所产生的点火噪声是_____。

　　A．人为噪声　　　　　B．自然噪声　　　　C．内部噪声

3.5　移动信道中电波传播的方式及特点是什么？

3.6　电波传播有哪几种基本传播机制？它们各自有什么特征？

3.7　在移动通信系统中，信号衰落是如何产生的？

3.8　什么是分集接收技术？其实现的基本思想是什么？

3.9　微分集方法有哪些实现方法？它们各自的特点是什么？

3.10　分集接收技术的合并方式有哪些？它们各自有什么优缺点？

3.11　哪类噪声对移动信道的影响最大？

3.12　移动通信系统中的主要干扰有哪些？

3.13　什么是邻道干扰？如何减小邻道干扰？

3.14　什么是同频干扰？它是如何产生的？

3.15　什么是同频道再用距离？与同频道再用距离有关的因素有哪些？

3.16　互调干扰是怎样产生的？采用什么方法可以减小互调干扰？

第4章 移动通信的组网技术

【内容提要】

要实现移动用户在大范围内的有序通信，就必须解决组网过程中的一系列技术问题。本章将讨论移动通信的组网技术，主要包括区域覆盖、区群的构成与激励方式、系统容量与信道（频率）配置、移动通信的网络结构、信令、越区切换和位置管理、多信道共用技术，为后续介绍 GSM、CDMA 数字移动通信网及其他移动通信系统打下基础。

组网的目的是实现移动通信系统在大范围内的有序通信，而组网过程中必须要解决移动通信的体制、服务区域的划分、区群的构成、移动通信的网络组成、信道的结构、接入方式、信令、路由、接续和多信道共用等一系列问题，才能使网络正常运行。本章将讨论上述技术方面的问题。

4.1 区域覆盖

4.1.1 区域覆盖的概念

根据服务区域覆盖方式的不同可将移动通信网划分为大区制和小区制。

大区制是指在一个服务区域（一个城市或一个地区）内只设置一个基站，由它负责移动通信的联络和控制。通常基站天线架设得比较高，发射机的输出功率也比较大（25～200W），覆盖区域的半径一般为 25～50km，用户容量为几十至几百个，如图 4.1（a）所示。这种方式的优点是组网简单、投资少，一般在用户密度不大或业务量较少的区域使用，因为服务区域内的频率不能重复使用，所以无法满足大容量通信的要求。

小区制是指将整个服务区域划分为若干个小区（小块区域），每个小区分别设置一个基站，由它负责移动通信的联络和控制。其基本思想是用许多的小功率发射机（小覆盖区域）来代替单个大功率发射机（大覆盖区域），为相邻的基站分配不同的频率（蜂窝的概念）。每个小区设置一个发射功率为 5～10W 的小功率基站，其覆盖区域半径一般为 5～10km，如图 4.1（b）所示。可给每个小区分配不同的频率，但这样需要大量的频率资源，且频谱利用率低，为了提高频谱利用率，需将相同的频率在相隔一定距离的小区中重复使用，保证使用相同频率的小区（同频小区）之间的干扰足够小，这种技术称为频率复用，如图 4.2 所示。

频率复用是移动通信系统解决因用户增多而被有限频谱制约的问题的有效手段。它能在有限的频谱上提供非常大的容量，而不需要进行技术上的重大修改。一般来说，小区越小（频率组不变），单位面积可容纳的用户数越多，即系统的频率利用率越高。

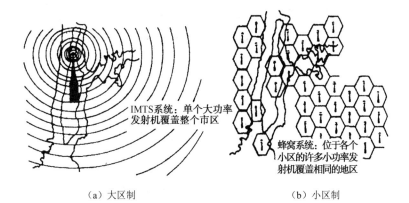

IMTS系统：单个大功率
发射机覆盖整个市区

蜂窝系统：位于各个
小区的许多小功率发
射机覆盖相同的地区

（a）大区制　　　　　　　　　　（b）小区制

图 4.1　大区覆盖与小区覆盖

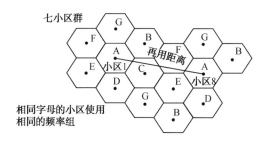

图 4.2　蜂窝系统的频率复用

当用户数增多并达到小区所能服务的最大限度时，可以把这些小区分割成更小的蜂窝状区域，相应地减小新小区的发射功率并采用相同的频率复用模式，以适应业务增长的需求，该过程称为小区分裂，如图 4.3 所示。小区分裂是蜂窝通信系统在运行过程中为适应业务需求的增长而逐步提高其容量的独特方式。

图 4.4 所示为蜂窝移动通信系统的示意图，其中，七个小区构成一个区群。小区编号代表不同的频率组。小区与移动交换中心（MTSO）相连。MTSO 负责控制和管理，对所在地区已注册登记的用户提供信道分配、建立呼叫、频道切换、系统维护、性能测试和存储计费信息等服务。它既保证了移动用户之间的通信，又保证了移动用户和有线用户之间的通信。

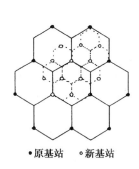

•原基站　　•新基站

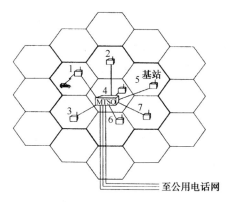

至公用电话网

图 4.3　小区分裂示意图　　　　　　　图 4.4　蜂窝移动通信系统的示意图

当移动用户在蜂窝服务区内快速移动时，移动台会从一个小区进入另一个相邻的小区，这时其与基站所用的接续链路必须从它离开的小区转换到新进入的小区，该过程称为越区切换，如图 4.5 所示，其控制机理是当通信中的移动台到达小区边界时，该小区的基站能检测出此移动台的信号正在逐渐变弱，而邻近小区的信号正在逐渐变强，系统会收集来自这些基站的信息，进行判决，当需要实施越区切换时，系统会发出相应指令，使越过小区边界的移动台与基站所用的接续链路从它离开的小区切换到新进入的小区，整个过程是自动完成的，不会影响用户的通信。

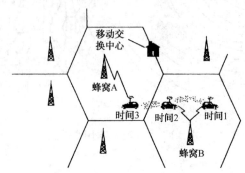

图 4.5　越区切换示意图

根据服务对象、地形分布及干扰等因素的不同，可将小区制移动通信网划分为带状网和面状网。

4.1.2　带状网

带状网主要用于覆盖公路、铁路、海岸等，其服务区内的用户的分布呈带状分布，如图 4.6 所示。

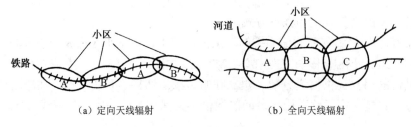

（a）定向天线辐射　　　　　　　　（b）全向天线辐射

图 4.6　带状网

带状网基站天线若为定向天线辐射，则服务覆盖区为扁圆形的，如图 4.6（a）所示。带状网基站天线若为全向天线辐射，则服务覆盖区为圆形的，如图 4.6（b）所示。

带状网可进行频率复用，可采用不同信道的两个或多个小区组成一个区群，在一个区群内，各小区使用不同的频率，不同的区群可使用相同的频率，一般分为双频群、三频群和多频群。

从成本和资源利用率的角度看，双频群最好；但从抗频率干扰的角度看，双频群最差。因此，还可以考虑采用三频群或多频群。

4.1.3　面状网

面状网是指其服务区内的用户的分布呈面状分布，服务区内小区的划分及组成取决于电波传播的条件和天线的方向性。实际上，一个小区的服务覆盖范围可以是不规则形状的，但也需要一个形状规则的小区用于系统规划，以适应不断增长的业务需要。因此，当考虑要覆盖整个服务区域且没有重叠和间隙的几何形状时，只有三种可能的选择：正方形、等边三角形和正六边形。小区的形状如图 4.7 所示。从表 4.1（表 4.1 中的 r 为外接圆的半径）中我们可知，正六边形所覆盖的面积最大。如果用正六边形作为小区覆盖模型，那么可用最少的小区数量覆盖整个服务区域，这样所需的基站数最少，也最经济。而且，相比另外两种形状，正六边形最接近圆形的辐射模式，基站的全向天线辐射模式和自由空间传播辐射模式都是圆形的。正六边形构成的网络形同蜂窝，因此把小区形状为正六边形的小区制移动通信网称为移动蜂窝网。基于蜂窝状的小区制是公共移动通信网的主要覆盖方式。

图 4.7　小区的形状

表 4.1　三种形状的小区的对比

小区的形状	等边三角形	正 方 形	正 六 边 形
邻区距离	r	$\sqrt{2}r$	$\sqrt{3}r$
小区面积	$1.3r^2$	$2r^2$	$2.6r^2$
交叠区宽度	r	$0.59r$	$0.27r$
交叠区面积	$1.2\pi r^2$	$0.73\pi r^2$	$0.35\pi r^2$

4.2　区群的构成与激励方式

4.2.1　区群的构成

蜂窝式移动通信网通常由若干个邻接的小区组成一个区群，再由若干个无线区群构成整个服务区。为了防止同频干扰，要求每个区群中的小区不得使用相同的频率，只有不同区群中的小区能使用相同的频率。

区群的组成应满足两个条件：一是区群之间可以邻接，且无空隙、无重叠地进行覆盖；二是邻接之后的区群应保证各个相邻同信道小区之间的距离相等。满足上述条件的区群的形状和区群内的小区数不是任意的。可以证明，区群内的小区数 N 应满足下式：

$$N=i^2+ij+j^2 \tag{4.1}$$

式中，i，j 均为正整数。

由此可计算出 N 的取值表，如表 4.2 所示。

表 4.2　群区内的小区数 N 的取值

i N j	0	1	2	3	4
1	1	3	7	13	21
2	4	7	12	19	28
3	9	13	19	27	37
4	16	21	28	37	48

相应的区群形状如图 4.8 所示。

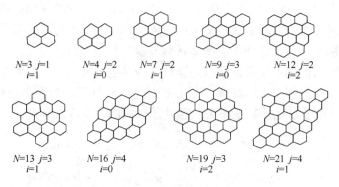

$N=3\ j=1$ $i=1$　$N=4\ j=2$ $i=0$　$N=7\ j=2$ $i=1$　$N=9\ j=3$ $i=0$　$N=12\ j=2$ $i=2$

$N=13\ j=3$ $i=1$　$N=16\ j=4$ $i=0$　$N=19\ j=3$ $i=2$　$N=21\ j=4$ $i=1$

图 4.8　相应的区群形状

4.2.2　同频（信道）小区的距离

确定同信道小区的位置和距离可用下列方法。

如图 4.9 所示，由某一小区 A 出发，先沿边的垂线方向跨过 j 个小区，向左（或向右）旋转 60°，再跨过 i 个小区，这样就能到达同信道小区 A。在正六边形的六个方向上，可以找到六个同信道小区，所有 A 小区之间的距离都相等。

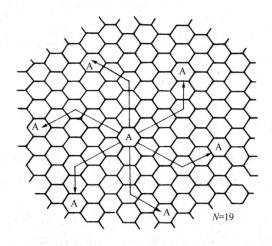

图 4.9　同信道小区的确定

设小区的辐射半径（正六边形外接圆的半径）为 r，则通过图 4.9 可以算出同信道小区中心之间的距离为

$$D=\sqrt{3}r\sqrt{(j+i/2)^2+(\sqrt{3}i/2)^2}$$
$$=\sqrt{3(i^2+ij+j^2)}\cdot r \tag{4.2}$$
$$=\sqrt{3N}\cdot r$$

可见区群内的小区数 N 越大，同信道小区的距离就越远，抗同频干扰的性能也就越好。例如，$N=3$，$D/r=3$；$N=7$，$D/r=4.6$；$N=19$，$D/r=7.55$。

4.2.3　激励方式

当用小区来覆盖范围时，基站发射机可设置在小区的中央，通常用全向天线形成圆形覆盖区，称为中心激励，如图 4.10（a）所示。也可以将基站发射机设置在每个小区的正六边形的三个顶点上，每个顶点上的基站采用三副 120° 扇形辐射的定向天线，各自覆盖三个相邻小区的三分之一的区域，每个小区由三副 120° 扇形辐射的定向天线共同覆盖，称为顶点激励，如图 4.10（b）所示。

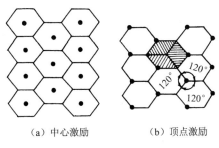

（a）中心激励　　　　　　（b）顶点激励

图 4.10　两种激励方式示意图

采用定向天线后，所接收的同频干扰功率仅为采用全向天线系统时的 1/3，因此可以减少系统的同频干扰。另外，在不同地点采用多副定向天线可以消除小区内障碍物的阴影区。

4.3　系统容量与信道（频率）配置

4.3.1　系统容量

通信系统的通信容量可以用不同的表征方法进行度量。就点对点的通信系统而言，系统的通信容量可以用信道效率（在给定的可用频段中所能提供的最大信道数目）进行度量。一般而言，在有限的频段中，信道数目越大，系统的通信容量也越大。对蜂窝通信网络而言，因为信道在蜂窝中的分配涉及频率复用和由此而产生的同道干扰问题，所以系统的通信容量用每个小区的可用信道数进行度量比较适宜。每个小区的可用信道数（ch/cell）就是每个小区允许同时工作的用户数（用户数/cell），此数值越大，系统的通信容量越大。此外，还可用每个小区的爱尔兰数（Erl/cell）、每平方公里的用户数（用户数/km²）、每平方公里每小时的通话次数（通话次数/h/km²）等进行度量。当然，这些表征方法是互相联系的，在一定条件下可以相互转换。

蜂窝移动通信业务区由若干个小区（cell）构成，若干个小区组成若干个区群，由于不同区群在地理位置上有一定的距离，只要距离足够大，就能把多个频率按相同的方法重复支配给各个区群的小区使用，而不会产生明显的相互干扰现象，这就是蜂窝通信系统通过采用频率复用技术来提高系统容量的方法。蜂窝移动通信系统用总信道数 M 来衡量无线系统的频谱效率。M 值取决于所需的载波干扰比（C/I，简称载干比）和信道带宽 B_c。因此，蜂窝通信系统的总信道数 M 可定义为

$$M = \frac{W}{B_c N} \quad \text{信道/小区（ch/cell）} \tag{4.3}$$

式中，W 是分配给系统的总频谱；B_c 是信道带宽；N 是频率重用的小区数。显然，在蜂窝移动通信系统的总信道数 M 不变的条件下，区群的小区数目越小，分配给各小区的频道数越大，系统的通信容量越大。

对系统容量所采用的分析方法在形式上是结合 FDMA 蜂窝系统进行的；实际上，通信容

量的分析，无论是对模拟系统还是对数字系统，也无论是对 FDMA 系统还是对 TDMA 系统，在原理上都是一样的。

模拟蜂窝系统只能采用 FDMA 体制，数字蜂窝系统可以采用 FDMA、TDMA 或 CDMA 中的任意一种体制。

1．TDMA 数字蜂窝系统的容量

对于模拟 FDMA 系统来说，如果采用频率复用的小区数为 N，根据对同频干扰和系统容量的讨论可知，对于小区制蜂窝网：

$$N = \sqrt{\frac{2}{3}\left(\frac{C}{I}\right)} \tag{4.4}$$

即频率复用的小区数 N 由所需的载干比（C/I）决定。可求得 FDMA 的总信道数 M 为

$$M = \frac{W}{B_c\sqrt{\frac{2}{3}\left(\frac{C}{I}\right)}} \tag{4.5}$$

对于数字 TDMA 系统来说，由于数字信道要求的载干比可以比模拟制的小 4～5dB（因数字系统有纠错措施），所以频率复用距离可以更近一些，可以采用比 $N=7$ 小的方案，如 $N=3$。可求得 TDMA 体制的总信道数 M 如下：

$$M = \frac{W}{\frac{B_c}{n}\sqrt{\frac{2}{3}\left(\frac{C}{I}\right)}} \tag{4.6}$$

式中，信道带宽为 B_c，每个信道带宽共有 n 个时隙。

一般情况下，在系统的总信道数目不变和每个小区的可用信道数目不变的条件下，其小区半径越小，则单位面积的系统容量越大。但是小区半径的减小是以增加基站数目和缩短移动台的越区切换时间为前提的。

不同的数字蜂窝系统可能使用不同的信道带宽，各自使用的语音编码、信道编码、调制方式、控制方式等都有可能不同。因此，要客观地比较不同蜂窝系统在通信容量上的差异还是比较困难和复杂的，需要有较合理的前提条件才能得到合理公正的比较结果。

2．CDMA 数字蜂窝系统的容量

CDMA 系统的容量是干扰受限的，而 FDMA 和 TDMA 系统的容量是带宽受限的。因此，决定 CDMA 数字蜂窝系统容量的主要参数是处理增益、数据能量/信息比特率（E_b/R_b）、语音负载周期（语音激活率）、频率复用效率及基站天线扇区数。

对于一般的扩频通信系统，接收信号的载干比可以写成：

$$\frac{C}{I} = \frac{R_b E_b}{I_0 W} = \frac{\left(\dfrac{E_b}{I_0}\right)}{\left(\dfrac{W}{R_b}\right)} \tag{4.7}$$

式中，E_b 为信息数据能量，R_b 为信息比特率，I_0 为干扰的功率谱密度，W 为总频带宽度；（E_b/I_0）类似于通常的归一化信噪比(E_b/N_0)，其取值取决于系统对误码率和语音质量的要求，并与系统的调制方式和编码方案有关；（W/R_b）为扩频因子，即系统处理增益。

如果 N 个用户共用一个无线信道，显然每个用户的信号都受到其他 $N-1$ 个用户的信号的

干扰。假设到达一个接收机的信号强度和各干扰强度都相等，则载干比为

$$\frac{C}{I} = \frac{1}{N-1} \tag{4.8}$$

或

$$N-1 = \frac{\left(\dfrac{W}{R_b}\right)}{\left(\dfrac{E_b}{I_0}\right)} \tag{4.9}$$

若 $N \gg 1$，则

$$N \approx \frac{\left(\dfrac{W}{R_b}\right)}{\left(\dfrac{E_b}{I_0}\right)} \tag{4.10}$$

从式（4.10）中可得，在误码率一定的条件下，所需的归一化信干比(E_b/I_0)越小，系统可以同时容纳的用户数越多。应注意这里使用的假设条件，所谓到达一个接收机的信号强度和各干扰强度都相等，对单个的小区而言（没有邻近小区的干扰），其意思是当正向传输时，如果基站向各移动台发送的信号不加任何功率控制，那么移动台接收到的信号和干扰就满足条件。但在反向传输时，必须对各移动台向基站发送的信号进行理想的功率控制，才能使基站接收机收到的信号和干扰满足条件。换句话说，式（4.8）和式（4.10）给出的结果，对正向传输而言，是在没有功率控制的条件下得到的；对反向传输而言，是在理想功率控制的条件下得到的。因此，在应用上述公式时，应根据 CDMA 蜂窝通信系统的特征对公式逐步进行修正。

三种蜂窝通信系统的通信容量比较如表 4.3 所示。

表 4.3 三种蜂窝通信系统的通信容量比较

FDMA 系统	TDMA 系统	CDMA 系统
总频带宽度为 1.25MHz	总频带宽度为 1.25MHz	总频带宽度为 1.25MHz
载频间隔为 30kHz	载频间隔为 30kHz	扇区分区数为 3
信道数目为 $1.25 \times 10^6 / 30 \times 10^3 = 41.7$	每载频时隙数为 3	通信容量为 120
每个区群小区数为 7	信道数目为 $3 \times 1.25 \times 10^6 / 30 \times 10^3 = 125$	
通信容量为 41.7/7=6	各区群小区数为 4	
	通信容量为 125/4=31.25	

用 M 表示通信容量，三种蜂窝通信系统的比较结果可表示为

$$M_{CDMA} = 4M_{TDMA} = 20M_{FDMA} \tag{4.11}$$

4.3.2 信道（频率）配置

为了充分利用无线频谱，必须要有一个以既能增加用户容量又能减少干扰为目的的信道（频率）配置方案。为了达到这些目标，出现了各种不同的信道（频率）配置方法。在 CDMA 系统中，用户因使用相同的频率而无须进行频率配置。信道（频率）配置主要针对 FDMA 系统和 TDMA 系统。

信道（频率）配置方法是指将可用频道分成若干组，若将所有可用的信道 N（如 49）分成 F 组（如 9 组），则每组的信道数为 N/F（49/9≈5.4，即有些组的信道数为 5 个，有些组的

信道数为 6 个。因为总的信道数是固定的，所以分组数越小，各组的信道数就越多。在实际应用中，常采用定向天线进行顶点激励的小区制，每个基站应配置三组信道，向三个方向辐射，每 7 个小区（7 个基站）形成一个区群，每个区群需有 7×3=21 个信道组。

同一信道组内的信道的最小频率间隔为 7 个信道间隔，若信道间隔为 25kHz，则其最小频率间隔可达 175kHz，这样，接收机的输入滤波器便能有效地抑制邻道干扰和互调干扰，基站信道组分布如图 4.11 所示。

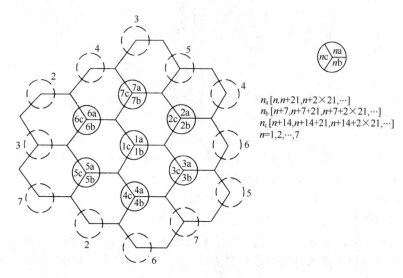

$n_a[n,n+21,n+2\times21,\cdots]$
$n_b[n+7,n+7+21,n+7+2\times21,\cdots]$
$n_c[n+14,n+14+21,n+14+2\times21,\cdots]$
$n=1,2,\cdots,7$

图 4.11　基站信道组分布

我国规定，采用 7 个基站、21 个小区的模型，如图 4.11 所示。

4.4　移动通信的网络结构

4.4.1　基本网络结构

移动通信的基本网络结构如图 4.12 所示。基站（BS）与移动交换中心（MSC）之间、MSC 与市话网（PSTN）之间既可以采用有线链路（如光纤、同轴电缆、双绞线等），也可以采用无线链路（如微波链路、毫米波链路等），其比特率为 2.048、8.448、34.368、139.264、565.148Mbps。

通常，每个基站要同时支持 50 路语音呼叫，每个交换机可以支持约 100 个基站，交换机到固定网络之间至少需要 5000 个话路的传输容量。

一个移动通信网可由一个或若干个 MSC 组成。MSC 是无线电系统与公众电话交换网之间的接口设备，完成全部的信令功能以建立与移动台的往来呼叫。MSC 主要责任是路由选择管理、计费和费率管理、业务量管理、向原籍位置寄存器（HLR）发送业务量信息和计费信息。

一个 MSC 可由一个或若干个位置区组成。位置区即移动台位置登记区，它是为了在呼叫移动台时知道被呼移动台当时所在的位置而设置的。位置区由若干个基站组成。

一个基站可由一个或若干个小区组成。基站（BS）主要由射频部分（射频架、接收天线、发射天线）、数据架和维护测试架等组成。BS 提供无线信道，以建立在 BS 覆盖范围内与移动台（MS）的无线通道。

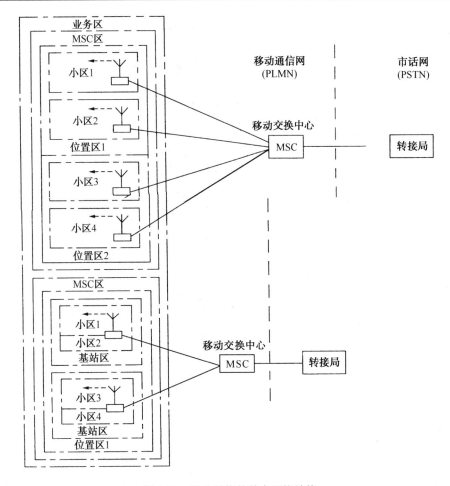

图 4.12　移动通信的基本网络结构

MS 主要包括车载台与手机，其主要差别为功率的大小不同。

由一个或若干个移动通信网组成的区域称为业务区。一个业务区的范围可以是一个国家，或是一个国家的一部分，也可是若干个国家。

在蜂窝网移动通信系统中，移动用户与市话用户之间，以及移动用户之间建立通话时必须进行自动接续与交换，完成这种接续与交换的设备称为移动交换设备。典型的蜂窝式移动通信本地网结构如图 4.13 所示。整个业务区可分成若干个移动交换区，每个移动交换区一般设立一个移动电话局，也称为移动交换中心（MSC）。移动交换区内的移动交换设备除具有一般的程控电话交换机的功能外，还具有一些移动通信特有的功能。例如，对移动台的识别和登记、频道指配、过境切换处理、漫游和呼叫处理等，因此，移动交换设备常由适合移动通信的专用程控电话交换机组成，也可以在普通程控电话交换机中增加一些软件和硬件，使它具有控制、接续、交换移动电话的功能。移动交换设备主要包括交换网络、处理器、数据终端等设备，并具有很多软件。通常软件部分可分为系统操作程序（如呼叫处理、接续和控制）、设备状态测试和维护程序（如路由管理、故障检测、诊断和处理）、运行管理程序（如话务量统计、记录和计数）等。

在整个业务区内，规定一个或若干个移动交换中心作为移动汇接局，以疏通该区域内其他移动交换中心的来话、转话业务。在各移动交换中心（或移动汇接局）之间设置通信链路，以便移动用户之间和移动用户与固定用户之间进行通信业务。

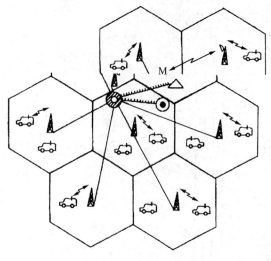

移动台 🚗　基站 🗼　移动交换中心 ◎　长途局 △
◉移动汇接局 ━━━━ 有线或无线中继线路
　　　　　 ∿∿∿∿ PCM电路（优先使用）

图 4.13　典型的蜂窝式移动通信本地网结构

4.4.2　移动通信系统的主要功能

移动通信系统应具有下列主要功能。

（1）具有与公用交换电话网进行自动交换的能力。

（2）双工通信，语音质量接近市话网标准。

（3）双向自动拨号，包括移动用户与市话用户间的直接拨号，以及移动台之间的直接拨号。移动用户可采用预拨号方式，在按发送键前不占用链路，可把被叫号码存入寄存器中并在显示屏上显示。

（4）用户容量大，一个系统一般能为几万个用户提供服务，还能适应业务增长的需要，通过小区分裂的方式扩充容量。

（5）采用小区制频率复用技术，当基站采用全向天线时，一个区群由 7 个小区组成，频率复用率为 1/7，尽可能减少邻道干扰。

（6）具有自动过境切换频道技术，切换时间小于 20ms。

（7）设备通用性较强，一般情况下，基站、移动台等设备在全国范围内可以通用。

（8）各地之间可以联网，具有自动漫游功能。

4.4.3　数字蜂窝移动通信网的网络结构

我国 900MHz 数字蜂窝移动通信网的结构示意图如图 4.14 所示。在数字蜂窝移动通信网中，为了便于网络组织和管理，将一个移动通信网分为若干个移动服务区，每个移动服务区一般设一个移动电话局，根据规定，一个或若干个移动电话局作为移动汇接局。移动汇接局一般设在省会城市。各移动汇接局之间通过中继电路相连，以实现自动漫游和越区切换，保证移动用户在数字蜂窝移动通信网内的正常业务。一个数字蜂窝移动通信网中的移动服务区的多少取决于其所覆盖地域的用户密度和地形地貌等。

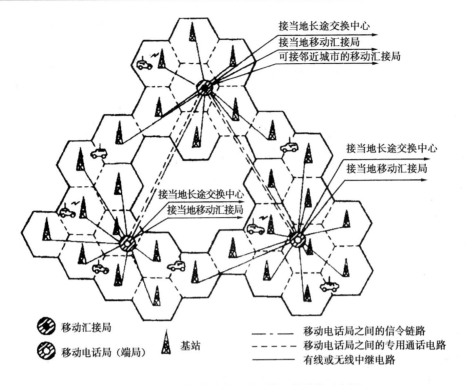

图 4.14　900MHz 数字蜂窝移动通信网的结构示意图

　　通常，在一个大型蜂窝网移动电话系统中有若干个移动汇接局，也可称为移动交换中心（MSC），网络结构示意图如图 4.15 所示。图 4.15 中的 MSC 主要由原籍位置寄存器（HLR）、访问位置寄存器（VLR）、设备标志寄存器（EIR）、认证中心（AUC）、操作维护中心（OMC）及接口等组成。基站（BS）由基站控制器（BSC）和基站收发信台（BTS）组成。在一个移动服务区内通常设一个 MSC，一个 MSC 负责组织和管理一个或若干个小区，每个小区内设一个 BS，各 BS 通过中继线与 MSC 相连，MSC 也通过中继线（电缆或微波）与公用交换电话网（PSTN）、综合业务数字网（ISDN）、公用数据网（PDN）相连，移动台（MS）通过无线方式接入。

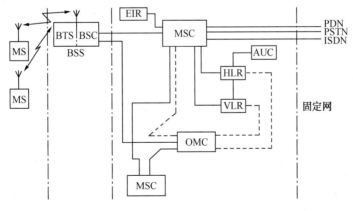

图 4.15　网络结构示意图

　　移动通信网络由若干个基本部分组成。为了便于各部分之间相互交换信息，各部分之间都要用接口进行连接，同一通信网络的接口必须符合统一的接口规范。只要遵守接口规范，任何一家厂商生产的设备都可以用来组网，大大方便了生产者和使用者，为大规模生产和设备的改进提供了便利的条件。

4.4.4　移动通信空中接口协议模型

移动通信空中接口（或称无线接入部分）的协议和信令是按照分层的概念来设计的,空中接口包括物理层、链路层和网络层。链路层还可进一步分为介质接入控制层和数据链路控制层，如图 4.16 所示。

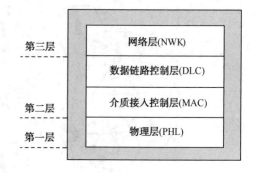

图 4.16　移动通信空中接口协议模型

物理层（PHL）确定无线电参数，如频率、定时、功率、码片、比特率或时隙同步、调制解调、收/发信机的性能等。物理层将无线电频谱分成若干个物理信道，可以按频率、时隙、码字或它们的组合进行划分，如频分多址（FDMA）、时分多址（TDMA）、码分多址（CDMA）等。物理层在介质接入控制层的控制下，负责数据或数据分组的收发。

介质接入控制层（MAC）的主要功能有介质访问管理和数据封装等。具体而言，其第一功能是选择物理信道，然后在这些信道上建立和释放连接；其第二个功能是将控制信息、高层的信息和差错控制信息复接成适合物理信道传输的数据分组。介质接入控制层通过形成多种逻辑信道为高层提供不同的业务。例如，欧洲数字无绳电话系统（DECT）的 MAC 层为高层提供三个独立的业务：广播业务、面向连接的业务和无连接业务。

数据链路控制层（DLC）的主要功能是为网络层提供可靠的数据链路。例如，在 DECT 中，将 DLC 层分为两个平面：控制平面和用户平面。控制平面为内部控制信令和有限数量的用户信息提供可靠的传输链路，采用标准的链路接入步骤（LAPC）来提供完全的差错控制。用户平面提供了一组可供选择的业务，如供语音传输的透明无差错保护的业务，具有不同差错保护的支持电路交换模式和分组交换模式数据传输的其他业务。

网络层（NWL）主要是信令层。它确定了链路控制、无线电资源管理、各种业务（呼叫控制、附加业务、面向连接的消息业务、无连接的消息业务）管理和移动性管理等功能。

4.4.5　信道结构

1. 网络的控制与管理

无论何时，当某一移动用户接入信道，向另一移动用户或有线用户发起呼叫，或者某一有线用户呼叫移动用户时，移动通信网就要按照预定的程序开始运转，这一过程会涉及网络的各个功能部件，包括基站、移动台、移动交换中心、各种数据库及网络的各个接口等；网络要为用户呼叫配置所需的控制信道和业务信道，指定和控制发射机的功率，进行设备和用户的识别和鉴权，完成无线链路和地面线路的连接和交换，最终在主呼用户和被呼用户之间建立起通信链路，提供通信服务，这就是呼叫接续过程，也是移动通信系统的连接控制（或管理）功能。

系统控制涉及市话局、移动电话局、基站和移动台之间的语音和信令的传输与交换，移动通信系统的控制结构如图 4.17 所示。

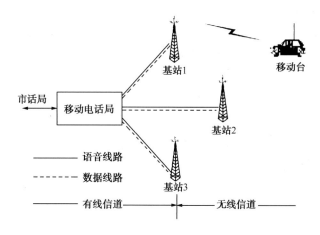

图 4.17　移动通信系统的控制结构

用来从基站向用户传送信息的通道称为下行链路，用来从用户向基站传送信息的通道称为上行链路。

2．信道类型

移动通信定义了不同的信道，根据基站与移动用户之间传递的信息的种类的不同而定义了不同的信道。信道有两大类型，称为业务信道（TCH）和控制信道（CCH）。

业务信道携带数字化的用户编码语音或用户数据，在上行链路和下行链路上以相同的功能和格式进行传播。

（1）监测音。

监测音（Supervisory Audio Tone，SAT）用于信道分配和对移动用户的通话质量进行监测。当某一语音信道要分配给某一移动用户时，基站就在前向语音信道上发送 SAT 信号，移动台检测到 SAT 信号后，就在反向语音信道上环回该 SAT 信号，基站收到返回的 SAT 信号后，确认此双向语音信道已经接通，即可通话。

在通话期间，基站仍在语音信道上连续不断地发送 SAT 信号，移动台不断环回 SAT 信号。基站根据环回 SAT 的信噪比，不断地与预先设置的信噪比相比较，确定是否需要进行过区频道切换。

每个区群使用一个 SAT，相邻区群分别使用另外两个 SAT。例如，对于由 7 个小区组成的区群，SAT 分配如图 4.18 所示。

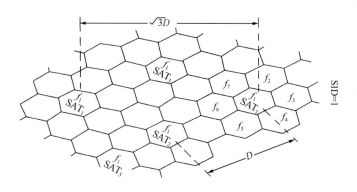

图 4.18　SAT 分配

（2）信令音（Signalling Tone，ST）。ST 在移动台至基站的上行链路语音信道中传输，它是音频信号。ST 的主要用途如下：第一，当移动台收到基站发来的振铃信号时，移动台在上行链路语音信道上向基站发送 ST 信号，表示振铃成功，一旦移动用户摘机通话，就停发 ST 信号；第二，移动台在过境切换频道前，在移动交换中心的控制下，基站在原来的下行链路语音信道上发送一个新分配的语音信道的指令，移动台收到该指令后，就发送 ST 信号以表示确认。

根据上述 SAT 和 ST 信号的有无，可以用来判断移动台处于摘机还是挂机状态等，如表 4.4 所示。例如，当基站收到移动台环回的 SAT 信号，同时又收到 ST 信号，则表示移动台处于挂机状态；若移动台只收到环回的 SAT 信号，而未收到 ST 信号，则表明移动台已摘机。

表 4.4　移动台摘机/挂机信号表

	收到 SAT 信号	未收到 SAT 信号
收到 ST 信号	移动台挂机	移动台处于衰落环境中
未收到 ST 信号	移动台摘机	

控制信道在基站和移动站之间传送信令、同步数据、同步指令，主要用于移动台的呼叫控制和接入管理。

移动用户开机并检测控制信道，与相近的基站取得同步。通过接收控制信道的信息，用户将被锁定到系统及适当的控制信道上，当用户主呼时，基站控制信道接收呼叫信息。当用户被呼时，基站控制信道发出主叫用户的呼叫信息给被叫用户。若双方能正常通信，基站控制信道会分配业务信道给通信双方，语音信号就会在上行链路和下行链路上传送，呼叫链路成功建立。

4.5　信令

信令含有信号和指令双重含义。它是移动通信系统内部实现自动控制的关键。

在移动通信网中，除传输用户信息（如语音信息）外，为使整个网络有序地工作，还必须在正常通话前后和通话过程中传输很多其他的控制信号，如摘机、挂机、忙音等，以及移动通信网中所需的信道分配、用户登记与管理、呼叫与应答、越区切换和发射机功率控制等信号。这些与通信有关的一系列控制信号称为信令。信令是整个移动通信网的重要的组成部分之一，其作用是保证用户信息有效且可靠地进行传输。移动通信网的性能在很大程度上取决于网络为用户提供服务的能力和质量。

4.5.1　信令类型

对一个公用移动电话网来说，从移动交换中心到市话局的局间信令及从基站到移动交换中心之间的信令都是有线信号，很多与市话局信令一致。这里主要讨论基站与移动台之间的无线信令。如果从信令的形式分，又可分为模拟信令和数字信令两大类，由于移动通信设备多采用数字信令，所以下面主要介绍数字信令。

4.5.2　数字信令

1．数字信令的构成与特点

在传送数字信令时，为了便于接收端解码，要求数字信令按一定的格式编排。常用的数字信令格式如图 4.19 所示。

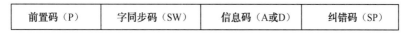

| 前置码（P） | 字同步码（SW） | 信息码（A 或 D） | 纠错码（SP） |

图 4.19 常用数字信令格式

前置码又称位同步码（或比特同步码），其作用是把收发两端的时钟对准，使码位对齐，以给出每个码元的判决时刻。通常采用二进制不归零间隔码 10100…并以 0 作为码组的结束码元。

字同步码又称帧同步码，它表示信息（报文）的开始位，作为信息起始的时间标准，以便使接收端实现正确的分路、分句或分字，通常采用二进制不归零码（NRZ）。目前最常用的码组是巴克码。

信息码是真正的信息内容，通常包括控制、寻呼、拨号等信令，各种系统有各自的规定。

纠错码的作用是检测和纠正传送过程中产生的差错，主要是指检测和纠正信息码的差错。有时又称纠错码为监督码，以区别于信息码。

2．数字信令的传输

基带数字信令常以二进制的 0、1 表示，为了能在移动台与基站之间的无线信道中传输，必须进行调制。例如，对二进制数据流在发射机中可采用频移键控（FSK）的方式进行调制，即对数字信号"1"以高于发射机载频的固定频率发送；对数字信号"0"则以低于载频的固定频率发送。不同制式、不同设备的调制方式、传输速率存在差异。

数据流可以在控制信道上传送，也可以在语音信道上传送。它只在调谐到控制信道的任意一个移动台产生数据报文时发送信息。

语音信道也可以传输数据。但语音信道主要用于通话，只有在某些特殊情况下才发送数据信息。

3．差错控制编码

在传输过程中，由于数字信号或信令受到噪声或干扰的影响，信号码元波形变差，传输到接收端后可能会发生错误判决，即把"0"误判为"1"，或把"1"误判为"0"。有时由于受到突发的脉冲干扰，错误码会成串出现。为此，在传送数字信号时，往往要进行各种编码。通常把在信息码元序列中加入监督码元的办法称为差错控制编码，也称为纠错编码。不同的编码方法有不同的检错或纠错能力，有的编码只能检错，不能纠错。一般来说，监督码元所占的比例越大（位数越多），检（纠）错能力就越强。监督码元位数的多少通常用冗余度来衡量。因此，纠错编码是以降低信息的传输速率为代价来提高传输可靠性的。

4.5.3 信令的应用

电话交换网络由三个交换机（端局交换机、汇接局交换机和移动交换机）、两个终端（固定电话机、移动台）、中继线（交换机之间的链路）、ISDN 线路（固定电话机与端局交换机之间的链路）和无线接入链路（MSC 至移动台之间的等效链路）组成。固定电话机到端局交换机采用接入信令，移动链路也采用接入信令，交换机之间采用网络信令（7 号信令），如图 4.20 所示。

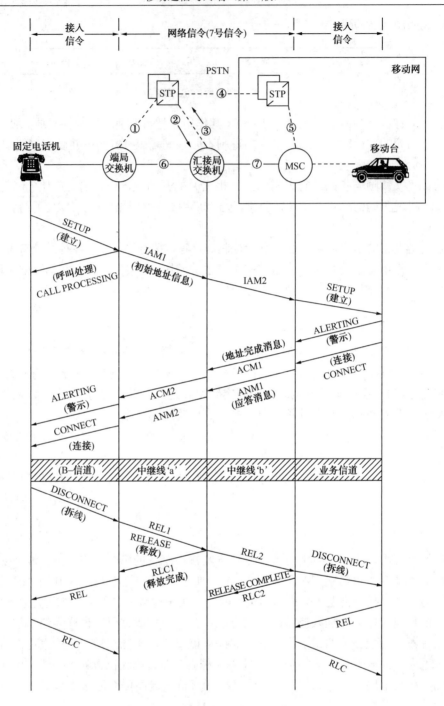

图 4.20　信令应用举例（呼叫控制）

在移动通信网络中，还有多种类型的信令交换过程，在这里就不一一介绍了。

4.6　越区切换和位置管理

4.6.1　越区切换

越区（过区）切换是指将当前正在进行的移动台与基站之间的通信链路从当前基站转移

到另一个基站的过程，该过程也称为自动链路转移（Automatic Link Transfer，ALT）。

越区切换通常发生在移动台从一个基站覆盖的小区进入另一个基站覆盖的小区的情况下，为了保持通信的连续性，将移动台与当前基站之间的链路转移到移动台与新基站之间的链路。

1．越区切换涉及的内容

越区切换包括以下三方面的内容。

（1）越区切换的准则，也就是何时需要进行越区切换。

（2）如何控制越区切换。

（3）越区切换时的信道分配。

越区切换分为两大类：一类是硬切换，另一类是软切换。硬切换是指在新的连接建立以前，先中断旧的连接。而软切换是指既维持旧的连接，同时建立新的连接，并利用新旧链路的分集合并来改善通信质量，当与新基站建立可靠的连接之后再中断旧的连接。

在越区切换时，可以仅以某个方向（上行或下行）的链路质量为准，也可以同时考虑双向链路的通信质量。

2．越区切换的控制策略

对于越区切换的控制策略，在 CDMA 和 GSM 蜂窝移动通信系统中，网络要求移动台测量其周围基站的信号质量并把结果报告给旧基站，网络根据测试结果决定何时进行越区切换及切换到哪个基站。

3．越区切换时的信道分配

越区切换时的信道分配的目的是解决当呼叫要转换到新小区时，新小区如何分配信道，才能使得越区切换失败的概率尽量小的问题。常用的做法是在每个小区预留部分信道专门用于越区切换。这种做法的特点是：因新呼叫使可用信道数减少，要增加呼损，但减少了通话被中断的概率，符合人们的使用习惯。

4.6.2　位置管理

1．位置管理的任务

在移动通信系统中，用户可在系统覆盖范围内任意移动。为了能把呼叫传送给随机移动的用户，必须有一个高效的位置管理系统来跟踪用户的位置。

位置管理包括两个任务：位置登记和呼叫传递。位置登记的步骤是在移动台的实时位置信息已知的情况下，更新位置数据库和认证移动台。呼叫传递的步骤是在有呼叫给移动台的情况下，根据移动用户在网络中存储的原登记注册的用户信息（用户的预定业务、记账信息和位置信息等）和移动用户登记注册的位置区等位置信息来定位移动台。

位置管理涉及网络处理能力和网络通信能力。网络处理能力涉及数据库的大小、查询的频率和响应速度等；网络通信能力涉及传输位置更新和查询信息所增加的业务量和时延等。位置管理的目标是以尽可能少的处理能力和附加业务量来快速确定用户位置，以求容纳尽可能多的用户。

2. 位置更新

在移动通信系统中，将系统覆盖范围分为若干个登记区（RA）。当用户进入一个新的登记区后，将进行位置更新。当有呼叫要到达该用户时，将在该登记区内进行寻呼，以确定移动用户在哪个小区范围内。位置更新和寻呼信息都在移动通信系统的控制信道上传输。由于移动台的移动性和呼叫达到情况是千差万别的，所以位置更新和寻呼机制应能基于每个用户的情况进行调整。

3. 定位与过境切换

在移动台的通话过程中，为其服务的基站定位接收机不断监测来自移动台（MS）的信号电平，当发现环回的监测音（SAT）的电平低于某一指定值，即信号电平降至请求过境切换的强度时，立即告知移动台的移动交换局（MTSO），移动交换局当即命令邻近的基站（BS）监测该移动台的信号电平，并把测量结果向移动交换局报告。移动交换局根据这些测量结果就能判断移动台驶入了哪个小区，上述过程称为定位。通过定位可以确定是否需要及如何进行过境切换，过境切换过程如图 4.21 所示。

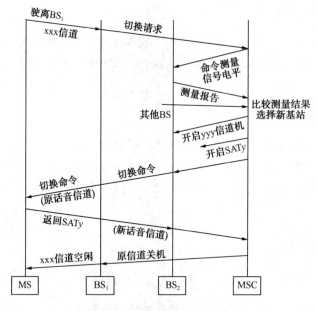

图 4.21　过境切换过程

4. 寻呼与接入

寻呼是当市话用户呼叫某个移动用户时，移动交换局（MTSO）通过某个基站或位置区内的多个基站，甚至所有基站发出呼叫信号，包括被呼用户号码及语音信道指配代号等。这些呼叫信号是在下行链路的控制信道上发送的。

接入是指移动台主呼时要求入网。为此在上行链路的控制信道上传送入网信息，如将自己的用户识别号告知基站，并在下行链路的控制信道上等候指配语音信道。接入过程如下：移动台开机后，在内存程序的控制下自动搜索控制信道。若为空闲，就发送入网信息，基站收到移动台发送的入网信息后，告知移动交换局（MTSO），经移动交换局核实为有效用户时，就为基站和移动台指配一对语音信道，移动台根据指配指令自动调谐到语音信道，这样就完成了接入过程。

5. 拨号数字码

拨号数字码用常规的 BCD 码转换，即用 4 位二进制数据表示 1 位十进制数据。

4.7 多信道共用技术

无线频率是一种宝贵的自然资源。随着移动通信的发展，信道数目有限和用户急剧增加的矛盾越来越明显。多信道共用技术是解决该矛盾的有效手段之一。

多信道共用技术就是在移动通信网中，在基站控制的小区内有 n 个无线信道提供给该小区的所有移动用户共同使用。当 k（$k<n$）个信道被占用时，其他需要通话的用户可以选择其余（$n-k$）中的任意一个空闲信道进行通话。当某一用户需要通信而发出呼叫时，基站需要按一定的选取方式进行空闲信道的分配。空闲信道的选取方式主要分为两类：一类是专用呼叫信道方式（或称共用信令信道方式）；另一类是标明空闲信道方式。

1. 专用呼叫信道方式

专用呼叫信道方式是在网络中设置专门的呼叫信道，专用于处理用户的呼叫。只要移动用户没有进行通话，就停在该呼叫信道上守候。

2. 标明空闲信道方式

标明空闲信道方式是在网络中不设置专门的呼叫信道，所有的信道都可供通话，呼叫与通话可在同一信道上进行。基站在某一空闲信道发出空闲信号，所有未通话的移动台都自动对所有信道进行搜索。

本 章 小 结

本章介绍了移动通信的组网技术，主要包括区域覆盖、区群的构成与激励方式、系统容量与信道（频率）配置、移动通信的网络结构、信令、越区切换和位置管理、多信道共用技术。这些都是移动通信系统网络的基础。通过对移动通信的组网技术的基本概念、特性的学习和了解，为后续学习 GSM 和 CDMA 及其他移动通信系统打下基础。本章的主要内容如下。

（1）区域覆盖方式。对区域覆盖方式的基本机制和所涉及的概念和特性进行了介绍。

（2）区群的构成与激励方式。分别介绍了区群的构成与激励方式的概念、特点、应用领域。

（3）系统容量与信道（频率）配置。介绍了系统容量与信道（频率）配置的方法和特点。

（4）移动通信的网络结构。分别介绍了移动通信的网络结构、构成、信道类型的概念和特点、应用领域。

（5）信令。介绍了移动通信的信令。着重介绍了数字信令的特点及应用领域。通过一个呼叫控制的示例来说明信令的作用，以帮助学生加深对信令的理解。

（6）越区切换和位置管理。分别介绍了移动通信的越区切换和位置管理的概念和特点。通过越区切换和定位流程来说明越区切换和位置管理的控制过程。

（7）多信道共用技术。介绍了移动通信中的多信道共用技术的概念及作用。

习　题　4

4.1　组网技术包括哪些主要问题？

4.2　移动通信网的体制是如何划分的？各有何特点？

4.3　在面状网中，把小区形状为_____的小区制移动通信网称为移动蜂窝网。

　　　A．正三角形　　　　　B．正六边形　　　　C．正方形

4.4　在移动蜂窝网中，一个区群通常是由若干个邻接的_____组成的。

4.5　每个小区由三副 120° 扇形辐射的定向天线共同覆盖，这被称为_____。

4.6　信道（频率）配置主要针对_____系统。

4.7　信道（频率）配置的目的是什么？可采用什么方法？

4.8　移动通信网的基本网络结构包括哪些功能？

4.9　移动通信网中交换机的作用是什么？

4.10　移动通信空中接口协议模型包括_____、_____和_____。

4.11　在移动通信网中，一个_____可由一个或几个小区组成。

4.12　从基站向用户传送信息的通道称为_____。

4.13　信道主要有哪几种类型？其各自的作用是什么？

4.14　什么是信令？信令的功能是什么？有哪几种类型？

4.15　通常把在信息码元序列中加入监督码元的办法称为_____。

4.16　什么是越区切换？越区切换主要涉及哪些问题？软切换和硬切换有什么区别？

4.17　越区切换时，采用什么信道分配方法可降低通信中断率？

4.18　试述移动台过境切换和接入的工作过程。

4.19　空闲信道的选取方式主要有哪几类？各有什么特点？

第 5 章 GSM 数字蜂窝移动通信系统及设备

【内容提要】

GSM 数字蜂窝移动通信系统是小区制大容量公用移动电话系统。其用户容量大、覆盖区域广、功能齐全、技术先进且通话质量好。本章将讨论构成 GSM 数字蜂窝移动通信系统的一系列技术问题，主要包括 GSM 数字蜂窝移动通信系统、GSM 系统的工作方式、编号和主要业务、我国 GSM 移动通信网的网络结构、GSM 系统控制与管理、主要接续流程、GSM 移动台、GSM 基站。

GSM 数字蜂窝移动通信系统起源于欧洲。1982 年，北欧国家向 CEPT（欧洲邮电行政大会）提交了一份建议书，要求制定 900MHz 频段的公共欧洲电信业务规范。在这次大会上成立了一个在欧洲电信标准协会（ETSI）技术委员会下的移动特别小组（Group Special Mobile，GSM），来制定有关的标准和建议书。1990 年，该小组完成了 GSM900 的规范制定，共生成了约 130 项全面建议书。

1991 年，欧洲开通了第一个 GSM 数字蜂窝移动通信系统，同时 GSM 被更名为全球移动通信系统（Global System for Mobile Communications），从此跨入了第二代数字蜂窝移动通信时代。同年，移动特别小组还完成了 1800MHz 频段的公共欧洲电信业务的规范制定，命名为 DCS1800。该规范与 GSM900 具有同样的基本功能特性，因此该规范只占 GSM 建议书的很小一部分，仅对 GSM900 和 DCS1800 之间的差别加以描述，对于 GSM 建议书中其余的绝大部分，两者是通用的，两个系统均可称为 GSM 系统。1993 年，欧洲第一个 DCS1800 系统投入运营。

本章着重讨论 GSM 数字蜂窝移动通信系统的网络组成、传输方式和网络控制等，并介绍 GSM 数字蜂窝移动通信系统的相关设备。

5.1 GSM 数字蜂窝移动通信系统

5.1.1 GSM 标准技术规范

GSM 标准未对硬件进行规范，只对系统功能、接口等提出了详细规定，以便不同公司的产品可以互联互通。GSM 标准共有 12 项内容，如表 5.1 所示。

表 5.1 GSM 标准

序 号	内 容	序 号	内 容
01	概述	07	MS-BS 接口与协议
02	业务	08	无线链路的物理层
03	网络	09	语音编码规范
04	MS 的终端适配器	10	业务互通

续表

序　号	内　　容	序　号	内　　容
05	BS-MSC 接口	11	设备型号认可规范
06	网络互通	12	操作和维护

这些内容都是由不同工作组和专家组编写而成的。为了保证 GSM 网络内现有的和将来的业务的顺利开展，在制定标准时必须考虑兼容性。

5.1.2　网络结构

GSM 数字蜂窝移动通信系统（以下简称 GSM 系统）主要由网络子系统（NSS）、基站子系统（BSS）和移动台（MS）三大部分组成，如图 5.1 所示。其中，NSS 与 BSS 之间的接口为"A 接口"，也就是说，网络子系统和基站子系统一般采用 2.048Mbps PCM 数字传输链路实现通信。移动台可用不同厂家的设备。

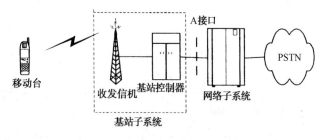

图 5.1　GSM 系统

从图 5.1 中可以看到，GSM 系统的信号流向为

PSTN ⟷ 网络子系统 ⟷ 基站子系统 ⟷ 移动台 ⟷ 用户

GSM 系统的任务是提供传输路径和建立路径的方法，移动台、基站子系统和网络子系统构成了系统的运行部分，其上面是由操作支持子系统（OSS）及运营者组成的控制部分，它包括各种实体，如处理与操作人员交互的终端、管理运行和维护系统所需的专用设备、业务处理设备的软件。各子系统之间的相互作用构成了 GSM 系统。

由于 GSM 技术规范的制定是为了便于不同公司的产品可以互联互通，以较少的投资较好的设备来建立优良的通信网络，因此，GSM 规范对系统的各个接口都有明确的规定，也就是说，各接口都是开放式接口。

GSM 系统的网络结构如图 5.2 所示，在图 5.2 中，A 接口右侧是网络子系统（NSS），它包括移动交换中心（MSC）、访问位置寄存器（VLR）、原籍位置寄存器（HLR）、鉴权中心（AUC）和移动设备识别寄存器（EIR）等，A 接口左侧是基站子系统（BSS），它包括基站控制器（BSC）和基站收发信台（BTS）。移动台（MS）由移动终端（MT）和用户识别卡（SIM）组成。一个移动交换中心（MSC）可管理多达几十个基站控制器，一个基站控制器最多可控制 256 个基站收发信台。由网络子系统、基站子系统和移动台三大部分组成 GSM 系统，该网络经由移动交换中心与公用交换电话网（PSTN）、综合业务数字网（ISDN）和公用数据网（PDN）互联。

在上述网络中还配有短信息业务中心（SC），既可开放点对点的短信息业务，类似数字寻呼业务，可实现全国联网，又可开放广播式公共信息业务。另外配有语音信箱，可开放语音留言业务，当移动被叫用户暂不能接通时，可接到语音信箱进行留言，提高网络接通率，增强系统功能。

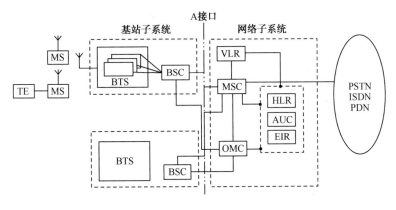

图 5.2　GSM 系统的网络结构

1．移动台

移动台是 GSM 系统中用户使用的设备。移动台可分为车载台、便携台和手机。其中，手机体积小、重量轻、功能强，因此手机用户占移动台用户的绝大部分。

移动台通过无线接口接入 GSM 系统，具有无线传输与处理功能，此外，移动台必须提供与使用者之间的接口。

移动台就是移动客户的设备部分，它由两部分组成：移动终端（MT）和用户识别（SIM）卡。移动终端就是"机"，它可完成语音编码、信道编码、信息加密、信息的调制和解调、信息的发射和接收等功能。

SIM 卡就是"身份卡"，它类似于 IC 卡，因此也称为智能卡，存有认证用户身份所需的所有信息，并能提供一些与安全保密有关的重要信息，以防止非法用户进入网络。SIM 卡还存储与网络和用户有关的管理数据，只有插入 SIM 卡后移动终端才能接入通信网络，但 SIM 卡本身不是代金卡。SIM 卡的应用使得一部移动台可为不同的用户服务。

2．基站子系统

基站子系统是 GSM 系统的基本组成部分。它通过无线接口与移动台相接，进行无线发送、接收及无线资源管理。另一方面，基站子系统与网络子系统中的移动交换中心相连，实现移动用户与固定网络用户之间或移动用户之间的通信连接。

基站子系统主要由基站收发信机（BTS）和基站控制器（BSC）构成。基站收发信机可以直接与基站控制器相连接，也可以通过基站接口设备（BIE）采用远端控制的连接方式与基站控制器相连。此外，基站子系统为了适应无线与有线系统使用不同的传输速率进行传输，在基站控制器与移动交换中心之间增加了码变换器及相应的复用设备。

基站控制器具有对一个或多个基站收发信机进行控制的功能，实际上它是具有很强的处理能力的小型交换机，它主要负责无线网络资源的管理、小区配置数据的管理、功率控制、定位和切换等，是功能很强的业务控制点。

基站收发信机是无线接口设备，它完全由基站控制器控制，主要负责无线传输，可实现无线与有线的转换、无线分集、无线信道加密、跳频等功能。基站收发信机主要分为基带单元、载频单元、控制单元三大部分。基带单元主要用于必要的语音和数据传输速率的适配、信道编码等。载频单元主要用于调制/解调与发射机/接收机之间的耦合等。控制单元则用于基站收发信机的操作与维护。

　　另外，当基站控制器与基站收发信机不设在同一处而需要采用 Abis 接口时，传输单元是必须存在的，以实现基站控制器与基站收发信机之间的远端连接方式。如果基站控制器与基站收发信机设置在同一处，只需要采用 BS 接口，则传输单元是可以省略的。一种典型的基站子系统的组成方式如图 5.3 所示。

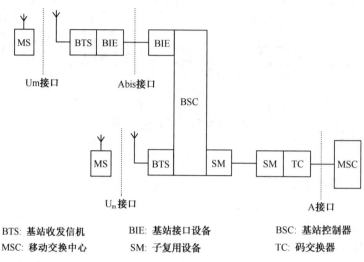

BTS：基站收发信机　　　　BIE：基站接口设备　　　　BSC：基站控制器
MSC：移动交换中心　　　　SM：子复用设备　　　　　TC：码交换器

图 5.3　一种典型的基站子系统的组成方式

3．网络子系统

　　网络子系统对 GSM 移动用户之间的通信、移动用户与其他通信网用户之间的通信起管理作用。网络子系统主要完成交换功能、用户数据与移动性管理，以及安全性管理所需的数据库功能。在网络子系统内部，基本交换功能由移动交换中心完成，移动交换中心的主要功能是协调呼叫 GSM 用户和建立来自 GSM 用户的呼叫，它的一侧与基站子系统连接，而另一侧与外部网络连接。网络子系统由一系列功能实体构成，各功能实体如下。

　　（1）移动交换中心是网络的核心，它提供交换功能并面向下列功能实体：基站子系统、原籍位置寄存器（HLR）、鉴权中心（AUC）、移动设备识别寄存器（EIR）、操作维护中心（OMC）和固定网，如公用交换电话网（PSTN）、综合业务数字网（ISDN）等。从而把移动用户与固定网用户、移动用户与移动用户连接起来。

　　移动交换中心既能实现网络接口、公共信道信令子系统和完成计费等功能，又能完成基站子系统和移动交换中心之间的位置登记和更新、越区切换和漫游等无线资源管理和移动性管理的功能。移动交换中心可从原籍位置寄存器、访问位置寄存器（VLR）和鉴权中心三种数据库中获取用户位置登记和呼叫请求等信息。另外，为了建立固定用户与移动用户之间的呼叫，固定用户的呼叫首先被接到入口移动交换中心（GMSC），由入口移动交换中心负责查询移动用户的原籍位置寄存器信息，该原籍位置寄存器将以被访移动交换中心的地址作为回答，这样就能获取移动用户的位置信息，且把固定用户的呼叫转接到可向该移动用户提供即时服务的移动交换中心。因此，一般入口移动交换中心的功能都是与移动交换中心在同一设备中实现的。

　　（2）原籍位置寄存器（HLR）又称原籍用户位置寄存器，可将其看作 GSM 系统的中央数据库，存储该原籍位置寄存器管辖区内的所有移动用户的有关数据。其中，静态数据有移动用户码、访问能力、用户类别和补充业务等。此外，原籍位置寄存器还暂存移动用户漫游时的有关动态信息数据，即有关用户目前所处位置的信息，以便在有呼叫时，能及时获得该用户的位置信息，建立通信链路。典型的原籍位置寄存器是一台独立的计算机，它没有交换能力，但能管理成千上万的用户。原籍位置寄存器功能的一个部分是鉴权中心（AUC），鉴权中心的作用是为用户管理安全数据。

（3）访问位置寄存器（VLR）。它存储进入其控制区域的来访移动用户的有关数据，这些数据是从该移动用户的原籍位置寄存器获取并进行暂存的，一旦移动用户离开该访问位置寄存器的控制区域，则临时存储的该移动用户的数据就会被消除。因此，可将访问位置寄存器看作一个动态用户数据库。访问位置寄存器的功能是在每个移动交换中心（MSC）中综合实现的，即移动交换中心、访问位置寄存器共同置于一个物理实体中。

（4）鉴权中心（AUC）。GSM 系统采取了特别的通信安全措施，包括对移动用户鉴权，对无线链路上的语音、数据和信令信息进行保密等。因此，鉴权中心存储着鉴权信息和加密密钥，用来防止无权用户接入系统并保证无线通信的安全。鉴权中心是原籍位置寄存器的一个功能单元，用于 GSM 系统的安全性管理。

（5）移动设备识别寄存器（EIR）。移动设备识别寄存器存储着移动设备的国际移动设备识别码（IMEI），通过核查白色、黑色和灰色三种清单，运营部门就能判断出移动设备是准许使用的，还是失窃而不准使用的，还是由于技术故障或误操作而危及网络正常运行的，以确保网络内使用的移动设备的唯一性和安全性。

（6）操作与维护中心（OMC）。操作与维护中心负责对全网进行监控与操作，如系统的自检和报警、备用设备的激活、系统的故障诊断与处理、话务量的统计、计费数据的记录与传递，以及与网络参数有关的各种参数的收集、分析与显示等。

4．操作支持子系统

操作支持子系统（OSS）主要包括三个功能：对电信设备的网络操作与维护、注册管理和计费、移动设备管理。操作支持子系统的组织结构如图 5.4 所示。操作支持子系统要完成的任务都依赖于基站子系统或网络子系统中的一些或全部基础设施，以及提供业务的公司之间的相互作用。它通过网络管理中心（NMC）、安全性管理中心（SEMC）、用户识别卡管理中心（PCS）、集中计费管理数据处理系统（DPPS）等功能实体，实现对移动设备管理、注册管理和计费、对电信设备的网络操作与维护。

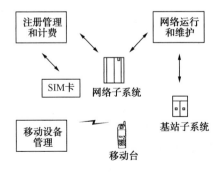

图 5.4　操作支持子系统的组织结构

5.1.3　GSM 功能模型

GSM 系统使用的是开放系统互连模型，功能按功能平面分层，一层叠在一层上面。每一层向它的上一层提供服务，上一层是对下一层提供的服务的增强。在每一层中，各实体通过交换信息协同工作以提供需要的业务。在信息流穿过不同实体时，我们把这些对接口处参考点的规定称为信令协议。

在 GSM 系统中，可按功能的不同将其划分为 5 层，如图 5.5 所示。最低层是系统的基础，即传输层。它是为用户通信及协同工作的设备提供传输链路。无线链路上对传输资源的管理是一个复杂的问题，要有一个独立的功能层，称为无线资源管理层（RR 层），该功能层用于管理无线接口传输协议，它提供移动台和移动交换中心之间的稳定连接，特别是要处理呼叫期间的用户切换。基站子系统可完成大部分 RR 层的功能。

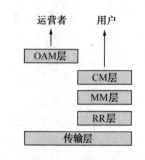

图 5.5　GSM 系统的功能模型

移动性管理层（MM 层）对应管理用户移动性的协议，它负责管理用户数据库，特别是用户位置数据，它的一个附加任务是保密性方面的管理，如鉴权。SIM 卡、原籍位置寄存器和鉴权中心是参与 MM 层活动的主要设备。MM 层在下层提供的传输功能的基础上，又增加了跟踪没有在进行通信的移动用户的方法和与安全性有关的功能。

通信管理层（CM 层）对应管理通信的协议，它利用 RR 层和 MM 层提供的基础，向用户提供电信业务，根据业务类型，它由几个独立的部分构成。显然，移动交换中心与 CM 层有密切的关系。

运行、管理和维护层（OAM 层）的作用是为运营者的操作提供手段，包括那些能使操作人员监视和控制系统的功能，如操作人员可更换设备和功能的配置。作为一个功能层，它并没有直接增强其他层提供的业务，也不严格地位于其他层之上。除在有关设备间交换信息的基本传输功能外，它并不使用其他层提供的业务。操作支持子系统是 OAM 层的一个集成部分。在许多情况下，为业务处理定义的接口、协议都支持 OAM 层的相关功能。

接口与协议是有差异的。一个接口代表两个相邻实体间的连接点，它可承载与"不同实体对"有关的信息流，即几种协议，如图 5.6 所示。GSM 系统中的无线接口就是与几种协议相关的信息转移点：移动台和基站收发信机（BTS）之间的无线接口（为了传输），移动台和基站控制器（BSC）之间的 RR 接口（为了管理无线接口上的传输），移动台和移动交换中心（MSC）之间的 MM＋CM 接口（为了管理用户的移动性和通信），移动台和原籍位置寄存器（HLR）之间的 SS 接口（为了设置附加业务参数），SS 是指设置附加业务参数的协议。

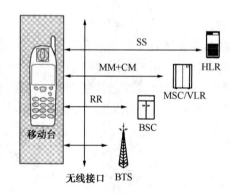

图 5.6　GSM 系统的接口和协议

5.1.4　GSM 系统的网络接口

人们在制定 GSM 系统的技术规范时，就对系统功能、接口等做了详细规定，以便于不同公司的产品可以互联互通，为 GSM 系统的实施提供灵活的设备选择方案。

GSM 系统各部分之间的接口如图 5.7 所示。

1. 主要接口

GSM 系统的主要接口是指 A 接口、Abis 接口和 U_m 接口。这三种主要接口的定义和标准化可保证不同厂家生产的移动台、基站子系统和网络子系统设备能够接入同一个 GSM 移动通信网运行和使用，如图 5.8 所示。

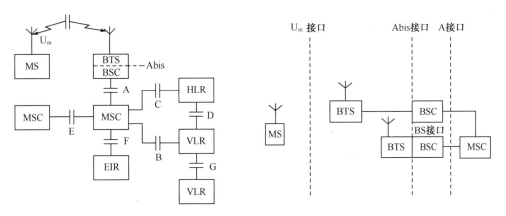

图 5.7　GSM 系统各部分之间的接口　　　　　　　　图 5.8　GSM 系统的主要接口

（1）A 接口。A 接口为网络子系统与基站子系统之间的通信接口。从系统的功能实体而言，就是移动交换中心（MSC）与基站控制器（BSC）之间的接口，其物理连接是通过标准的 2.048Mbps PCM 数字传输链路实现的。此接口传送的信息包括对移动台及基站的管理信息、移动性信息及呼叫接续管理信息等。

（2）Abis 接口。Abis 接口为基站子系统的基站控制器（BSC）与基站收发信机（BTS）两个功能实体之间的通信接口，用于 BTS 与 BSC 之间的远端互连（不与 BSC 放在一处的），它是通过标准的 2.048Mbps 或 64kbps PCM 数字传输链路来实现的。图 5.8 中的 BS 接口是 Abis 接口的一种特例，用于 BTS（与 BSC 并置）与 BSC 之间的直接互连，此时 BSC 与 BTS 之间的距离小于 10m。此接口支持所有向用户提供的服务，并支持对 BTS 无线设备的控制和对无线频率的分配。

（3）U_m 接口。U_m 接口（空中接口）为移动台（MS）与基站收发信机（BTS）之间的无线通信接口，它是 GSM 系统中非常重要的接口，其物理链接通过无线链路实现，用于移动台与 GSM 系统的固定部分之间的连通，该接口传递的信息包括无线资源管理、移动性管理和接续管理等。

2. 网络子系统的内部接口

网络子系统的内部接口包括 B、C、D、E、F、G 接口。

（1）B 接口。B 接口为移动交换中心（MSC）与访问用户位置寄存器（VLR）之间的内部接口，用于 MSC 向 VLR 询问有关移动台（MS）当前位置信息或通知 VLR 有关 MS 的位置更新信息等。

（2）C 接口。C 接口为 MSC 与原籍位置寄存器（HLR）之间的接口，用于传递路由选择和管理信息，两者之间的链接是采用标准的 2.048Mbps PCM 数字传输链路实现的。

（3）D 接口。D 接口为原籍位置寄存器（HLR）与访问用户位置寄存器（VLR）之间的接口，用于交换移动台位置和用户管理信息。由于 VLR 综合于 MSC 中，因此 D 接口的物理链路与 C 接口相同。

（4）E 接口。E 接口为相邻区域的不同 MCS 之间的接口，用于移动台从一个 MSC 控制区到另一个 MSC 控制区时交换有关信息，以完成越区切换。此接口的物理链接是采用标准的 2.048Mbps PCM 数字传输链路实现的。

（5）F 接口。F 接口为 MSC 与移动设备识别寄存器（EIR）之间的接口，用于交换相关的管理信息。此接口的物理链接也是采用标准的 2.048Mbps PCM 数字传输链路实现的。

（6）G 接口。G 接口为两个访问用户位置寄存器（VLR）之间的接口。当采用临时移动用户识别码（TMSI）时，此接口用于向分配 TMSI 的 VLR 询问此移动用户的国际移动用户识别码（IMSI）。G 接口的物理链接的实现方式与 E 接口相同。

3. GSM 系统与其他公用电信网的接口

其他公用电信网主要指公用交换电话网（PSTN）、综合业务数字网（ISDN）、分组交换公用数据网（PSPDN）和电路交换公用数据网（CSPDN）。GSM 系统通过移动交换中心（MSC）与这些公用电信网连接，其接口必须满足 CCITT 的有关接口和信令标准，以及各个国家邮电运营部门制定的与这些公用电信网有关的接口和信令标准。

根据我国公用交换电话网的发展状况和综合业务数字网（ISDN）的发展前景，GSM 系统与 PSTN 和 ISDN 的连接方式采用 7 号信令系统接口。其物理链接是通过 MSC 与 PSTN 或 ISDN 交换机之间的标准的 2.048Mbps PCM 数字传输链路实现的。

如果具备 ISDN 交换机，HLR 与 ISDN 之间即可建立直接的信令接口，使 ISDN 交换机可以通过移动用户的 ISDN 号码直接向 HLR 询问移动台的位置信息，以建立移动台到当前所登记的 MSC 之间的呼叫路由。

5.1.5 GSM 系统的语音传输示例

无论是固定网还是蜂窝移动通信网，电话业务都是 PSTN 提供的最普遍的业务。GSM 系统的语音传输示例如图 5.9 所示，此图可以说明语音在 GSM 系统中是如何进行传输的。

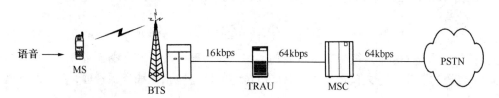

图 5.9　GSM 系统的语音传输示例

在图 5.9 中，移动用户首先将语音送入移动台（MS）的送话器，在 MS 内，模拟声音信号转换成代表话音信号的 13kbps 的数字信息流，此 13kbps 的数字信息流再被转换成高频模拟信号，以无线电波的形式发射出去。

基站收发信机（BTS）天线检测到上述信号后，将其接收、处理，并恢复成代表语音的 16kbps 的数字信号；实际上，16kbps 的数字信号（每帧 20ms，316bit）除包含 13kbps 的语音编码数字信息流（每帧 20ms，260bit）外，还包括一些 3kbps 的信息（用于 20ms 的信息同步）。BTS 通过同轴电缆或无线链路将 16kbps 的数字信号传到语音编码变换器（TRAU）。TRAU 将输入的 16kbps 的数字信号转换成标准的 64kbps 的数字信息流，这样在 TRAU 的输出端可得到语音信号的另一种数字表示形式。64kbps 的数字信息流经过移动交换中心（MSC）后，可与外部网络和交换机连接,如 PSTN 和 MSC 等,从而实现 GSM 用户之间或 GSM 用户与 PSTN 用户之间的语音传输。

5.2 GSM 系统的工作方式

为了将源数据转换为最终信号,GSM 系统的无线电发射包括几个连续的过程,在接收端要近似重现源数据需要经过一系列相反的过程,如图 5.10 所示。对于其他用户数据和信令,该过程类似。

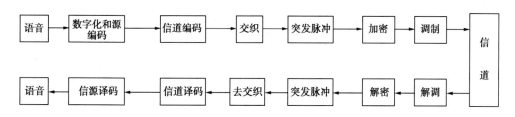

图 5.10 从语音到无线电波及从无线电波到语音

语音变换成数字块后,信道编码使冗余度增加;然后数字块被交织和分散成几段,并与报头和中间序列组合构成突发脉冲;对这些突发脉冲加密,并利用得到的数据调制载波,由发射机发射到无线信道,从而实现从移动台语音到无线电波的转换。在接收端进行相反的变换,即可实现从无线电波到语音的转换。

GSM 数字蜂窝移动通信网的无线接口是系统的主要接口,实现移动台与基站的无线连接。下面将着重讨论 GSM 系统的无线传输方式及特征。

5.2.1 无线传输方式

表 5.2 给出了 GSM 系统的主要参数。

表 5.2 GSM 系统的主要参数

主要参数	GSM 900	GSM 1800	GSM 1900
发射频带	890～915MHz	1710～1785MHz	1805～1910MHz
接收频带	935～960MHz	1805～1880MHz	1930～1990MHz
双工间隔	45MHz	95MHz	80MHz
频率范围	70MHz	170MHz	140MHz
信道数量	124	374	299
调制方式	GMSK	GMSK	GMSK
蜂窝半径	<35km	<4km	<4km
移动台功率	2W	1W	1W
最高移动速度	250km/h	125km/h	125km/h

其频率配置如下。

（1）工作频段和频道间隔。表 5.3 所示为 GSM 的工作频段。

表 5.3　GSM 的工作频段

800MHz 频段	G1 频段的上行频率	880～890MHz
	P 频段的上行频率	890～915MHz
	G1 频段的下行频率	925～935MHz
	P 频段的下行频率	935～960MHz
	双工间隔	45MHz
	载频间隔	200kHz
1800MHz 频段	上行频率	1710～1785MHz
	下行频率	1805～1880MHz
	双工间隔	95MHz
	载频间隔	200kHz
1900MHz 频段	上行频率	1850～1910MHz
	下行频率	1930～1990MHz
	双工间隔	80MHz
	载频间隔	200kHz

移动台采用较低频段发射，传播损耗较低，有利于补偿上行频率、下行频率的不平衡，如图 5.11 所示。我国陆地公用数字蜂窝移动通信网 GSM 采用 900MHz 和 1800MHz 频段：上行链路（移动台发送、基站接收）的频段为 905～915MHz；下行链路（基站发送、移动台接收）的频段为 950～960MHz。DCS 采用 1800MHz 频段：上行链路（移动台发送、基站接收）的频段为 1710～1785MHz；下行链路（基站发送、移动台接收）的频段为 1805～1880MHz。

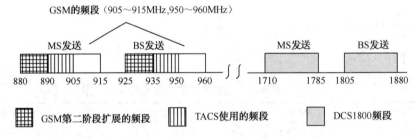

图 5.11　我国陆地蜂窝移动通信系统的频段分配图

相邻两频道的间隔为 200kHz，收、发频率间隔分别为 45MHz 和 95MHz。每个频道采用时分多址接入（TDMA）方式。

（2）频道编号。由于载频间隔是 0.2MHz，因此 GSM 系统将整个 900MHz 工作频段分为 124 对载频，其频道序号用 n 表示，则上行链路、下行链路频段中序号为 n 的载频可用下式计算：

$$f_l(n)=(890+0.2n)\text{MHz} \qquad （下行链路频段） \qquad (5.1)$$

$$f_h(n)=(935+0.2n)\text{MHz} \qquad （上行链路频段） \qquad (5.2)$$

式中，n=1,2,…,123,124。

例如，n=1，$f_l(1)$=890.2MHz，$f_h(1)$=935.2MHz，其他序号的载频以此类推。在正常情况下，不使用第 1 个和第 124 个频道，因此可用最大频道数为 122。

由于每个小区的可用频道数都是在可用频段为 10MHz 的情况下计算得出的，频道配置如

图 5.12 所示。目前，GSM 系统在 10MHz 频段中的可用频道序号为 76～124，共 49 个。其中，4MHz 由中国移动使用，6MHz 由中国联通使用。从频道序号来看，76～95 的频道序号由中国移动使用，96～124 的频道序号由中国联通使用。

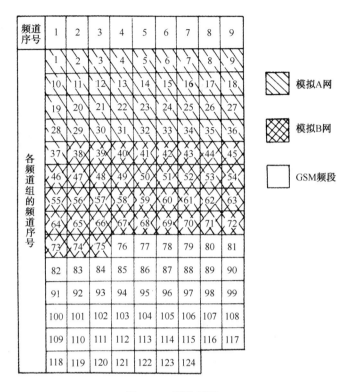

图 5.12　频道配置

（3）调制方式。GSM 的调制方式是高斯型最小频移键控（GMSK）方式，BT=0.3。矩形脉冲在进入调制器之前先通过一个高斯滤波器。此调制方案改善了频谱特性，能满足国际无线电咨询委员会（CCIR）提出的相邻信道功率电平小于-60dBw 的要求（基于 200kHz 的载频间隔及 270.833kbps 的信道传输速率）。

（4）载频复用与区群结构。在 GSM 系统中，基站发射功率为每载波 500W。移动台发射功率分为 0.8W、2W、5W、8W 和 20W 五种，可供用户选择。小区覆盖半径最大为 35km，最小为 500m，前者适用于农村，后者适用于市区。

由于系统采取了多种抗干扰措施（如自适应均衡、跳频和纠错编码等），因此在业务密集地区，通常可采用 4 小区 12 扇区或 3 小区 9 扇区的区群结构。图 5.12 中展示的是 3 小区 9 扇区的区群结构的频道配置示意图。

5.2.2　时分多址 / 频分多址接入方式

GSM 系统中，有若干个小区（3 个、4 个或 7 个）构成一个区群，区群内不能使用相同频道，每个小区使用多个载频，每个载频（载波）上可分成 8 个时隙，每个时隙为一个信道，一个信道最多可被 8 个移动用户同时使用，如图 5.13 所示。

GSM 系统采用时分多址（TDMA）、频分多址（FDMA）和频分双工（FDD）的接入方式，如图 5.14 所示。

（a）FDMA 方式　　　　　　（b）TDMA 方式

图 5.13　FDMA 和 TDMA 方式

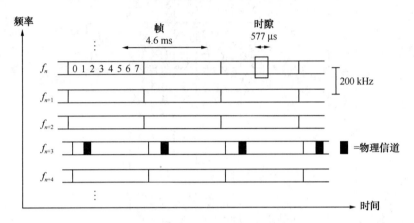

图 5.14　FDMA 和 TDMA 的接入方式

这种多址接入方式在 25MHz 的频段中共分出 124 个频道，频道间隔为 200kHz。每个载频可分成 8 个时隙，每个时隙为一个信道，每个信道占用的带宽为 200kHz/8=25kHz，8 个时隙构成一个 TDMA 帧，帧的长度约为 4.615ms，每个时隙含 156.25 个码元。

时隙宽 0.577ms。在采用 TDMA 方式的物理信道中，帧的结构和组成是基础。GSM 系统的各种帧及时隙格式如图 5.15 所示。

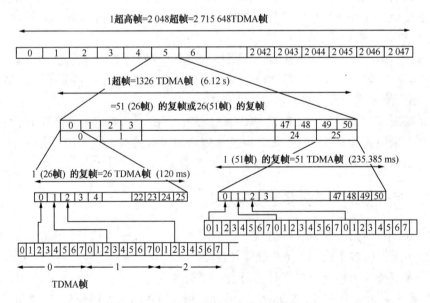

图 5.15　GSM 系统的各种帧及时隙格式

由若干个 TDMA 帧构成复帧，其结构有两种：一种是由 26 帧组成的复帧，这种复帧长

120ms，主要用于业务信息的传输，也称为业务复帧；另一种是由 51 帧组成的复帧，这种复帧长 235.385ms，专用于传输控制信息，也称为控制复帧。

由 51 个业务复帧或 26 个控制复帧均可组成 1 个超帧，超帧的周期为 1326 个 TDMA 帧，超帧长 $51 \times 26 \times 4.615 \times 10^{-3} \approx 6.12s$。

由 2048 个超帧可组成 1 个超高帧，超高帧的周期为 $2048 \times 1326 = 2715648$ 个 TDMA 帧，共 12 533.76s，即 3 小时 28 分 53 秒 760 毫秒。

帧的编号（FN）以超高帧为周期，从 0 到 2715647。

在 GSM 系统中，由于在无线接口采用了 TDMA 技术，那么某一移动台必须在指配给它的时隙内发送，在其余时间必须保持寂静，否则它会干扰使用相同载频的不同时隙的其他移动用户。因为上行传输所用的帧号和下行传输所用的帧号相同。所以上行帧相对于下行帧，在时间上滞后 3 个时隙，如图 5.16 所示。在这 3 个时隙内，移动台可进行帧调整以及对发射机、接收机的调谐和转换。

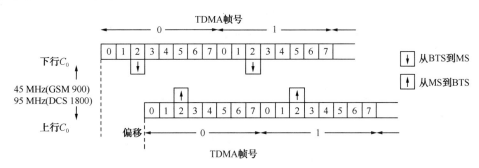

图 5.16　上行帧和下行帧所对应的时间关系

5.2.3　信道分类

GSM 系统的信道分类如图 5.17 所示。

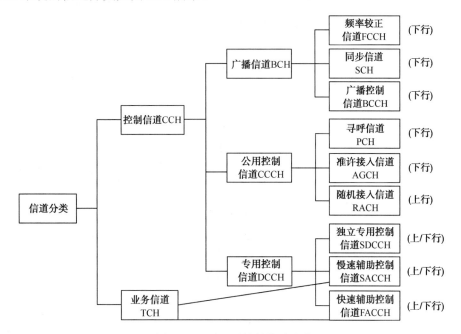

图 5.17　GSM 系统的信道分类

GSM 中的信道分为物理信道和逻辑信道，一个物理信道就是一个时隙，而逻辑信道是根据基站收发信机（BTS）与移动台（MS）之间传递的信息种类的不同而定义的不同的逻辑信道。这些逻辑信道将信息映射到物理信道上传送。从 BTS 到 MS 的方向称为下行链路，相反的方向称为上行链路。

逻辑信道又分为两大类：业务信道和控制信道。

1．业务信道

业务信道（TCH）主要传输数字化语音或数据，以及少量的随路控制信令。业务信道有全速率业务信道（TCH/F）和半速率业务信道（TCH/H）之分。半速率业务信道所用的时隙是全速率业务信道所用的时隙的一半。

（1）语音业务信道。载有编码语音的业务信道分为全速率语音业务信道（TCH/FS）和半速率语音业务信道（TCH/HS），两者的总速率分别为 22.8kbps 和 11.4kbps。

对于全速率语音编码，语音帧长 20ms，每帧含 260bit 语音信息，提供的净速率为 13kbps。

（2）数据业务信道。在全速率或半速率业务信道上，通过不同的速率适配和信道编码，用户可使用下列几种不同的数据业务。

① 9.6kbps，全速率数据业务信道（TCH/F9.6）。

② 4.8kbps，全速率数据业务信道（TCH/F4.8）。

③ 4.8kbps，半速率数据业务信道（TCH/H4.8）。

④ ≤2.4kbps，全速率数据业务信道（TCH/F2.4）。

⑤ ≤2.4kbps，半速率数据业务信道（TCH/H2.4）。

2．控制信道

控制信道（CCH）用于传送信令和同步信号。根据所需完成的功能可把控制信道分成广播、公共及专用三种，它们可以继续细分，具体如下。

（1）广播信道（BCH）。广播信道是一种"一点对多点"的单方向控制信道，用于基站向移动台广播公用信息。传输的内容主要是移动台入网和呼叫建立所需要的有关信息。又可将其分为以下几种信道。

① 频率校正信道（FCCH）：传输供移动台校正其工作频率的信息。

② 同步信道（SCH）：传输供移动台进行同步和对基站进行识别的信息，基站识别码是在同步信道上传输的。

③ 广播控制信道（BCCH）：传输系统公用的控制信息，如公共控制信道（CCCH）号码及是否与独立专用控制信道（SDCCH）相组合等信息。

（2）公用控制信道（CCCH）。CCCH 是一种双向控制信道，用于呼叫接续阶段传输链路连接所需要的控制信令。又可将其分为以下几种信道。

① 寻呼信道（PCH）：传输基站寻呼移动台的信道。

② 随机接入信道（RACH）：这是一个上行信道，用于传输移动台随机提出的入网申请，即请求分配一个独立专用控制信道（SDCCH）。

③ 准许接入信道（AGCH）：这是一个下行信道，用于基站应答移动台的入网申请，即分配一个独立专用控制信道。

（3）专用控制信道（DCCH）。DCCH 是一种"点对点"的双向控制信道，其用途是在呼叫接续阶段及通信过程中，在移动台和基站之间传输必需的控制信息。又可将其分为以下几种信道。

① 独立专用控制信道（SDCCH）：用于在分配业务信道之前传送有关信令。例如，登记、鉴权等信令均在此信道上传输，经鉴权确认后，再分配业务信道（TCH）。

② 慢速辅助控制信道（SACCH）：这是一种双向的点对点控制信道，用于在移动台和基站之间周期性地传输一些信息。例如，移动台要不断地报告正在服务的基站和邻近基站的信号强度，以实现移动台辅助切换功能。此外，基站对移动台的功率调整、时间调整等命令也在此信道上传输。SACCH 可与一个业务信道或一个独立专用控制信道联用。当 SACCH 安排在业务信道上时，以 SACCH/T 表示；安排在控制信道上时，以 SACCH/C 表示。

③ 快速辅助控制信道（FACCH）：与 SDCCH 传送相同的信息，只有在没有分配 SDCCH 的情况下，才使用这种控制信道。使用 FACCH 时要中断业务信息，再把 FACCH 插入业务信道，每次占用业务信道的时间很短，约为 18.5ms。

5.2.4　时隙格式

在 GSM 系统中，每帧含 8 个时隙，时隙的宽度为 0.577ms，可传输 156.25bit 信息。时分多址（TDMA）信道上一个时隙中的信息格式称为突发脉冲序列。

根据所传信息的不同，时隙所含的具体内容及其组成的格式也不相同，共有 5 种类型。

（1）常规突发脉冲序列（NB）。用于携带 TCH 及除 RACHA、SCH 和 FCCH 以外的控制信道上的信息，如图 5.18 所示，"加密数据"（57bit）是客户数据或语音，再加 1bit 用作借用标志。借用标志表示此突发脉冲序列是否被 FACCH 信令借用。"训练序列"（26bit）是一串已知的信息序列，用于供均衡器产生信道模型（一种消除时间色散的方法）。

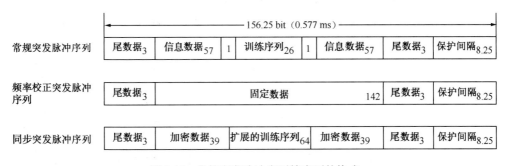

图 5.18　常规突发脉冲序列等序列的格式

"尾数据"用于帮助均衡器判断起始位和终止位。"保护间隔"占 8.25bit（约 30μs），是一段空白时段。由于每个载频最多能容纳 8 个用户，因此必须保证时隙发射时不相互重叠。尽管使用了时间调整方案，但来自不同移动台的突发脉冲序列彼此间仍会有冲突，因此 8.25bit 的保护可使发射机发出的信号的时序排列在 GSM 的建议许可范围内上下波动。

（2）频率校正突发（Frequency Correction Burst，FB）脉冲序列。 频率校正突发脉冲序列用于校正移动台的载波频率，其格式比较简单，如图 5.18 所示。

起始和结束的尾数据各占 3bit，保护时间占 8.25bit，它们均与常规突发脉冲序列相同，其余的 142bit 均设置成"0"，相应发送的信号是一个与载频有固定偏移（频编）的纯正弦波信号，以便于调整移动台的载频。

（3）同步突发（Synchronisation Burst，SB）脉冲序列。同步突发脉冲序列用于移动台的时间同步，其主要组成包括 64bit 的位同步信号，以及两段用于传输 TDMA 帧号和基站识别码（BSIC）的数据（各 39bit），如图 5.18 所示。

基站识别码用于在移动台进行信号强度测量时区分使用同一个载频的不同基站。

（4）接入突发（Access Burst，AB）脉冲序列。接入突发脉冲序列用于上行传输方向，在随机接入信道（RACH）上传送，用于移动用户向基站提出入网申请。它有一个较长的保护间隔，这是为了适应移动台首次接入（或切换到另一个 BTS）后不知道时间提前量而设置的。移动台可能远离基站收发信机（BTS），这意味着接入突发脉冲序列会迟一些到达 BTS，由于第一个接入突发脉冲序列中没有进行时间调整，为了不与下一时隙中的突发脉冲序列重叠，接入突发脉冲序列必须短一些，如图 5.19 所示。

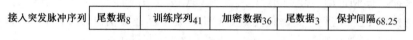

图 5.19　接入突发脉冲序列的格式

（5）空闲突发脉冲序列（DB）。空闲突发脉冲序列在某些情况下由 BTS 发出，不携带任何信息。它的格式与普通的突发脉冲序列相同，其中，加密数据改为具有一定数据模型的混合数据。

5.2.5　语音和信道编码

数字化语音信号在进行无线传输时主要考虑三方面：一是选择低速率的编码方式，以适应有限带宽的要求；二是选择有效的方法减少误码率，即信道编码问题；三是选用有效的调制方法，减小杂波辐射，降低干扰。

图 5.20 所示为 GSM 系统的语音和信道编码组成方框图。语音编码系统主要由线性预测编码—长期预测编码—规则脉冲激励编码器（LPC-LTP-RPE 编码器）组成，而信道编码归入无线子系统，主要包括纠错编码和交织技术。

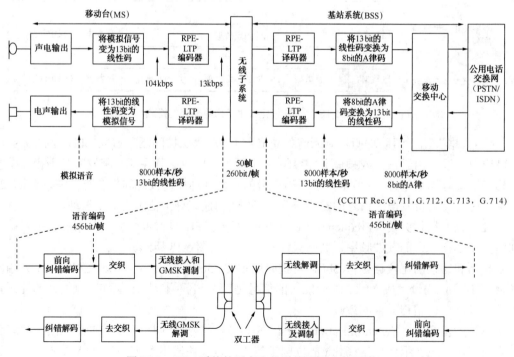

图 5.20　GSM 系统的语音和信道编码组成方框图

语音信号在无线接口路径的处理过程如图 5.21 所示。

图 5.21　语音在无线接口路径中的处理过程

在图 5.21 中，语音先通过一个 A/D 转换器，实际上是经过 8kHz 的抽样、量化后变为每 125μs 含有 13bit 信息的数据流；每 20ms 为一段，再经语音编码后降低传输速率至 13kbps；经信道编码后传输速率变为 22.8kbps；再经交织、加密和突发脉冲格式化后，传输速率变为 33.8kbps，经调制后发送出去。接收端的处理过程与其相反。

GSM 系统的语音编码器是采用声码器和波形编码器形成的混合编码器，全称为线性预测编码—长期预测编码—规则脉冲激励编码器（LPC-LTP-RPE 编码器），如图 5.22 所示。LPC-LTP 为声码器，声码器的编码速率可以很低（低于 5kbps），虽然不影响语音的可识别性，但语音的失真度很高，很难分辨出是谁在讲话。RPE 为波形编码器，波形编码器的语音质量较高，但要求的码率相应较高。信号经上述单元后，再通过复用器混合完成模拟语音信号的数字编码，每个语音信道的编码速率为 13kbps。

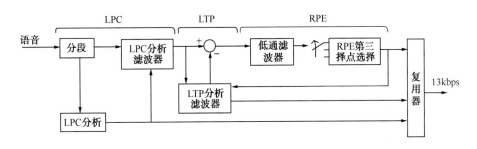

图 5.22　GSM 系统的语音编码器的原理图

在 GSM 系统中，能够检出和校正接收数据流中的差错。这是因为加入了一些冗余数据，把几个数据位上携带的信息扩散到更多的数据位上，这样做可有效地减少差错，但为此付出的代价是必须传送比该信息更多的数据。具体方法是对一些信息数据通过增加一些冗余数据进行纠错编码，从而形成编码数据流。这种编码方式适用于语音和数据。纠错编码的输出速率为 9.8kbps。纠错编码后进行交织编码，以对抗突发干扰。交织的实质是将突发错误分散开来，增强系统的抗干扰能力。图 5.23 所示为 GSM 编码流程，即把 40ms 中的语音数据（2×456=912bit）组成 8×114 矩阵，按水平写入、垂直读出的顺序进行交织，如图 5.24 所示，获得 8 个 114bit 的信息段，每个信息段占用一个时隙且逐帧进行传输。可见每 40ms 的语音需要 8 帧才能传送完毕。

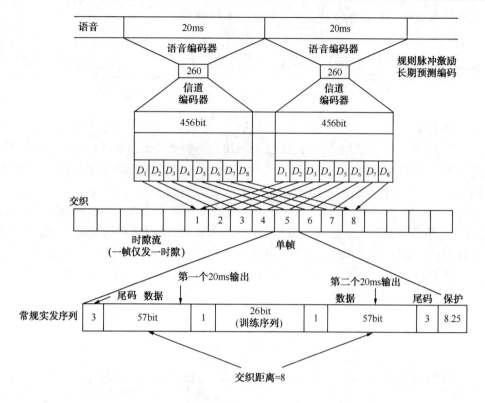

图 5.23　GSM 编码流程

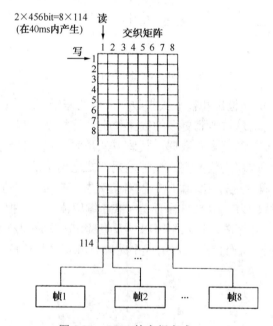

图 5.24　GSM 的交织方式

5.2.6　跳频和间断传输技术

1．跳频

在 GSM 标准中，采用跳频技术是为了确保通信的秘密性和抗干扰性。

跳频是指载波频率在很宽的频率范围内按某种序列进行跳变，其实现方法是对语音信号进行语音和信道编码形成帧，在跳频序列控制下，由发射机采用不同的频率发射。图 5.25 所示为 GSM 系统的跳频示意图。采用每帧改变频率的方法，每隔 4.615ms 改变载波频率，跳频速率为 1/4.615ms=217 跳/s。

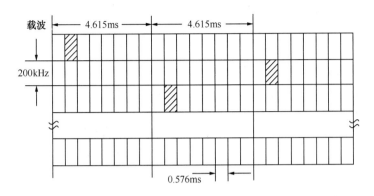

图 5.25　GSM 系统的跳频示意图

跳频是靠躲避干扰来达到抗干扰能力的。抗干扰能力用处理增益 G_p 表征，G_p 的表达式为

$$G_p=10\lg\frac{B_W}{B_C} \tag{5.3}$$

式中，B_W 为跳频系统的跳变频率范围；B_C 为跳频系统的最小跳变频率间隔（GSM 的 B_C=200kHz）。若 B_W 取 15MHz，则 G_p=18dB。

跳频技术改善了无线信号的传输质量，可以明显地降低同频干扰和频率选择性衰落，提高整个系统的抗干扰能力。

2．间断传输

为了提高频谱利用率，GSM 系统还采用了语音激活技术。这个被称为间断传输（DTx）技术的基本原则是只在有语音时打开发射机，这样可以减少干扰，使频率复用面积减小，提高系统容量。采用间断传输技术对移动台来说更有意义，因为在无信息传输时立即关闭发射机可以减少电源的消耗。

在 GSM 系统中，语音激活技术采用的是一种自适应阈值语音检测算法。当发送端判断出通话者暂停通话时，立即关闭发射机，暂停传输；在接收端检测出无语音时，则在相应空闲帧中填上轻微的"舒适噪声"，以免收听者产生通信中断的错觉。

5.3　编号和主要业务

5.3.1　编号

1．GSM 区域定义

GSM 系统属于小区制大容量移动通信网，在它的服务区内，设置了很多基站，移动台只要在服务区内，移动通信网就具有控制、交换功能，以实现位置更新、呼叫接续、过区切换及漫游服务等功能。

在由 GSM 系统组成的移动通信网中，GSM 的区域定义如图 5.26 所示。

（1）GSM 服务区。GSM 服务区是指移动台可获得服务的区域，即不同通信网（如 PSTN 或 ISDN）的用户无须知道移动台的实际位置与其通信区域。

一个 GSM 服务区可由一个或若干个公用陆地移动通信网区组成。从地域的角度而言，可以是一个国家或一个国家的一部分，也可以是若干个国家。

（2）公用陆地移动通信网（PLMN）区。一个公用陆地移动通信网（PLMN）区可由一个或若干个移动交换中心（MSC）区组成。其中包含共同的编号制度和路由计划。并由移动交换中心（MSC）区完成呼叫接续。

（3）移动交换中心（MSC）区。移动交换中心（MSC）区是指一个移动交换中心（MSC）所控制的区域，通常它连接一个或若干个基站控制器，每个基站控制器控制着多个基站收发信机。从地理位置的角度来看，移动交换中心（MSC）区包含多个位置区。

（4）位置区。位置区一般由若干个小区组成，移动台在位置区内移动无须进行位置更新。通常在呼叫移动台时，向一个位置区内的所有基站区同时发寻呼信号。

（5）基站区。基站区即小区，指基站收发信机有效的无线覆盖区。

（6）扇区。当基站收发信机天线采用定向天线时，基站区分为若干个扇区。

2. 移动台 ISDN 号码

移动台 ISDN 号码（MSISDN）是指主叫用户为呼叫数字公用陆地蜂窝移动通信网中的用户所需拨打的号码。移动台国际 ISDN 的格式如图 5.27 所示。

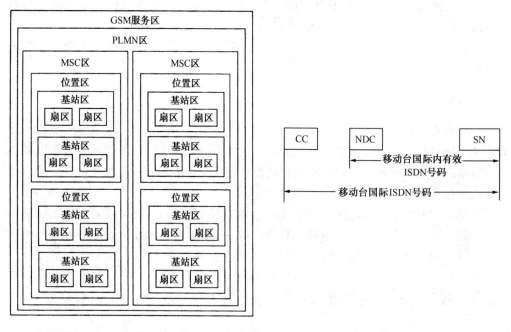

图 5.26　GSM 的区域定义　　　　　　　图 5.27　移动台国际 ISDN 的格式

在图 5.27 中，CC 为国家码，我国为 86；NDC 为国内目的地码，即网络接入号，"中国移动" GSM 网为 139～134，"中国联通公司" GSM 网为 130～132；SN 为用户号码，采用等长 8 位编号计划。

SN 号码的结构是 $H_0H_1H_2H_3ABCD$，其中，$H_0H_1H_2H_3$ 为每个移动业务本地网的原籍位置寄存器（HLR）号码，$ABCD$ 为移动用户码。

当用户号码的容量受限时，可扩充国内目的地码。"中国移动"启用的是 138,137…，"中国联通公司"启用的是 131 和 132。

3. 国际移动用户识别码（IMSI）

为了在无线路径和整个 GSM 移动通信网上正确地识别某个移动用户，就必须给移动用户分配一个特定的识别码。这个识别码称为国际移动用户识别码（IMSI），用于 GSM 移动通信网的所有信令中，存储在用户识别模块（SIM）、原籍位置寄存器（HLR）和访问用户位置寄存器（VLR）中，如图 5.28 所示。

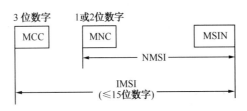

图 5.28　国际移动用户识别码的格式

在图 5.28 中，MCC 为移动用户国家码，由 3 位数字组成，唯一地识别移动用户所属的国家。我国为 460；MNC 为移动网号，由 2 位数字组成，用于识别移动用户所归属的移动网。"中国移动" GSM PLMN 网为 00，"中国联通公司" GSM PLMN 网为 01；MSIN 为移动用户识别码，采用等长的 10 位数字构成，唯一地识别国内 GSM 移动通信网中的移动用户。

4. 移动用户漫游号码（MSRN）

当移动台漫游到一个新的服务区时，由访问位置寄存器（VLR）给它分配一个临时的漫游号码，并通知该移动台的原籍位置寄存器（HLR），用于建立通信路由。一旦该移动台离开该服务区，此漫游号码立即被收回，并可分配给其他来访的移动台使用。

在每次移动台有来电呼叫时，根据 HLR 的请求，临时由 VLR 分配一个 MSRN，此号码只能在某一时间范围（如 90s）内有效。

漫游号码的组成格式与 ISDN 号码相同。

我国 GSM 移动通信网技术体制的规定如下（以"中国移动"为例）：139 后的二位为零的 MSISDN 号码为移动用户漫游号码（MSRN），即 $13900M_1M_2M_3ABC$。$M_1M_2M_3$ 为 MSC 的号码。$M_1M_2M_3$ 与 MSISDN 号码中的 $H_1H_2H_3$ 相同。

5. 临时移动用户识别码

考虑到移动用户识别码的安全性，GSM 系统能提供安全保密措施，即空中接口无线传输的识别码采用临时移动用户识别码代替国际移动用户识别码（IMSI）。两者之间可按一定的算法互相转换。它在某一 VLR 区域内与 IMSI 唯一对应。访问位置寄存器（VLR）可为来访的移动用户分配一个临时移动用户识别码（只限于在该访问服务区使用）。总之，国际移动用户识别码（IMSI）只在起始入网登记时使用，在后续的呼叫中，使用临时移动用户识别码，以避免通过无线信道发送其国际移动用户识别码，从而防止窃听者检测用户的通信内容，防止非法盗用用户的临时移动用户识别码。

临时移动用户识别码的总长不超过 4 字节，可以由 8 个十六进制数组成，其格式可由各运营部门决定。

临时移动用户识别码的 32bit 不能全部为 1，因为在 SIM 卡中数据全为 1 的临时移动用户识别码表示无效的临时移动用户识别码。

6. 位置区识别码（LAI）

位置区识别码用于移动用户的位置更新，位置区识别码的格式如图 5.29 所示。

在图 5.29 中，MCC 为移动用户国家码，同 IMSI 中的前三位数字；MNC 为移动网号，同 IMSI 中的 MNC；LAC 为位置区号码，为一个 2 字节 BCD 编码，

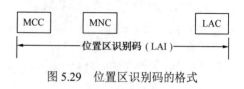

图 5.29　位置区识别码的格式

表示为 $X_1X_2X_3X_4$。在一个 GSM PLMN 网中可定义 65536 个不同的位置区，不能使用 0000 与 FFFF。

7. 全球小区识别码（CGI）

全球小区识别码（CGI）用来识别一个位置区内的小区，它是在位置区识别码后加上一个小区识别码（CI），如图 5.30 所示。

在图 5.30 中，CI 为一个 2 字节 BCD 编码，由各 MSC 自定。

8. 基站识别色码（BSIC）

基站识别色码（BSIC）是用于识别相邻国家的相邻基站的，为 6bit 编码，如图 5.31 所示。

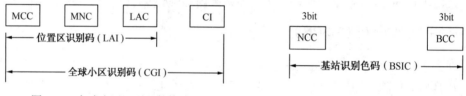

图 5.30　全球小区识别码的格式　　　　图 5.31　基站识别色码的格式

在图 5.31 中，NCC 为国家色码，主要用来区分国界各侧的运营者（在国内区别不同的省），为 XY_1Y_2。X：运营者（移动为 1，联通为 0）。Y_1、Y_2 的分配如表 5.4 所示。BCC 为基站色码，用于识别基站，由运营设定。

表 5.4　Y_1Y_2 的分配

Y_1 \ Y_2	0	1
0	吉林、甘肃、西藏、广西、福建、湖北、北京、江苏	黑龙江、辽宁、宁夏、四川、海南、江西、天津、山西、山东
1	新疆、广东、河北、安徽、上海、贵州、陕西	内蒙古、青海、云南、河南、浙江、湖南

9. 国际移动台设备识别码（IMEI）

国际移动台设备识别码（IMEI）是区别移动台设备的标志，可用于监控被窃或无效的移动台设备，如图 5.32 所示。

图 5.32　国际移动台设备识别码的格式

在图 5.32 中，TAC 为型号批准码，由欧洲型号认证中心分配；FAC 为工厂装配码，由厂家编码，表示生产厂家及其装配地；SNR 为序号码，由厂家分配，以识别每个 TAC 和 FAC 中的某个设备；SP 为备用，以备将来使用。

10．切换号码（HON）

切换号码（HON）是当进行移动交换局间的越局切换时，为选择路由，由目标移动交换中心（切换要转移到的 MSC）临时分配给移动用户的一个号码。此号码为移动用户漫游号码（MSRN）的一部分。

5.3.2　拨号方式

拨号方式是使用户可以通过拨打十进制数字实现本地呼叫、国内长途呼叫及国际长途呼叫的一种方式。我国移动通信网技术体制规定的 GSM 移动通信的拨号方式如下（以中国移动网为例）：

移动用户→固定用户（含模拟移动用户）　　$0XYZ\ PQR\ ABCD$

固定用户→本地移动用户　　　$139H_0H_1H_2H_3ABCD$

固定用户→外地移动用户　　　$0139H_0H_1H_2H_3ABCD$

移动用户→移动用户　　　　$139H_0H_1H_2H_3ABCD$

移动用户→待服业务　　$0XYZ1XX$，其中，对火警只需拨 119，对匪警只需拨 110，对急救中心只需拨 120，对交警中心只需拨 122。

国际用户→移动用户　　国际长途有权字冠＋$139H_0H_1H_2H_3ABCD$

移动用户→国际用户　　00＋国家代码＋该国内有效电话号码

其中，0 为国内长途有权字冠；00 为国际长途有权字冠；XYZ 为长途区号，由 3 位或 2 位数字组成；PQR 为局号；$ABCD$ 为用户号码，当长途区号为 2 位时，用户号可以由 4 位或 5 位数字组成；$1XX$ 为特种业务号码。

由于 GSM 移动通信网的网络接入号是 139，因此 139 既有特服号码的特性，又有长途区号的特性。我国电话网技术体制规定的拨号方式是闭锁拨号方式，即用户在一个闭锁编号区内（一个长途编号区为一个闭锁编号区）相互呼叫时，无须加拨长途区号，而当两个闭锁编号区内的用户相互呼叫时，必须加拨被叫闭锁区的长途区号。因此移动用户呼叫固定电话网用户是两个闭锁编号区内的用户互通，移动用户需加拨被叫固定用户所在地的长途区号。反之，当固定用户（含模拟移动用户）呼叫移动用户时，也是两个闭锁区间的用户互通，固定用户应拨移动用户的长途区号 139，但在长途区号前需加长途字冠"0"，方可知道"0"后的数字是长途区号。这样就出现了一个问题，即无论固定用户呼叫何处的移动用户，都要先拨"0139"，若公用交换电话网的固定用户中的大部分用户属于非长途有权用户，且移动业务本地网和固定电话本地网相一致，就会出现非长途有权固定用户可以呼叫本地固定电话用户而不能呼叫本地 GSM 移动通信网的移动用户的情况，这显然不合理，而且会给电信局带来很大的业务损失。这种情况下，应在制定 GSM 移动通信网拨号方式时就将固定用户呼叫本地移动用户和外地移动用户分开规定，呼叫本地移动用户时只需拨 $139H_0H_1H_2H_3ABCD$，这时的 139 就具有特服号码特性；呼叫外地移动用户时需在 139 前加拨长途字冠"0"，这时的 139 就具有长途区号特性。

当移动用户呼叫移动用户是在同一闭锁编号区内时，按上述说法用户呼叫时只需拨 $H_1H_2H_3ABCD$，无须加拨 139，但考虑到号码扩容，即 138,137…，用户必须拨全号（$13XH_0H_1H_2H_3ABCD$），网络才能寻找到唯一的被叫用户。因此我国在制定 GSM 移动通信网的拨号方式时就规定移动用户呼叫移动用户时拨全号，避免将来客户号码扩容后改变用户的拨号习惯。

5.3.3　主要业务

GSM 系统定义的业务是建立在综合业务网（ISDN）概念的基础上的，并考虑移动特点进行了必要的修改。GSM 系统可提供的业务分为基本通信业务和补充业务。补充业务只是对基本业务的扩充，它不能单独向用户提供，这些补充业务也不是专用于 GSM 系统的，大部分补充业务是从固定网所能提供的补充业务继承过来的。

1．通信业务分类

GSM 移动通信网能提供 6 类电信业务，如表 5.5 所示。

表 5.5　电信业务分类

分 类 号	电信业务类型	编 号	电信业务名称		实 现 阶 段
1	语音传输	11	电话		E1
		12	紧急呼叫		E1
2	短消息业务	21	点对点 MS 终止的短消息业务		E3
		22	点对点 MS 起始的短消息业务		A
		23	小区广播短消息业务		FS
3	MHS 接入	31	先进消息处理系统接入		A
4	可视图接入	41	可视图文接入子集 1		A
		42	可视图文接入子集 2		A
		43	可视图文接入子集 3		A
5	智能用户电报传递	51	智能用户电报		A
6	传真	61	交替的语音和三类传真	透明	E2
				非透明	A
		62	自动三类传真	透明	FS
				非透明	FS

注：E1——必需项，第一阶段以前提供；E2——必需项，第二阶段以前提供；E3——必需项，第三阶段以前提供；A——附加项；FS——待研究；MS——移动台；MHS——消息处理系统。

2．业务定义

（1）电话业务。电话业务是 GSM 移动通信网提供的重要业务。经过 GSM 网和 PSTN 网，能为数字移动用户之间、数字移动用户与固定用户之间提供实时双向通信，其中包括各种特服呼叫业务、各类查询业务和申告业务，并提供自动无线电寻呼业务。

（2）紧急呼叫业务。紧急呼叫业务来源于电话业务，它允许数字移动用户在紧急情况下进行紧急呼叫操作，即在拨 119、110、120 等时，依据用户所处的基站位置，就近接入火警中心（119）、匪警中心（110）、急救中心（120）等。当用户按紧急呼叫键时，应向用户提示如何呼叫紧急中心。

　　紧急呼叫业务优先于其他业务，在移动台没有插入用户识别卡（SIM）或移动用户处于锁定状态时，也可接通紧急呼叫服务中心。

　　（3）短消息业务。短消息业务又可分为包括移动台起始和移动台终止的点对点的短消息业务，以及点对多点的小区广播短消息业务。移动台起始的短消息业务能使 GSM 用户发送短消息给其他 GSM 点对点用户；点对点移动台终止的短消息业务则可使 GSM 用户接收由其他 GSM 用户发送的短消息。点对点的短消息业务是由短消息业务中心完成存储和前转功能的。短消息业务中心是在功能上与 GSM 网完全分离的实体，不仅可服务于 GSM 用户，还可服务于具备接收短消息业务功能的固定网用户，尤其是把短消息业务与语音信箱业务相结合，能更经济、更综合地发挥短消息业务的优势。点对点的信息发送或接收既可在移动台（MS）处于呼叫状态（语音或数据）时进行，也可在空闲状态下进行。当其在控制信道内传送时，信息量限制为 140 个八位组（7bit 编码，160 个字符）。

　　点对多点的小区广播短消息业务是指在 GSM 移动通信网某一特定区域内以有规则的间隔向移动台重复广播具有通用意义的短消息，如道路交通信息、天气预报等。移动台连续不断地监视广播消息，并在移动台上向用户显示广播短消息。此种短消息也是在控制信道上发送的，移动台只有在空闲状态下才能接收，其最大长度为 82 个八位组（7bit 编码，92 个字符）。

　　（4）可视图文接入。可视图文接入是一种通过网络完成文本和图形信息检索、电子邮件功能的业务。

　　（5）智能用户电报传送。智能用户电报传送能够提供智能用户电报终端间的文本通信业务。此类终端具有编辑、存储、处理文本信息等功能。

　　（6）传真。交替的语音和三类传真是指语音与三类传真交替传送的业务。自动三类传真是指能使用户经 GSM 网以传真编码信息文件的形式自动交换各种函件的业务。

5.3.4　补充业务

　　补充业务分类如表 5.6 所示。

表 5.6　补充业务分类

补充业务名称	提供	取消	登记	删除	激活	去活	请求	询问	种类及实现阶段
号码识别类补充业务：									
主叫号码识别显示	p/g	s	—	—	p	w	n	—	A
主叫号码识别限制	p/g	s	—	—	p/s	w/c	n	s	A
被叫号码识别显示	p	s	—	—	p	w	n	—	A
被叫号码识别限制	p	s	—	—	p/s	w/c	n	s	A
恶意呼叫识别	p	s	—	—	a	a	u/n	s	A
呼叫提供类补充业务：									
无条件呼叫前转	p	s	a/s	w/r/s	r	e	n	dr	E1
遇移动用户忙呼叫前转	p	s	a/s	w/r/s	r	e	n	dr	E1
遇无应答呼叫前转	p	s	a/s	w/r/s	r	e	n	dr	E1
遇移动用户不可及呼叫前转	p	s	a/s	w/r/s	r	e	n	dr	E1
呼叫转移	p	s	—	—	p	w	n	—	A
移动接入搜索	p	s	—	—	p	w	n	—	A

续表

补充业务名称	提供	取消	登记	删除	激活	去活	请求	询问	种类及实现阶段
呼叫完成类补充业务：									
呼叫等待	p/g	s	—	—	s	s	n	s	E3
呼叫保持	p	s	—	—	p	w	u	—	E2
至忙用户的呼叫完成	p	s	—	—	s	s	n	s/dr	A
多方通话类补充业务：									
三方业务	p	s	—	—	p	w	u		E2
会议电话	p	s	—	—	p	w	u		E3
集团类补充业务：									
闭合用户群	p	s	—	—	p	w	u		A
计费类补充业务：									
计费通知	p	s	—	—	p	w	n	—	E2
免费电话业务	p	s	p/s	w/s	s	s	n	dr	A
对方付费　MS 被叫	p	s	—	—	p	w	—	s	A
MS 主叫	g	—	—	—	—	—	u		A
附加信息传递类补充业务：									
用户至用户信令	p	s	—	—	s	c	u	—	A
呼叫限制类补充业务：									
闭锁所有出局呼叫	p	s	a/s	w/r	a/s	s/a	n	dr	E1
闭锁所有国际出局呼叫	p	s	a/s	w/r	a/s	s/a	n	dr	E1
闭锁除归属 PLMN 国家外所有国际出局呼叫	p	s	a/s	w/r	a/s	s/a	n	dr	A
闭锁所有入局呼叫	p	s	a/s	w/r	a/s	s/a	n	dr	E1
当漫游出归属 PLMN 国家后，闭锁入局呼叫	p	s	a/s	w/r	a/s	s/a	n	dr	A

注：E1——必需项，第一阶段以前提供；E2——必需项，第二阶段以前提供；E3——必需项，第三阶段以前提供；A——附加项。

（1）提供：业务提供者准许用户使用业务的操作，提供可以是以下几项。

● 一般：业务提供者不需要事先安排，此业务对所有用户都可用。

● 预先安排：只有在业务提供者做了必要的安排之后，此业务才对某一用户可用。

（2）取消：由业务提供者从用户接入点取消一个可用业务的操作。

● 一般：对所有提供此业务的用户取消此业务。

● 特定：对提供此业务的某个用户取消此业务。

（3）登记：由业务提供者或用户在使用某种业务前操作的一种程序。登记是指为一些特定的补充业务信息（如呼叫前转的前转号码）提供网络。登记仅适用于某些必须将特殊信息输入网络的业务。对于某些登记会导致激活（如呼叫前转），或未登记前就已经处于激活状态（如号码识别等）的业务，则不需要激活操作。

（4）删除：由业务提供者、用户或系统进行的一种业务操作，以去除已登记的特定业务的存储信息。它仅适用于那些需要登记的补充业务。删除可能是业务撤销、用户新登记被驳回或用户控制的结果。

（5）激活：由业务提供者、用户或系统进行的一种操作，使业务进入"做好提供请求准备"的状态。

（6）去活：由业务提供者、用户或系统终止激活状态的操作。

某些业务由激活、去活的特定用户操作程序，还有些业务处于随时可提供的状态。

（7）请求：能让业务进行工作的操作。它可能是在某一特定条件下自动发起的。

（8）询问：使一个用户从业务提供者那里得到关于补充业务信息的操作。所询问的信息可以是状态检查、数据检查、数据请求。

表 5.6 中各种操作对应的字母含义解释如下。

- 提供操作：

p——依据注册需预先办理；

g——一般均提供。

- 撤销操作：

s——依据用户请求或由于管理原因；

……——不应用。

- 登记操作：

a——由业务提供者提供；

s——受用户控制；

p——提供操作结果；

……——不应用。

- 删除操作：

w——是撤销操作的结果；

s——受用户控制；

r——由于新的登记操作；

……——不应用。

- 激活操作：

r——是登记操作的结果；

s——受用户控制；

a——受业务提供者的控制；

p——提供操作结果；

c——当注册选择时的条件满足后；

……——不应用。

- 去活操作：

e——是删除操作的结果；

a——受业务提供者控制；

s——受用户控制；

w——取消操作的结果；

n——当注册选择时的条件不满足后；

c——在每次呼叫活动结束后；

……——不应用。

- 请求操作：

n——作为某一特定条件的结果，网络自动请求。

询问操作：

dr——数据请求；

s——状态检验；

……——不应用。

此外，一些业务可用口令（Password）来进行控制。在提供某些补充业务（呼叫限制类补充业务）时，向用户提供由用户进行控制的可选项，确定选项后，与相关补充业务的每项操作（如登记、删除、激活、去活等）将由移动用户当前输入的口令来控制，口令是 4 位数字（十进制），范围为 0000～9999。

5.4 我国 GSM 移动通信网的网络结构

5.4.1 全国 GSM 移动通信网的网络结构

全国 GSM 移动通信网按大区设立一级汇接中心，省内设立二级汇接中心，移动业务本地网设立端局构成三级网络结构。GSM 移动通信网与公用交换电话（PSTN）网络的连接示意图如图 5.33 所示。

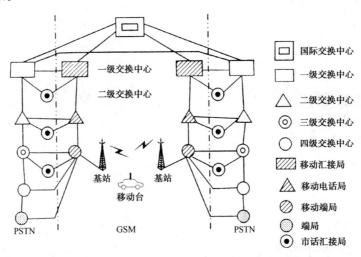

图 5.33　GSM 移动通信网与 PSTN 网络的连接示意图

从图 5.33 中可见，三级网络结构组成了一个完全独立的移动通信网。在省内建立二级汇接中心，在移动业务本地网设立端局，省际间的通信借助于 PSTN 网的长途电话网来实现，可实现省际间的自动漫游。GSM 移动通信网与 PSTN 网相重叠。当然，PSTN 网还有它的国际出口局，而 GSM 移动通信网无国际出口局，国际间的通信仍然需借助于 PSTN 网的国际出口局。

联通 GSM 本地网、移动 GSM 本地网与 PSTN 网络间的互通组网方式示意图如图 5.34 所示。在"中国联通"GSM 移动交换局所在地，联通 GSM 本地网和公用交换电话网（PSTN）之间各设一个网间接口局，双方接口局按一对一的方式成对互联。联通 GSM 用户与 GSM、公用交换电话网（PSTN）用户间的各种业务互通（含本地、自动长途、移动及国际业务等）所需的话路接续和信号均经过网间接口局连通。

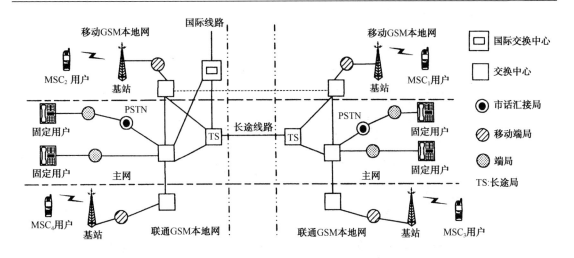

图 5.34　联通 GSM 本地网、移动 GSM 本地网与 PSTN 网络间的互通组网方式示意图

5.4.2　省内 GSM 移动通信网的网络结构

省内 GSM 移动通信网由省内的各移动业务本地网构成,省内设若干个移动业务汇接中心（省内二级汇接中心），省内二级汇接中心之间为网球网结构，省内二级汇接中心与移动端局之间为星状网结构。根据业务量的大小，省内二级汇接中心可以是单独设置的汇接中心（不带用户，全有至基站接口，只作为汇接中心），也可兼作移动端局（与基站相连，可带用户）。省内 GSM 移动通信网中一般设置两个或三个移动汇接局，最多不超过四个，每个移动端局至少应与两个省内二级汇接中心相连，如图 5.35 所示。若任意两个移动汇接局之间若有较大业务量时，可建立语音专线。

在图 5.35 中，VLR 为访问位置寄存器，HLR 为原籍位置寄存器，MSC 为移动交换中心。

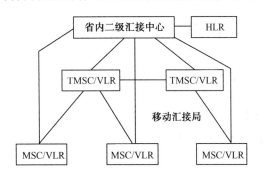

图 5.35　省内 GSM 移动通信网的结构示意图

5.4.3　移动业务本地网的网络结构

全国可划分为若干个移动业务本地网，划分的原则是长途区号为 2 位或 3 位的地区为一个移动业务本地网。每个移动业务本地网中应设立一个原籍位置寄存器（HLR）和一个（或若干个）移动交换中心（MSC），还可以几个移动业务本地网共用一个移动交换中心（MSC），如图 5.36 所示。在图 5.36 中，VLR 为访问位置寄存器，TS 为长途局，LS 为市话汇接局。

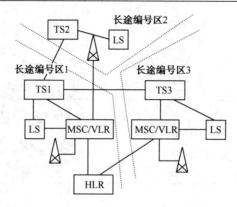

图 5.36　GSM 移动业务本地网结构示意图

在移动业务本地网中，每个移动交换中心（MSC）与所在地的长途局和市话汇接局相连。在长途多局制地区，移动交换中心（MSC）还应与该地区的高级长途局相连。在有市话汇接局或话务量足够大的情况下，移动交换中心（MSC）可与本地市话端局相连。当一个移动交换中心（MSC）覆盖几个长途编号区时，该移动交换中心（MSC）需与这几个长途编号区的市话汇接局和长途局相连。

每个移动交换中心（MSC）均为数字移动通信网的入口局，入口局具有为移动终端的呼叫询问、呼叫路由的功能和为呼叫选路径至它们终端的目的地——被叫移动台的功能。

5.5　GSM 系统的控制与管理

GSM 系统是一个先进、复杂的数字蜂窝移动通信系统。无论是移动用户与市话用户，还是移动用户之间建立通信，必须涉及系统中的各种设备。下面着重讨论 GSM 系统的控制与管理中的几个主要问题，包括位置登记与更新、鉴权与保密和越区切换。

5.5.1　位置登记与更新

位置登记（或称注册）是移动通信网为了跟踪移动台的位置变化而对其位置信息进行登记、删除和更新的过程。由于数字蜂窝网的用户密度高，因此位置登记过程必须更快、更精确。

位置信息存储在原籍位置寄存器（HLR）和访问位置寄存器（VLR）中。

GSM 系统把整个网络的覆盖区域划分为许多位置区，并以不同的位置区标志进行区别，如图 5.37 所示。

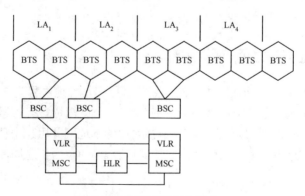

图 5.37　位置区划分示意图

当一个移动用户首次入网时，必须通过移动交换中心（MSC）在相应的原籍位置寄存器（HLR）中登记注册，并把其有关的参数（如移动用户识别码（MSIN）、移动台编号及业务类型）全部放在原籍位置寄存器（HLR）中。

1．基本规程

移动台的不断运动将导致其位置不断变化。这种变化的位置信息由访问位置寄存器（VLR）进行登记。移动台可能远离其原籍地区而进入其他地区"访问"，该地区的访问位置寄存器要对这种来访的移动台进行位置登记，并向该移动台的原籍位置寄存器（HLR）查询其有关的参数。此原籍位置寄存器要临时保存该访问位置寄存器提供的位置信息，以便为其他用户（市话用户或移动用户）呼叫此移动台提供所需的路由。访问位置寄存器所存储的位置信息不是永久性的，一旦移动台离开了它的服务区，该移动台的位置信息就会被删除。更新位置过程示意图如图 5.38 所示，移动台（MS）从一个旧位置换到新的位置，MS 进行最初的位置更新（1），HLR 在接收到来自新 MSC/VLR 的请求（2）后，负责删除原来的 MSC/VLR 中的旧记录（3、4′），与此同时，在新 MSC/VLR 中确认更新（4），再由新 MSC/VLR 应答 MS 的申请（5）。概括以上情况，其基本流程如下。

（1）应 MS 的请求，更新 MSC/VLR 存储的内容。

（2）应 MSC/VLR 的请求，更新 HLR 存储的内容。

（3）应 HLR 的请求，删除 MSC/VLR 中的一个用户记录。

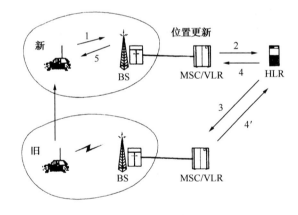

图 5.38　更新位置过程示意图

2．位置更新流程

位置区的标志在广播控制信道（BCCH）中播送。移动台开机后，就可以搜索此广播控制信道，从中提取所在位置区标志。如果移动台从广播控制信道中获取的位置区标志就是它原来用的位置区标志，则不需要进行位置更新。如果两者不同，则说明移动台已经进入新的位置区，必须进行位置更新。于是移动台将通过新位置区的基站发出位置更新的请求。

移动台可能在不同情况下申请位置更新。如在任意一个地区中进行初始位置登记，在同一个访问位置寄存器（VLR）服务区中进行过区位置登记，或在不同的访问位置寄存器服务区中进行过区位置登记等。在不同情况下进行位置登记的具体过程会有所不同，但基本方法都是一样的。图 5.39 所示为位置登记过程示例，其他情况可以此类推。当移动台进入某个访问区需要进行位置登记时，它就向该访问区的移动交换中心（MSC）发出位置登记请求（LR）。若位置登记请求中携带的是国际移动用户识别码（IMSI），新的访问位置寄存器（VLR）$_n$ 在收到移动交换中心（MSC）"更新位置登记"的指令后，可根据国际移动用户识别码（IMSI）直接判断出该移动台的原籍位置寄存器（HLR）。访问位置寄存器（VLR）$_n$给该移动台分配漫游号码（MSRN），并向该原籍位置寄存器（HLR）查询"移动台的有关参数"，成功后，再通过移动交换中心（MSC）和基站（BS）向移动台发送"更新位置登记"的确认信息。原籍位置寄存器（HLR）要对该移动台原来的移动参数进行修改，还要向原来的访问位置寄存器（VLR）$_0$发送"位置信息注销"指令。

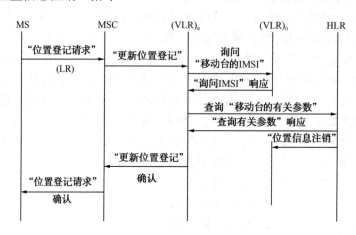

图 5.39　位置登记过程举例

如果移动台是利用"临时用户识别码（TMSI）"（由访问位置寄存器（VLR）$_0$分配）发起"位置登记请求"的，访问位置寄存器（VLR）$_n$在收到"位置登记请求"后，必须先向访问位置寄存器（VLR）$_0$询问该用户的国际移动用户识别码（IMSI），如果询问操作成功，访问位置寄存器（VLR）$_n$再给该移动台分配一个新的临时用户识别码（TMSI），接下来的过程与上面一样。

如果移动台因为某些原因未收到"确认"信息，则此次申请失败，可以重复发送三次申请，至少间隔10s。

3. 国际移动用户识别码附着与分离流程

移动台可能处于激活（开机）状态，也可能处于非激活（关机）状态。当移动台转入非激活状态时，要在有关的访问位置寄存器（VLR）和原籍位置寄存器（HLR）中设置一个特定的标志，使网络拒绝向该用户呼叫，以免在无线链路上发送无效的呼叫信号，这种功能称为"国际移动用户识别码（IMSI）分离"。当移动台由非激活状态转为激活状态时，移动台取消上述分离标志，恢复正常工作，这种功能称为"国际移动用户识别码（IMSI）附着"。两者统称为"国际移动用户识别码（IMSI）分离与附着"，如图 5.40 所示。

若移动台向网络发送"国际移动用户识别码（IMSI）附着"消息，因无线链路的质量很差，有可能出现错误，即网络认为移动台仍然处于分离状态。反之，当移动台发送"国际移动用户识别码（IMSI）分离"消息时，因收不到信号，网络也会误认为该移动台处于"附着"状态。

为了解决上述问题，系统采用周期性登记方式，如要求移动台每30分钟登记一次。这时，若系统没有接收到某移动台的周期性登记信息。访问位置寄存器（VLR）就以"分离"作为标记，称作"隐分离"。

网络通过广播控制信道（BCCH）通知移动台其周期性登记的时间周期。周期性登记程序中有证实消息，移动台只有接收到此消息后才停止发送登记消息。

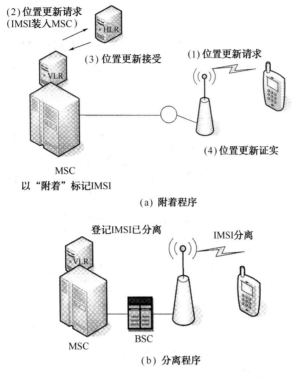

（a）附着程序

（b）分离程序

图 5.40　国际移动用户识别码附着与分离流程

5.5.2　越区切换

越区切换是在通话期间，当移动台（MS）从一个小区进入另一个小区时，网络能进行实时控制，把移动台（MS）从原小区所用的信道切换到新小区的某一信道，并保证通话不间断（用户无感觉）。

要产生越区切换，基站收发信机（BTS）首先要通知移动台（MS）其周围小区基站收发信机（BTS）的有关信息，并对广播控制信道（BCCH）载频、信号强度进行测量，同时要测量它所占用的业务信道（TCH）的信号强度和传输质量，再将测量结果发送给基站控制器（BSC），基站控制器（BSC）根据这些信息对周围小区进行比较排队（也就是定位），最后由基站控制器（BSC）做出是否需要切换的决定，如图 5.41 所示。另外，基站控制器（BSC）还需判别在什么时候进行切换，切换到哪个基站收发信机（BTS）。

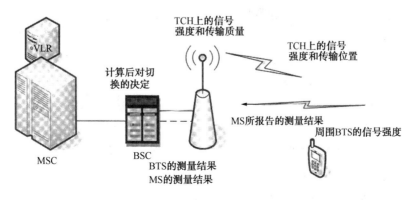

图 5.41　基站控制器（BSC）切换的判断

　　在 GSM 系统中，对于不同的移动交换中心（MSC）之间的切换，在切换前需进行大量的信息传递。由于这种切换涉及两个移动交换中心（MSC），我们称切换前移动台（MS）所处的 MSC 为（MSCA），切换后移动台（MS）所处的 MSC 为目标（MSCB），如图 5.42 所示。

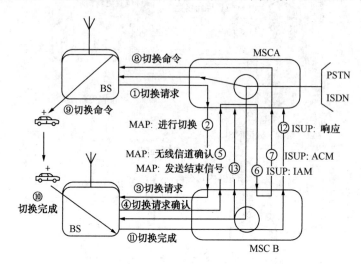

图 5.42　两个移动交换中心（MSC）之间的切换示意图

　　在图 5.42 中，MAP、ISUP、ACM 和 IAM 为 7 号信令协议部分。

　　图 5.43 所示为两个移动交换中心（MSC）之间切换的基本流程。其基本流程如下：

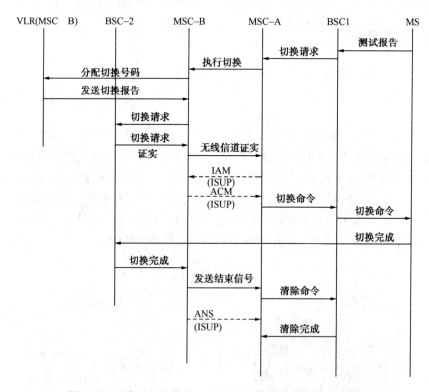

图 5.43　两个移动交换中心（MSC）之间切换的基本流程

　　（1）稳定的呼叫连接状态。

　　（2）移动台（MS）对邻近基站（BS）发出的信号进行无线测量，测量其功率、距离和语音质量，这三个指标决定切换阈值。无线测量结果通过专用控制信道（DCCH）报告给基站子系统（BSS）中的基站收发信台（BTS）。

（3）无线测量结果经过 BTS 预处理后传送给基站控制器（BSC），BSC 综合功率、距离和语音质量进行计算，并与切换阈值进行比较，决定是否要进行切换，如果需要切换，再向MSCA 发出切换请求。

（4）MSCA 决定执行 MSC 之间的切换，MSCA 再向 MSCB 发送切换请求。

（5）MSCA 请求在 MSCB 区域内建立无线通道。MSCB 负责建立与新 BSC 和基站收发信机（BTS）的链路连接，MSCB 向 MSCA 回送无线信道确认。根据越局切换号码（HON），在 MSCA 与 MSCB 之间建立通信链路。

（6）MSCA 向移动台（MS）发出切换命令后，由 MSCA 向 MS 发送切换命令，MS 切换到新的业务信道（TCH）频率上，由新的 BSC 向 MSCB 发送切换命令后，MSCB 再向 MSCA发送切换指令。这时移动台切换到已准备好无线链路的基站（BS）。

（7）MS 发出切换成功确认消息传送给 MSCA，以释放 BSC 和 BTS 的信息资源。

5.5.3　鉴权与加密

由于空中接口极易受到侵犯，GSM 系统为了保证通信安全，采取了特别的鉴权与加密措施。鉴权是为了确认移动台的合法性，而加密是为了防止第三者窃听。鉴权与加密主要从下列几方面加强保护：接入网络方面采用了对用户鉴权；无线路径上采用对通信信息加密；对移动设备采用设备识别；对用户识别码用临时识别码保护；SMI 卡用 PIN 码保护。

1．鉴权

鉴权的作用是保护网络，防止非法盗用。同时通过拒绝假冒合法用户的"入侵"而保护GSM 移动网络的用户。当移动用户开机请求接入网络时，移动交换中心/访问位置寄存器（MSC/VLR）通过控制信道将鉴权与加密参数组的一个参数传送给用户，用户 SIM 卡收到这个参数后，用此参数与 SIM 卡存储的用户鉴权，经同样的加密算法得出一个响应参数，传送给 MSC/VLR。MSC/VLR 将收到的响应参数与鉴权与加密参数组中的响应参数进行比较。由于是同一参数，同样的加密算法，因此结果响应参数应相同。若 MSC/VLR 的比较结果相同就允许接入，否则为非法用户，网络将拒绝为此用户服务。

在每次登记、呼叫建立尝试、位置更新，以及在补充业务的激活、去活、登记或删除前都需要鉴权。

2．加密

GSM 系统中的加密是指无线链路上的加密，以确保基站收发信机（BTS）与移动台（MS）之间交换用户信息和用户参数时不被非法个人或团体监听，在移动台（MS）运用加密算法对用户信息数据流进行加密（也叫扰码），在无线链路上传送。在基站收发信机（BTS），把从无线链路上收到的加密信息数据流经过解密算法后传送给基站收控制器（BSC）和移动交换中心（MSC）。

在 GSM 系统中，所有的语音和数据均需加密，并且所有的有关用户参数也均需加密。

3．设备识别

每一个移动台设备均有一个唯一的移动台设备识别码（IMEI）。在移动设备识别寄存器

（EIR）中存储了所有移动台设备识别码，每个移动台只存储本身的移动台设备识别码。设备识别码的目的是确保系统中使用的设备不是盗用的或非法的设备。为此，移动设备识别寄存器（EIR）中使用以下三种设备清单。

（1）白名单：合法的移动设备识别号，包括已分配给可参与运营的各国 GSM 所有的设备识别序列号码。

（2）黑名单：禁止使用的移动设备识别号。

（3）灰名单：由运营者决定，如有故障的或未经型号认证的移动设备识别号。

设备识别程序如图 5.44 所示，移动交换中心/访问位置寄存器（MSC/VLR）向移动台（MS）请求移动台设备识别码（IMEI），并将其发送给移动设备识别寄存器（EIR），EIR 将收到的 IMEI 与白、黑、灰三种表进行比较，把结果发送给 MSC/VLR，以便 MSC/VLR 决定是否允许该移动台设备进入网络。

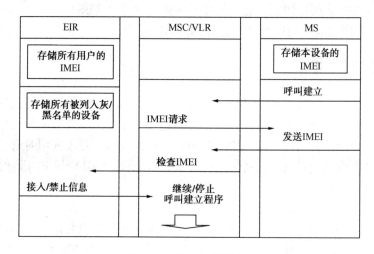

图 5.44　设备识别程序

4．移动用户识别码保密

为了防止非法监听进而盗用移动用户识别码（IMSI），在无线链路上，如果需要传送移动用户识别码（IMSI），均用临时移动用户识别码（TMSI）代替移动用户识别码（IMSI）。仅在位置更新失败或移动台（MS）得不到临时移动用户识别码（TMSI）时，才使用移动用户识别码（IMSI）。

移动台（MS）每次向 GSM 系统请求一种程序，如位置更新、呼叫尝试等，允许接入网络后，移动交换中心/访问位置寄存器（MSC/VLR）将给移动台（MS）分配一个新的临时移动用户识别码（TMSI）。位置更新 TMIS 的命令将其传送给移动台，写入客户 SIM 卡。此后，MSC/VLR 和 MS 之间的命令交换就使用 TMIS，用户实际的移动用户识别码（IMSI）便不再在无线路径上传送。如图 5.45 所示为位置更新时产生新的临时移动用户识别码（TMSI）程序。

临时移动用户识别码（TMSI）由移动交换中心/访问位置寄存器（MSC/VLR）分配，并不断进行更换，更换周期由网络运营者设置。更换的频率越快，其起到的保密性越好，但对用户的 SIM 卡的寿命有影响。

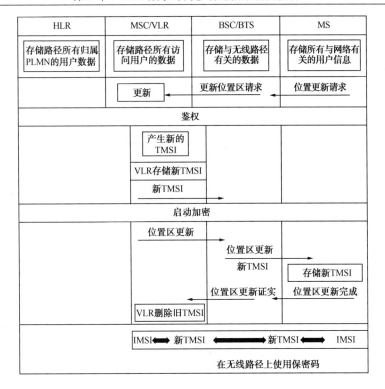

图 5.45　位置更新时产生新的临时移动用户识别码（TMSI）程序

5.6　主要接续流程

本节通过主要接续流程的例子对 GSM 系统的整体操作进行进一步的说明。移动台的开机步骤如下。

（1）首先搜索 124 个信道，即所有的 BCH 通道，决定收到的广播信道 BCH 的强度（BCH 承载的信息是距移动台最近的 BTS 呼叫信息）。

（2）跟网络同步时间和频率，由 FCH/SCH 调整时间和频率。

（3）解码 BCH 的子通道 BCCH。

（4）网络检查 SIM 卡的合法身份，判断其是否是网络允许的 SIM 卡。

（5）手机的位置更新。

（6）网络鉴权。

5.6.1　移动用户至固定用户出局呼叫的基本流程

移动用户至固定用户出局呼叫的基本流程如图 5.46 所示。

在图 5.46 中，BSSMAP 为基站子系统管理部分；DTAP 为直接转移应用单元；LAPD 为 D 信道链路接入协议；LAPDm 为 Dm 信道链路接入协议。

（1）在服务小区内，移动用户拨号后，移动台（MS）向基站（BS）请求随机接入信道。

（2）在移动台（MS）与移动交换中心（MSC）之间建立信令连接的过程。

（3）对移动台的识别码进行鉴权，如果需要加密就设置加密模块等，进入呼叫建立的起始阶段。

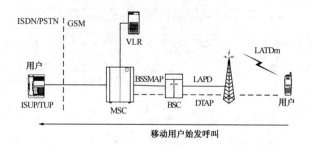

图 5.46　移动用户至固定用户出局呼叫的基本流程

（4）分配业务信道的过程。

（5）采用七号信令的用户部分（ISUP/TUP），建立综合业务数字网/公用交换电话网（ISDN/PSTN）至被叫用户的链路，并向被叫用户振铃，向移动台回送呼叫接通证实信号。

（6）被叫用户摘机应答，向移动台发送应答连接消息，最后进入通话阶段。

（7）呼叫释放流程图如图 5.47 所示。其释放过程有两种情况：一种是移动台（MS）先终止连接，请求释放信道；另一种是固定用户（PSTN）先终止连接，请求释放信道。

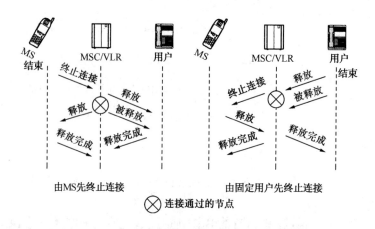

图 5.47　呼叫释放流程图

5.6.2　固定用户至移动用户入局呼叫的基本流程

固定用户至移动用户入局呼叫的基本流程如图 5.48 所示。其呼叫流程与移动用户至固定用户出局呼叫的基本流程类似，这里就不详述了。

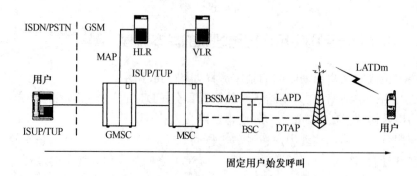

图 5.48　固定用户至移动用户入局呼叫的基本流程

5.7　GSM 移动台

移动台是 GSM 移动通信网中用户使用的设备。移动台可分为车载台、便携台和手机。其中，手机小巧、轻便，而且功能较强，因此手机用户占移动用户的绝大多数。

5.7.1　技术特征

GSM 移动台的技术特征如下。
- 频率稳定度：1×10^{-7}。
- 语音编码：规则脉冲激励长期预测编码（RPE-LTP），语音编码速率为 13kbps。
- 跳频速率：217 跳/秒。
- 调制方式：高斯滤波最小移频键控（GMSK）。
- 输出功率可控。
- 安全与保密措施。

900MHz GSM 手机功率电平定义高至 33dBm（对应 2W）。因此，蜂窝式单元的半径可达 35km。典型 1800MHz GSM 手机功率电平为 30dBm（1W），由于 1800MHz 的无线信号衰减程度几乎是 900MHz 的两倍，因此 GSM1800 具有有限的工作距离（100m～4km），但相比 GSM900，它能提供更高的通信容量。双频段 900/1800MHz 网络的优点是网络运营者可以使用双频段，为 GSM900 用户提供更大的覆盖范围；同时，为 GSM1800 用户提供更高的通信容量。

5.7.2　移动台的组成和工作原理

移动台由无线收发信机、基带信号处理电路、基带控制电路、存储电路、键盘、显示器、外部接口等组成，如图 5.49 所示。

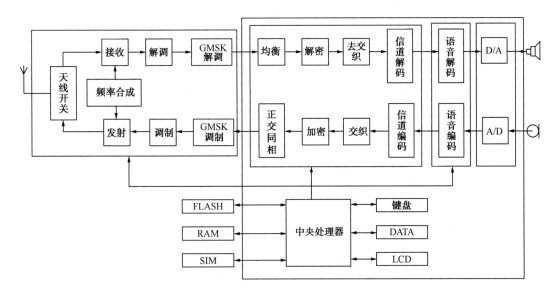

图 5.49　移动台的工作原理图

1．射频单元

射频单元的发信通路将基带单元产生的 270.833kbps 的 TDMA 帧数据流信号按 GMSK 调制方法形成 I、Q 信号，再调制到 900MHz 或 1800MHz 射频信号，经射频开关，由天线发射出去，收信通路将天线接收的信号经低噪声放大、解调，产生基带 I、Q 信号，通过解调和均衡对模拟的 I、Q 信号进行数字化，恢复出数字基带信号，由基带电路处理。射频单元的本振信号通常从时基电路获得基准频率，然后采用锁相环技术实现频率合成。

2．基带芯片与基带电路

基带电路包括信道编/译码，加密/解密、TDMA 帧形成/信道分离及基准时钟电路、语音编/译码、码速适配器等。送话器的语音信号经过 8kHz 抽样及 A/D 变换，成为均匀量化的数据流，经语音编码、信道编码、交织、加密等处理，形成 270～833kbps 的 TDMA 帧数据流，由调制器发送。在接收信道执行与发送信道相反的过程。帧及信令控制以时钟基准部分提供统一帧号、时隙号、1/8bit 时钟等，以实现同步。

3．控制器

控制器可以实现对移动台系统的控制，包括协议处理、射频电路控制、基带电路控制、键盘输入、显示器输出、SIM 卡接口及数据接口等功能。

5.7.3　SIM 卡

GSM 移动用户都有用户识别卡（SIM 卡）。它是一种含有集成电路的卡片。

1．SIM 卡的结构

SIM 卡是带有微处理器的智能芯片卡，它是由 CPU、程序存储器（ROM）、工作存储器（RAM）、数据存储器（EPROM 或 E²PROM）和串行通信单元五个模块构成的。这五个模块必须集成在一块集成电路中，否则其安全性会受到威胁，因为芯片间的连线可能成为非法存取和盗用 SIM 卡的重要途径。

2．SIM 卡记录的信息

SIM 卡采用单片机及存储器管理结构，因此其处理功能大大增强。SIM 卡中存有以下三类数据信息。

（1）与持卡者相关的信息以及 SIM 卡将来准备提供的所有业务信息，这种类型的数据存储在根目录下。

（2）GSM 应用中特有的信息，这种类型的数据存储在 GSM 目录下。

（3）GSM 应用所使用的信息，此类信息可与其他电信应用或业务共享，位于电信目录下。

3．SIM 卡的功能

SIM 卡主要完成两种功能：一种是存储数据（控制存取各种数据）；另一种是在安全条件下（个人身份鉴权号码 PIN、鉴权钥 Ki 正确）完成客户身份鉴权和客户信息加密算法的全过程。

SIM 卡的功能主要由 SIM 卡内的一部具有操作系统的微处理机完成。芯片有 8 个触点，与移动台设备相互接通的过程在卡插入设备中接通电源后完成。此时，操作系统和指令设置可以为 SIM 卡提供智能特性。

SIM 卡智能特性的逻辑结构是树形结构，其特性参数信息都用数据字段方式表达，即在根目录下有三个应用目录，一个属于行政主管部门应用目录，两个属于技术管理的应用目录，分别是 GSM 应用目录和电信应用目录。所有目录下均为数据字段，有二进制的和格式化的数据字段。数据字段中的信息有的是永存性的，即不能更新的；有的是暂存的，即需要更新的。每个数据字段都要表达出它的用途、更新程度、数据字段的特性（如识别符）、其类型是二进制的还是格式化的等。

SIM 卡除了存储正常的数据字段，还存储非文件字段，如鉴权钥、个人身份鉴权号码（PIN）、个人解锁码等数据。

SIM 卡随着 GSM 阶段的实施开发其阶段性功能。通常在第二阶段所建议的功能都是在第一阶段的基础上建立的，因此第二阶段的 SIM 卡也适用于第一阶段。

4. SIM 卡的管理

在我国的 GSM 移动通信网中，对用户识别卡（SIM 卡）采用集中管理、分散处理的管理方法，组织管理结构分为以下三级。

（1）第一级称为全国数字移动电话（GSM）用户识别卡管理中心，如中国移动、中国联通。

① 负责全国 SIM 卡的组织管理工作，协调各方面的业务关系。

② 统一管理和分配国际移动台识别码（IMSI）及 SIM 卡号码（ICCID），制定 IMSI、ICCID 号码对应表的编制基本原则及格式。

③ 统一申请 SIM 卡中的鉴权算法 A3、密钥算法 A8；规定产生密钥 Ki 的高级算法方程；制定向鉴权中心传输 SIM 卡内保密数据的专用加密高级算法方程。

④ 统一规定 SIM 卡内有关通信业务方面的数据及参数。

⑤ 根据各省级管理中心上报的相关数据做数据汇总、统计、整理工作和保密管理工作。

（2）第二级称为省（市）数字移动电话（GSM）用户识别卡管理中心，如中国移动和中国联通的省级和直辖市级分公司。

① 按照全国管理中心制定的 IMSI 号码和 ICCID 号码格式及范围，具体负责本省（市）IMSI 号码和 ICCID 号码的对应关系。

② 统一购卡，并负责检验工作，完成 SIM 卡的写卡工作。

③ 保管各种算法、方程及母钥卡。

④ 组织 SIM 卡的分发工作、数据统计和安全保密管理工作。

（3）第三级为各地营业点，主要负责 SIM 卡的销售工作，如中国移动和中国联通各销售点或代销点。

5.8　GSM 基站设备

GSM 基站在 GSM 网络中起着重要的作用，直接影响着 GSM 网络的通信质量。GSM 基站是一种技术要求较高的产品，最初的基站设备基本是一些国外的产品。随着我国高科技电信企业在移动通信领域的不断深入，从 1997 年开始，国外移动通信产品垄断国内市场的局面开始逐步被打破。经过不懈努力，以华为、中兴等为代表的一批国内设备制造企业研制成功一系列拥有我国自主知识产权的 GSM 系统。1998 年以后，国产 GSM 设备迈出了实用化的步伐，开始陆续装备我国的移动通信网，民族移动通信产业取得了群体突破。

GSM 赋予基站的无线组网特性使基站的实现形式可以多种多样——宏蜂窝、微蜂窝、微微蜂窝，以及室内型基站、室外型基站，无线频率资源的限制又使人们更充分地发展基站的不同应用形式来增强覆盖范围，如收发信机、分布天线系统、光纤分路系统和直放站等。

在城市，基站可以安装在办公楼中；在农村，基站一般安装在集装箱内。基站是一套为无线小区服务的设备。

5.8.1　概念

在小区制移动通信网络中，通常采用正六边形无线小区邻接构成面状服务区。由于服务区的形状很像蜂窝，这种网络便被称为蜂窝式网络。传统的蜂窝式网络由宏蜂窝小区（Macrocell）构成，每个小区的覆盖半径大多为 1～25km，一般将基站天线尽可能做得很高。在实际的 Macrocell 内，通常存在着两种特殊的微小区域。一种是"盲点"，即由于电波在传播过程中遇到障碍物而造成的阴影区域，该区域的通信质量低劣；另一种是"热点"，即由于空间业务负荷的不均匀分布而形成的业务繁忙区域，它支持 Macrocell 中的大部分业务。要解决上述"两点"问题，往往需依靠设置直放站、分裂小区等办法。除了经济方面的原因，从原理上讲，这两种方法也不能无限制地使用，因为扩大了系统覆盖范围，通信质量就会下降；提高了通信质量，往往又要牺牲容量。近年来，随着业务需求的剧增，这些方法更显得捉襟见肘，这样便产生了微蜂窝技术。微蜂窝小区（Microcell）的覆盖半径为 30～300m，基站天线低于屋顶高度，其传播主要沿着街道的视线进行，信号在楼顶的泄漏小。因此，微蜂窝小区（Microcell）最初被用来加大无线电覆盖范围，消除微蜂窝小区中的"盲点"。由于低发射功率的微蜂窝小区基站允许较小的频率复用距离，每个单元区域的信道数量较多，因此业务密度得到了巨大的增长，且 RF 的干扰很低，将它安置在微蜂窝小区的"热点"上，可满足该微蜂窝小区在质量与容量两方面的要求。实际上，微蜂窝小区主要安置在 Macrocell 内的"热点"地区，不同尺寸的小区重叠起来，不同发射功率的基站紧邻并同时存在，使得整个通信网络呈现出多层次结构。相邻微蜂窝小区的切换都回到所在的 Macrocell 上，可将微蜂窝小区的广域大功率覆盖看作宏蜂窝上层网络，并作为移动用户在两个微蜂窝小区区间移动时的"安全网"，而大量的微蜂窝小区则构成了微蜂窝下层网络。随着容量需求的进一步增长，运营者可按同一规则安装第三个或第四个微蜂窝小区层。多层次网络往往是由一个上层宏蜂窝网络和多个下层微蜂窝网络组成的多元蜂窝系统。智能蜂窝是指基站采用具有高分辨阵列信号处理能力的自适应天线系统，智能地监测移动台所处的位置，并以一定的方式将确定的信号功率传递给移动台的蜂窝小区。对上行链路而言，采用自适应天线阵接收技术可以尽可能地降低多址干扰，增加系统容量；对于下行链路而言，则可以将信号的有效区域控制在移动台附近半径为 100～200m 的范围内，使同道干扰减小。智能蜂窝小区既可以是微蜂窝小区，也可以是蜂窝小区。利用智能蜂窝小区的概念进行组网设计能够显著地提高系统容量、改善系统性能。

5.8.2　基站的组成

无线基站子系统（BSS）是在一定的无线覆盖区域中由 MSC 控制，与 MS 进行通信的系统设备，它主要负责完成无线发送/接收和无线资源管理等功能。其功能实体可分为基站控制器（BSC）和基站收发信机（BTS）。

　　BSC：具有对一个或多个 BTS 进行控制的功能，它主要负责无线网络资源的管理、小区配置数据管理、功率控制、定位和切换等，是一个很强的业务控制点。

　　BTS：无线接口设备，它完全由 BSC 控制，主要负责无线传输，完成无线与有线的转换、无线分集、无线信道加密、跳频等功能。BTS 包括下列主要功能单元：收发信机无线接口（TRI）、收发信机子系统（TRS），其中，TRS 包括收发信机组（TG）和本地维护终端（LMT）。

　　收发信机无线接口（TRI）具有交换功能，它可使 BSC 和 TG 之间的连接非常灵活；TRS 包括基站的所有无线设备；TG 包括连接到一个发射天线的所有无线设备；LMT 是操作维护功能的用户接口，它可直接连接收发信机。

　　发信机子系统包括基站的所有无线设备，主要有收发信机组（TG）和本地维护终端（LMT）。一个收发信机组由多个收发信机（TRX）组成，连接同一个发射天线。

5.8.3　主要基站设备性能

1. 中兴公司

　　中兴公司的主要产品如下所述。

　　1）中兴 ZXG10-BTS（V2）

　　中兴 ZXG10-BTS（V2）是 GSM900/GSM1800 一体化兼容平台，它不但能运用于业务量密集的大中城市或中小城市的业务密集地区，如繁华商业区、机场等地，还能运用于中小城市和广大农村地区业务量较小的地区。通过合理的网络规划，可适应各种不同的地域环境，如山区、丘陵、高速公路等，其产品特性如下。

　　（1）Abis 接口功能。每条 Abis 接口最多可以支持 15 个 TRX（15∶1 复用），能提供多种组网形式，如星形、链形、树形、环形。在环形组网形式中，每个环上的节点数（BTS 数）不超过 4 个；在树形组网形式中，与 BSC 相连的 BTS 为中心节点，最多可分叉 5 个节点，即 5 个 BTS；在链形组网形式中，最多可级联 4 个 BTS。

　　（2）丰富的无线信道管理功能，其管理功能如下。

　　① 信道处理功能。ZXG10-BTS（V2）根据 BSC 发送来的信道配置信息，对于不同信道上传输的信息进行编码和译码、数字调制（GMSK）和数字解调均衡、交织与反交织、加密与解密等。

　　② 随机接入功能。ZXG10-BTS（V2）提供无线终端用户的随机接入尝试检测，完成接入呼叫。

　　③ 测量功能。ZXG10-BTS（V2）将进行上行无线链路的测量并完成接收的预处理功能。

　　④ 确定时间提前量。ZXG10-BTS（V2）具备时间提前量的确定功能，同时可把该值报告给 BSC，并下发给无线终端用户。

　　⑤ 无线资源指示。ZXG10-BTS（V2）可以将空间信道的干扰电平信息上报给 BSC，由 BSC 进行判断和处理，然后合理分配信道，提高信道的利用率。

　　⑥ 切换功能。切换的决策虽然不由 BTS 控制，但是 ZXG10-BTS（V2）可检测由切换进入的无线终端用户，并把时间提前量和切换参数发送给 BSC，由 BSC 最终通知 BTS 完成切换。

　　⑦ 寻呼功能。ZXG10-BTS（V2）把从 MSC 经 BSC 启动的寻呼命令根据正确的寻呼组要求进行发送。

　　⑧ 分集接收处理功能。ZXG10-BTS（V2）可通过分集接收来提高抗干扰能力，在 ZXG10-BTS（V2）中可提供基于 Viterbi 软判决算法的分集合并功能，使得恢复出的信号失真

最小，提高系统的分集增益。

（3）操作维护功能。ZXG10-BTS（V2）可提供完善的本地操作维护功能，如 BTS 状态管理、BTS 配置管理、BTS 设备管理、BTS 监控管理、BTS 测试管理、设备告警采集、TRX 远程复位、数据库管理等。

（4）U_m 接口功能。U_m 接口功能包括以下几项。

① 无线载波调制及发射功能。ZXG10-BTS（V2）可将经 GMSK 调制后的基带信号调制到预发送的载波频率上，并通过功率放大后经过合路器发射到无线空间。

② 无线载波接收及解调功能。ZXG10-BTS（V2）可将由无线终端用户发送来的已调载波信号经过分路器进行解调，并恢复成基带信号。

③ 功率控制功能。ZXG10-BTS（V2）根据无线终端用户上报的下行信道测量报告，可以调整本身的发射功率，从而减少因功率过大而影响其他信道上的无线终端用户的情况发生。

④ 跳频功能。为了提高无线环境中的抗干扰能力，ZXG10-BTS（V2）可提供以时隙为单位的跳频方式。

2）ZXG10-MB 微蜂窝基站

ZXG10-MB GSM900/1800 微蜂窝基站是室内和室外微型 BTS，它主要适应系统容量的日益扩大和频率资源匮乏的矛盾，解决热点地区的大容量问题和盲点地区的覆盖问题。

ZXG10-MB 主要完成无线接续功能，一端通过 U_m 接口与 MS 连接，另一端通过 Abis 接口与 BSC 连接。ZXG10-MB 在硬件功能上主要由基带及控制模块（BCM）、载频单元模块（CUM）、功放与天馈模块（ATPM）、电源模块（PWCM）和外部电池单元（EXBM）组成。

ZXG10-MB 由几部分组成：安装套件、外罩、微蜂窝结构件、外部电池箱、接线区。其中，微蜂窝结构件是系统的核心部件，所有的设备都安装在该结构体内部，可以安装两个载频。结构件和结构件上的接插件满足气密、水密要求。外表面上有散热器，散热器和结构件一体化。

产品的特性说明如下。

（1）支持 2TRX/BTS，可方便地级联扩展到 3BTS/Site。

（2）支持 Abis 接口的星形、链形连接。

（3）支持射频跳频方式。

（4）采用基站功率控制：6 级静态功率控制（每级 2dB），15 级动态功率控制（每级 2dB）。

（5）支持 BSC 对 BTS 的远程测试功能，可真正实现基站的无人值守和自动报警。

2. 金鹏集团

1）GSM-MSC/VLR

GSM-MSC/VLR 的组网方式如图 5.50 所示。

（1）设备物理特性说明如下。

① 主机柜物理指标如下。

尺寸（mm）高×宽×深：2060×590×600。

工作电流（A）：10。

重量（kg）：175。

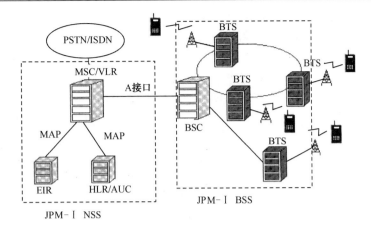

图 5.50　GSM-MSC/VLR 的组网方式

② 用户机柜物理指标如下。

尺寸（mm）高×宽×深：2060×590×600。

工作电流（A）：10。

重量（kg）：175。

（2）设备特点说明如下。

① 基于原有平台继承已有的固定交换、数据交换等功能。可根据用户要求在具有移动通信功能的基础上附加其他通信功能。例如，构成固定/移动一体化的交换机等。

② 积木式的系统结构，各种模块按照标准的接口设计，可满足用户将系统拆分或重组的需求。例如，与 HLR/AUC 合并为自含 HLR/AUC 的移动通信系统；适应特大容量需求将 GMSC、VLR 等分离为独立系统。

③ 面向对象的实时数据库技术，带给系统极高的响应性能。

④ 正交化的数据设计，完备定义每个事件，刻画事物本质。为系统的灵活性带来极大的方便，保证系统具有较强的适应能力。

● 可配置的系统容量描述使系统容量、公共资源等完全不受程序设计的限制。

● 可配置的系统功能描述使运营者可以灵活确定系统功能的取舍。

● 可配置的系统环境描述使系统具有较强的组网能力。

（3）技术指标如下。

① 出错率。在正常情况下，呼叫处理过程出错的概率不大于 $4×10^{-4}$。

② 可靠性。系统中断服务，20 年内累计不超过 1 小时；单个电路中断服务，平均每年不多于 30 分钟，即概率不高于 $5×10^{-5}$。

③ 信号指标。频率、电平、时间和速率。

④ 传输指标。传输损耗和 64kbps 的半连接特性。

⑤ 时钟。

● 时钟准确度：$4×10^{-7}$。

● 时钟牵引范围：$±4×10^{-7}$。

● 时钟稳定度：$5×10^{-10}$。

⑥ 响应时间。依照 TDMA 数字蜂窝移动通信设备总技术规范。

2）GSM-HLR

GSM-HLR 系统的构成如图 5.51 所示。

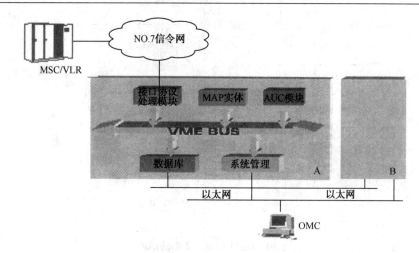

图 5.51　GSM-HLR 系统的构成

（1）产品简介。金鹏集团提供支持 GSM、GPRS、CDMA 的 HLR 设备，HLR 是移动通信系统中存储用户注册数据的数据库。金鹏 HLR 系统已全面实现 GPRS 功能，包括 G 和 G_C 接口。

（2）设备的特点说明如下。

① 接口开放。

- MAP 支持 Phase1、Phase2、Phase2＋、ETSI 09.02 和 IS-41D。
- 支持现运行网络中所有的协议版本。
- 支持 SP、STPSP 和 STP 功能。
- SCCP 支持 PC 寻址和 GT 寻址两种方式，GT 寻址支持所有编码方案。

② 配置灵活。可选择是否与 MSC/VLR 合并使用，容量大小适应各种需要，支持虚拟 HLR，虚拟 HLR 数量及管理模式完全由数据配置确定。

③ 数据安全。采用内外存双边数据库备份策略，有完备的自动日志维护功能，可随时根据要求恢复用户数据。

④ 响应迅速。高效率实时数据库支持、多处理机并行处理和负荷分担可为系统提供快速的数据查询。

⑤ 维护方便。多窗口图形界面提供直观灵活的数据维护手段，支持各种网络接口，为集中维护提供强力支持，并具有远程维护能力，无须现场职守。

（3）性能指标如下。

① 容量：从 10 万到 100 万的平滑过渡。

② 登记时延：小于 1000ms（95%概率）。

③ 检索时延：小于 500ms（95%概率）。

④ 消息丢失概率：小于 10^{-7}。

3）GSM-BSC

GSM-BSC 如图 5.52 所示。

（1）产品简介。基站子系统（BSS）介于移动台和 MSC 之间。每个 BSS 包含基站控制器（BSC）和用来控制基站的收发信台（BTS）。其功能包括呼叫处理、操作和维护管理，

图 5.52　GSM-BSC

以及为 BSS 和 MSC 提供接口。BSC 可单独放置，也可放在任何一个 BTS 处、变码器处或和 MSC 放在一起。

（2）设备特点如下。

① 对宏蜂窝、微蜂窝和室内系统有显著改进。

② 对 BSC 设备主要投资的保护。

③ 支持系统在不增加 BSC 的情况下显著扩容。

④ 网络配置方面附加的灵活性。

⑤ 降低了分割或改变 BSC 区所必需的工程费用。

（3）技术参数如下。

① 尺寸（mm）：2096（H）×711（W）×416（D）。

② 工作温度：0～50℃。

③ 工作电压：+27V（90A）/−48V（50A）/−60V（40A）。

④ $N+1$ 电源与处理备份；功率为 3100W（MAX）。

⑤ 最大承重：242kg。

⑥ 容量：

1650 Erl（1% GOS）

100 BTS

250 Cells

384 TRX

1920 Trunks。

此外，BSC 可从 1TCH 扩展到 1680TCH。

4）GSM-BTS

（1）产品介绍。金鹏 GSM 基站设备包括宏蜂窝基站 M-CellHorizonmacro 和微蜂窝基站 M-Cellarena。M-CellHorizonmacro 包括室内型和室外型，它针对大容量与覆盖范围设计，具有容量大、体积小、重量轻、机柜可叠加等优点。微蜂窝基站 M-Cellarena 针对中/低容量与覆盖范围设计，它能增强网络的覆盖能力，能够实现无缝覆盖和无线通信。

（2）GSM-宏蜂窝基站 M-CellHorizonmacro 如图 5.53 所示。

（3）特性描述如下。

图 5.53　GSM-宏蜂窝基站 M-CellHorizonmacro

- 可以运用在 900、1800 或 1900MHz 频段。
- 在同一个机柜里面可以用 900 和 1800MHz 的发射器。
- 6 载波的室内 BTS 可扩展至 24 载波。
- 单扇区可扩至 12 载波。
- 可叠置，容纳 12 个载波。
- 发射功率可达到 32W。
- 尺寸和重量仅为 MCell6 的 50%。
- 可按照双频带机柜配置。
- 支持合成器跳频、基带跳频、EFR。

（4）优点说明如下：

- 与 MCell 系列的基站完全兼容。
- 可降低功耗。
- 可轻松的安装在-1m 以下。
- GSM 900/GSM 1800 双频段运作。

① 室内基站如图 5.54 所示。

其特性描述如下。

- 可叠放在一起，容纳 12 载波，而高度低于 2m。
- 占地面积：400mm×700mm。
- 重量：单机框满配置少于 120kg。
- 两机框叠放在一起少于 255kg。
- 工作温度：$-5℃\sim+45℃$。
- 工作电压：AC 88~264V，45~66Hz；DC+27V，-48V。
- 支持 GSM900/GSM1800 双频段运作。
- 功耗：1.4kW。
- 高度：低于 1m（850mm）。

② 室外基站如图 5.55 所示。

- 高度：低于 1.5m（1360mm）。
- 占地面积：560mm×1300mm。
- 重量：满配置少于 500kg。
- 工作温度：$-40℃\sim+50℃$。
- 工作电压：AC 88~264V，45~66Hz。

图 5.54　室内基站

图 5.55　室外基站

（5）GSM M-Cellarena 微蜂窝基站如图 5.56 所示。

① 载波基站（GSM M-Cellarena^{macro}）的特性描述如下。

- 发射功率：1.2W/载波（GSM）。
- GSM M-Cellarena 安装图如图 5.57 所示。
- 工作温度：$-40℃\sim+50℃$。
- 支持合成器跳频。
- 5 分钟备用电池。
- 内置电池。
- 内置 HDSL。

- 体积：35L。
- 重量：25kg。

图 5.56　GSM M-Cellarena 微蜂窝基站

图 5.57　GSM M-Cellarena 安装图

GSM 900 的覆盖范围如表 5.7 所示。

② 特性描述如下。

- 发射功率：10W /载波。
- 室外应用的设计。
- 工作电压：88～264V AC。
- 工作温度：－40℃～50℃。
- 尺寸（mm）：471（H）×542（W）×168（D）。

表 5.7　GSM 900 的覆盖范围

	频　带	典型覆盖范围
郊区	GSM 900	6km
市区	GSM 900	1km

3. 华为

华为 M900/M1800 移动基站产品如图 5.58 所示。

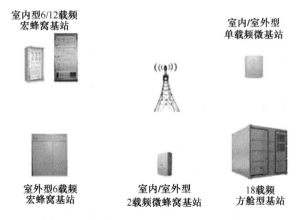

图 5.58　华为 M900/M1800 移动基站产品

1）华为室内型宏蜂窝基站

华为室内型宏蜂窝基站分为公共单元、载频单元和天馈单元三部分，主要由定时传输管理单元（TMU）、收发信机（TRX）、合分路单元（CDU）、供电单元（PSU）、电源监控单元（PMU）等组成。设计采用模块化结构，即处理一个载频的所有电路（包括基带处理、RF 部分、功放和电源等）集成在一个插入式模块 TRX 内。一个机架可以容纳 12 个或 6 个载频，并实现一条 E1 传输 15 个载频基站信号。华为室内型宏蜂窝基站支持 GPRS 通用分组无线业务，并可升级支持 EDGE 分组数据业务。

产品特性描述如下：华为室内型宏蜂窝基站采用射频跳频和基带跳频两种技术。华为室内型宏蜂窝基站一个机架最多可容纳 12 个或 6 个载频，满配置时功耗仅为 2400W（12 载频基站平均每个载频仅为 200W，6 载频基站只需约 1200W）。与常规的 6 载频基站相比，12TRX 基站可节省的机房占地面积超过 50%，从而降低了机房投资；低功耗设计降低了对电源设备、空调等的需求。

Abis 接口十五个载频可共享一条 E1 传输（15∶1），S5/5/5 配置的基站在 Abis 接口上仅占用一条 E1，节省了传输费用。采用先进的流量控制算法，实现 Abis 信令的统计复用，从而有效提高信令密度。与常规的 10∶1 或 12∶1 复用相比，可以节省高达 50% 的传输链路，从而节省的运营商传输费用高达 50%（模型：S5/5/5 站型，采用常见的星形连接方式）。

2）华为室内/室外型微蜂窝基站

华为室内/室外型微蜂窝基站是一种选址灵活、安装方便的微型基站，既适用于城市范围内的忙区覆盖，也可以适用于农村的低成本广覆盖。华为室内/室外型微蜂窝基站支持 GPRS 通用无线分组数据业务。

产品特性说明如下：接收灵敏度可达−109dBm，最大输出功率可达 4W（柜顶），提供高达 13 级静态功率控制等级，以实现从 10mW∼4W 的静态功率调整，满足不同环境下的使用要求。运营商可以利用微蜂窝基站获得宏蜂窝小区的覆盖效果。

提供各种类型的天线，支持内置定向天线、外置全向/定向天线；可采用分布式天线和泄漏电缆实现室内和地铁等区域的完美覆盖。

4. 爱立信

爱立信 RBS2206 是一种高容量、每个机柜最多可支持 12 载频的室内宏蜂窝基站，是 RBS2000 系列中的一员。RBS2206 每个机柜可被分别配置为包含双频 900MHz/1800MHz 的一个、两个或三个小区。通过插入即插即用单元，RBS2206 可以支持 EDGE 和 WCDMA。

产品特性描述如下：由于新的双倍容量的收发信机和合成器，有 12 个收发信机的 RBS2206 与 RBS2202 的占地面积相同，而容量加倍。

双倍收发信机单元具有一些强大的功能。RBS2206 的输出功率比 RBS2000 高 1dB。这项无线性能的提高意味着增大了基站与基站之间的距离，因此可减少 15% 的基站并减少建设成本。

RBS2206 新增加了两种非常灵活的功率合成器。例如，在一个机柜中，滤波合成器 CDU-F 可支持 3×4、2×6、1×12，以及双频 4+8 和 8+4。CDU-F 最多可支持 12 个收发信机。

另一种合成器 CDU-G 可被非常灵活地设置为两种模式：容量模式和覆盖模式。使用覆盖模式时，CDU-G 的输出功率提高了 3dB，适用于郊区覆盖或在最小的投入下的快速实施。要支持 3×4 的配置，一个 RBS2206 机柜需要 3 个 CDU-G。

6 个双容量收发信机即 12 个载频，在一个机柜中，Hybrid 合成器可支持一个、两个或三个小区。在一个机柜中，滤波合成器可支持一个、两个或三个小区。CDU-G 的输出功率是 35W/16W，CDU-F 的输出功率为 20W。收发信机支持综合和基带跳频。收发信机支持数据：14.4kbps、HSCSD、GPRS。收发信机支持 12 个全时隙的 EDGE 收发信机；语音编码方式为半速率、全速率和增强型全速率。

（1）双频 GSM900/GSM1800。

（2）121km 的扩展覆盖。

（3）双工器和塔顶放大器支持所有配置。

（4）支持软件功率放大。

（5）4 个传输接口最高支持 8Mbps 的传输速率。

（6）可选的内置传输设备。

（7）支持 GPS 辅助定位服务。

（8）RBS2206 的技术指标如下。

- 频段：E-GSM900，GSM1800。
- TX：925～960MHz，1805～1880MHz。
- RX：880～915MHz，1710～1785MHz。
- 载频数：12。
- 小区数：1～3。
- 尺寸（mm）：1900×600×400。
- 重量（kg，满配置）：230。
- 输出功率（馈线入口端）：35W/45.5dBm-GSM900；28W/44.5dBm-GSM1800。
- 接收灵敏度：−110dBm 无塔放。
- 电源：120～250VAC，50/60Hz；−48～−72VDC，+20.5～+29VDC。
- 电池备份：外部可选。
- 运行温度：+5℃～+40℃。

本 章 小 结

本章介绍了 GSM 数字蜂窝移动通信系统，主要包括 GSM 数字蜂窝移动通信系统，GSM 系统的工作方式、编号和主要业务，以及我国 GSM 移动通信网的网络结构、GSM 系统的控制与管理、主要接续流程、GSM 移动台、GSM 基站设备，这些所涉及的都是构成 GSM 移动通信系统的基本原理和技术。通过对 GSM 移动通信系统的基本概念、原理、技术及设备的学习和了解，使学生了解和掌握 GSM 系统。本章的主要内容如下。

（1）GSM 的发展过程及标准。

（2）GSM 系统的组成和网络接口：组成 GSM 系统的各部分的功能和特点，给出了 GSM 系统内的主要接口的作用，以及 GSM 与 PSTN 之间的接口。

（3）无线传输特征和接入方式：GSM 系统的工作频段、信道配置、调制方式和 TDMA/FDMA 接入方式的特点。

（4）信道分类和时隙格式：介绍了两大类信道——业务信道和控制信道的功能及作用，以及时隙格式、语音和信道编码、跳频和间断传输技术的结构和特点。

（5）GSM 移动通信网的主要业务和号码的组成、作用。

（6）介绍我国 GSM 的三级网络结构。

（7）GSM 系统的控制与管理。主要介绍鉴权与加密、位置管理和越区切换，即 GSM 移动通信系统的鉴权与加密、位置管理和越区切换的概念和特点。着重通过越区切换和位置管理的流程和实例来说明越区切换和位置管理的控制过程。

（8）GSM 系统的主要接续流程，分别介绍了移动用户呼叫固定用户和固定用户呼叫移动用户的接续流程。

（9）介绍 GSM 移动台的工作原理和构成，着重介绍了 SIM 卡的结构、功能、记录信息、发卡管理及组织机构。

（10）介绍 GSM 基站设备的构成形式及主要性能。

习　题　5

5.1　GSM 主要采用_____多址方式。

5.2　GSM900M 全速率系统载频带宽为_____Hz，一个载频可带有_____个物理信道，其调制技术采用_____，语音编码采用_____，其传输速率为_____。

5.3　GSM 系统采用的是_____跳频技术，其目的是提高抗衰落和抗干扰能力。

5.4　采用蜂窝技术，其目的就是频率复用，它可以_____。

5.5　GSM 系统主要由_____、_____、_____三个子系统和_____组成。

5.6　BTS 主要分为_____、_____、_____三大部分。

5.7　在 GSM 系统中，BSC 与 BTS 之间的接口称为_____接口，BTS 与 MS 之间的接口称为_____接口，也叫_____接口，BSC 与码变换器之间的接口称为_____接口。

5.8　IMSI 采用的是_____编码格式，MSISDN 采用的是_____编码格式。

5.9　CGI 是所有 GSM PLMN 中小区的唯一标识，是在_____的基础上加上_____构成的。

5.10　GSM900 移动台的最大输出功率是_____。

5.11　当手机在小区内移动时，它的发射功率需要进行变化。当它离基站较近时，需要_____发射功率，以减少对其他用户的干扰，当它离基站较远时，就应该_____功率，以克服增加的路径衰耗。

5.12　GSM 系统信道采用双频率工作，一个发射，一个接收，我们称这种信道为双工信道，其收发频率间隔称为双工间隔，GSM 的双工间隔为 200kHz。（　　　）

5.13　GSM 移动台由移动台设备（ME）和用户识别模块（SIM）组成。（　　　）

5.14　移动识别码 IMSI 不少于 15 位。（　　　）

5.15　一个 PLMN 区可以由一个或几个服务区组成。（　　　）

5.16　TMSI 是由 HLR 分配的临时号码，它在某一 MSC 区域内与 IMSI 唯一地对应，TMSI 的 32 位数据不能全为 1。（　　　）

5.17　LAI 由 MCC+MNC+LAC 组成，LAC 是个两字节的十六进制的 BCD 码，也就是说，由四位十六进制数字组成，它不能使用 0000 和 FFFF。（　　　）

5.18　BSIC 用于移动台识别相邻的、采用相同载频的、不同的基站收发信台，适用于区别在不同国家的边界地区采用相同载频的相邻 BTS。（　　　）

5.19　GSM 系统中的主要功能实体有哪些？

5.20　临时移动用户识别码（TMSI）的作用是什么？

5.21　A 接口、Abis 接口和 U_m 接口的作用是什么？

5.22　在 GSM 系统中，采用跳频的目的是什么？

5.23　在 GSM 系统中，物理信道和逻辑信道各自的特点是什么？

5.24　GSM 系统语音的信道编码是如何实现的？

5.25　简述 GSM 的时隙结构。

5.26　简述我国 GSM 的网络结构。

5.27　采用语音间断传输方式的作用是什么？

5.28　简述越区切换的主要过程。

5.29　鉴权与加密的作用是什么？

5.30　SIM 卡的使用有哪些特点？我国的 SIM 卡是如何管理的？

第6章　GPRS

【内容提要】
　　GPRS 作为迈向第三代个人多媒体业务的关键技术，能够使移动通信与数据网络有机地结合起来，使 IP 业务得以引进广阔的移动市场。本章将讨论 GPRS 系统，主要包括 GPRS 概述、GPRS 的网络结构、GPRS 协议、GPRS 管理功能、GPRS 组网结构和典型方案。着重对GPRS 系统的构成、特点及 GPRS 与 GSM 的网络结构的不同点进行阐述。

6.1　GPRS 概述

6.1.1　GPRS 概念

　　通用无线分组业务（General Packet Radio Service，GPRS）作为第二代移动通信技术 GSM向第三代移动通信（3G）技术的过渡技术，是由英国 BT Cellnet 公司于 1993 年提出的，是GSM Phase2＋（1997 年）规范实现的内容之一，是一种基于 GSM 的移动分组数据业务，面向用户提供移动分组的 IP 和 X.25 连接。

　　GPRS 在 GSM 网络的基础上叠加了一个新的网络，同时增加了一些硬件设备和软件升级，形成了一个新的网络逻辑实体，提供端到端的、广域的无线 IP 连接。通俗地讲，GPRS 是一项高速数据处理技术，它以分组交换技术为基础，用户通过 GPRS 可以在移动状态下使用各种高速数据业务，包括收发 E-mail、Internet 浏览等。GPRS 是一种新的 GSM 数据业务，在移动用户和数据网络之间提供一种连接，给移动用户提供高速无线 IP 和 X.25 连接。GPRS 采用分组交换技术，每个用户可同时占用多个无线信道，同一个无线信道又可以由多个用户共享，使资源被有效利用。GPRS 技术 160kbps 的传送速率几乎能让无线上网达到公网 ISDN 的效果，实现"随身携带互联网"。GPRS 网络的数据实现分组发送和接收，按流量、时间计费，高速并降低了服务成本。

　　与现有的通信网络相比，GPRS 有几个新特点。

　　（1）GPRS 吸引人的特点之一就是"永远在线"，GPRS 采用的是分组交换技术，不需要像 Modem 那样拨号连接，用户只有在发送或接收数据时才占用资源。

　　（2）GPRS 手机以传输资料量计费，而不是以传送的时间计费，所以就算遇上网络堵塞的情况，也不会增加计费，对用户来说更为合理。

　　GPRS 网络结构模型如图 6.1 所示。GPRS 在一个发送实体和一个或多个接收实体之间提供数据传送能力。这些实体可以是移动用户或终端设备，后者被连接到一个 GPRS 网络或一个外部数据网络上。

　　GPRS 是基于 GSM 网络实现的，需要在 GSM 网络中增加一些节点：网关 GPRS 支持节点 GGSN（Gateway GPRS Supporting Node）、服务 GPRS 支持节点 SGSN（Serving GPRS Supporting Node）。GGSN 在 GPRS 网络和公用数据网之间起关口站的作用，它可以和多种不同的数据网络连接，如 ISDN 和 LAN 等。SGSN 记录移动台的当前位置信息，并在移动台和各种数据网络之间完成移动分组数据的发送和接收，为服务区内所有用户提供双向的分组路由。系统共用 GSM 基站，但基站要进行软件更新，并采用新的 GPRS 移动台。GPRS 要增加新的移动性管理程序，通过路由器实现 GPRS 骨干网互联。

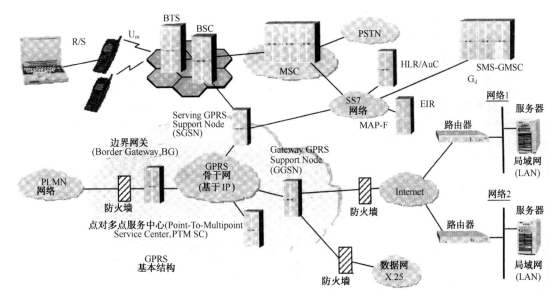

图 6.1　GPRS 网络结构模型

GSM 采用 900MHz、1800MHz 和 1900MHz 三个工作频段。相应地，GPRS 也工作于这三个频段。表 6.1 所示为 GSM 和 GPRS 的工作频段。

表 6.1　GSM 和 GPRS 的工作频段

800MHz 频段	G1 频段上行频率	880～890MHz
	P 频段上行频率	890～915MHz
	G1 频段下行频率	925～935MHz
	P 频段下行频率	935～960MHz
	双工间隔	45MHz
	载频间隔	200kHz
1800MHz 频段	上行频率	1710～1785MHz
	下行频率	1805～1880MHz
	双工间隔	95MHz
	载频间隔	200kHz
1900MHz 频段	上行频率	1850～1910MHz
	下行频率	1930～1990MHz
	双工间隔	80MHz
	载频间隔	200kHz

现有的 GSM 移动台（MS）不能直接在 GPRS 中使用，需要按 GPRS 标准进行改造（包括硬件和软件）才可以用于 GPRS 系统。GPRS 定义了以下 3 类 MS。

- A 类 MS 可同时工作于 GPRS 和 GSM 中。
- B 类 MS 可在 GPRS 和 GSM 之间自动切换工作。

● C 类 MS 只能工作于 GPRS 中。

GPRS 被认为是 2G 向 3G 演进的重要一步，因此被称为 2.5G，可被 GSM 支持。

6.1.2　GPRS 的主要特点

GPRS 系统具有以下主要特点。

（1）GPRS 采用分组交换技术，高效地传输高速或低速数据和信令、优化网络资源、更合理地利用无线资源。

（2）定义了新的 GPRS 无线信道，且分配方式十分灵活：每个 TDMA 帧可分配 1～8 个无线接口时隙。时隙能被在线用户共享，且上行链路和下行链路的分配是独立的。

（3）支持中、高速率数据传输，可提供 9.05～171.2kbps 的数据传输速率（每个用户）。GPRS 采用了与 GSM 不同的四种信道编码方案（CS-1、CS-2、CS-3、CS-4）。

（4）GPRS 网络接入速度快，提供了与现有数据网的无缝连接。

（5）GPRS 支持基于标准数据通信协议的应用，可以和 IP 网、X.25 网互联互通。支持特定的点对点和点对多点服务，以实现一些特殊应用（如远程信息处理）。GPRS 也允许短消息业务（SMS）经 GPRS 无线信道传输。

（6）GPRS 的设计使得它既能支持间歇的爆发式数据传输，又能支持偶尔的大量数据的传输。它支持四种不同的服务质量等级（QoS）。GPRS 能在 0.5～1s 之内恢复数据的重新传输。GPRS 的计费一般以数据传输量为依据。

（7）在 GSM 公用陆地移动通信网（PLMN）中，GPRS 引入了两个新的网络节点：一个是服务 GPRS 支持节点（SGSN），它和 MSC 在同一等级水平，并跟踪单个移动台（MS）的存储单元，实现安全功能和接入控制，节点 SGSN 通过帧中继连接到基站系统；另一个是网关 GPRS 支持节点（GGSN），GGSN 支持与外部分组交换网的互联互通，并经由基于 IP 的GPRS 骨干网与 SGSN 连通。

（8）GPRS 的安全功能同现有的 GSM 安全功能一样。身份认证和加密功能由 SGSN 来执行。其中的密码设置程序的算法、密钥和标准与 GSM 中的一样，不过 GPRS 使用的密码算法是专为分组数据传输所优化过的。GPRS 移动台可通过 SIM 卡访问 GPRS 业务，不管这个 SIM卡是否具备 GPRS 功能。

（9）GPRS 蜂窝选择可由一个移动台（MS）自动进行，或者由基站系统指示 MS 选择某个特定的蜂窝。MS 在重新选择蜂窝或蜂窝组（一个路由区）时会通知网络。

（10）为了访问 GPRS 业务，MS 会首先执行 GPRS 接入过程，以将它的存在告知网络。在 MS 和 SGSN 之间建立一个逻辑链路，使得 MS 可进行如下操作：接收基于 GPRS 的短消息（SMS）服务、经由 SGSN 的寻呼和 GPRS 数据送达通知。

（11）为了收发 GPRS 数据，MS 会激活它想使用的分组数据地址。这个操作使 MS 可被相应的网关 GPRS 支持节点（GGSN）识别，从而能与外部数据网络互联互通。

（12）用户数据在 MS 和外部数据网络之间透明地传输，它使用的方法是封装和隧道技术：数据包用特定的 GPRS 协议信息打包并在 MS 和 GGSN 之间传输。这种透明的传输方法缩减了 GPRS 公用陆地移动通信网（PLMN）对外部数据协议解释的需求，而且易于在将来引入新的互通协议。用户数据能够压缩，并有重传协议保护，因此数据传输高效且可靠。

（13）GPRS 可以实现基于数据流量、业务类型及服务质量等级（QoS）的计费功能，计费方式更加合理，用户使用起来更加方便。

（14）GPRS 的核心网络层采用 IP 技术，底层可使用多种传输技术，方便实现与高速发展的 IP 网的无缝连接。

6.1.3　GPRS 的业务

GPRS 是一组新的 GSM 承载业务，以分组模式在公用陆地移动通信网（PLMN）和与外部网络互通的内部网上传输。在有 GPRS 承载业务支持的标准化网络协议的基础上，GPRS 网络管理可以提供和支持一系列的交互式电信业务。

1．承载业务

支持在用户与网络接入点之间的数据传输性能。提供点对点业务和点对多点业务两种承载业务。

（1）点对点业务（PTP）。点对点业务在两个用户之间提供一个或多个分组传输。由业务请求者启动，由接收者接收。

（2）点对多点业务（PTM）。点对多点业务是指将单一信息传送给多个用户。GPRS PTM 业务能够提供一个用户将数据发送给具有单一业务需求的多个用户的能力，它包括以下三种 PTM 业务。

① 点对多点广播（PTM-M）业务——将信息发送给当前位于某一地区的所有用户。
② 点对多点群呼（PTM-G）业务——将信息发送给当前位于某一区域的特定用户子群。
③ IP 多点传播（IP-M）业务——IP 协议序列的一部分业务。

2．用户终端业务

GPRS 支持电信业务，提供完全的通信业务能力，包括终端设备能力。用户终端业务可以分为基于 PTP 的用户终端业务和基于 PTM 的用户终端业务，如表 6.2 所示。

表 6.2　用户终端业务分类

基于 PTP 的用户终端业务	会话
	报文传送
	检索
	通信
基于 PTM 的用户终端业务	分配
	调度
	会议
	预定发送
	地区选路

3．附加业务

GSM 附加业务支持所有的 GPRS 基本业务，如表 6.3 所示。

表 6.3　GPRS 附加业务的应用

简　称	名　称	简　称	名　称
CLIP	主叫线路识别表示	CW	呼叫等待
CLIR	主叫线路识别限制	HOLD	呼叫保持
CoLP	连接线路识别表示	MPTY	多用户业务

简　　称	名　　称	简　　称	名　　称
CoLR	连接线路识别限制	CUG	封闭式的用户群
CFU	无条件呼叫转移	AoCI	资费信息通知
CFB	移动用户遇忙呼叫转移	BAOC	禁止所有呼叫
CFNRy	无应答呼叫转移	BOIC	禁止国际呼出
CFNRc	无法到达的移动用户呼叫转移	BAIC	禁止所有呼入

6.1.4　GPRS 业务的具体应用

GPRS 业务主要有以下应用。

（1）信息业务。传送给移动电话用户的信息内容广泛，如股票价格、体育新闻、天气预报、航班信息、新闻标题、娱乐、交通信息等。

（2）交流。由于 GPRS 与因特网的协同作用，GPRS 将允许移动用户完全加入现有的因特网聊天组，而不需要建立属于移动用户自己的讨论组。因此，GPRS 在这方面具有很大的优势。

（3）因特网浏览。由于电路交换的传输速率比较低，数据从因特网服务器到浏览器需要很长一段时间，因此 GPRS 更适用于因特网浏览。

（4）文件共享及协同性工作。这样可以使在不同地方工作的人们同时使用相同的文件工作。

（5）E-mail。GPRS 能力的扩展，可使移动终端接转 PC 上的 E-mail，扩大 E-mail 的应用范围。E-mail 可以转变成一种信息不能存储的网关业务或能存储信息的信箱业务。在网管业务的情况下，无线 mail 平台将信息从 SMTP 转化成 SMS，然后发送到 SMS 中心。

（6）定位信息。该应用综合了无线定位系统，该系统告诉人们所处的位置，并利用短消息业务转告其他人其所处的位置。

（7）多媒体业务。能在移动网络上发送和接收照片、图片、明信片、贺卡和演讲稿等静态图像。

6.1.5　GPRS 的优势及问题

1. 技术优势

（1）资源利用率高。GPRS 引入了分组交换的传输模式，使得原来采用电路交换模式的 GSM 传输数据方式发生了根本性的变化，这在无线资源稀缺的情况下显得尤为重要。按电路交换模式来说，在整个连接期内，用户无论是否传送数据都将独自占有无线信道。而对于分组交换模式，用户只有在发送或接收数据期间才占用资源，这意味着多个用户可高效率地共享同一无线信道，从而提高资源的利用率。GPRS 用户的计费以通信数据量为主要依据，体现了"得到多少、支付多少"的原则。实际上，GPRS 用户的连接时间可能长达数小时，却只需支付相对低廉的连接费用。

（2）传输速率。GPRS 可提供高达 115kbps 的传输速率（最高值为 171.2kbps，不包括纠错检错编码 FEC）。这意味着通过移动 PC 等，GPRS 用户能和 ISDN 用户一样快速上网浏览，也使一些对传输速率高的移动多媒体应用成为可能。

（3）接入时间短。分组交换接入时间缩短为少于 1 秒，能提供快速即时的连接，可大幅度提高一些事务（如信用卡核对、远程监控等）的效率，并可使已有的 Internet 应用（如 E-mail、网页浏览等）的操作更加便捷、流畅。

（4）支持 IP 协议和 X.25 协议。GPRS 支持 IP 协议和 X.25 协议。而且由于 GSM 网络的覆盖面广，使得 GPRS 能提供 Internet 和其他分组网络的全球无线接入功能。

2．问题

（1）GPRS 会发生包丢失现象。由于分组交换连接比电路交换连接要差一些，因此使用 GPRS 会发生包丢失现象。而且，由于语音和 GPRS 业务无法同时使用相同的网络资源，用于专门提供 GPRS 使用的时隙数量越多，能够提供给语音通信的网络资源就越少。例如，语音和 GPRS 呼叫使用相同的网络资源，这势必会相互产生一些干扰，其对业务影响的程度主要取决于时隙的数量。当然，GPRS 可以对信道采取动态管理，并且能够通过在 GPRS 信道上发送短信息来减少高峰时的信令信道数。

（2）实际速率比理论值低。GPRS 的数据传输速率要达到理论最大值 171.2kbps，就必须保证只有一个用户占用所有的 8 个时隙，并且没有任何纠错保护。运营商将 8 个时隙都给一个用户使用显然是不太可能的。因此，一个 GPRS 用户的带宽将会受到严重的限制，所以，理论上的 GPRS 最大速率将会受到网络和终端现实条件的制约。

（3）终端不支持无线终止功能。手机制造厂家宣称其 GPRS 终端无法支持无线终止接收来电的功能。启用 GPRS 服务时，用户将根据服务内容的流量支付费用，GPRS 终端会装载 WAP 浏览器。但是，未经授权的内容也会发送给终端用户，用户要为这些不需要的内容付费。

（4）存在转接时延。GPRS 分组通过不同的方向发送数据，最终达到相同的目的地，那么数据在通过无线链路传输的过程中就可能发生一个或几个分组丢失或出错的情况。

6.1.6　GPRS 标准和业务的发展

1．GPRS 标准

欧洲最早于 1993 年提出了在 GSM 网上开通 GPRS 业务，1997 年，GPRS 的标准化工作取得重大进展，1997 年 10 月份，欧洲电信标准委员会（ETSI）发布了 GSM 02.60 GPRS Phase1 业务描述。1999 年年底，完成了 GPRS Phase2 的工作。GPRS 的标准分 3 个阶段，这 3 个阶段分别制定了 18 个新的标准，并对几十个标准进行了修订，以实现 GPRS。

我国从 1996 年开始跟踪研究 GPRS 的相关标准，于 2000 年 4 月完成了"900/1800MHz TDMA 数字蜂窝移动通信网 GPRS 隧道协议（GTP）规范"，并在 2000 年内和 2001 年上半年颁布了 900/1800MHz TDMA 数字蜂窝移动通信网通用分组无线业务（GPRS）相关的系列标准。

2．GPRS 的发展方向

GPRS 是 GSM 向 3G 迈进的一个重要步骤，根据 ETSI 对 GPRS 发展的建议，GPRS 从试验到投入商用后，分为两个发展阶段，第一阶段可以向用户提供电子邮件、因特网浏览等数据业务；第二阶段是增强型数据 GSM 环境（Enhanced Data GSM Environment，EDGE）的 GPRS，简称 E-GPRS。

全世界有一百多个运营商开通了 GPRS 商用系统。著名的有英国的 BT CellNET 和德国的 T-Mobile 等运营商。GPRS 系统可用于多媒体服务领域，使用户可以用手机进行股票交易、办理银行转账业务等。

2000 年 12 月 21 日，中国移动通信集团公司在北京宣布：正式启动称为"移动梦网"的 GPRS 网络建设。2001 年 6 月，中国移动 GPRS 一期工程已完成，并于 2001 年 10 月正式投入商用，这标志着中国移动通信网络开始全面进入 GPRS（2.5G）时代。

6.2　GPRS 的网络结构

6.2.1　GPRS 网络的总体结构

GPRS 网络是在现有 GSM 网络中增加网关 GPRS 支持节点（GGSN）和服务 GPRS 支持节点（SGSN）实现的，使得用户能够在端到端分组方式下发送和接收数据。GPRS 系统结构如图 6.2 所示。在图 6.2 中，笔记本电脑通过串行或无线方式连接到 GPRS 蜂窝电话上；GPRS 蜂窝电话与 GSM 基站（BS）通信，但与电路交换式数据的呼叫不同，GPRS 分组从基站发送到服务 GPRS 支持节点（SGSN），SGSN 是 GSM 网络结构中的一个节点，它通过帧中继与基站收发信机（BTS）相连，是 GSM 网络结构与移动台之间的接口，而不是通过移动交换中心（MSC）连接到语音网络上。服务 GPRS 支持节点（SGSN）与网关 GPRS 支持节点（GGSN）进行通信；GGSN 对分组数据进行相应的处理，通过基于 IP 协议的 GPRS 骨干网连接到 SGSN 上，再发送到目的网络，如因特网或 X.25 网络。

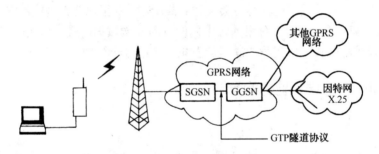

图 6.2　GPRS 系统结构

服务 GPRS 支持节点（SGSN）的主要作用是记录移动台的当前位置信息，并在移动台（MS）和 GGSN 之间完成移动分组数据的发送和接收。

网关 GPRS 支持节点（GGSN）主要起网关作用，是连接 GSM 网络和外部分组交换网（如因特网和局域网）的网关。也可将 GGSN 称为 GPRS 路由器。GGSN 可以把 GSM 网中的 GPRS 分组数据包进行协议转换，从而把这些分组数据包传送到远端的 IP 或 X.25 网络。

SGSN 和 GGSN 利用 GPRS 隧道协议（GTP）对 IP 或 X.25 分组进行封装，实现二者之间的数据传输。图 6.3 所示为 GPRS 网络结构的接入接口与参考点。

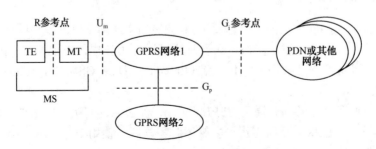

图 6.3　GPRS 网络结构的接入接口与参考点

GGSN 到外部分组网络是通过 G_i 参考点连通的，而其他 GPRS 网络是通过 G_p 接口连通的。另外，从移动台（MS）到 GPRS 网络有两个接入点，U_m 接口用于无线通信接入，而 R 参考点用于信息的产生和接收。移动终端 MT（如手机）通过 U_m 接口接入 GPRS 公用陆地移动网（PLMN），R 则是 MT 和 TE（如笔记本电脑）之间的参考点。这里的 MS 由 TE 和 MT 两部分组成，它们通过 R 参考点组成一个整体，另外，MS 也可单独由一个移动终端（MT）组成。

对于一个支持 GPRS 的公用陆地移动网络（PLMN），当它运行 GPRS 业务时可能涉及任何其他网络，这时就产生了网络互通的需求。GPRS 网络通过 G_i 参考点和 G_p 接口实现同其他网络的互通。对于具有 GPRS 业务功能的移动终端，它本身具有 GSM 和 GPRS 业务运营商提供的地址，这样，分组公共数据网的终端利用数据网识别码即可向 GPRS 终端直接发送数据。另外，GPRS 支持与基于 IP 的网络互通，当在 TCP 连接中使用数据包时，GPRS 提供 TCP/IP 包头的压缩功能。由于 GPRS 是 GSM 系统中提供分组业务的一种方式，所以它能广泛应用于 IP 域。其移动终端（MT）可通过 GSM 网络提供的寻址方案和运营商的具体网间互通协议实现全球网间的通信。

6.2.2 GPRS 体系结构

GPRS 通过在 GSM 网络结构中增添服务 GPRS 支持节点（SGSN）和网关 GPRS 支持节点（GGSN）两个新的网络节点来实现数据业务。由于增加了这两个网络节点，需要命名新的接口。表 6.4 所示为 GPRS 体系结构中的接口及参考点。图 6.4 所示为 GPRS 体系结构图。

表 6.4 GPRS 体系结构中的接口及参考点

接口及参考点	说　明
R	非 ISDN 终端与移动终端之间的参考点，可以基于多种传输方法，如 RS-232、红外等
G_b	服务 GPRS 支持节点（SGSN）与基站子系统（BSS）之间的接口，可以是租用的帧中继网络或运行帧中继封装协议的专线
G_c	网关 GPRS 支持节点（GGSN）与原籍位置寄存器（HLR）之间的接口，设置它的目的是支持外网主机发起连接请求。通常连接请求是由手机发起的，SGSN 在对用户鉴权之后，找到指定的 GGSN，并与之建立数据通路。如果连接请求是由外网主机发起的，信息到达 GGSN 之后，GGSN 就需要通过 G_c 接口查询 HLR：（1）目的 IP 对应哪一台手机；（2）这台手机现在由哪个 SGSN 控制，这个接口目前还有没有实现
G_d	SMS-GMSC 之间的接口，SMS-IWMSC 与 SGSN 之间的接口，有了这个接口，短消息就可以通过 GPRS 网络传送，而不必占用 GSM 的资源
G_i	GPRS 与外部分组数据之间的参考点，在这个接口上可以设置隧道（Tunnel），以保证用户到企业内部网之间的安全性。除此之外，还有 G_p 接口，在 BGGSN 和其他运营商的网络之间，以便实现网间漫游
G_n	同一 GSM 网络中两个 GSN 之间的接口，所有的 SGSN 和 GGSN 构成了 GPRS 的骨干网，这个网络是运营商的私有网络，与外网之间没有路由。GGSN 将外网的信息封装后在 G_n 网络上传输
G_p	不同 GSM 网络中两个 GSN 之间的接口
G_r	SGSN 与 HLR 之间的接口，用户向 SGSN 请求登录时，SGSN 在 HLR 中获得用户的登记信息和鉴权信息
G_s	SGSN 与 MSC/VLR 之间的接口，主要为了便于一些组合的操作，如一个用户要同时登录 GPRS 和 GSM 两个网络，SGSN 就要通过这个接口将对 GSM 网络的登录请求转发给 MSC
G_f	SGSN 与 EIR 之间的接口
U_m	MS 与 GPRS 固定网部分之间的无线接口，接口上的传输格式与 GSM 无异，但逻辑信道的定义和分配有很大差别

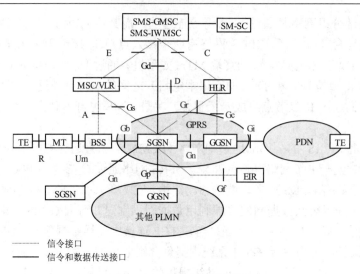

图 6.4　GPRS 体系结构图

1. 原籍位置寄存器（HLR）

在 HLR 中有 GPRS 用户数据和路由信息。从 SGSN 经 G_n 接口或从 GGSN 经 G_c 接口均可访问 HLR，对于漫游的移动台（MS）来说，HLR 可能位于另一个不同的公用陆地移动通信网（PLMN）中，而不是当前的 PLMN 中。

2. 消息业务网关移动交换中心（SMS-GMSC）和短消息业务互通移动交换中心（SMS-IWMSC）

SMS-GMSC 和 SMS-IWMSC 经 G_d 接口连接到 SGSN 上，这样就能让 GPRS MS 通过 GPRS 无线信道收发短消息（SMS）。

3. 移动台（MS）

GPRS 移动台（MS）能以三种运行模式中的一种进行操作，其操作模式的选定由 MS 所申请的服务所决定：仅有 GPRS 服务；同时具有 GPRS 和其他 GSM 服务；或依据 MS 的实际性能同时运行 GPRS 和其他 GSM 服务。

4. 移动交换中心（MSC）和访问位置寄存器（VLR）

在需要 GPRS 网络与其他 GSM 业务进行配合时选用 G_s 接口，如利用 GPRS 网络实现电路交换业务的寻呼，GPRS 网络与 GSM 网络联合进行位置更新，GPRS 网络的 SGSN 节点接收 MSC/VLR 发来的寻呼请求等。同时，MSC/VLR 存储 MS（此 MS 同时接入 GPRS 业务和 GSM 电路业务）的国际移动用户识别码（IMSI）及与 MS 相连接的 SGSN 号码。

5. 公用数据网（PDN）

PDN 提供分组数据业务的外部网络。当移动终端通过 GPRS 接入不同的 PDN 时，采用不同的分组数据协议地址。

除了这些接口和参考点，GPRS 还新增加了分组控制单元（Packet Control Unit，PCU）和 G_b 接口单元（G_b Interface Unit，GBIU）。PCU 使基站子系统（BSS：包括 BTS 和 BSC）提供数据功能、控制无线接口、使多个用户使用相同的无线资源，其主要功能是在基站控制器（BSC）与服务 GPRS 支持节点（SGSN）两个节点之间提供基于帧中继的 G_b 接口，数据传输速率为 2Mbps。系统原理图如图 6.5 所示。GBIU 提供从 BSS 到 SGSN 的标准接口。可以和 PCU 合并在同一个物理实体中。GPRS 在 GSM 网络中引入了两个 GPRS 支持节点和新的接口及单元，会对 GSM 网络设备产生以下影响。

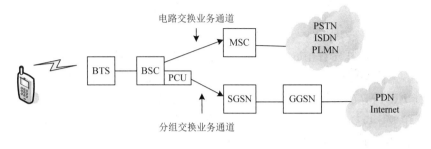

图 6.5　系统原理图

① 原籍位置寄存器（HLR）现有软件需更新，以支持 G_c 接口和 G_r 接口。
② 移动交换中心（MSC）现有软件需更新，以支持 G_s 接口。
③ 在基站控制中心（BSC）中引入 PCU，并有软件需要升级。
④ 基站收发信机（BTS）配合基站控制功能（BCF）进行相应的软件升级。

6.2.3　空中接口的信道构成

GPRS 中的接口标准遵循 GSM 系统的标准。与 GSM 系统相同，在 GPRS 系统的空中接口中，一个 TDMA 帧分为 8 个时隙，每个时隙发送的信息称为一个"突发脉冲串（Burst）"，每个 TDMA 帧的一个时隙构成一个物理信道。物理信道被定义成不同的逻辑信道。与 GSM 系统不同，在 GPRS 系统中，一个物理信道既可以定义为一个逻辑信道，也可以定义为一个逻辑信道的一部分，即一个逻辑信道可以由一个或多个物理信道构成。

移动台（MS）与 BTS 之间需要传送大量的用户数据和控制信令，不同种类的信息由不同的逻辑信道传送，逻辑信道映射到物理信道上。

空中接口的信道由分组公用控制信道（PCCCH）、分组广播控制信道（PBCCH）和分组业务信道（PTCH）等构成。

1. PCCCH

分组公用控制信道（Packet Common Control Channel，PCCCH）包括以下传输公用控制信令的逻辑信道。

（1）分组寻呼信道（Packet Paging Channel，PPCH），用来寻呼 GPRS 被叫用户，只存在于下行链路，在下行数据传输之前用于寻呼 MS，可以用来寻呼电路交换业务。

（2）分组随机接入信道（Packet Random Access Channel，PRACH），GPRS 用户通过 PRACH 向基站发出信道请求，只存在与上行链路，MS 用来发起上行传输数据和信令信息，分组接入突发和扩展分组接入突发使用该信道。

（3）分组准许接入信道（Packet Access Grant Channel，PAGCH），PAGCH 是一种应答信道，对 PRACH 做出应答，只存在于下行链路，在发送分组之前，网络在分组传输建立阶段向 MS 发送资源分配信息。

（4）分组通知信道（Packet Notification Channel，PNCH），只存在于下行链路，当发送点到多点—组播（PTM-M）分组之前，网络使用该信道向 MS 发送通知信息。

2. PBCCH

分组广播控制信道（Packet Broadcast Control Channel，PBCCH）只存在于下行链路，广播分组数据特有的系统信息。

3. PTCH

分组业务信道（Packet Traffic Channel，PTCH）分为以下两种信道。

（1）分组数据业务信道（Packet Data Traffic Channel，PDTCH）用来传送空中接口的 GPRS 分组数据。在 PTM-M 方式下，该信道在某段时间只能属于一个 MS 或一组 MS。在多时隙操作方式下，一个 MS 可以使用多个 PDTCH 并行传输单个分组。所有的数据分组信道都是单向的，对于移动发起的传输就是上行链路（PDTCH/U），对于移动终止分组的传输就是下行链路（PDTCH/D）。

（2）分组随机控制信道（Packet Asscrchted Control Channel，PACCH）用来传送实现 GPRS 数据业务的信令。它携带与特定 MS 有关的信令信息，这些信令信息包括确认、功率控制等内容。它还携带资源分配和重分配消息，包括分配的 PDTCH 的容量和将要分配的 PACCH 的容量。当 PACCH 与 PDTCH 共享时，就是共享已经分配给 MS 的资源。另外，当一个 MS 正在进行分组传输时，可以使用 PACCH 进行电路交换业务的传输。

总之，GPRS 系统定义了为分组数据而优化的逻辑信道，如表 6.5 所示。

表 6.5　GPRS 逻辑信道

组　　别	名　　称	方　　向	功　　能
PCCCH	PRACH	上行	随机接入
	PPCH	下行	寻呼
	PAGCH	下行	允许接入
	PNCH	下行	广播
PBCCH	PBCCH	下行	广播
PTCH	PDTCH	下行和上行	数据
	PACCH	下行和上行	随路控制

6.3　GPRS 协议

6.3.1　GPRS 的协议模型

GPRS 分层协议模型如图 6.6 所示。U_m 接口是 GSM 的空中接口。U_m 接口上的通信协议有 5 层，自下而上依次为物理层、介质访问控制层（Mdium Access Control，MAC）、逻辑链路控制层（Logical Link Control，LLC）、子网相关融合协议层（Subnetwork Dependant Convergence，SNDC）和网络层。

1. 物理层

U_m 接口的物理层为射频接口部分，而 LLC 则负责提供空中接口的各种逻辑信道。GSM 空中接口的载频带宽为 200kHz，一个载频分为 8 个物理信道。如果 8 个物理信道都分配为传送 GPRS 数据，则原始数据传输速率可达 200kbps。考虑前向纠错码的开销，最终的数据传输速率可达 164kbps 左右。

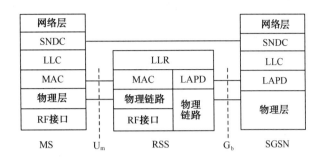

图 6.6　GPRS 分层协议模型

2. RLC/MAC

该层具备两个功能：一是无线链路控制（RLC）功能，它定义了选择性重传未成功发送的 RLC 数据块的过程，可提供一条独立于无线解决方案的可靠链路；二是介质访问控制（MAC）功能，它定义了多个 MS 共享传输媒体的过程，共享传输媒体由几个物理信道组成，其提供了对多个 MS 的竞争仲裁过程、冲突避免、检测和恢复方法。MAC 功能还允许单个的 MS 并行使用多个物理信道。其主要作用是定义和分配空中接口的 GPRS 逻辑信道，使得这些信道能被不同的 MS 共享。MAC 除了控制着信令传输所用的无线信道，还将 LLC 帧映射到 GSM 物理信道中，为上层（LLC）提供服务。

3. LLC

LLC 是一种基于高速数据链路规程（HDLC）的无线链路协议，能够提供高可靠的加密逻辑链路。LLC 层负责从高层 SNDC 层的 SNDC 数据单元上形成 LLC 地址、帧字段，从而生成完整的 LLC 帧。另外，LLC 可以实现一点对多点的寻址和数据帧的重发控制。LLC 独立于底层无线接口协议，这是为了在引入其他可选择的 GPRS 无线解决方案时，对网络子系统（NSS）的改动程度最小。

4. SNDC

SNDC 功能将网络级特性映射到底层网络特性中，它的主要作用是完成数据的分组、打包，确定 TCP/IP 地址和加密方式。在 SNDC 层，MS 和 SGSN 之间传送的数据被分割为一个或多个 SNDC 数据包单元。SNDC 数据包单元生成后被放置在 LLC 帧内。

5. 网络协议

GPRS 骨干网 GSN 节点（GPRS 支持节点）中的用户数据和信令利用 GTP（GPRS 隧道协议）进行隧道传输。GTP 是 GPRS 骨干网中 GSN 节点之间的互联协议，它是为 G_n 接口和 G_p 接口定义的协议。GPRS 网中所有的点对点 PDP 协议数据单元（PDU）将由 GTP 协议进行封装。

在 GPRS 骨干网中需要一个可靠的数据链路（如 X.25）进行 GTP PDU 的传输，所用的传输协议是 TCP 协议。TCP 协议提供流量控制功能和防止 GTP PDU 丢失或破坏的功能。如果不要求一个可靠的数据链路（如 IP），就使用 UDP 协议来承载 GTP PDU。UDP 提供防止 GTP PDU 受到破坏的功能。

　　IP 是 GPRS 骨干网络协议，用于用户数据和控制信令的选路。GPRS 骨干网最初是建立在 IPv4 协议的基础上的，随着 IPv6 的广泛使用，GPRS 最终会采用 IPv6 协议。

6.3.2　GPRS 的主要接口

　　数据包从外网传到手机要经过 4 个接口，即 G_i、G_n、G_b 和 U_m，如图 6.7 所示。

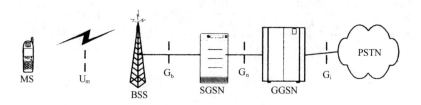

图 6.7　4 个接口，G_i、G_n、G_b 和 U_m

1.　G_i 接口——外网与网关 GPRS 支持节点（GGSN）之间的接口

　　在这个接口上没有新的协议。与普通的路由器一样，GGSN 利用现有的传输方法接收二层数据帧之后，进行帧处理，得到 IP 数据包。分析该 IP 数据包的目的地址，恰为本地分组数据协议的内容（PDP Context）所标示的某一手机地址，则将此数据包送至 G_n 接口的软件模块，进行进一步处理。

2.　G_n 接口——GGSN 与 SGSN 之间的接口

　　最先对数据包进行处理的是 GTP（GPRS Tunneling Protocol）协议，它实现了从 GGSN 到 SGSN 的虚拟传输通路，即隧道。隧道的优点有两个：一是便于手机移动，当手机由一个服务 GPRS 支持节点（SGSN）转移到另外一个 SGSN 的控制下时，只需改变 GTP 的配置，使隧道的末端发生变化即可，对于被承载的 IP 数据包来说是透明的；二是在 G_i 和 G_n 两个网络之间（外网和运营商网络之间）不存在路由，只有封装关系，使安全性得到了保障。

　　G_n 网络本身是一个 TCP/IP 网络，G_n 网络中的元素都是靠 IP 协议来寻址的。GTP 协议数据包对于 G_n 网络来说是高层的应用数据，需要由 TCP 或 UDP 承载，对应 GTP 应用的四层端口号在 3386 之后，TCP 或 UDP 的数据包进一步封装成 IP 数据包，此 IP 数据包的目的地址即为目标 SGSN 的地址。

　　G_n 网络中的 IP 数据包传送也是靠一系列的路由器和交换机来完成的。注意，这时传送的是运营商内网 IP（或者内层 IP、下层 IP），与此相对应，封装在 GTP 协议内部的 IP 称为外网 IP（或者外层 IP、上层 IP）。

　　数据到达 SGSN 之后，层层解封，最终还原出用户的 IP 数据包，交给 IP Relay 软件模块。

3.　G_b 接口——SGSN 和 BSS 之间的接口

　　首先，子网相关融合协议（Sub-Network Dependent Convergence Protocol，SNDCP）对 IP 数据包进行统一化处理，这一步的目的是提高 GPRS 的可扩展性，未来，只需要改变 SNDCP 就可以适应新的三层协议，如 IPv6。除此之外，SNDCP 还负责数据的压缩和分段，压缩的目的是节约空中接口带宽，分段的目的是适应下层 LLC 的最大传输单元（Maximum Transmission Unit，MTU）。

　　LLC（Logical Link Control）协议负责从 SGSN 到手机的数据传输，它的服务对象有三种：

SNDCP 数据包（用户数据）、用户信令和短消息。LLC 服务的类型有面向连接和无连接两种，用户可以根据 QoS 的要求选择。

基站子系统 GPRS 协议（Base Station System GPRS Protocol，BSSGP）是服务 GPRS 支持节点（SGSN）与 BSS 通信的最上层协议，它不但发送上层的 LLC 数据，还传输 SGSN 对 BSS 的控制信息，如对手机的呼叫（Paging）等。BSSGP 的主要功能是提供与无线相关的数据、QoS 和选路信息，以满足在 BSS 和 SGSN 之间传输用户数据时的需求。在 BSS 中，BSSGP 用作 LLC 帧和 RLC/MAC 块之间的接口；在 SGSN 中，BSSGP 形成了一个源于 RLC/MAC 的信息和 LLC 帧之间的接口。在 SGSN 和 BSS 之间，BSSGP 协议具有一一对应关系，如果一个 SGSN 处理多个 BSS，那么这个 SGSN 对于每一个 BSS 都必须有一个 BSSGP 协议机制。

BSSGP 主要具有以下功能。

（1）在 SGSN 和 BSS 之间提供一个无连接的链路。

（2）在 SGSN 和 BSS 之间非确认地传输数据。

（3）在 SGSN 和 BSS 之间提供数据流量双向控制工具。

（4）处理从 SGSN 到 BSS 的寻呼请求。

（5）支持在 BSS 上的旧信息的刷新。

（6）支持 SGSN 和 BSS 之间的多层链路。

NS（Network Service）提供网络传输服务，目前，这个服务是基于帧中继（PVC）的。也就是说，G_b 接口是帧中继接口，可以租用帧中继服务商的线路，也可以在专线上运行帧中继协议。

数据到达 BSS 之后，同样是层层解封，最终得到的是 LLC 数据帧，BSS 并不对 LLC 帧进行处理，只进行透明转发。

4．U_m 接口——基站子系统（BSS）和移动台（MS）之间的接口

无线接口 U_m 是移动台（MS）与基站收发信机（BTS）之间的连接接口，GPRS 中接口标准遵循 GSM 系统的标准。GPRS 的无线接口 U_m 可以用如图 6.8 所示的 GPRS MS 网络参考模型来描述。MS 与网络之间的通信涉及物理射频（RF）、物理链路、无线链路控制/媒体接入控制（RLC/MAC）、逻辑链路控制和子网依赖的汇聚层。

物理层分为物理 RF 层和物理链路层两个子层。物理 RF 层执行无线信号的调制和解调功能，把物理链路层收到的数据序列调制成无线信号，或把接收的无线信号解调成物理链路层所需要的数据序列。物理链路层提供在 MS 和网络之间的物理信道上进行信息传输的服务。这些功能包括数据单元成帧、数据编码、检测和纠正物理介质上的传输错误。物理链路层使用物理 RF 层提供的服务。

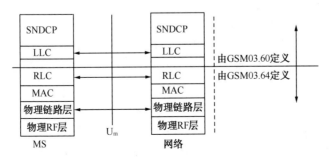

图 6.8　GPRS MS 网络参考模型

数据链路层包括 RLC 和 MAC 两个子层。RLC/MAC 提供通过 GPRS 无线接口传输信息的服务，这些服务包括后向纠错过程。MAC 层提供多个 MS 接入共享媒体的方法。RLC/MAC 层使用物理链路层提供的服务，并向上层（LLC）提供服务。

（1）物理 RF 层。物理 RF 层由 GSM05 系列标准定义，包括以下内容：载波频率的特点和 GSM 信道结构；发送无线信号的调制方式和 GSM 信道的数据传输；发射机和接收机的特性及其要求。

（2）物理链路层。物理链路层运行在物理 RF 层上面，在 MS 和网络之间提供物理链路。其目标是通过 GSM 的无线接口传输信息，包括 RLC/MAC 层的信息。物理链路层支持多个 MS 共享一个物理信道。主要完成前向纠错编码、检测和纠正发送的码字、提供错误码字的指示、块交织、在 TDMA 帧的连续 4 个突发序列上进行正交织、检测物理链路层的拥塞状况。

物理链路层的控制功能提供维持通信能力所需要的服务。在 GPRS 中，不使用网络控制的越区切换，而是由 MS 执行小区的重新选择。

物理链路层的控制功能如下。

- 同步过程包括决定和调整 MS 定时提前的方法。
- 监视和评估无线链路信号质量的过程。
- 选择和重选小区的过程。
- 发射机的功率控制过程。
- 电池功率管理过程，如非连续接收（DRX）过程。

① 无线块结构。传输不同的数据和控制信息需要不同的无线块结构，无线块包含 MAC 头、RLC 数据或 RLC/MAC 控制信息等，一般情况下包括 4 个正常的突发，如图 6.9 所示。

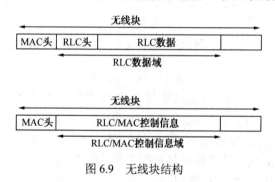

图 6.9　无线块结构

MAC 头包含控制域，固定长度为 8bit，上行和下行不同。

RLC 头包含上行和下行不同方向的控制域，RLC 的长度是可变的。RLC 数据域包含一个或多个 LLC PDU 数据字（8bit）。块校验序列（BCS）用于错误检测。

RLC/MAC 控制信息域包含一个 RLC/MAC 控制信息。

② 信道编码。信道编码定义了 4 种分组数据编码方案，CS-1～CS-4。编码块结构如图 6.10 和图 6.11 所示。除了 PRACH、PTACH/U，其他分组控制信道一般使用 CS-1。对于 PRACH 的接入突发，指定了两种编码方案。MS 必须提供所有的编码方案，而网络端只需要提供 CS-1 即可。

对于携带 RLC 的无线块，定义了 4 种编码方案。

编码过程的第一步是附加块校验序列（BCS）。

对于 CS-1、CS-2 和 CS-3，第二步包括：上行链路状态标志（USF）预编码（除 CS-1 外），附加 4bit 的尾码，半速率卷积码之后进行截短以便提供希望达到的编码速率。

对于 CS-4，不对纠错码进行编码。不同编码方案的编码参数如表 6.6 所示。

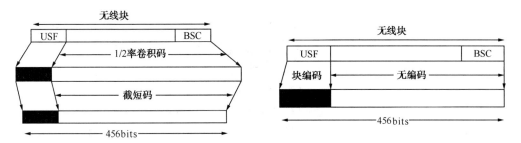

图 6.10　CS-1、CS-2、CS-3 的编码块结构　　　　　图 6.11　CS-4 的编码块结构

表 6.6　不同编码方案的编码参数

方案	码率	SF	预编码 USF	无线块	BCS	尾码	编码后的数据量	截短数据量	数据传输速率/kbps
CS-1	1/2	3	3	181	40	4	456	0	9.05
CS-2	2/3	3	6	268	16	4	588	132	13.4
CS-3	3/4	3	6	312	16	4	676	220	15.6
CS-4	2	3	12	428	16	—	456	—	21.4

（3）媒体介入控制和无线链路控制层（RLC/MAC）。MAC 层的功能定义了多个 MS 共享传输媒体的过程，共享传输媒体由几个物理信道组成。其提供了对多个 MS 的竞争仲裁过程、冲突避免、检测和恢复方法；对 MS 终止的信道接入，进行分组接入的排队和优先级处理。MAC 层功能还允许单个 MS 并行地使用多个物理信道。

RLC 功能定义了选择性重传未成功发送的 RLC 数据块的过程。RLC/MAC 功能提供了非确认和确认两种操作模式。

一般情况下，在 GPRS 中，多个 MS 和网络共享媒体资源，即分组数据业务信道（PDTCH）。GPRS 无线接口由非对称的、独立的上行链路和下行链路组成。下行链路负责从网络到多个 MS 的信息传输，不需要竞争裁决。上行链路负责多个 MS 之间的共享媒体之间的信息传输，需要竞争裁决过程。

公用陆地移动网（PLMN）分配无线资源和 MS，使用这些资源能分割成两部分。PLMN 按对称的方式对 GPRS 分配无线资源（上行和下行）。对点到点、点到多点组播和组呼服务使用上行链路和下行链路的无线资源是独立的，也允许上行和下行相关的分配方式，以便支持少数 MS 在两个方向上同时传输数据。一个 MS 也可以分配几个 PDTCH。

（4）子网相关融合协议（SNDCP）。在 MS 和 SGSN 中，SNDCP 位于网络层之下、逻辑链路控制层之上。它支持多种网络层，这些网络层分组数据协议共享同一个 SNDCP，来自不同数据源的多元数据都能通过 LLC 层。

总之，任何由空中接口传输的数据必须先经两个协议处理：RLC（Radio Link Control）和 MAC（Media Access Control）。RLC 将 LLC 数据帧拆分成便于空中传输的数据块，并负责空中接口的可靠性保障。数据块的大小依编码方案的不同，可能是 181bit、268bit、312bit 和 428bit。

MAC 的功能是控制空中资源的使用，由于一个用户可以使用多个信道，多个用户也可以使用一个信道，而且，资源的分配是动态的，所以进行下行传输时，MAC 必须标识当前的数据块是给哪一个手机的，进行上行传输时，必须指定当前资源由谁使用。

加上 LLC 和 MAC 头之后，数据块被卷积（Convolutional Coding）和交织（Interleaving）。卷积是指在数据中添加冗余信息，以减少非连续数据错误。卷积处理之后的数据块统一为456bit。交织是将数据块交叉分散到四个突发序列（Normal Burst）中，以减少连续数据错误。

经过上述处理，最终得到的突发序列与 GSM 无异，包含 114bit 的数据信息。它们采用和GSM 同样的方式，通过空中接口到达手机。手机完成数据包的解封之后，还原出 IP 数据包。至此，IP 数据包通过了 GPRS 网络，承载的功能完成了。

有两个重要的内容（Context）控制 GPRS 操作，在 SGSN 之前（靠近手机一侧）有移动性管理（MM）功能，在 SGSN 之后（靠近网络一侧）有分组数据协议内容（PDP Context）。

MM 功能负责移动管理，它有三种状态，空闲（Idle）、就绪（Ready）和守候（Standby）。手机开机，执行登录网络操作，手机的状态由空闲转至就绪。在就绪状态下，手机可以收发数据。如果一段时间没有数据收发，手机将转入守候状态。这时，网络中有手机的注册信息，但手机基本不占用网络资源。在守候状态下，手机可以申请资源进行上行传输和位置更新；网络方也可以通过呼叫（Paging）发起下行传输，传输一旦开始，手机就返回就绪状态。在正常状态下，手机的 MM 功能在就绪和守候两种状态之间。也就是说，网络和手机随时都可以发起数据传输，这就是 GPRS 宣称的一直在线（Always Online）功能，与传统的上网方法相比，效率着实提高了不少。

分组数据协议（PDP）功能负责数据传输，传送任何数据之前，手机都要建立 PDP 功能，必备的参数包括手机的 IP 地址，访问点名称（Access Point Name，APN）等。有了这些参数，SGSN 可以建立一条到 GGSN 的数据传输通路，IP 地址的动态分配也是在这个过程中完成的。

5. Abis 接口

当 GPRS MAC 层和 RLC 层的功能置于远离基站收发信机（BTS）的位置上时，信道编码器单元（CCU）和远端 GPRS 分组控制单元（PCU）之间的信息按 320bit（20ms）的固定长度的帧发送。图 6.12 所示为 PCU 的位置。

无论将 PCU 置于基站控制器（BSC）端（见图 6.12（b））还是置于 GPRS 支持节点（GSN）端（见图 6.12（c）），Abis 接口都是一样的。在图 6.12（b）中，PCU 作为到 BSC 的连接单元。在图 6.12（c）中，BSC 对 16kbps 的信道来说是透明的。在结构图 6.12（b）和图 6.12（c）中，PCU 作为远端 PCU。

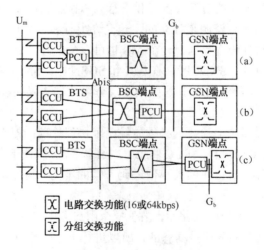

图 6.12　PCU 的位置

远端 PCU 是 BSC 的一部分，BSC 和 PCU 之间的信令传输通过使用 BSC 内部信令执行。当应用 Abis 接口时，CCU 和 PCU 功能之间的带内信令传输要求使用 PCU 帧。

PCU 负责实现下列 GPRS MAC 和 RLC 层的功能。

- 把 LLC 层 PDU 分成 RLC 块，用以下行链路传输。
- 把 RLC 块重组成 LLC 层分组数据单元（PDU），用以上行链路传输。
- 分组数据业务信道（PDTCH）时序安排功能，用以上行链路和下行链路的数据传输。
- PDTCH 上行链路自动重复请求（ARQ）功能，包括 RLC 块 ACK/NAK。
- PDTCH 下行链路 ARQ 功能，包括对 RLC 块的缓冲和重组。
- 信道访问控制功能，如访问请求和授权。
- 无线信道管理功能，如功率控制、拥塞控制、广播控制消息等。

信道编码器单元（CCU）的功能如下。

- 信道编码功能，包括前向纠错（FEC）和插入。
- 无线信道测量功能，包括接收质量水平、接收信号水平及与时间提前测度相关的信息。

BSS 负责无线资源的分配和回收，每隔 20ms 在 PCU 和 CCU 之间发送一个 PCU 帧。

6.4　GPRS 管理功能

在 GPRS 网络功能中，主要有网络访问控制功能、分组选路和传输功能、移动性管理功能、逻辑链路管理功能、无线资源管理功能、网络管理功能、计费管理功能 7 个功能组，每个功能组包含许多相对独立的功能。

6.4.1　网络访问控制功能

网络访问控制功能就是用户连接到电信网中以使用由这个网络提供的服务或设施的途径。访问协议是一组已定义的过程，它能让用户使用电信网络提供的服务或设施。访问控制功能说明如表 6.7 所示。

表 6.7　网络访问控制功能说明

功　　能	功　能　说　明
注册功能	通过注册功能，用户的移动 ID 和用户在公用陆地移动通信网（PLMN）范围内的分组数据协议及其地址联系起来，还与连到外部分组数据协议（PDP）网的用户访问点联系在一起。这种联系可以是静态的，即存储在一个原籍位置寄存器（HLR）中，还可以是动态的，即分布于每个所必需的基站中
身份认证和授权	该功能进行服务请求者的身份认证和识别，并验证服务请求类型，以确保某个用户使用某特定网络服务的权限
许可证控制功能	许可证控制的目的是计算需要的网络资源，以提供所要求的服务质量，并判断这些资源是否可用，然后预订这些资源。许可证控制与无线资源管理功能相辅相成，以估计每个蜂窝对无线资源的需求程度
消息筛选	用于滤除未授权或不请自来的消息，可通过分组过滤功能来实现
分组终端适配功能	该功能使从终端设备接收或向终端设备发送的数据分组经过适配，以适合在 GPRS 网络中传输
计费数据收集功能	收集有关按用户计费和按流量计费的必要数据

6.4.2　分组选路和传输功能

路由是一个有序的节点列表，用于在公用陆地移动通信网（PLMN）内或 PLMN 之间传递信息。每个路由均由源节点、中继节点和目的节点组成。分组选路是指根据一定的规则，判断或选择在 PLMN 之内或之间传输消息所用的路由的过程。

GPRS 的路由管理是指 GPRS 网络如何进行寻址和建立数据传送路由。GPRS 的路由管理表现在以下三方面：移动台发送数据的路由建立、移动台接收数据的路由建立，以及移动台处于漫游时的路由建立。GPRS 的路由管理如图 6.13 所示。

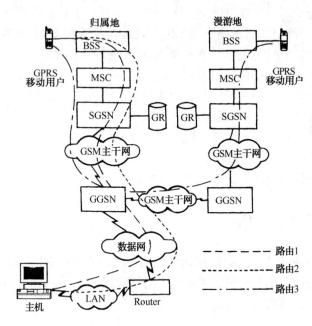

图 6.13　GPRS 的路由管理

1. 移动台（MS）发送数据的路由建立

如图 6.13 中的路由 1 所示，当移动台产生一个分组数据单元（PDU）时，这个 PDU 经过 SNDC 层处理，称为 SNDC 数据单元。然后经过 LLC 层处理为 LLC 帧，通过空中接口送到 GSM 网络中移动台所在的 SGSN。SGSN 把数据送到 GGSN。GGSN 对收到的消息进行解装处理，转换为可在公用数据网（PDN）中传送的格式（如 PSPDN 的 PDU），最终传送给公用数据网的用户。为了提高传输效率并保证数据传输的安全，可以对空中接口上的数据进行压缩和加密处理。

2. 移动台（MS）接收数据的路由建立

一个公用数据网用户传送数据到移动台，如图 6.13 中的路由 2 所示。首先通过数据网的标准协议建立数据网和 GGSN 之间的路由。数据网用户发出的数据单元（如 PSPDN 中的 PDU），通过建立好的路由把数据单元 PDU 传送给 GGSN。而 GGSN 再把 PDU 传送给移动台所在的 SGSN，GSN 把 PDU 封装成 SNDC 数据单元，再经 LLC 层处理为 LLC 帧单元，最终经空中接口传送给移动台。

3. 移动台（MS）处于漫游时数据的路由建立

一个数据网用户传送数据给一个正在漫游的移动用户，如图 6.13 中的路由 3 所示，其数据必须经过归属地的网关（GGSN），再传送给移动用户 A。

6.4.3　移动性管理（MM）功能

移动性管理（MM）功能用于跟踪在本地 PLMN 或其他 PLMN 中 MS 的当前位置。GPRS 网络中的移动性管理涉及新增的网络节点、接口及参考点，这与 GSM 网中有较大区别。

1. 移动性管理状态的定义

与 GPRS 用户相关的移动性管理定义了空闲（Idle）、等待（Standby）、就绪（Ready）三种不同的移动性管理状态，每种状态都描述了一定的功能性级别和分配的信息。这些由移动台（MS）和业务 GPRS 支持节点（SGSN）所拥有的信息集合称作移动性管理（MM）环境。

（1）空闲状态。在 GPRS 空闲状态中，用户没有激活 GPRS 移动性管理。MS 和 SGSN 环境中没有存储与这个用户相关的有效的位置信息或路由信息。因此在此状态下不能进行与用户有关的移动性管理过程，对用户的寻呼等功能是不可用的。

（2）等待状态。在等待状态下，用户可进行 GPRS 移动性管理。在 MS 和 SGSN 中的 MM 环境已经创建了用户的国际移动用户识别号（IMSI），此时 MS 执行 GPRS 路由区（RA）选择、GPRS 蜂窝选择和本地重选功能。当 MS 进入一个新的路由区时，MS 会执行移动性管理过程来通知 SGSN。而在同一路由区中改变蜂窝时不需要通知 SGSN。因此，在等待状态下，SGSN MM 环境中的位置信息仅包含 MS 的 GPRS 路由区标识（GPRS RAI）。

在等待状态下，MS 启动分组数据协议（PDP）环境的激活或去活。PDP 环境将会在发送或接收数据前激活 MS。MS 的 MM 状态会改变到就绪状态。

MS 可以运行 GPRS 断开（Detach）过程进入空闲状态。

（3）就绪状态。在就绪状态下，SGSN MM 环境会对相应的等待状态下的 MM 环境进行扩充，它扩充了蜂窝级的用户位置信息。MS 执行移动性管理过程，向网络提供实际所选择的蜂窝，GPRS 的蜂窝选择和重选由 MS 在本地完成，也可以选择由网络控制来完成。

在此状态下，网络启动对 MS 的 GPRS 业务寻呼，但对其他业务的寻呼由 SGSN 来完成。SGSN 传送下行链路数据到当前负责用户蜂窝的 BSS。MS 还可以激活或去活 PDP 环境。无论某一无线资源是否已分配给用户，即使没有数据传送，MM 环境也始终保持就绪状态。就绪状态由一个计时器监控，当就绪状态计时器超时时，MM 环境就会从就绪状态转换到等待状态。MS 可以启动一个 GPRS 业务断开过程，来实现由就绪状态向空闲状态的转移。

2. 状态转移和功能

一个状态向另一个状态的转移，主要依据的是当前状态（空闲、等待或就绪）和当前所发生的事件（如接入 GPRS 业务），移动性管理状态模型如图 6.14 所示。

（1）从空闲状态转移到就绪状态。MS 请求接入 GPRS 业务，开始建立一个到 SGSN 的逻辑链路，在 MS 和 SGSN 中分别建立 MM 环境。

（2）从等待状态转移到空闲状态。等待状态计时器超时，MS 和 SGSN 中的 MM 环境和分组数据协议（PDP）环境均返回空闲状态，即非激活状态。位置取消时，SGSN 收到一个来自原籍位置寄存器（HLR）的位置取消消息，它的 MM 和 PDP 环境会被删除。

（3）从等待状态转移到就绪状态。PDU 发送数据时，为了响应一个呼叫，MS 会向 SGSN 发送一个 LLC PDU。PDU 接收数据时，SGSN 接收来自 MS 的 LLC PDU。

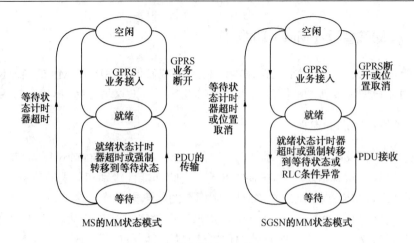

图 6.14　移动性管理状态模型

（4）从就绪状态转移到等待状态。

- 就绪状态计时器超时时，MS 和 SGSN 中的 MM 环境均返回等待状态。
- 当强制返回等待状态时，在就绪状态计时器超时之前，MS 或 SGSN 可能会发出返回等待状态的信号，然后其 MM 环境会立即返回等待状态。
- 当 RLC 条件异常时，SGSN 的 MM 环境也会返回等待状态。

（5）从就绪状态转移到空闲状态。当 GPRS 业务断开（Detach）时，MS 请求 SGSN 中的 MM 环境返回空闲状态，SGSN 中的 PDP 环境返回非激活状态。当位置取消时，SGSN 收到一个来自 HLR 的位置取消消息，它的 MM 和 PDP 环境会被删除。

3. 移动性管理（MM）流程

GPRS 的 MM 流程将使用 LLC 和 RLC/MAC 协议，经 U_m 接口来传输信息。MM 流程将为底层提供信息，使得 MM 消息在 U_m 接口可靠传输。

用户数据一般在 MM 信令过程期间传输。在业务接入、身份认证和路由区更新过程中，用户数据可能会丢失，因此需要重传。

6.4.4　逻辑链路管理功能

MS 通过无线接口参与和维护某个 MS 与 PLMN 之间的通信通道。逻辑链路管理功能包括协调 MS 与 PLMN 之间的链路状态信息，同时监管这个逻辑链路上的数据传输活动性。

6.4.5　无线资源管理功能

无线资源管理功能参与无线通信路径的分配和维护。GSM 无线资源能被电路模式（语音和数据）服务和 GPRS 服务共享，其路径管理功能用于管理基站无线子系统（BSS）与 SGSN 节点之间的分组数据通信路径。可根据数据流量动态地建立和释放这些路径，也可根据每个蜂窝中的最大期望载荷静态地建立和释放这些路径。

6.4.6　网络管理功能

网络管理功能提供相应的机制，支持与 GPRS 相关的运行和维护中心（OMC）功能。

6.4.7　计费管理功能

1．计费管理

分组交换服务的计费原理与电路交换服务的计费原理是不同的，分组交换服务基于流量计费，电路交换服务基于时间计费，因此，GPRS 的计费管理有别于 GSM 的计费管理。GPRS 引入新的计费网关（CG）和计费中心（BC），结合 SGSN 和 GGSN 组件，构成一个计费系统，如图 6.15 所示。

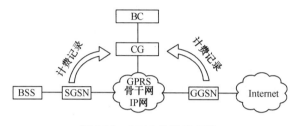

图 6.15　GPRS 的计费系统

GPRS 的基本计费单元称为 CDR（Call Detail Record），一个 CDR 含有一个 PDP 通话（一个 PDP 上下文）期间收集的计费数据参数。若通话持续时间超过指定的时间或流量计数器已计满，则产生计费信息的部分输出（部分 CDR）。GPRS 计费基于流量（IP 负荷，SMS 数量）及通话时长。

SGSN 和 GGSN 使用计费识别符收集计费数据 CDR，收集到的 CDR 形成计费数据文件，计费数据文件又组合成计费记录输出 CRO（Chzrge Record Output），CRO 通过计费网关（CG）以 FTP 协议传送到外部计费中心，计费中心得到 CRO 后，进行一系列的存储、处理，完成计费过程。

2．计费信息

由于在 GPRS 网络中引入了两个新增节点 SGSN 和 GGSN，因此 GPRS 网络中的计费信息是由给该 MS 提供服务的 SGSN 和 GGSN 从每个 MS 中搜集的。有关无线网络使用的计费信息由 SGSN 收集，而有关外部数据网络使用的计费信息由 GGSN 收集，这两个 GSN 都收集有关 GPRS 网络资源使用的计费信息。点到点计费信息是为 GPRS 用户搜集的。

（1）SGSN 应收集下列计费信息。

① 无线接口的使用。计费信息应描述按照 QoS 和用户协议分类的在 MO 和 MT 方向传输的数据量。

② 分组数据协议地址的使用。计费信息应描述 MS 使用了分组数据协议地址的时间长短。

③ GPRS 一般资源的使用。计费信息应描述其他 GPRS 相关资源的使用和 MS 的 GPRS 网络活动（如移动性管理）。

④ MS 的定位。本地公用陆地移动网络（HPLMN）、访问的公用陆地移动网络（VPLMN）及可选的更高精确度的定位信息。

（2）GGSN 应收集下列计费信息。

① 目的端和源端。计费信息应能以 GPRS 运营商定义的精确度来描述目的端和源端地址。

② 外部数据网络的使用。计费信息应能描述流入和流出外部数据网络的数据量。

③ 分组数据协议地址的使用。计费信息应能描述 MS 使用 PDP 地址的时间长短。

④ MS 的定位。HPLMN、VPLMN 及可选的更高精确度的定位信息。

3．计费网关

计费网关简化了计费系统中对 GPRS 计费的处理，从而保障了在移动网中方便引入 GPRS 业务。在移动网中引入 GPRS，最重要的是在做好管理和计费系统方面的工作。

GPRS 的计费信息必须从新增的 SGSN 和 GGSN 节点中搜集，这两种节点使用了与 AXE MSC 不同的接口，所搜集的信息生成新的呼叫数据记录（CDR）类型。根据来源的不同，CDR 可分为以下几种类型。

- S-CDR：与对无线网络的使用有关，从 SGSN 中得到。
- G-CDR：与对外部数据网络的使用有关，从 GGSN 中得到。
- M-CDR：与移动性管理活动有关，从 SGSN 中得到。
- 与在 GPRS 中使用短消息业务相关的 CDR 类型。

在 GPRS 标准规范中，计费网关的功能性（CGF）既可以作为单独的中心网络单元来实现，也可以分布于各个 GSN 中。GPRS 计费网关（BGw）增强了 GSM 系统中计费系统的功能，提供了 GPRS 标准中的所有高级功能。

6.5　GPRS 组网结构

6.5.1　GPRS 网络结构

一个 GPRS 蜂窝移动网应由以下主要区域组成：GPRS 服务区（SA）、公用陆地移动通信网（PLMN）、服务 GPRS 支持节点（SGSN）服务区、SGSN 路由区（RA）、位置更新区（LA）、基站控制器（BSC）控制区和基站小区（Cell）。图 6.16 所示为 GPRS 系统的蜂窝移动通信组网示意图。

1．GPRS 服务区（SA）

SA 是移动台（MS）能获得 GPRS 服务的地理区域，也就是在一个 GPRS 网络内 MS 能够发送和接收数据的区域。它可以由一个或多个公用陆地移动通信网（PLMN）组成。PLMN 是由一个网络运营商提供的 GPRS 服务区域，一个 PLMN 可以由一个或多个 RA 组成。

2．服务 GPRS 支持节点（SGSN）服务区

SGSN 服务区是一个 SGSN 提供的网络服务区域，也就是终端的登记区域。一个 SGSN 服务区可以由一个或多个 RA 组成。一个 SGSN 服务区可以包含一个或多个 BSC 控制区。一个 SGSN 服务区并不需要与一个移动交换中心/访问位置寄存器（MSC/VLR）服务区相同。

3．SGSN 路由区（RA）

RA 是位置更新区的一个子集，在 SGSN 路由区中，MS 移动时不需要更新 SGSN。一个 SGSN 服务区能够控制和处理多个 RA。RA 的路由范围可以从一个城市的一部分到整个省份，甚至一小国家。一个 RA 可以由一个或多个小区组成。

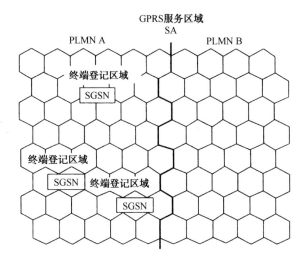

图 6.16　GPRS 系统的蜂窝移动通信组网示意图

4．位置更新区（LA）

LA 是 MS 移动时不需要更新访问位置寄存器（VLR）的区域，一个 LA 可以包含一个或多个基站小区（Cell）。LA 不同于 VLR 区域，也不同于移动交换中心（MSC）区域。

5．基站控制器（BSC）控制区

BSC 控制区是一个 BSC 控制的一个或多个小区组成的无线覆盖区域，BSC 控制区的边界与 LA 区域的区界不需要一致。

6．基站小区（Cell）

基站小区是 GPRS 服务区中最小的地理单元，也是一个移动蜂窝网络的基本单元，它由一个基站收发信机（BTS）覆盖。有两种类型的基站小区：全向小区和方向小区。

6.5.2　GPRS 系统的组网

由于 GPRS 网的设备（SGSN、GGSN、PCU 等）与 GSM 设备之间的连接具有较大的灵活性，因此 GPRS 系统的组网具有较大的灵活性。

（1）服务 GPRS 支持节点（SGSN）可与多个 MSC 连接，一个 SGSN 服务区可包含多个 MSC/VLR 服务区。

（2）SGSN 和网关 GPRS 支持节点（GGSN）可以分开配置，也可以共同配置。分开配置时，一个 GGSN 可以与多个 SGSN 连接；共同配置时，SGSN 与 GGSN 之间的通信协议可进行较大的简化和改进，以提高系统的处理效率。

（3）分组控制单元（PCU）作为独立设备时，可以与多个 MSC 连接，它可以和其中一个 BSC 放置在一起。

GPRS 的组网结构如图 6.17 所示。

GGSN 可以配置 G_c 接口，也可以不配置 G_c 接口。不配置 G_c 接口时，通过 SGSN 连接原籍位置寄存器（HLR）/GR。在物理接口上，G_b 接口提供 E1（2.048Mbps）接口，SGSN 和基站控制器（BSC）的连接采用点到点的方式连接，或连接 FR 网；$G_n/G_p/G_i$ 接口采用 PPP over

SDH、PPP over E1、FR over E1、ATM、LAN 等多种接口。

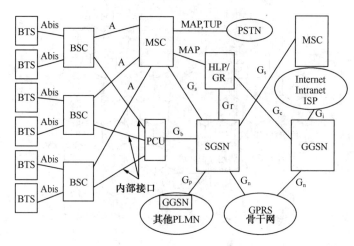

图 6.17　GPRS 的组网结构

1. 服务 GPRS 支持节点（SGSN）的配置方式

在 GPRS 系统规划中，可根据组网结构和 SGSN 的性能指标来确定 SGSN 的数量。SGSN 通过 PCU 单元与 BSC 相连，根据 SGSN 与 BSC 相连的不同情况，可以将 SGSN 组网划分为以下三种结构，假设三种结构均采用点到点连接方式。

（1）SGSN 组网的第一种结构如图 6.18 所示。在同一 MSC 内的所有 BSC 连到同一个 SGSN 上，不同的 MSC 的 BSC 连到各自独立的 SGSN 上。这种结构较清晰，管理方便，对 SGSN 的容量要求较低，但投资成本较高。

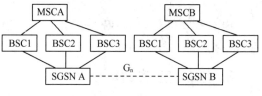

图 6.18　SGSN 组网的第一种结构

（2）SGSN 组网的第二种结构如图 6.19 所示。与同一个 SGSN 连接的 BSC 可以归属于不同的 MSC。这种结构比较适合大城市，因为这些地方的 MSC 较多，要求 SGSN 的容量较大；若容量较小，则只能用于 GPRS 业务需求较少但又要实现业务覆盖的地区。

（3）SGSN 组网的第三种结构如图 6.20 所示。在同一个 MSC 内设置多个 SGSN，这种情况适用于 GPRS 业务需求量很大的地区，为满足分组用户的需求，甚至可能将单个 BSC 连到一个独立的 SGSN 节点上。

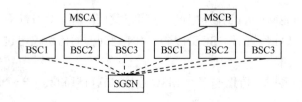

图 6.19　SGSN 组网的第二种结构

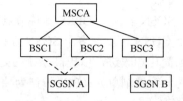

图 6.20　SGSN 组网的第三种结构

在 GPRS 建网初期，为节省投资及降低网络节点的风险，对于数据业务较少的地区，可以采用第二种方式，即只在 BSC 系统中增加 PCU 单元，并提供传输链路，连到一个公共的 SGSN 上即可为用户提供服务。待用户数和业务量增加后，再进行扩容，扩容方式就是减少接入一个 SGSN 的 BSC 数量，并增加 SGSN 的数量。

在网络建设过程中，如果 SGSN 数量不多，BSC 和 SGSN 之间采用点到点的方式连接，等到 SGSN 增加到一定数量后再采用帧中继的方式连接，使系统的可靠性和效率更高，组网更加灵活。

对于不同的 PLMN 网之间，如果 SGSN 需要连接，则需增加边界网关（BG）来实现，两个 BG 之间采用 G_p 接口。

2．网关 GPRS 支持节点（GGSN）的配置方式

GGSN 是 GPRS 系统中增加的另一类节点，它提供与 SGSN 的接口、与外部 PDN/外部 PLMN 的接口、路由选择与转发、流量管理、移动性管理和接入服务器等功能。从外部 IP 网来看，GGSN 是一个拥有 GPRS 网络所有用户的 IP 地址信息的主机，并提供到达正确 SGSN 的路由和协议转换功能。GGSN 根据连接的网络的不同分为两种情况：一种是与另一个 PLMN 网连接，一种是与公用数据网（PDN）连接。这两种方式所采用的接口均为 G_i 接口。在建网初期主要是与 PDN 连接，并且可以把 SGSN 设置成混合的 GSN 节点。GGSN 的连接方式如图 6.21 所示。

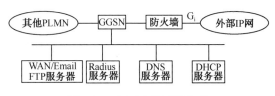

图 6.21　GGSN 的连接方式

3．分组控制单元（PCU）的配置方式

GPRS 在无线子系统中新增了 PCU（Packet Control Unit）。该单元的主要功能是在 BSC 与 SGSN 两个节点之间提供基于帧中继的 G_b 接口，速率为 2Mbps。PCU 在 GPRS 中的配置方式主要有两种，如图 6.22 所示。

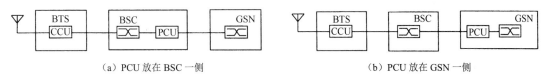

（a）PCU 放在 BSC 一侧　　　　　　　　　　（b）PCU 放在 GSN 一侧

图 6.22　PCU 的配置方式

（1）第一种配置，把 PCU 放在 BSC 一侧，在物理上和 BSC 共址，PCU 与 BSC 之间的传输很容易实现。对 BSC 容量较大的系统来说较合适；而对于 BSC 容量较小的系统，由于 BSC 的数量相对较多，这种配置将因网元过多而导致成本升高。

（2）第二种配置，把 PCU 放置在 GSN 一侧，在物理上和 GSN 同址。可以实现多个 BSC 共用同一个 PCU，但是各 BSC 到 PCU 之间的传输费用增加，只适用于 BSC 容量较小的系统，而且 PCU 要求有较大的容量和较强的处理能力。

6.5.3　GPRS 组网原则

GPRS 无线组网时应遵循以下原则。

（1）充分利用现有 GSM 系统的设备资源，保护 GSM 的投资。

（2）与 GSM 共用频率资源。

（3）利用现有的基站实现无线覆盖，不单独增加 GPRS 基站。

（4）GPRS 组网需要对 BTS、BSC、MSC/VLR、HLR 等组件进行软件升级，还需要增加 PUC 组件。

6.6　典型方案

6.6.1　诺基亚 GPRS 系统解决方案

图 6.23 所示为诺基亚 GPRS 系统核心部分的解决方案。

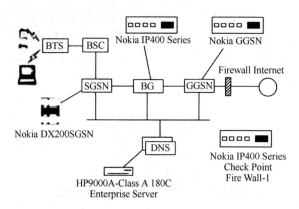

图 6.23　诺基亚 GPRS 系统核心部分的解决方案

1．主要设备

（1）诺基亚网关 GPRS 支持节点（GGSN）。

- 基于 Intel 技术（Pentium Ⅱ 450MHz）；使用 Intel NX440LX 主板。
- 易于维护——GGSN 网络接口板和电源单元热更换。
- 软件基于 FreeBSD。
- 支持 OSPF、RIPv2.0 和 BGP4.0 路由协议。
- 软件上使用外部冗余协议。

（2）诺基亚 DX200 服务 GPRS 支持节点（SGSN）。

- 采用 Pentium Ⅱ 处理器和兼容 PCI 总线技术。
- 可靠的平台：分布式处理、模块化结构、容错度为（$2N,N+1$）。
- 操作方便：在线操作性强、具有运行和维护中心（OMC）功能的 OSI 协议模式、用户界面友好的人机界面（MMI）接口（ITU-T）。
- 灵活配置、模块化扩展：分组交换容量、用户容量、接口容量。

（3）分组控制单元（PCU）。

- PCU 安装于基站控制器（BSC）中，每个 BSC 可满装 9 个 PCU（8+1 冗余）。
- 一个 PCU 支持 64 个小区。
- 一个 PCU 支持 256 个无线信道。

2．诺基亚 GPRS 版本 1 的功能

（1）提供 GPRS 点到点 IP 服务（IPv4）；每个用户能同时激活 2 个分组数据协议（PDP）

上下文；支持动态和静态 IP 地址。

（2）短消息通过 SGSN 与网关移动交换中心（GMSC）之间的 G_d 接口在 GPRS 上传送。

（3）支持漫游。

（4）提供 SGSN 与移动交换中心/访问位置寄存器（MSC/VLR）之间的 G_s 接口。

（5）小区重选由移动台（MS）执行。

（6）计费基于以下几个因素。

- 数据传输量（上行和下行链路）。
- MS 的位置（小区、路由区域、位置区域）。
- 外部网络的接入点。

（7）服务质量等级（QoS）功能——提供最好的效果。

（8）支持企业接入方案；多接入点；RADIUS/DHCP 服务器接入。

3．资源共享

（1）广播控制信道（BCCH）与 GPRS。

- 将现有的 BCCH 修改为用于 GPRS 的新参数。
- 引入 GPRS 后不会减少小区话务量。
- 信令容量由 GPRS 和电路交换共享。

（2）GPRS 移动台（MS）之间。

- 多个 MS 可以共享一个时隙。
- MS 排队最大值：上行链路 7 个，下行链路 9 个。
- USF（上行链路状态标志）用于标识 MS 的转向发送状态。
- 时隙选择以获得最大吞吐量为原则。
- 每个 MS 获得信道容量的 $1/n$，n 为队列中 MS 的数量。

4．网络配置

诺基亚 GPRS 系统网络配置灵活，可以随用户和话务量的增长方便地扩大网络配置。图 6.24 所示为诺基亚 GPRS 网络演变示例。

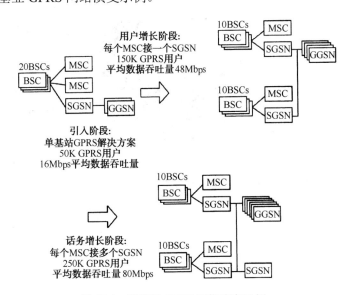

图 6.24　诺基亚 GPRS 网络演变示例

6.6.2　金鹏 GPRS 组网方案

1．金鹏 GPRS 系统

金鹏 GPRS 系统如图 6.25 所示。

图 6.25　金鹏 GPRS 系统

2．产品简介

　　GPRS（通用分组无线业务）是移动通信技术和互联网技术发展融合产生的移动高速分组数据业务，其主要特色是可以提供高达 171.2kbps 的分组数据传送速率，从而使移动互联网、移动办公等移动数据业务的实现成为可能。

　　GPRS 系统通过对 GSM 网络增加网关 GPRS 支持节点（GGSN）、服务 GPRS 支持节点（SGSN）、PCU（分组控制单元）等功能实体来完成分组数据功能。新增功能实体组成 GSM/GPRS 网络，包括电路域和分组域两部分，分别实现语音业务和高速分组数据业务，如图 6.26 所示。

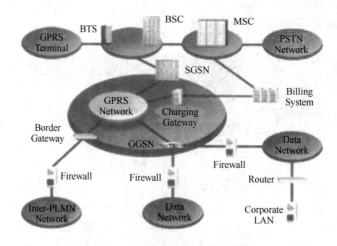

图 6.26　GPRS 系统的逻辑结构图

3．技术特点

GPRS 系统的技术特点如下。

- 支持 IP 业务、SMS 业务、WAP 业务。
- 具有寻呼、会话管理、移动性管理、安全性管理等功能。
- 利用现有的网络设施在现有的 GSM 网络系统上叠加。
- 支持手机快速网上浏览，手机上网速率可达到 171.2kbps。
- 包月制计费、根据数据流量（收发字节数）计费、按使用时间计费、按使用次数计费。
- 针对传输速率和应用的不同设置不同的收费级别。
- 直接接入分组数据网（如互联网、X.25 网）。
- GPRS 系统的可扩展性良好，可让低成本、小容量的 GSM 系统通过添加新硬件和更新软件的方法来扩容，对现有硬件只需要进行很小的改动。
- 只对传输数据收费（实际用量）而对连接间隙不收费。
- 保持永久连接。

4. 组网

GPRS 系统具有灵活的组网能力以适应不同网络建设的需求。根据网络情况，用户量较小时采用 SGSN 和 GGSN 合一配置，从而降低设备成本，同时减轻 GPRS 核心骨干网上的传输压力。

PCU 采用独立的物理实体，可灵活放置，可连接一个或多个 BSC，降低传输成本和设备成本；提供完备的接口，如 G_s、G_d 接口，实现 GPRS 网络建设和业务开展。

本 章 小 结

本章介绍了 GPRS 系统，主要包括 GPRS 概述、GPRS 的网络结构、GPRS 协议、GPRS 管理功能、GPRS 组网结构和典型方案。就 GPRS 系统的构成、特点和与 GSM 网络结构的不同点进行了描述。这些涉及的都是构成 GPRS 系统的基本原理和技术。通过对 GPRS 移动通信系统的基本概念、原理、技术及设备的学习和了解，使学生了解和掌握 GPRS 系统。本章的主要内容如下。

（1）GPRS 的概念、主要特点、业务、业务的具体应用、优势与问题、标准和业务的发展。

（2）GPRS 网络的总体结构、GPRS 体系结构、空中接口的信道构成。

（3）介绍了 GPRS 的协议模型及主要接口。

（4）介绍了网络访问控制功能、分组选路和传输功能、移动性管理（MM）功能、逻辑链路管理功能、无线资源管理功能、网络管理功能和计费管理功能七部分，并分别介绍各部分的功能和作用。

（5）介绍了 GPRS 网络结构、GPRS 系统的组网、GPRS 组网原则。

（6）介绍了诺基亚（Nokia）GPRS 系统解决方案和金鹏 GPRS 组网方案。

习 题 6

6.1　GPRS 是一种基于 GSM 的＿＿＿＿＿＿＿＿业务，面向用户提供移动＿＿＿＿＿＿或 X.25 连接。

6.2　简述 GPRS 的主要特点。

6.3　简述 GPRS 系统的优势和不足。

6.4　GPRS 通过在 GSM 网络结构中增添＿＿＿＿＿＿＿和＿＿＿＿＿＿＿＿两个新的网络节点来实现数据业务。

6.5　在 GPRS 系统中，一个逻辑信道可以由一个或几个＿＿＿＿＿＿＿构成。

6.6　GPRS 系统要在基站子系统中引入＿＿＿＿＿＿＿＿来实现数据业务功能。

6.7　简述 SGSN、GGSN 和 PCU 在 GPRS 系统中的作用。

6.8　GTP 是 GPRS 骨干网中＿＿＿＿之间的互联协议，它实现了从＿＿＿到＿＿＿的虚拟传输通路。

6.9　简述 GPRS 的协议模型中各层的作用。

6.10　简述 GPRS 移动台路由的建立过程。

6.11　GPRS 与 GSM 在网络结构上有什么不同？为什么？

6.12　GPRS 系统是如何进行计费管理的？

6.13　简述 GPRS 的组网原则。

第7章 CDMA数字蜂窝移动通信系统及设备

【内容提要】

由于CDMA体制具有抗干扰、抗衰落、抗多径时延扩展、可提供巨大的系统容量、便于与模拟或数字体制共存的优点，因此CDMA移动通信系统成为GSM数字蜂窝移动通信系统强有力的竞争对手，成为第三代移动通信的主要技术手段。本章将讨论CDMA数字蜂窝移动通信系统的现状及标准、技术特点、系统结构与接口、信道组成、控制和管理功能、注册登记、漫游及呼叫处理、手机工作原理和CDMA典型的解决方案等内容。

7.1 CDMA系统概述

7.1.1 扩频通信的概念

码分多址（CDMA）是以扩频技术为基础的。扩频是把信息的频谱扩展到宽带中进行传输的技术。扩频技术用于通信系统，具有抗干扰、抗多径、隐蔽、保密和多址等性能。

适用于码分多址（CDMA）蜂窝通信系统的扩频技术是直接序列扩频（DSSS）技术，简称直扩。

直接序列（DS）扩频，就是直接用具有高码率的扩频码（伪随机序列）在发送端扩展信号的频谱。而在接收端，用相同的扩频码序列进行解扩，把展宽的扩频信号还原成原始信息。

处理增益 G_p 也称扩频增益，它是频谱扩展前的信息带宽 ΔF 与频带扩展后的信号带宽 W 的比值：

$$G_p = W/\Delta F \tag{7.1}$$

在扩频通信系统中，接收机进行扩频解调后，只提取相关处理后的带宽 ΔF 的信息，而排除宽频带 W 中的外部干扰、噪声和其他用户的通信影响。因此，处理增益 G_p 反映了扩频通信系统信噪比改善的程度，工程上常以分贝（dB）表示，即

$$G_p = 10\lg W/\Delta F \tag{7.2}$$

7.1.2 码分多址蜂窝通信系统的特点

在码分多址（CDMA）通信系统中，不同用户传输信息所用的信号不是靠频率不同或时隙不同来区分的，而是用各个不同的编码系列来区分的。

在码分多址（CDMA）蜂窝通信系统中，用户之间的信息传输也是由基站进行转发和控制的。为了实现双工通信，正向传输和反向传输各使用一个频率，即频分双工（FDD）。正向传输和反向传输除传输业务信息外，还传输相应的控制信息。为了传输不同的信息，需要设置不同的信道。但是，CDMA通信系统既不分频道也不分时隙，传输信息的信道都是靠采用不同的码型来区分的。

（1）根据理论分析，CDMA蜂窝系统通信容量是模拟蜂窝系统（AMPS）的20倍或GSM

数字蜂窝系统的 4 倍。

（2）CDMA 蜂窝系统的全部用户共享一个无线信道，用户信号的区分只靠所用的码型，因此当蜂窝系统的负荷满载时，另外增加少数用户，只会引起语音质量轻微下降（或者说信干比稍微降低），而不会出现阻塞现象。在 FDMA 蜂窝系统或 TDMA 蜂窝系统中，当全部频道或时隙被占满以后，哪怕只增加一个用户也不行。CDMA 蜂窝系统的这种特征使系统容量与用户数之间存在一种"软"关系。

在其他蜂窝通信系统中，当用户越区切换而找不到可用频道或时隙时，通信必然中断。CDMA 蜂窝通信系统的"软"容量可以避免发生类似的现象。

（3）CDMA 蜂窝通信系统具有"软切换"功能。即在越区切换的起始阶段，由原小区的基站与新小区的基站同时为越区的移动台服务，直到该移动台与新基站之间建立起可靠的通信链路后，原基站才中断它和该移动台的联系。CDMA 蜂窝通信系统的软切换功能可保证移动台越区切换的可靠性。

（4）CDMA 蜂窝系统可以充分利用人类对话的不连续特性来实现语音激活技术，以提高系统的通信容量。在许多用户公用一个无线频道时，由于人类对话的特性是不连续，利用语音激活技术，使通信中的用户有语音才会发射信号，没有语音就停止发射信号，从而减小用户之间的背景干扰，提高系统容量。

（5）CDMA 蜂窝通信系统的功率控制。在 CDMA 系统中，由于不同用户发射的信号距基站的距离不同，到达时的功率也不同。距离近的信号功率大，距离远的信号功率小，从而相互形成干扰。这种现象称为远近效应。CDMA 系统要求所有用户到达基站接收机信号的平均功率要相等才能正常解扩，功率控制可解决这一问题，它调整各个用户发射机的功率，使其到达基站接收机的平均功率相等。功率控制有两种类型：开环控制与闭环控制。开环控制主要是指用户根据测量到的帧差错概率来调整发射功率，而闭环功率控制则由基站根据收到移动台发来的信号测量其信干比（SIR），发出指令，调整移动台发射机的功率。对于下行链路的功率控制主要是减小对邻小区的干扰。

（6）CDMA 系统中综合利用了频率分集、空间分集和时间分集来抵抗衰落对信号的影响，从而获得高质量的通信性能。

（7）CDMA 蜂窝系统以扩频技术为基础，因此它具有扩频通信系统固有的优点，如抗干扰、抗多径衰落和具有保密性等。

7.2　CDMA 系统综述

7.2.1　CDMA 的发展

CDMA 技术早已在军用抗干扰通信研究中得到广泛应用，1989 年 11 月，美国 Qualcomm 公司在现场试验证明了 CDMA 用于蜂窝移动通信的大容量特性。1995 年，中国香港和美国部分地区的 CDMA 公用网开始投入商用。1996 年，韩国用从美国购买的 Q-CDMA 生产许可证自己生产 CDMA 系统设备，并开始大规模商用，12 个月内发展了 150 万个用户。1998 年，全球 CDMA 用户已达 500 多万个，CDMA 的研究和商用进入高潮，有人说 1997 年是 CDMA 年。1999 年，CDMA 在日本和美国逐渐进入增长高峰期，全球的增长率高达 250%，用户达到 2000 万个。无线通信在通信中起着越来越重要的作用，CDMA 技术成为第三代蜂窝移动通信标准的无线接入技术。

中国 CDMA 的发展并不晚，也有长期军用研究的技术积累，1993 年，我国的 863 计划已开展 CDMA 蜂窝技术研究。1994 年，美国 Qualcomm 公司首先在天津建立技术试验网。1998年，具有 14 万容量的 800MHz 长城 CDMA 商用试验网在北京、广州、上海、西安建成，并开始商用。2002 年，中国联通"新时空"CDMA 网络正式开通，并计划在 3 年内逐步建成一个覆盖全国、总容量达到 5000 万户的 CDMA 网络。2002 年后期，中国联通开始建设 CDMA2000 1x 数字移动蜂窝网，于 2003 年上半年在全国投入运营。

7.2.2　CDMA 的技术标准

国际通用的 CDMA 标准主要是由美国国家标准委员会（ANSI TIA）开发颁布的。ANSI（American National Standard Institute）作为美国国家标准制定单位，负责授权其他美国标准制定实体，其中包括电信工业解决方案联盟（ATIS）、电子工业协会（EIA）及电信工业协会（TIA）。TIA 主要开发暂定标准（Interim Standards，IS）系列标准，如 CDMA 系列标准 IS-95、IS-634、IS-41 等。IS 系列标准之所以被列为暂定标准是因为它的时限性，最初定义的标准的有效期限是 5 年，后来是 3 年。CDMA 蜂窝移动通信系统的技术标准经历了 IS-95A、IS-95B、CDMA2000、1x EV-DO 和 1x EV-DV 几个发展阶段。

IS-95A 是窄带 CDMA（N-CDMA）技术标准，于 1995 年由美国电信工业协会（TIA）公布。采用基于美国 Qualcomm 公司开发的 CDMA 蜂窝移动通信系统，也称为 Q-CDMA。IS-95A 的先进性和成熟性经过了时间的充分检验，直到现在，IS-95A 系统仍然在广泛使用，这在高速发展的 IT 行业中堪称奇迹。

IS-95B 是基于 IS-95A 的进一步发展，于 1998 年由美国电信工业协会（TIA）制定的标准，其主要目的是满足更高的传输速率业务的需求，IS-95B 可提供的理论最大传输速率为 115kbps，实际上只能实现 64kbps。

IS-95A 和 IS-95B 均有一系列标准，其总称为 IS-95，为第二代 CDMA 蜂窝移动通信系统的技术标准。CDMA One 是基于 IS-95 标准的各种 CDMA 产品的总称，即所有基于 CDMA One 技术的产品，其核心技术均以 IS-95 作为标准。

基于 IS-95 的 CDMA One 技术自 1995 年 10 月投入商用实践以来，迅速覆盖韩国、日本、美国、欧洲和南美洲的一些主要市场，取得了巨大的商业成功，并成为业界公认的过渡到 3G 的技术平台。

CDMA2000 是美国电信工业协会（TIA）制定的第三代 CDMA 移动通信标准，于 2000 年 3 月公布。CDMA2000 也是国际移动电信 2000（IMT—2000）所确定的三个第三代蜂窝移动通信标准之一，是 IS-95 标准向 3G 演进的技术体制方案，这是一种宽带 CDMA 技术。CDMA2000 的室内最高数据传输速率在 2Mbps 以上，步行环境下为 384kbps，车载环境下在 144kbps 以上。

CDMA2000 1x 是指 CDMA2000 的第一阶段（速率高于 IS-95，低于 2Mbps），可支持 308kbps 的数据传输速率、网络部分引入分组交换，可支持移动 IP 业务。

CDMA2000 1x 系统的下一个发展阶段称为 1x EV-DO，其中，EV 是演进的缩写，DO 指仅支持数据（Data Only）。这项技术在 CDMA 技术的基础上引入了时分多址（TDMA）技术的一些特点，从而大幅提高了数据业务的性能。在单个载波中，数据传输速率最大可以达到 2.4Mbps，总吞吐量约为 600kbps。但是，由于引入了很多 TDMA 技术，因此 1x EV-DO 不能前向兼容。在实际使用中，1x EV-DO 系统要使用独立的载波，移动台也要使用双模方式来支持语音和数据业务。第三代合作伙伴计划 2（Third Generation Partnership Project 2，3GPP2）

已经完成了 1x/DV-DO 的空中接口和 A 接口的标准，网络部分采用基于 IP 技术的分组网络。

　　为了克服 1x/DV-DO 技术在前向兼容方面的缺点，3GPP2 制定了 CDMA2000 1x EV-DV（Data and Voice）的标准。1x EV-DV 仍然采用 CDMA 体系一贯的前向兼容思路，即可以与 CDMA2000 1x 系统共存于同一个载波中。CDMA2000 1x EV-DV 的标准在 2002 年 6 月发布了第一个版本。

7.2.3　CDMA 系统的基本特性

1．工作频段

（1）800MHz 频段。

- 下行链路：869～894MHz（基站发射，移动台接收）。
- 上行链路：824～849MHz（移动台发射，基站接收）。

（2）1800MHz 频段。

- 下行链路：1955～1980MHz（基站发射，移动台接收）。
- 上行链路：1875～1900MHz（移动台发射，基站接收）。
- 中国联通新时空 CDMA 占用的上行链路：825～845MHz；下行链路：870～890MHz。

2．信道数

- 每个载频：64（码分信道）。
- 每个小区可分为 3 个扇形区，可公用一个载频。
- 每个网络分为 9 个载频，其中接收和发射载频各占 12.5MHz，共占 25MHz 频段。

CDMA 系统使用 N 个频率载波，每个载波能够支持 M 条链路，任何一个 CDMA 用户都可以接入这些链路。每个用户都可以通过不同的代码序列定义唯一的一条链路，在 CDMA 系统的控制下，在正向链路和反向链路上保持频率的分配。CDMA 系统的接入采用 CDMA/FDD 方式。

　　对于 CDMA 系统载波，1.23MHz 的带宽是两个载波频率之间的最小中心频率间隔，为 1.23MHz，如表 7.1 和表 7.2 所示。

表 7.1　CDMA 系统信道间隔、信道分配和 800MHz 频段的发送中心频率

发 射 机	CDMA 信道编号	CDMA 信道中心频率 / MHz
移动台（MS）	$1 \leqslant N \leqslant 799$	$0.030 \times N + 825.000$
	$991 \leqslant N \leqslant 1023$	$0.030 \times (N - 1023) + 825.000$
基站（BS）	$1 \leqslant N \leqslant 799$	$0.030 \times N + 870.000$
	$991 \leqslant N \leqslant 1023$	$0.030 \times (N - 1023) + 870.000$

表 7.2　CDMA 系统信道间隔、信道分配和 1800MHz 频段的发送中心频率

发 射 机	CDMA 信道编号	CDMA 信道中心频率 / MHz
移动台（MS）	$1 \leqslant N \leqslant 1199$	$0.050 \times N + 1850.000$
基站（BS）	$1 \leqslant N \leqslant 1199$	$0.050 \times N + 1930.000$

3．调制方式

（1）基站：QPSK。每个信道的信息经过适当的沃尔什（Walsh）函数调制，然后以固定码片速率 1.2288Mchip/s，用伪随机序列进行正交相移键控（QPSK）调制。

（2）移动台：OQPSK。移动台（MS）发送的所有数据以每 6 个码符号为一组传输调制符号，6 个码符号对应 64 个调制符号中的一个进行发送，然后以固定码片速率 1.2288Mchip/s，用伪随机序列进行交错正交相移键控（OQPSK）调制。

4．采用直接系列扩频（DSSS）

CDMA 蜂窝系统之间采用的是频分多址，而在一个 CDMA 蜂窝系统之内采用的是码分多址（CDMA）。不同的码型由同一个伪随机序列生成，其周期（长度）为 2^{15}=32768 个码片。将此周期系列的每 64chip 移位系列作为一个码型，共可得到 32768/64=512 个码型。这就是说，在 1.25MHz 带宽的 CDMA 蜂窝系统中，可建 512 个基站（或小区）。

5．语音编解码

CDMA 蜂窝系统语音编码采用码激励线性预测（CELP）编码算法，也称为 QCELP 算法。其基本速率是 8kbps，但是可随输入语音消息的特征而动态地分为 4 种，即 8kbps、4kbps、2kbps、1kbps，可以 9.6kbps，4.8kbps，2.4kbps，1.2kbps 的信道速率分别传输。发送端的编码器对输入的语音取样，产生编码的语音分组（Packet）传输到接收端，接收端的解码器把收到的语音分组解码，再恢复成语音样点。每帧时间为 20ms。

6．CDMA 蜂窝通信系统的时间基准

CDMA 蜂窝系统利用"全球定位系统（GPS）"的时标，GPS 的时间和"世界协调时间（UTC）"是同步的，二者之差是秒的整倍数。

各基站都配有 GPS 接收机，从而保持系统中各基站有统一的时间基准，称为 CDMA 系统的公共时间基准。移动台通常利用最先到达并用于解调的多径信号分量建立基准。如果另一条多径分量变成了最先到达并用于解调的多径分量，则移动台的时间基准要跟踪这个新的多径分量。用导频、同步信道为移动台作载频和时间同步时使用。

7．RANK 接收机

由于移动通信环境的复杂和移动台的不断运动，接收到的信号往往是多个反射波的叠加，形成多径衰落。分集是解决多径衰落问题较好的方法，CDMA 系统在基站和移动台都采用 RANK 接收机。RANK 接收机通过接收多径信号中的各路信号，并把它们合并在一起，以改善接收信号的信噪比，提高系统链路质量，给系统带来更好的性能。在 CDMA 中，移动台接收机中使用三个 RANK 接收机，在基站中每副天线使用四个 RANK 接收机。每个 RANK 接收机独立跟踪有用信号和多径信号，而它们的信号强度的总和用于信号的解调。其结果是，即使在最坏的条件下，通话清晰度也很好。

8．软切换

如果移动台与两个基站同时连接，那么进行的切换称为软切换。在 CDMA 系统中软切换可以减少对其他小区的干扰，并通过分集技术改善性能。软切换的原理如下：移动台在上行

链路中发射的信号被两个基站接收，经解调后转发到基站控制器（BSC），同时下行链路的信号经过两个基站传送到移动台。移动台可以将收到的两路信号合并，起到分集的作用。因为处理过程是先通后断，故称为软切换，而一般的硬切换则是先断后通。

9．功率控制技术

在 CDMA 系统中，由于不同用户发射的信号距基站的距离不同，到达时的功率也不同，从而会相互形成干扰。CDMA 系统要求所有用户到达基站接收机信号的平均功率要相等才能正常解扩，功率控制可解决此问题。它调整各个用户发射机的功率，使其到达基站接收机的平均功率相等。功率控制的原理有两种类型：开环控制与闭环控制。开环控制主要是用户根据测量到的帧差错概率来调整发射功率，而闭环功率控制则由基站根据收到移动台发来的信号测量其信干比（SIR），发出指令，调整移动台发射机的功率。对于下行链路的功率控制主要用来减小对邻近小区的干扰。

10．双模式移动台

双模式移动台既能工作在原有的模拟蜂窝系统（AMPS）中，又能工作在码分多址（CDMA）蜂窝系统中。可以说，这种移动台在模拟式和码分多址两种制式不同的蜂窝系统中，均能向网中其他用户发起呼叫和接受其呼叫，而两种制式不同的蜂窝系统均能向网中这种双模式移动台发起呼叫和接受其呼叫，而且这种呼叫无论在定点上或在移动漫游过程中都是自动完成的。

7.3　CDMA 数字蜂窝移动通信系统

7.3.1　CDMA 网络

1．CDMA 网络结构与组成

CDMA 数字蜂窝移动通信系统的网络结构如图 7.1 所示，它与 GSM 蜂窝系统的网络类似，主要由网络子系统（NSS）、基站子系统（BSS）和移动台（MS）组成。

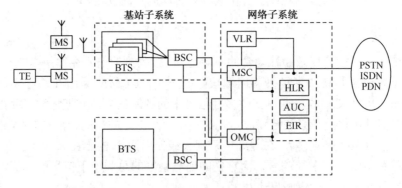

图 7.1　CDMA 数字蜂窝移动通信系统的网络结构

网络子系统（NSS）处于市话网与基站控制器之间，它主要由移动交换中心（或称为移动电话交换局（MTSO））组成。移动交换中心（MSC）是蜂窝移动通信网的核心，其主要功能是对位于本移动交换中心（MSC）控制区域内的移动用户进行通信控制和管理，实现移动用户与固定网用户、移动用户与移动用户之间的互联，并面向下列功能实体：基站子系统（BSS）、原籍位置寄存器（HLR）、鉴权中心（AUC）、移动设备识别寄存器（EIR）、操作维护中心（OMC）和固定网（公用交换电话网和综合业务数字网等）等。

（1）移动交换中心（MSC）。MSC 是对位于其服务区域中的移动台进行控制、交换的功能实体，也是蜂窝网与其他公用交换网或其他 MSC 之间的用户话务的自动接续设备。

（2）原籍位置寄存器（HLR）。HLR 是用于记录和确定用户身份的一种位置寄存器，登记的内容是用户信息（如 ESN、DN、IMSI（MIN）、服务项目信息、当前位置、批准有效的时间段等）。HLR 可以与 MSC 合设，也可以分设。当合设在一起时，C 接口变为内部接口。

（3）访问位置寄存器（VLR）。VLR 是 MSC 作为检索信息用的位置寄存器，如处理发至或来自一个拜访用户的呼叫信息。VLR 可以与 MSC 合设，也可以分设，合设时 B 接口变为内部接口。

（4）鉴权中心（AUC）。AUC 是一个管理与移动台相关的鉴权信息的功能实体，AUC 可以与 HLR 合设，也可以分设。当合设在一起时，H 接口变为内部接口。

（5）消息中心（MC）。MC 是一个存储和转送短消息的实体。

（6）短消息实体（SME）。SME 是合成和分解短消息的实体。SME 可以位于 MSC、HLR 或 MC 内。

（7）操作维护中心（OMC）。OMC 是数字蜂窝网的操作维护功能实体。

（8）智能外设（IP）。IP 主要完成专用资源功能，如播放录音通知、采集用户信息、完成语音到文本和文本到语音的转换，以及记录和存储语音消息、传真业务、数据业务等。

（9）业务控制点（SCP）。SCP 作为一个实时数据库和事务处理系统，提供业务控制和业务数据功能。

（10）业务交换点（SSP）。业务交换点负责检测智能业务请求，并与 SCP 通信，对 SCP 的请求做出响应，允许 SCP 中的业务逻辑影响呼叫处理。一个业务交换点应包括呼叫控制功能和业务交换功能。业务交换点应当和 MSC 合设。

基站子系统（BSS）包括基站控制器（BSC）和基站收发设备（BTS）。每个基站的有效覆盖范围被称为无线小区。它通过无线接口与移动台相接，进行无线发送、接收及无线资源管理。一个基站控制器（BSC）可以控制多个基站，每个基站可以有多部收发信机。基站控制器（BSC）通过网络接口分别连接移动交换中心（MSC）和基站收发信机（BTS）。实现移动用户与固定网络用户之间或移动用户之间的通信连接。

移动台（MS）是 CDMA 移动通信网中用户使用的设备。可采用双模式移动台，既能工作在原有的模拟蜂窝系统（AMPS）中，又能工作在码分多址（CDMA）蜂窝系统中。它通过无线接口接入 CDMA 系统，具有无线传输与处理功能。不同的基站具有不同的引导 PN 序列偏置系数，移动台据此判断不同的基站。

2. CDMA 网络参考模型

CDMA 网络参考模型定义了网络中的功能实体和相互间的接口，如图 7.2 所示。从图 7.2 中可看出，CDMA 网络参考模型与 GSM 网相似。

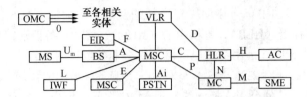

MSC—移动交换中心；HLR—原籍位置寄存器；VLR—访问位置寄存器；AC—鉴权中心；

MC—短消息中心；SME—短消息实体；PSTN—公用交换电话网；MS—移动台；

EIR—设备识别寄存器；BS—基站系统；OMC—操作维护中心；IWF—互联功能

图7.2　CDMA网络参考模型

3．交换网络组织

CDMA网采用3级结构，如图7.3所示，具体如下：在大区中心（北京、上海、广州、西安、沈阳、成都或武汉）设立一级移动业务汇接中心并以网状形式相连；在各省会或大城市设立二级移动业务汇接中心，并与相应的一级移动业务汇接中心相连；在移动业务本地网中设一个或若干个移动端局（MSC），也可视业务量由一个MSC覆盖多个移动业务本地网。移动业务本地网原则上以固定电话网的长途编号区中编号为2位和3位的区域来划分。

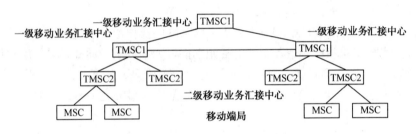

图7.3　CDMA网的结构示意图

4．接口信令规程

U_m接口（也称空中接口）的无线信令规程由《800MHz CDMA数字蜂窝移动通信网空中接口技术规范》规定。中国联通已颁布的此规范是基于 TIA/EIA/IS-95A——宽带双模扩频蜂窝系统移动台的基站兼容性标准。

A接口的信令规程由《800MHz CDMA数字蜂窝移动通信网移动交换中心与基站子系统间接口信令技术规范》规定。中国联通已颁布的此规范是A接口信令规程，与EIA/TIA/IS-634的信令规程基本兼容，是其一个子集。

B、C、D、E、N和P接口的信令规程由《800MHz CDMA数字蜂窝移动通信网移动应用部分技术规范》规定。中国联通已颁的此规范是基于 TIA/EIA/IS-41C——蜂窝无线通信系统间操作标准。中国联通颁布的MAP为IS-41C的子集，第一阶段使用IS-41C中51个操作（OPERATION）中的19个，主要为鉴权、切换、登记、路由请求、短消息传送等。

Ai接口的信令规程由《800MHz CDMA数字蜂窝移动通信网与PSTN网接口技术规范》规定。中国联通已颁布的此规范也称为MTUP。MTUP为与《中国国内电话网No.7信号方式技术规范》所规定的信令规程相兼容的子集，即 MTUP不使用 NNC、SSB、ANU、CHG、FOT和RAN消息；另外，它只接收不发送4个消息：后续地址消息SAM、带一信号后续地址消息SAO、主叫用户挂机信号CCL和用户本地忙信号SLB。

5．网络同步

中国联通 CDMA 网的技术体制规定在 CDMA 网内以 GPS 系统作为时钟基准，同时以公用数字同步网的同步基准作为备用时钟基准。因此，每个基站都需要使用 GPS 作为时间基准参考源。

BSC 从 MSC 来的数据流中提取时钟；BTS 从 BSC 来的数据流中提取时钟。

6．编号计划

（1）移动用户号码簿号码（MDN）为移动用户作为被叫用户时，主叫用户所需拨打的号码。MDN 由国家码、移动接入码、HLR 识别码和移动用户号四部分（共 13 位号码）组成。中国的国家码为 86，在国内拨号时可省略。移动接入码采用网号方案，中国联通为 133。CDMA 网与 GSM 网 MDN 的区别在于移动接入码不同。MDN 的结构如图 7.4 所示。

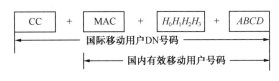

图 7.4　MDN 的结构

其中，CC 为国家码，中国使用 86；MAC 为移动接入码，本网采用网号方案，为 133，$H_0H_1H_2H_3$ 为 HLR 识别码，由总部统一分配；$ABCD$ 为移动用户号，由各 HLR 自行分配。

根据中国联通公司掌握的 IRM（国际漫游 MIN）号码资源和用户发展预测，在实际使用过程中，H_0 应当从 0 到 9 逐步启用。$H_0H_1H_2H_3$ 的分配方案由中国联通公司总部统一分配。

（2）国际移动用户识别码（IMSI）与移动台识别码（MIN）。IMSI 是在 CDMA 网中唯一地识别一个移动用户的号码，由移动国家码、移动网络码和移动用户识别码三部分（共 15 位号码，十进制数）组成，如图 7.5 所示。中国的移动国家码为 460，中国联通的 CDMA 移动网络码为 03。

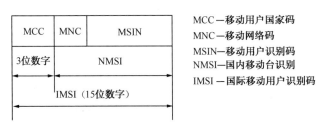

图 7.5　IMSI 的结构

MIN 码是为了保证 CDMA/AMPS 双模工作而沿用 AMPS 标准定义的，MIN 是 IMSI 的后 10 位，即 MSIN。中国联通的 MIN 为 $09M_0M_1M_2M_3ABCD$，其中 $M_0M_1M_2M_3$ 与 MDN 号码中的 $H_0H_1H_2H_3$ 相同。MSIN 使用中国联通公司获得的 IRM 号码资源。中国联通首先使用 09 1000 0000～09 4999 9999 号码段。$ABCD$ 为用户号，可以根据 DN 号码中的 $ABCD$ 按一定的方式扰码得到，扰码方式由中国联通总部定义。

（3）电子序列号（ESN）。ESN 是唯一地识别一个移动台设备的 32bit 的号码，每个双模移动台分配一个唯一的电子序号，由厂家编号和设备序号构成。空中接口、A 接口和 MAP 的信令消息都会使用 ESN。

（4）系统识别码（SID）和网络识别码（NID）。在 CDMA 网中，移动台根据一对识别码 (SID,NID) 判决是否发生了漫游。系统识别码（SID）包含 15bit。中国联通 CDMA 网首先使用数据位 14 至数据位 9 为 011011 的 512 个号码。每个移动本地网分配一个 SID 号码，每个本地网具体获得的号码由总部确定。

网络识别码（NID）由 16bit 组成，NID 的 0 与 65535 保留。0 用作表示在某个 SID 区中不属于特定 NID 区的那些基站。65535 用作表示移动用户可在整个 SID 区中进行漫游。NID 的分配由各本地网管理，具体的分配方案待定。

SID 是 CDMA 网中唯一识别一个移动业务本地网的号码。NID 是一个移动业务本地网中唯一识别一个网络的号码，可用于区别不同的 MSC。移动台可根据 SID 和 NID 判断其漫游状态。

（5）临时本地用户号码（TLDN）为当呼叫一个移动用户时，为使网络进行路由选择，MSC 会临时分配给移动用户的一个号码。它是 133 后面第一位和第二位为 44 的号码。TLDN 的号码结构如图 7.6 所示。

$$\boxed{CC} + \boxed{MAC} + \boxed{44} + \boxed{H_0H_1H_2H_3} + \boxed{AB}$$

图 7.6　TLDN 的号码结构

其中，CC 为 86；MAC 为 133；$H_0H_1H_2H_3$ 的分配方案与 DN 号码中 $H_0H_1H_2H_3$ 的分配方案相同。

（6）登记区识别码（REG-ZONE）为在一个 SID 区或的 NID 区中唯一识别一个位置区的号码，它包含 12bit，由各本地网管理。

（7）基站识别码（BSID）为一个 16bit 的数据，唯一地识别一个 NID 下属的基站，由各本地网管理。

7．系统参数

CDMA 系统的主要参数如表 7.3 所示。

表 7.3　CDMA 系统的主要参数

性　能	参　数
工作频段	下行链路：869～894MHz（基站发射，移动台接收） 上行链路：824～849MHz（移动台发射，基站接收）
双工方式	FDD（频分双工）
传输带宽	25MHz
上、下行频率间隔	45MHz
载波间隔	1.25MHz
信道速率	1.2288Mchip/s
接入方式	CDMA/FDD
调制方式	下行为 QPSK；上行为 OQPSK
分集方式	RANK、交织、天线分集
信道编码	下行卷积码（r=1/2，k=9）；上行卷积码（r=1/3，k=9）
语音编码	QCELP 可变速声码器
数据传输速率	9.6kbps、4.8kbps、2.4kbps、1.2kbps

7.3.2　CDMA 蜂窝系统的信道组成

在 CDMA 蜂窝系统中，各种逻辑信道都是由不同的码系列来区分的。除要传输业务信息外，还必须传输各种必需的控制信息。为此，CDMA 蜂窝系统在基站到移动台的传输方向上设置了导频信道、同步信道、寻呼信道和正向业务信道；在移动台到基站的传输方向上设置了接入信道和反向业务信道。CDMA 蜂窝系统的信道示意图如图 7.7 所示。

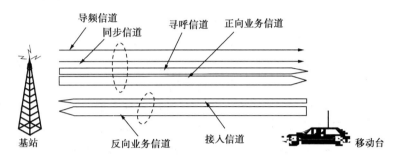

图 7.7　CDMA 蜂窝系统的信道示意图

由于 CDMA 蜂窝系统的信道是靠不同的码型来区分的，类似这样的信道称为逻辑信道。在 CDMA 系统中，用到了两个伪随机序列（或称 PN 序列），一个 PN 序列的长度是 $2^{15}-1$，另一个 PN 序列的长度是 $2^{42}-1$，它们各自的作用不同。

在正向业务信道中，长度为（$2^{42}-1$）的 PN 序列被用作对业务信道进行扰码（不是被用作扩频，在前向信道中使用正交的 Walsh 函数进行扩频）。长度为（$2^{15}-1$）的 PN 序列被用于对正向业务信道进行正交调制，不同的基站采用不同相位的 PN 序列进行调制，其相位差至少为 64 个码片，这样最多可有 512 个不同的相位可用。

在反向业务信道中，长度为（$2^{42}-1$）的 PN 序列被用作直接扩频，每个用户被分配一个 PN 序列的相位，这个相位是由用户的电子序列号（ESN）计算出来的，这些相位是随机分配且不会重复的，这些用户的反向业务信道之间基本是正交的。长度为 $2^{15}-1$ 的 PN 序列也被用于对反向业务信道进行正交调制，但因为在反向业务信道上不需要标识其属于哪个基站，所以对于所有移动台而言，使用的是同一相位的 PN 序列，其相位偏置是 0。

在 CDMA 蜂窝系统中，上、下行链路使用不同载频（频率间隔为 45MHz），通信方式为 FDD（频分双工）。一个载频包含 64 个逻辑信道，占用带宽约 1.23MHz。正向传输（下行）和反向传输（上行）的要求及条件不同，因此逻辑信道的构成及产生方式也不同。逻辑信道由正向传输逻辑信道和反向传输逻辑信道组成，CDMA 蜂窝系统的逻辑信道示意图如图 7.8 所示。

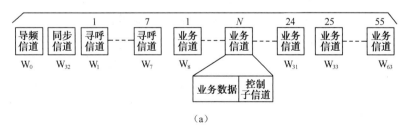

（a）

图 7.8　CDMA 蜂窝系统的逻辑信道示意图

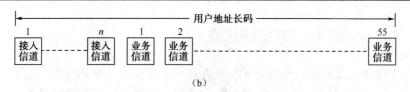

图 7.8　CDMA 蜂窝系统的逻辑信道示意图（续）

1. 正向传输逻辑信道

正向传输逻辑信道如图 7.8（a）所示，其中，由 1 个导频信道（W_0）、1 个同步信道（W_{32}）、7 个寻呼信道（$W_1,W_2\cdots W_6,W_7$）和 55 个业务信道（共 64 个逻辑信道）组成。每个码分信道都要经过一个 Walsh 函数进行正交扩频，然后由 1.2288Mchip/s 速率的伪噪声序列扩频。在基站可按照频分多路的方式使用多个正向传输逻辑信道（1.23MHz）。

正向码分信道最多为 64 个，但正向码分信道的配置并不是固定的，其中一定要有导频信道，其余的码分信道可根据具体情况配置。例如，可以用业务信道一对一地取代寻呼信道和同步信道，这样最多可以达到有一个导频信道、0 个寻呼信道、0 个同步信道和 63 个业务信道，这种情况只可能发生在基站拥有两个以上的 CDMA 信道（带宽大于 2.5MHz）时，其中一个为基站 CDMA 信道（1.23MHz），所有的移动台先集中在基本信道上工作，此时，若基本 CDMA 业务信道忙，可由基站在基本 CDMA 信道的寻呼信道上发射信道支配消息或其他相应的消息将某个移动台指配到另一个 CDMA 信道（辅助 CDMA 信道）上进行业务通信，这时这个辅助 CDMA 信道只需要一个导频信道，而不再需要同步信道和寻呼信道。

（1）导频信道。

基站使用导频信道为所有的移动台提供基准，传输由基站连续发送的导频信号。导频信号是一种未调制的直接序列扩频（DSSS）信号，所有基站的导频信号使用相同的 PN 序列，但可以通过唯一对应的时间偏移来识别每个基站。每个基站连续发送该信号，令移动台可迅速而精确地捕获信道的定时信息，并提取相干载波进行信号的解调。移动台通过对周围不同基站的导频信号进行检测和比较，可以决定什么时候需要进行过境切换。因此，大量不同的偏移值确保了即使在密集的微蜂窝网下也能正确识别各个基站。

导频信道在 CDMA 正向信道上是连续发射的。它的主要功能如下。

- 移动台用它来捕获系统。
- 提供时间与相位跟踪的参数。
- 用于使所有在基站覆盖区中的移动台进行同步和切换。
- 导频相位的偏置用于扇区或基站的识别。

基站利用导频 PN 序列的时间偏置来标识每个正向传输逻辑信道。由于 CDMA 系统的频率复用系数为"1"，即相邻小区可以使用相同的频率。在 CDMA 蜂窝系统中，可以重复使用相同的时间偏置（只要使用相同时间偏置的基站的间隔距离足够大）。导频信道用偏置指数（0～511）来区别。偏置指数是指相对于 0 偏置导频 PN 序列的偏置值。导频 PN 序列的偏置值有 2^{15} 个，但实际取值只能是 512 个值中的一个（$2^{15}/64=512$）。

（2）同步信道。同步信道是一种经过编码、交织和调制的扩频信号，它主要传输同步信息（还包括提供移动台选用的寻呼信道数据率），移动台利用导频信道和同步信道可以实现起始时间同步。在同步期间，移动台利用此同步信息进行同步调整。一旦同步完成，它通常不再使用同步信道，但当设备重新开机时，还需要重新进行同步。当通信业务量很大，所有业务信道均被占用而不敷应用时，此同步信道也可临时改作业务信道使用。

基站发送的同步信道消息包括以下信息：该同步信道对应的导频信道的 PN 序列偏置、系统时间、长码状态、系统标识、网络标识、寻呼信道的传输速率。

同步信道的传输速率是 1200bps，其帧长为 26.666ms。同步信道上使用的 PN 序列偏置与同一正向信道的导频信道使用的 PN 序列偏置相同。

（3）寻呼信道。寻呼信道用来向移动台发送控制信息。在呼叫接续阶段传输寻呼移动台的信息。在建立同步后，移动台通常会选择一个寻呼信道（也可以由基站指定）来监听系统发出的系统信息和指令，如移动台显示的显示信息、识别被叫号码、识别主叫号码、音频和告警信号的方式、CDMA 信道列表信息和信道分配信息等。另外在移动台接入信道的接入请求完成之后可对信息进行确认。若需要，寻呼信道可以改作业务信道使用，直至全部用完。寻呼信道信息的形式类似于同步信道信息。

基本寻呼信道是编号为 1 的寻呼信道。寻呼信道发送 9600bps 或 4800bps 固定数据传输速率的信息。在一给定的系统中，所有寻呼信道发送数据的传输速率相同，寻呼信道帧长为 20ms。寻呼信道使用的导频序列偏置与同一正向 CDMA 信道上实体的导频序列偏置相同。寻呼信道分为许多寻呼信道时隙，每个寻呼信道时隙长 80ms。

（4）正向业务信道。

正向业务信道共有四种传输速率（9600bps、4800bps、2400bps、1200bps）。业务速率可以逐帧（20ms）改变，以动态适应通信者的语音特征。例如，发音时传输速率提高，停顿时传输速率降低。这样做有利于减小 CDMA 系统的多址干扰，以提高系统容量。在业务信道中，还要插入其他控制信息，如链路功率控制和过区切换指令等。另外，正向业务信道连续不断地发送链路功率控制子信道信息，每 1.25ms 发送 1bit（"0"或"1"），"0"表示移动台将平均输出功率提高 1dB，"1"表示移动台将平均输出功率降低 1dB，实际速率为 800bps，以调整移动台的发射功率。

2．反向传输逻辑信道

反向传输逻辑信道由接入信道和反向业务信道组成。这些信道采用直接序列扩频的 CDMA 技术共用同一 CDMA 频率。反向传输逻辑信道如图 7.8（b）所示，其中，由 55 个业务信道和 n 个接入信道组成，反向传输逻辑信道上无导频信道。

在这一反向 CDMA 信道上，基站和用户使用不同的长码（PN 序列）作为掩码区分每个接入信道和反向传输逻辑信道。因为 CDMA 系统会对每个用户产生唯一的用户长码序列，其长度为 $2^{42}-1$。对于接入信道，不同基站或同一基站的不同接入信道使用不同的长码掩码，而同一基站的同一接入信道用户使用的长码掩码是一致的。进入业务信道以后，不同的用户使用不同的长码掩码，也就是不同的用户使用不同的相位偏置。

反向传输逻辑信道的数据传输以 20ms 为一帧，所有的数据在发送之前均要经过卷积编码、块交织、64 阶正交调制、直接序列扩频及基带滤波。接入信道和业务信道调制的区别在于：反向接入信道调制中没有加 CRC 校验数据位，而且接入信道的发送速率是固定的 4800bps，而反向业务信道会选择不同的速率发送。

（1）接入信道。移动台使用接入信道向基站发送控制信息。移动台也可以使用接入信道发送非业务信息，提供移动台到基站的传输通路，如发起呼叫、对寻呼进行响应及传送登记注册等短信息。接入信道和正向传输中的寻呼信道相对应，以传送指令、应答和其他有关的信息。不过，所有接入同一系统的移动台共用相同的频率，因此，接入信道是一种分时隙的随机接入信道，允许多个用户同时抢占同一接入信道（竞争方式）。每个寻呼信道所支撑的接入信道数最多可达 32 个，编号为 0～31。基站可通过每个移动台的接入代码序列信息来进行识别。通过接入信道可以传送许多信息，当移动台发出呼叫信号时，它会使用接入信道通知基站，该信道还可用来对寻呼做出响应。

移动台使用接入信道的功能包括：发起同基站的通信、响应基站发来的寻呼信道消息、进行系统注册、在没有业务时接入系统、对系统进行实时情况的回应。

移动台在接入信道上发送信息的速率固定为 4800bps。接入信道的帧长度为 20ms。仅当系统时间是 20ms 的整数倍时，接入信道帧才可能开始。一个寻呼信道最多可对应 32 个反向 CDMA 接入信道，编号为 0～31。对于每个寻呼信道，至少应有一个反向接入信道与之对应，每个接入信道都应与一个寻呼信道相关联。

在移动台刚刚进入接入信道时，首先发送一个接入信道前缀，它的帧由 96 个 "0" 组成，以 4800bps 的速率发射。发射接入信道前缀是为了帮助基站捕获移动台的接入信道消息。

（2）反向业务信道。反向业务信道支持 9600、4800、2400、1200bps 的可变数据传输速率。但是反向业务信道只对 9600bps 和 4800bps 两种速率使用 CRC 校验。反向业务信道帧的长度为 20ms。速率的选择以一帧（20ms）为单位，即上一帧是 9600bps，下一帧就可能是 4800bps。

移动台业务信道初始帧的时间偏置由寻呼信道的信道支配消息中的帧偏置参数定义。反向业务信道的时间偏置与正向业务信道的时间偏置相同。

反向业务信道与正向业务信道的特点和作用基本相同。反向业务信道的处理过程类似于接入信道，其最主要的不同是反向业务信道（基本代码）使用数据猝发随机化函数发生器，利用语音激活性实现减小语音寂静区的反向链路功率。

基站反向业务信道接收机在 1.25ms 的时间间隔内（相当于 24 个调制码元宽度）对特定的移动台的信号强度进行估值，然后采用正向业务信道的正向功率控制子信道，对移动台进行功率控制。

7.4　CDMA 系统逻辑信道的结构

CDMA 系统逻辑信道由正向传输逻辑信道和反向传输逻辑信道组成，由于 CDMA 系统综合使用频分和码分多址技术，它把可供使用的频段（25MHz）分成若干个宽为 1.25MHz 的频道。

7.4.1　正向传输逻辑信道的结构

CDMA 系统的正向传输逻辑信道如图 7.9 所示，其中详细描述了信道组成、信号产生过程及信号的主要参数。

基站发送的信号带宽约为 1.23MHz，包含相互正交的 64 个逻辑信道。

（1）数据传输速率。同步信道的数据传输速率为 1200bps，寻呼信道的数据传输速率为 9600 或 4800bps，正向业务信道的数据传输速率为 9600bps、4800bps、2400bps、1200bps，可变速率操作。

正向业务信道的数据在每帧（20ms）末尾含有 8bit 编码器尾数据（又称尾比特），它的作用是把卷积码编码器置于规定状态。此外，在 9600 和 4800bps 的数据中都含有帧质量指示数据位（CRC 检验数据位），前者为 12bit，后者为 8bit。因此，正向业务信道的信息传输速率分别是 8.6kbps、4.0kbps、2.0kbps、0.8kbps。

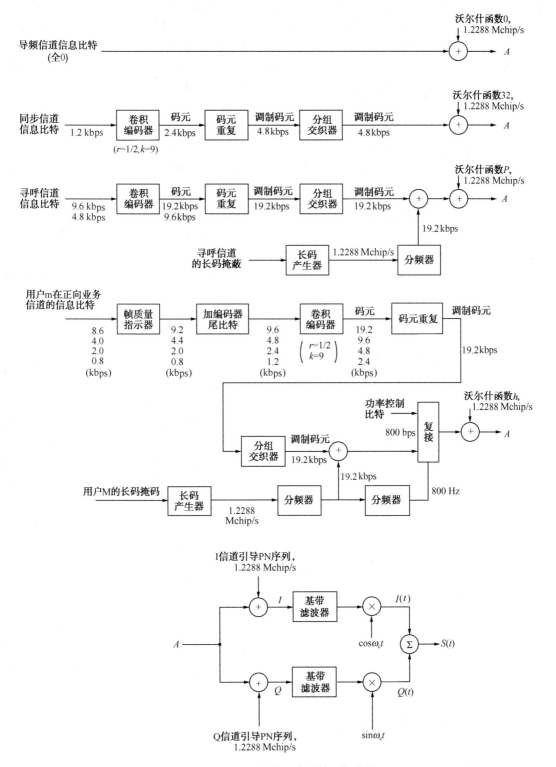

图 7.9　CDMA 系统的正向传输逻辑信道

（2）卷积编码。数据在传输之前都要进行卷积编码，卷积码的码率 r 为 1/2，约束长度 k 为 9，即编码器的码率 r 为 1/2，每输入 1bit，就输出 2bit。

（3）码元重复。对于同步信道，经过卷积编码后的各个码元在分组交织之前都要重复一次（每个码元连续出现 2 次）。对于寻呼信道和正向业务信道，只要数据传输速率低于 9600bps，在分组交织之前都要重复。数据传输速率为 4800bps 时，各个码元要重复一次（每个码元连续出现 2 次），数据传输速率为 2400bps 时，各个码元要重复 3 次（每个码元连续出现 4 次），数据传输速率为 1200bps 时，各个码元要重复 7 次（每个码元连续出现 8 次）。这样做使各种传输速率均变换为相同的调制码元速率，即每秒 19200 个调制码元。

（4）分组交织。所有码元在重复之后都要进行分组交织。

同步信道所用的交织跨度等于 26.666ms，相当于码元速率为 4800bps 时的 128 个调制码元的宽度。分组交织器组成的阵列是 8 行×16 列（128 个单元）。

寻呼信道和正向业务信道所用的交织跨度等于 20ms，相当于码元速率为 19200bps 时的 384 个调制码元的宽度。分组交织器组成的阵列是 24 行×16 列（384 个单元）。

（5）数据扰乱。数据扰乱用于寻呼信道和正向业务信道，其作用是为通信提供保密功能。数据扰乱器把分组交织器输出的码元流和按用户编址的 PN 序列进行模 2 相加。这种 PN 序列是工作在 1.2288MHz 时钟下的长码，每个调制码的长度等于 $1.2288 \times 10^6/19200=64$ 个 PN 子码宽度。长码经分频后，其速率变为 19200bps，因此送入模 2 相加器进行数据扰乱并起作用的是每 64 个子码中的第一个子码。

（6）正交扩展。为了使正向传输的各个信道之间具有正交性，在正向 CDMA 信道中传输的所有信号都要用 64 阶沃尔什（Walsh）函数进行扩展。

导频信道使用沃尔什函数 0，记为 W_0，同步信道采用 W_{32}，寻呼信道可用 $W_1 \sim W_7$，其他用于业务信道。每个逻辑信道都先用相应的沃尔什函数进行正交扩频，沃尔什函数的码片速率为 1.2288Mchip/s。

（7）四相调制。在正交扩展之后，各种信号都要进行四相调制。四相调制所用的序列称为引导 PN 序列。引导 PN 序列的作用是给不同基站发出的信号赋予不同的特征，便于移动台识别所需的基站。不同的基站使用相同的 PN 序列，但各自采用不同的时间偏置，因此移动台用相关检测法很容易把不同基站的信号区分开来。通常，一个基站的 PN 序列在其所有配置的频率上都采用相同的时间偏置，而在一个 CDMA 蜂窝系统中，时间偏置可以复用。

不同的时间偏置用不同的偏置系统表示，偏置系数共 512 个，编号为 0～511。偏置时间等于偏置系数×64，单位是 PN 序列子码数目。例如，当偏置系数是 15 时，相应的偏置时间是 15×64=960 个子码，已知子码宽度为 $1/1.2288 \times 10^6=0.8138\mu s$，故偏置时间为 960×0.8138=781.25μs。

（8）功率控制子信道。在正向业务信道中包含一个功率控制子信道。在该子信道中，基站要在正向业务信道上连续发送功率控制数据，基站的反向业务信道接收机在 1.25ms 的时间间隔内（相当于 24 个调制码元宽度）对移动台发送来的信号强度进行估值，然后采用插入技术把此控制数据嵌入正向业务信道中并传输到移动台，以控制移动台的发射功率，使基站接收到的移动台发射功率既能满足接收机阈值的要求，又不对其他正在通信的移动台产生背景干扰。

7.4.2　反向传输逻辑信道的结构

1. 信道结构

CDMA 系统反向传输逻辑信道包括接入信道和反向业务信道，其中，接入信道与正向业务信道中的寻呼信道相对应，反向业务信道与正向业务信道相对应。CDMA 系统的反向传输逻辑信道如图 7.10 所示，其中给出了信道组成、信号产生过程及信号的主要参数。

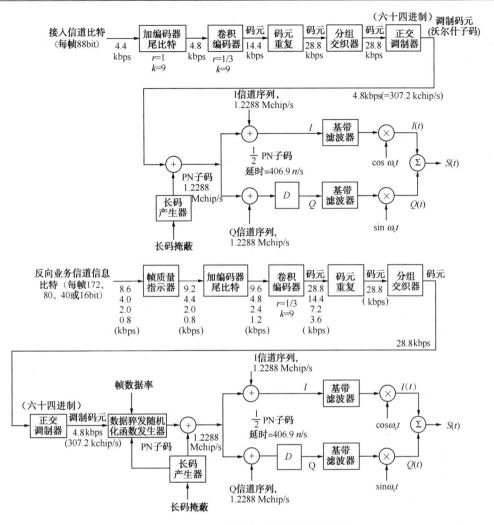

图 7.10　CDMA 系统的反向传输逻辑信道

2. 信道组成

反向传输逻辑信道所传输的数据都要进行卷积编码（$r=1/3$，$k=9$）、码元重复、分组交织和正交调制等处理后再传输，以保证通信的安全性和可靠性。接入信道用 4800bps 的固定速率传输数据。反向业务信道用 9600bps、4800bps、2400bps、1200bps 的可变速率传输数据。这两种信道的数据中均要加入编码器尾数据，用于把卷积编码器复位到规定的状态。此外，在反向业务信道上传送 9600bps 和 4800bps 的数据时，也要加质量指示数据位（CRC 校验数据位）。

反向传输逻辑信道的特点、参数和作用与正向传输逻辑信道有许多相同点，这里就不详细讨论了。

7.5　CDMA 系统的控制功能和呼叫处理

7.5.1　CDMA 系统的功率控制

功率控制技术是 CDMA 系统的核心技术。由于 CDMA 系统基站的非相干检测，下行链路的干扰比上行链路的干扰严重得多，况且，CDMA 系统是一个自扰系统，所有移动用户占用相同的带宽和频率，远近效应问题特别突出。CDMA 系统的功率控制的目的是在所有条件下，使系统能维护高质量通信，限制上、下行链路的发射功率，克服远近效应，且不对其他用户产生干扰。功率控制分为正向（下行）功率控制和反向（上行）功率控制，反向功率控制又可分为仅由移动台参与的反向开环功率控制、移动台和基站同时参与的反向闭环功率控制。

功率控制的原则是：当信道的传播条件突然改善时，功率控制应做出快速反应（如在几微秒的时间内），以防止信号突然增强而对其他用户产生附加干扰；相反，当传播条件突然变差时，功率调整的速度可以相对慢一些。也就是说，宁愿使单个用户的信号质量短时间恶化，也要防止许多用户增大背景干扰。

1. 反向功率控制

反向功率控制影响接入信道和反向业务信道。在发起呼叫和对抗大的路径损耗波动时，使用反向功率控制建立链路。反向功率控制分为由移动台参与的反向开环功率控制（自动功率控制）、移动台和基站同时参与的闭环功率控制。

（1）反向开环功率控制。反向开环功率控制也称上行链路开环功率控制。其主要要求是使任意一个移动台无论处于什么位置上，其信号在到达基站的接收机时，都具有相同的电平，而且刚刚达到信干比要求的阈值。显然，要做到这一点，既可以有效防止远近效应，又可以最大限度地减小多址干扰。

进行反向开环功率控制的办法是移动台接收并测量基站发来的导频信号强度，并估计正向传输损耗，然后根据估计值来调节移动台的反向发射功率。如果接收信号增强，就降低其发射功率；如果接收信号减弱，就增加其发射功率。移动台的反向开环功率控制是一种快速响应的功率控制，其响应时间仅有几微秒，动态范围约为 80dB，它完全是一种移动台自己进行的功率控制。

（2）反向闭环功率控制。反向闭环功率控制是指移动台根据基站发送的功率控制指令（功率控制数据位携带的信息）来调节移动台发射功率的过程，其本身所具有的较快的响应时间使得它能够在实际应用中比反向开环功率控制有优先权。功率控制数据要在正向业务信道的功率子信道上连续进行传输。每个功率控制数据使移动台的功率增加或降低 1dB。其方法是基站测量所接收到的每个移动台的信噪比，并与阈值相比较，其测量周期为 1.25ms，以决定发给移动台的功率控制指令是增大还是减少其发射功率。移动台将接收到的功率控制指令与开环功率估算值相结合，来确定移动台闭环控制应发射的功率。在反向闭环功率控制中，基站起着重要作用。

2. 正向功率控制

正向功率控制也称下行链路功率控制。其目的是减小下行链路的干扰。这不仅限制小区内的干扰，对减小其他小区／扇区的干扰也有效。其要求是调整基站向移动台发射的功率，使任意一个移动台无论处于小区中的任何位置上，收到基站的信号电平都刚刚达到信干比所要求的阈值。做到这一点可以避免基站向距离近的移动台发射过大的信号功率，也可以防止或减少由于移动台进入传播条件恶劣或背景干扰过强的地区而发生误码率增大或通信质量下降的现象。

CDMA 的正向信道功率要分配给导频信道、同步信道、寻呼信道和各个业务信道。基站需要调整分配给每个业务信道的功率，使处于不同传播环境下的各个移动台都得到足够的信号能量。一般来说，该调整范围很小，建议标称功率上下的浮动范围为±3 到±4dB（各个设备厂家可能不同）。

基站通过移动台对正向链路误帧率的报告来决定是增加发射功率还是减小发射功率。移动台的报告分为定期报告和阈值报告。顾名思义，定期报告就是隔一段时间汇报一次，阈值报告就是当 FER（误帧率）达到一定阈值时才报告。阈值是由运营者根据对语音质量的不同要求而设置的。这两种报告可以同时存在，也可以只要一种报告，可以根据运营者的具体要求来设定。

7.5.2　CDMA 系统的切换

软切换不同于传统的硬切换过程。在硬切换中，切换与否有一个明确的选择。在硬切换的发起和执行过程中，用户不会与两个基站保持信道通信，即采用先断后通的方式。对于软切换来说，是否进行切换是一个有条件的选择。可根据来自两个或多个基站的导频信号强度的变化，最终确定与其中一个进行通信，这种情况发生在来自一个基站的信号比其他基站的信号的强度大很多的条件下，在切换完成之前，用户与所有的候选基站保持业务信道的通信，这就是所谓的"先通后断"方式。

CDMA 系统把功率控制和软切换作为一种抗干扰机制，并把功率控制用作克服远近效应的主要工具，而当最初的信道和新的信道占用相同的频段时，功率控制的应用又离不开软切换。CDMA 系统有四种切换方式。

1．四种切换方式

在 CDMA 系统中，移动台在进行业务信道通信时，会发生以下 4 种切换。

（1）软切换。在这种切换方式中，当移动台开始与一个新的基站联系时，并不立即中断与原基站之间的通信。软切换仅能用于具有相同频率的 CDMA 信道之间，软切换可提供在基站边界的正向业务信道和反向业务信道的路径分集，可以获得分集增益，这意味着总系统干扰会减少，提高系统的平均容量，从而保证通信质量。同时，减少了移动台发射功率，延长了电池的使用时间，并延长了通话时间。

（2）更软切换。这种切换发生在同一基站具有相同频率的不同扇区之间。移动台与同一基站的不同扇区保持通信，基站 RANK 接收机将来自不同扇区分集式天线语音帧中最好的帧合并为一个业务帧。

（3）硬切换。在这一切换方式中，移动台先中断与原基站的联系，再与新基站取得联系。硬切换一般发生在不同频率的 CDMA 信道间。如同一 MSC 中的切换和不同 MSC 之间的切换。

（4）CDMA 系统到模拟切换。在这一切换方式中，移动台从 CDMA 业务信道转到模拟语音信道。

2．软切换

软切换就是当移动台需要跟一个新的基站通信时，并不先中断与原基站的联系。软切换只能在相同频率的 CDMA 信道间进行。它在两个基站覆盖区的交界起到了业务信道的分集作用。这样可大大减少由于切换造成的掉话。因为根据以往对系统的测试统计，无线信道上 90%的掉话是在切换过程中发生的。实现软切换以后，切换引起掉话的概率大大降低，从而保证了通信的可靠性。

在进行软切换时，移动台首先搜索所有导频并测量它们的强度。移动台合并计算导频的所有多径分量来作为该导频的强度。当该导频的强度大于某一特定值时，移动台认为此导频的强度已经足够大，能够对其进行正确解调，但尚未与该导频对应的基站相联系时，它就向原基站发送一条导频强度测量消息，以通知原基站这种情况，原基站再将移动台的报告送往移动交换中心（MSC），移动交换中心则让新的基站安排一个正向业务信道给移动台，并且由原基站发送一条消息指示移动台开始切换。可见 CDMA 系统的软切换是由移动台辅助的切换。

当移动台收到来自基站的切换指示消息后，移动台将新基站的导频纳入有效导频集，开始对新基站和原基站的正向业务信道同时进行解调。之后，移动台会向基站发送一条切换完成消息，通知基站自己已经根据命令开始对两个基站同时进行解调了。

随着移动台的移动，可能两个基站中某一方的导频强度已经低于某一特定值，这时移动台会启动切换去掉计时器（移动台对在有效导频集和候选导频集里的每个导频都有一个切换去掉计时器，当与之相对应的导频强度比特定值 D 小时，切换去掉计时器启动）。当该切换去掉计时器 T 期满时（在此期间，其导频强度应始终低于 D），移动台发送导频强度测量消息。两个基站接收到导频强度测量消息后，将此信息发送至移动交换中心（MSC），MSC 再返回相应的切换指示消息，然后基站发送切换指示消息给移动台，移动台将切换去掉计时器到期的导频从有效导频集中去掉，此时移动台只与目前有效的导频集内的导频所代表的基站保持通信，同时会发送一条切换完成消息给基站，表示切换已经完成。

更软切换是由基站完成的，并不通知移动交换中心（MSC），而软切换是由 MSC 完成的，将来自不同基站的信号都送至选择器，由选择器选择最好的一路，再进行语音编解码。

在实现系统运行时，一般这些切换是组合出现的，可能既有软切换，又有更软切换和硬切换。例如，一个移动台处于一个基站的两个扇区和另一个基站交界的区域内，这时将发生软切换和更软切换。若处于三个基站的交界处，又会发生三方软切换。上面两种软切换都是基于具有相同载频的各方的容量有余的条件下，若其中某一相邻基站的相同载频已经达到满负荷，移动交换中心（MSC）就会让基站指示移动台切换到相邻基站的另一个载频上，这就是硬切换。在三方切换时，只要另两方中有一方的容量有余，都会优先进行软切换。也就是说，只有在无法进行软切换时才考虑使用硬切换。

7.5.3　登记注册与漫游

为了便于通信进行控制和管理，把 CDMA 蜂窝系统划分为三个层次，即系统、网络和区域。网络是系统的子集，区域是系统和网络的组成部分（由一组基站组成）。系统用系统标志（SID）区分，网络用网络标志（NID）区分，区域用区域号区分。属于一个系统的网络，由系统／网络标志(SID,NID)来区分。属于一个系统中某个网络的区域，用区域号加上系统／网络标志(SID,NID)来区分。为了说明问题，图 7.11 所示为系统与网络示意图。系统 i 包含三个网络，其标志号分别为 t、u、v，在这个系统中的基站可以分

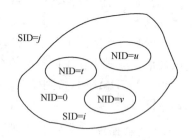

图 7.11　系统与网络示意图

别处于三个网络中，即（SID=i, NID=t）、（SID=i, NID=u）、（SID=i, NID=v），也可以不处于这三个网络之中，以（SID=i, NID=0）表示。

基站和移动台都保存一张供移动台注册用的区域表格。

当移动台进入一个新区域，区域表格中没有它的登记注册信息时，移动台要进行以区域为基础的注册。注册的内容包括区域号与系统／网络标志(SID,NID)。

每次注册成功，基站和移动台都要更新其存储的区域表格。移动台为区域表格的每一次

注册都提供一个计时器，根据计时的值可以比较表格中的各次注册寿命。一旦发现区域表格中注册的数目超过了允许保存的数目，就能根据计时器的值把最早的（寿命最长的）注册信息删掉，保证剩下的注册数目不超过允许保存的数目。

允许移动台注册的最大数目由基站控制，移动台在其区域表格中至少能进行 7 次注册。

为了实现系统之间及网络之间的漫游，移动台要专门建立一种系统／网络表格。移动台可在这种表格中存储 4 次注册。每次注册都包括系统／网络标志(SID,NID)。这种注册有两种类型：一是原籍注册；二是访问注册。如果要存储的标志(SID,NID)与原籍的标志(SID,NID)不符，则说明移动台是漫游者。漫游有两种形式：一是要注册的标志(SID,NID)和原籍标志(SID,NID)中的 SID 相同，则移动台是网络之间的漫游者（或称外来 NID 漫游者）；二是要注册的标志(SID,NID)和原籍标志(SID,NID)中的 SID 不同，则移动台是系统之间的漫游者（或称外来 SID 漫游者）。

移动台的原籍注册可以不限于一个网络或系统中，如移动台的原籍标志(SID,NID)是(2,3)、(2,0)、(3,1)，若它进入一个新的基站覆盖区，基站的标志(SID,NID)是(2,3)，由于(2,3)在移动台的原籍表格中，所以，可判断移动台不是漫游者。如果新基站的标志(SID,NID)是(2,7)，这时 SID=2 在移动台的原籍表格中，但(SID,NID)为(2,7)不在移动台的原籍表格中，故移动台是外来 NID 漫游者。如果基站的标志(SID,NID)是(4,0)，则 SID=4 不在移动台的原籍表格中，故移动台是外来 SID 漫游者。

NID 有两个保留值，一个是 0，这是为公众蜂窝网所预留的；另一个是 65535（$=2^{16}-1$），移动台利用它来进行漫游状态的判决，如果移动台的 NID 设为 65535，这时移动台只进行 SID 的比较，不进行 NID 的比较。只要在同一 SID 内，就认为移动台是本地用户，不将其看作漫游者。

7.5.4　呼叫处理

1. 移动台呼叫处理

移动台呼叫处理状态如图 7.12 所示。

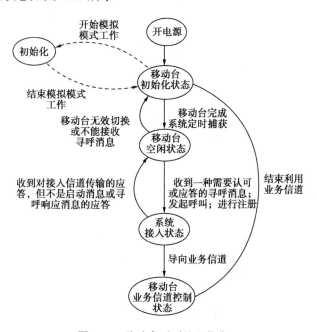

图 7.12　移动台呼叫处理状态

（1）移动台初始化状态。移动台接通电源后就进入初始化状态。在此状态下，移动台首先要判定它要在模拟系统中工作还是要在 CDMA 系统中工作。如果是后者，它就不断地检测周围各基站发来的导频信号和同步信号。各基站使用相同的引导 PN 序列，但其偏置各不相同，移动台只要改变其本地伪随机（PN）序列的偏置，就能很容易地测出周围有哪些基站在发送导频信号。移动台比较这些导频信号的强度，即可判断出自己目前处于哪个小区之中，因为在一般情况下，最强的信号是距离最近的基站发送的。

（2）移动台空闲状态。移动台在完成同步和定时后，即由初始化状态进入空闲状态。在此状态下，移动台可接收外来呼叫，可进行向外的呼叫和对登记注册信息进行处理，还能制定所需的码信道和数据传输速率。

移动台的工作模式有两种：一种是时隙工作模式，另一种是非时隙工作模式。如果是后者，移动台要一直监听寻呼信道；如果是前者，移动台只需要在其指配的时隙中监听寻呼信道，其他时间可以关掉接收机（有利于省电）。

（3）系统接入状态。如果移动台要发起呼叫，或者要进行注册登记，或者收到一种需要认可或应答的寻呼信息，移动台就会进入系统接入状态，并在接入信道上向基站发送有关的信息。这些信息可分为两类：一类属于应答信息（被动发送）；一类属于请求信息（主动发送）。

要解决的一个问题是移动台在系统接入状态开始向基站发送信息时应该使用多大的功率电平。为了防止移动台一开始就使用过大的功率，增加不必要的干扰，这里用到了一种接入尝试程序，它实质上是一种功率逐步增大的过程。

在传输一个接入探测之后，移动台要开始等候一段规定的时间，以接收基站发来的认可信息。如果接收到认可信息则尝试结束，如果收不到认可信息，则下一个接入探测在延迟一定的时间后被发送。在发送每个接入探测之前，移动台应关掉其发射机。

（4）移动台业务信道控制状态。在此状态中，移动台和基站利用反向业务信道和正向业务信道进行信息交换。为了支持正向业务信道进行功率控制，移动台要向基站报告帧错误率的统计数字。为此，移动台要连续对它收到的帧总数的错误帧数进行统计。

无论是移动台还是基站都可以申请服务选择。基站在发送寻呼信息或在业务信道工作时，能申请服务选择。移动台在发起呼叫、完成寻呼信息应答或在业务信道工作时，都能申请服务选择。如果移动台（基站）的服务选择申请是基站（移动台）可以接受的，则它们开始使用新的服务选择。如果移动台（基站）的服务选择申请是基站（移动台）不能接受的，则基站（移动台）拒绝这次服务选择申请，或提出另外的服务选择申请。移动台（基站）对基站（移动台）所提的另外的服务选择申请也可以接受、拒绝或再提出另外的服务选择申请。这种反复的过程称为服务选择协商。当移动台和基站找到了双方可接受的服务选择或找不到双方可接受的服务选择时，这种协商过程就结束了。

2．基站呼叫处理

（1）导频和同步信息处理。在此期间，基站发送导频信号和同步信号，使移动台捕获和同步到 CDMA 信道。同时移动台处于初始化状态。

（2）寻呼信道处理。在此期间，基站发送寻呼信号，同时移动台处于空闲状态或系统接入状态。

（3）接入信道处理。在此期间，基站监听接入信道，以接收移动台发来的信息，同时移动台处于系统接入状态。

（4）业务信道处理。在此期间，基站用正向业务信道和反向业务信道与移动台交换信息，同时移动台处于业务信道控制状态。

3. 呼叫流程图

呼叫流程分多种情况，下面分别给出几种不同情况下呼叫流程的例子。

（1）由移动台发起的呼叫的简化流程图（使用服务选择 1）如图 7.13 所示。

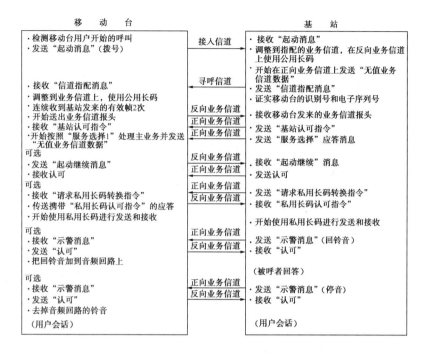

图 7.13　由移动台发起的呼叫的简化流程图

（2）以移动台为终点的呼叫的简化流程图（使用服务选择 1）如图 7.14 所示。

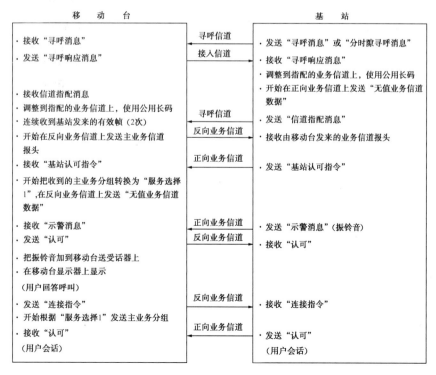

图 7.14　以移动台为终点的呼叫的简化流程图

（3）软切换期间的呼叫处理如图 7.15 所示。

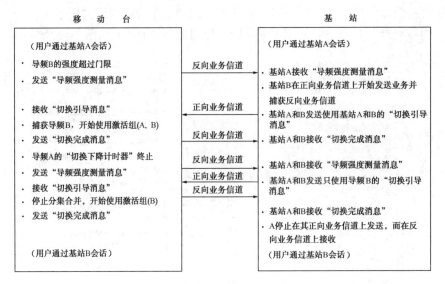

图 7.15　软切换期间的呼叫处理

（4）连续软切换期间的呼叫处理如图 7.16 所示，即移动台由一对基站 A 与基站 B，通过另一对基站 B 和基站 C，向基站 C 进行连续软切换的过程。

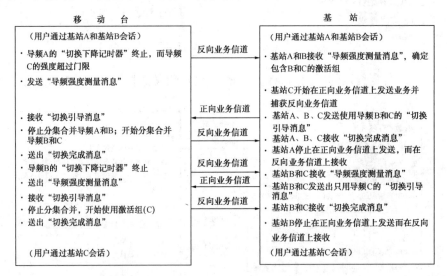

图 7.16　连续软切换期间的呼叫处理

7.6　典型设备介绍

7.6.1　组网结构

CDMA 系统的组网结构如图 7.17 所示。

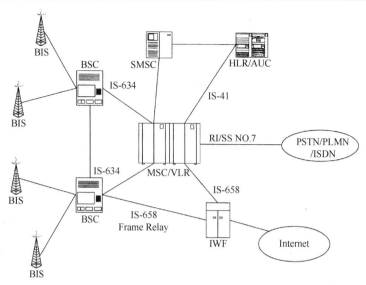

MSC—移动交换中心；PSTN—公用交换电话网；BSC—基站控制器；
PLMN—公用陆地移动电话网；BTS—基站收发信机；ISDN—综合数字业务网；
IWF—网络互联单元；SMSC—短消息中心；HLR—原籍位置寄存器；
VLR—访问位置寄存器；AUC—鉴权中心

图 7.17　CDMA 系统的组网结构

7.6.2　CDMA-MSC

1. 产品介绍

金鹏 JPM-I CDMA 移动交换系统是基于 IS-95A 标准的 CDMA 移动交换系统，可以方便地引入新业务并平滑过渡到第三代系统。

2. 系统特点

CDMA-MSC 系统具有如下特点。

- 800MHz 频段宽带，CDMA 系统，兼容 IS-95A 标准。
- 为 CDMA 移动通信系统提供完整的解决方案。
- 开放的网络接口，支持 IS-41C（MAP 接口）、IS-634（A 接口）、TMN（Q3 接口）。
- 平滑过渡，兼容 IS-95B、IS-95C、HDR 和 CDMA2000 标准。

3. 性能参数

金鹏 JPM-I CDMA 移动系统的性能参数如表 7.4 所示。

表 7.4　金鹏 JPM-I CDMA 移动系统的性能参数

名　　称	性　能　参　数
容量	350000 用户
中继容量	30000 中继
呼叫处理能力	500000 BHCA
话务能力	27000 爱尔兰
VLR 容量	350000 用户

续表

名　称	性 能 参 数
七号信令容量	128 链路
BSC 负荷	12BSCs（576BTSs）
尺寸/mm	750（W）×550（D）×2140（H）

7.6.3　CDMA 集中基站控制器

1．产品介绍

金鹏 CDMA BSS 系统由一个集中式基站控制器（CBSC）和若干个远端基站（BTS）构成。金鹏 CBSC 包括两个主要部件：移动管理器（MM）和变码器（XC）。CDMA 集中式基站控制器（CBSC）如图 7.18 所示。

移动管理器（MM）对移动交换中心（MSC）、无线操作维护中心（OMC-R）、变码器（XC）和基站（BTS）进行集中控制，对呼叫建立、语音信道分配和基站系统内的切换处理进行控制。XC 提供了变码、交换和回声消除等功能。

金鹏 CBSC 只要进行简单的硬件升级和软件升级，就可以平滑升级到 CDMA2000 1x 及 CDMA2000 1x-EV 系统。

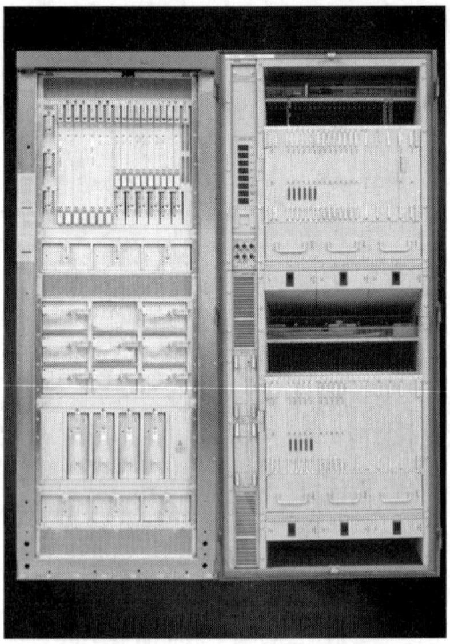

图 7.18　CDMA 集中式基站控制器

2．系统特点

金鹏 CDMA BSS 系统的特点如下。

- 高性能：采用 UNIX 操作系统，功能开发和应用周期短，采用具有容错性的工业标准硬件，容错标准为用户可定义型，用户可根据实际需要选择最佳设计方案。
- 可升级性：可进行平滑升级并可在升级的同时维持系统工作不间断。
- 高效管理服务特性：能分离软件故障部分，实现热备重启服务。
- 高容量：支持 120000BHCA/2000Erl 的容量。
- 高速处理器：硬件配置采用 R10000/R12000 CPU，可提供 200MHz 的内部时钟、4MB 的缓存器及 265MB 的存储器。
- 一个 CBSC 可支持 150 个单载波、3 扇区基站。

3．技术参数

金鹏 CDMA BSS 系统的技术参数如表 7.5 所示。

表 7.5　金鹏 CDMA BSS 系统的技术参数

名　称	移动管理器（MM）	变码器（XC）
高度	1830mm	1800mm
占地	762mm×762mm	800mm×600mm
质量	612kg	250kg
工作电压	−48VDC～+27VDC	−48VDC～+27VDC

续表

名　称	移动管理器（MM）	变码器（XC）
输出功率	3200W	3152W
工作温度	4～38℃	0～50℃
操作湿度	20%～80%	20%～80%

7.6.4　CDMA 基站设备

1．产品介绍

金鹏 CDMA 基站包括室内宏蜂窝基站 SC4812T 和室外宏蜂窝基站 SC4812ET。SC4812T 和 SC4812ET 针对中、高容量与覆盖范围设计，是灵活的室内和室外无线 CDMA 基站设备，如图 7.19 所示。

2．系统特点

金鹏 CDMA 系统的特点描述如下：

图 7.19　CDMA 基站设备

- 六扇区结构的基站。
- 单机柜支持全向 8 载波、6 扇区 2 载波、3 扇区 4 载波任意配置。
- 扇区和载波之间实现信道共享。
- 共享 LPA、合路器、带通滤波器。
- 独有的 EMAXX 芯片，使反向链路增益提高 3.0dB。
- 支持远端 GPS，支持第三代系统。
- 在空间资源十分珍贵的情况下，六扇区结构几乎能使 CDMA 载波的容量增加一倍。
- EMAXX 芯片组极大地改进了基站的接收灵敏度，减少了为提供 CDMA 覆盖所需的基站数量。
- 通过减少天线数量和占地面积减少成本。
- 前端操作，技术人员能够快速、较轻易地进行安装、优化、扩展及维护等操作。

3．技术参数

（1）室内基站（SC4812T）。SC4812T 室内基站的技术参数如表 7.6 所示。

（2）室外基站（SC4812ET）。SC4812ET 室外基站的技术参数如表 7.7 所示。

表 7.6　SC4812T 室内基站的技术参数

名　称	技　术　参　数
高度	2100mm
占地面积	800mm（W）×685mm（D）
质量	500kg
输入电压	+48VDC
工作温度	0～+50℃
射频功率输出	每载波 60W

表 7.7 SC4812ET 室外基站的技术参数

名　称	射频框架	电源框架
高度	1730mm	1730mm
占地面积	1423mm×865mm	1423mm×965mm
质量	680kg	1590kg
输入电压	−48VDC～+27VDC	220VAC
工作温度	−40～+50℃	−40～+50℃
射频功率输出	每载波 60W	

7.7 CDMA 移动台

7.7.1 概述

移动台（MS）由两部分组成：移动设备（ME）和用户识别模块（UIM）。

移动台根据不同的射频能力，移动设备可分为车载台、手提式移动台和手机三种类型，其中，手机是最常见的应用类型。

CDMA IS-95A 规范对手机最大发射功率的要求为 0.2～1W（23～30dBm），实际上网络上允许的手机最大发射功率为 23dBm（0.2W），规范对 CDMA 手机的最小发射功率没有要求。

在实际通信过程中，在某个时刻、某个地点，手机的实际发射功率取决于环境、系统对通信质量的要求、语音激活等诸多因素，实际上就是取决于系统的链路预算。在通常的网络设计和规划中，对于基本相同的误帧率要求，GSM 系统要求到达基站的手机信号的载干比通常为 9dB 左右，由于 CDMA 系统采用扩频技术，扩频增益对全速率编码的增益为 21dB，（对其他低速率编码的增益更大），所以对解扩前信号的等效载干比的要求为−14dB（CDMA 系统通常要求解扩后信号的 E_b/N_0 值为 7dB 左右）。

下面从手机发射功率的初始值的取定及功率控制机制的角度来进行比较。

手机与系统的通信可分为两个阶段，一是接入阶段，二是通话阶段。对于 GSM 系统，手机在随机接入阶段（没有进入专用模式以前），是没有功率控制的，为保证接入成功，手机以系统允许的最大功率发射（通常是手机的最大发射功率）。在分配专用信道（SDCCH 或 TCH）后，手机会根据基站的指令调整手机的发射功率，调整的步长通常为 2dB，调整的频率为 60ms 一次。

对于 CDMA 系统，在随机接入状态下，手机会根据接收到的基站信号电平估计一个较小的值作为手机的初始发射功率，发送第一个接入试探，如果在规定的时间内没有得到基站的应答信息，手机会加大发射功率，发送第二个接入试探，如果在规定时间内还没有得到基站的应答信息，手机会再次加大发射功率。这个过程会重复下去，直到收到基站的应答或到达设定的最多尝试次数为止。在通话状态下，每 1.25ms 基站会向手机发送一个功率控制命令信息，命令手机增大或减小发射功率，步长通常为 1dB。

CDMA 手机的主要技术指标如下。

● 工作频率：接收频率为 870～890MHz，发射频率为 825～845MHz。

● 频率误差：±0.05ppm。

● 接收灵敏度：−123dBm。

● 发射功率：≤200mW+2dB 或≤200mW-4dB。

- 波形质量：与理想波形比较，p 大于 0.912。
- 发射传导杂散：≤-60dB。
- 随机杂散：符合 J-STD-019 2.4.1 标准。
- 导频定时误差：±1μs。
- 导频信道与码分信道之间的定时误差：±5ns。
- 导频信道与码分信道之间的相位误差：0.05rad。

7.7.2　移动台的组成和工作原理

CDMA 移动台由无线收发信机、基带信号处理电路、基带控制电路、存储电路、键盘、显示器、外部接口、供电和充电电路等部分组成，如图 7.20 所示。

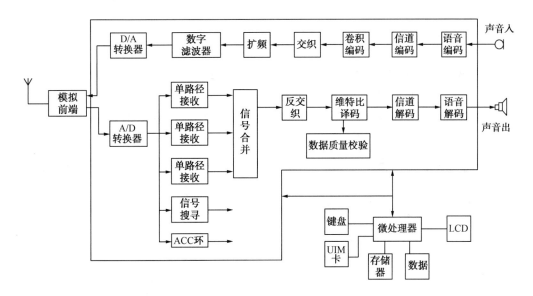

图 7.20　移动台的组成

CDMA 手机主要由逻辑电路、射频电路、基带电路组成。移动台使用一副天线，通过双工器与收发两端相连。模拟前端包括功率放大、频率合成及射频和中频滤波器等。

基带电路由以下几部分组成，首先是 A/D 转换器和 D/A 转换器、声码器、前向纠错、信道化、调制解调。人的声音是模拟信号，通过发送器将声信号转化为电信号，将模拟信号转化为数字信号，常用的方法是用 PCM 编码得到数字式语音信号，CDMA 用一个声码器完成8K、13KEVR 语音编解码，13K 的声码器所提供的滑音质量能够跟固定电话相媲美。然后将产生数字语音信号进行卷积码的前向纠错编码及交织编码，再经过扩频调制，因为 CDMA 移动台不发送导频信号，所以它采用 OQPSK 调制。扩频调制使用的伪随机序列是根据用户号码编排的。经数字滤波、D/A 转换和模拟前端调制，信号被调制到相应的载波频率上，并经功率放大到合适的功率，再经双工器馈送到天线并发射出去。在整个发送过程中，语音要经过数据压缩、适合信道的编码及纠错编码处理，这样可以提高频谱利用率和信号的抗干扰能力，提高信号的传输质量。

CDMA 移动台接收时,中频滤波器输出的模拟信号首先经过 A/D 转换器转变为数字信号，然后传送信号给四个相关接收机。在这四个接收机中，一个接收机用于搜索，其他三个接收机用于数据接收（RANK 接收机）。数字化的中频信号包含许多由相邻小区基站发出的具有相同导频频率的呼叫信号。数字接收机用适当的伪随机序列进行相关解调，使用移动台距基站最近的导频载波作为载波相位参考，对相关解调器输出的信号进行信息解调，从而得到编码数据符号序列。用适当的伪随机序列进行解调也可以识别不同路径的信号，如果到达移动台的信号有多路，由于信号在空中经过的路径不同，所以到达的时间也不一样。当相对时间差超过一个伪随机序列码元宽度时，相关接收器可以识别其中之一。三个相关接收机（RANK接收机）并行接收三路不同路径的信号，将输出信号再进行路径分集合并，经过路径分集合并后降低了多径衰落的影响，极大地改善了信噪比。然后用导频载波作为载波相位参考进行信息解调，得到编码数据序列。在此过程中，搜索接收机对三个接收机不断进行调整，使它们始终保持对多路信号中较强的三路信号进行相关解调。先对解调后的数据序列进行反交织，再经维特比（Viterbi）译码器进行前向纠错译码，最后将得到的数据由声码器转换为模拟语音信号。

7.7.3　UIM 卡

《800 MHz CDMA 数字蜂窝移动通信网用户识别模块（UIM）技术要求》是 2001 年 11 月 1 日公布并实施的，该标准的编号为 YD/T1168—2001。它详细介绍了 CDMA 手机机卡分离技术的概念和起源、UIM 卡的技术实现、UIM 卡的应用工具箱（UIM Application Toolkit）及 CDMA 网络中机卡分离技术的实施情况。

1. UIM 卡的产生背景

中国联通公司于 1999 年首先提出了在 CDMA 系统中引入智能 IC 卡的概念，即所谓的机卡分离技术。通过机卡分离技术，将与用户相关的信息、鉴权算法及与安全相关的信息保留在智能卡上，这个卡称为 R-UIM（Removable User Identity Module，可移动用户标识模块卡），也称为 UIM 卡。

机卡分离技术的实现不但使用户能够更加灵活方便地更换 CDMA 手机，而且能够使用户在不同制式的网络中自由漫游的愿望得以实现（比如使用 CDMA/GSM 双模卡的用户，可以通过更换不同制式的手机或使用双模手机，在 CDMA 和 GSM 网络中漫游）。在这个概念的基础上，UIM 卡的标准化工作已由 3GPP2（第三代伙伴计划 2）负责完成。

2. UIM 卡的主要技术

UIM 卡在 CDMA 系统中所起的作用与 GSM 系统中的 SIM 卡所起的作用极其相似，是一种安全机制。用户的签约数据、网络参数（如工作的载频信息）、鉴权算法及鉴权过程中使用的密钥都保存在 UIM 中，使用户可以安全、方便地使用 CDMA 网络提供的各种服务，可以避免由于个别用户盗用号码而带来的经济损失。

根据 UIM 卡标准，CDMA 系统的 UIM 卡采用与 GSM 系统的 SIM 卡相同的物理结构、电气性能和逻辑接口，并在 SIM 卡的基础上，根据 CDMA 系统的要求，增加了与 CDMA 操作有关的参数、命令、鉴权算法，以实现 CDMA 系统的功能。当然对于只支持 CDMA 一种系统操作的 UIM 卡，可以不包含与 GSM 相关的内容。无论是 SIM 卡还是 UIM 卡，都是基于 IC 卡技术的，不同的蜂窝系统就是在 IC 卡中存储与自己的系统有关的信息，使用户在不同制式的移动网络间的自由漫游能够成为现实。

CDMA 系统在 UIM 卡中存储的信息可以分为以下三类。

（1）用户识别信息和鉴权信息。主要是国际移动用户识别码（IMSI）和 CDMA 系统专有的鉴权信息。

（2）业务信息。CDMA 系统中与业务有关的信息存储在原籍位置寄存器（HLR）中，这类信息在 UIM 卡中并不多，主要有短消息状态等信息。

（3）与移动台工作有关的信息。包括优选的系统和频段，归属区标识［系统识别码（SID）、网络识别码（NID）］等参数。除上述保证系统正常运行的信息外，用户也可以在 UIM 卡中存储自己使用的信息，如电话号码本等。

根据 EEPROM 容量的大小，可将 UIM 卡分为 32K 和 64K。目前中国联通仅提供 32K 的 UIM 卡，如表 7.8 所示。

表 7.8　32K 的 UIM 卡的配置

UIM 卡	电话号码数量	短 信 数 量
32K CDMA	80	15
32K CDMA	150	15
32K CDMA	200	40

（1）UIM 卡的物理和电气特性。UIM 卡采用标准的接触式 IC 卡（符合 ISO/IEC7816 接触式集成电路 IC 卡的规定）。

UIM 卡是有微处理器的智能卡（IC），它由 CPU、RAM、ROM、EEPROM 及串行通信单元五部分组成。这五个模块集成在一块集成电路中，以防止非法存取和盗用。其物理接口特性包括卡的物理尺寸、各触点的尺寸和位置、触点压力、静电保护等。电气接口主要包括各触点的电信号特性（包括电流、电压等参数指标）和传输协议等，这些内容的具体要求与 GSM 的 SIM 卡的要求是一致的。

（2）逻辑接口。逻辑接口包括文件标识（ID）、专用文件（DF）、基本文件（EF 包括透明文件、线性固定文件、循环文件）的文件结构和不同结构文件的特性，以及选择文件的方法，这部分与 GSM 的 SIM 卡也没有什么差别，同样可以直接参照 SIM 卡的相关要求。所不同的是在 GSM 的 SIM 卡定义逻辑结构的基础上，增加了一个新的目录文件 DFCDMA，文件 ID 为 7F25。所有与 CDMA 操作有关的用户信息和参数均保存在该目录下，以保证 CDMA 操作的正常进行。对于 CDMA 手机来说，在插入 UIM 卡并开机后，手机应该自动搜索 DFCDMA 下的数据和信息。

例如，EFPRL 就是 DFCDMA 下的一个非常重要的数据文件，在这个文件中按照一定的顺序可以写入运营商的网络参数、网络的系统标识（SID）和网络标识（NID）等，而且不仅可以写入本运营商的网络参数，还可以写入与本运营商签署国际漫游协议的其他运营商的网络参数。这样，在移动台开机后，通过读取该文件中写入的参数信息搜索 CDMA 网络，并正确捕获提供服务的 CDMA 网络。如果用户漫游到了签署漫游协议的运营商的 CDMA 网络中，移动台就能够根据这个文件中预先写好的参数信息自动捕获到漫游地的 CDMA 网络。

（3）功能描述。在功能方面，规定了 UIM-ME 接口上传递的所有命令，UIM-ME 接口支持所有原 SIM-ME 接口上的命令和响应。原 SIM-ME 接口上的命令和响应、命令代码、命令的映射原理可直接参照 GSM 技术标准 11.11 中相关章节的定义。除了原有 SIM 卡的所有命令（不包括 RUNGSMALGORITHM 命令），在 UIM-ME 接口上还增加了基于 ANSI-41 的与安全有关的命令和 ESN 管理命令。

（4）安全特性。安全特性主要包括鉴权和密钥生成过程、加密算法处理过程及文件的访问条件。其文件的访问条件与 SIM 卡的文件访问条件一样。在所有这些过程中使用的参数

UIMID 或 ESN、IMSI-M 或 IMSI-T 均在 UIM 卡插入手机时确定。

UIM ID 是 UIM 卡的标识。在使用 UIM 卡的移动台中，这个参数将代替 ESN 号码参与鉴权，也参与构造 CDMA 反向信道。

UIM ID 的长度为 32bit，其中，前 14bit 为 UIM 卡的厂商代码，由 3GPP2 统一分配，后 18bit 为 UIM 卡序列号，由 UIM 卡的厂商自行分配。

在定义了 UIM 卡的基本功能和性能要求的基础上，为了实现更多的增值业务，定义了 UIM 应用工具箱。所谓应用工具箱（Application Toolkit），就是在 UIM 卡上提供一个平台，以支持基于短消息作为承载的增值业务。为了支持 UTK，在 UIM-ME 接口上又定义了一套命令。仍然使用 $T=0$ 的协议，采用基于菜单驱动的操作方式，用户可以通过移动台屏幕上的菜单选择相关服务，如订制新闻、天气预报等信息服务，以及手机银行和手机炒股等移动商务服务。有了 UTK，运营商可以非常方便、快速地提供各种各样的服务。

3．UIM 卡的应用

随着 CDMA 网络不断成熟，各种增值业务也纷纷进入实验和商用阶段。

本 章 小 结

本章介绍了 CDMA 蜂窝移动通信系统，主要包括 CDMA 系统的现状及标准、技术特点、系统结构和接口、信道组成、控制和管理功能、注册登记、漫游及呼叫处理、手机工作原理和 CDMA 典型的解决方案，本章还介绍了 CDMA 移动台的特点、结构及 UIM 卡的技术和应用。这些所涉及的都是构成 CDMA 系统的基本原理和技术。通过对 CDMA 蜂窝移动通信系统的基本概念、原理、技术及设备的学习和了解，使学生了解和掌握 CDMA 系统。本章的主要内容如下。

（1）CDMA 系统概述，包括扩频通信的概念和码分多址蜂窝通信系统的特点。

（2）CDMA 系统综述，包括 CDMA 的发展、CDMA 的技术标准、CDMA 系统的基本特征。

（3）CDMA 数字蜂窝通信系统，包括 CDMA 网络、CDMA 蜂窝系统的信道组成。

（4）CDMA 系统逻辑信道的组成，包括正向传输逻辑信道的结构和反向传输逻辑信道的结构。

（5）CDMA 系统的控制功能和呼叫处理，主要介绍了 CDMA 系统的功率控制、CDMA 系统的切换、登记注册与漫游、呼叫处理控制。

（6）典型设备介绍，包括组网结构、CDMA-MSC、CDMA 集中式基站控制器 CBSC、CDMA 基站设备。

（7）CDMA 移动台，包括概述、移动台的组成和工作原理、UIM 卡。

习　题　7

7.1　TIA 称为＿＿＿＿＿＿＿＿。世界第一个 CDMA 商用蜂窝移动网于＿＿＿＿年在＿＿＿＿＿试运行开通。

7.2　中国联通 CDMA 800MHz 下行链路载频为＿＿＿＿＿MHz，带宽为＿＿＿MHz。

7.3　CDMA 800M 全速率系统一个载频可带有＿＿＿个正向物理信道，其调制技术采用＿＿＿＿，语音编码采用＿＿＿＿，其传输速率为＿＿＿。

7.4　CDMA 系统主要由＿＿＿、＿＿＿、＿＿＿三个子系统和＿＿＿组成。

7.5　IMSI 称为＿＿＿＿，ESN 称为＿＿＿＿，当 NID=65535 时，表示移动用户可在＿＿＿＿。

7.6　CDMA 正向信道可分为＿＿＿、＿＿＿、＿＿＿和＿＿＿，而反向信道可分为＿＿＿和＿＿＿。

7.7　CDMA 手机在_____上捕获信息作为时间和相位跟踪参数，而在切换时作为信号测量的参考。

7.8　CDMA 系统 $2^{15}-1$ 短码在正向信道用于_____，而 $2^{42}-1$ 长码在正向信道用于_____。

7.9　CDMA 的切换类型有_____、_____和_____。

7.10　CDMA 的手机输出功率为_____。

7.11　CDMA 系统闭环功率控制不仅可用于反向链路，也可用于正向链路中。（　　）

7.12　CDMA 移动台由移动台设备（ME）和用户识别模块（UIM）组成。（　　）

7.13　CDMA 无线接口标准为 IS-95，而核心网标准为 ANSI-41。（　　）

7.14　CDMA 系统切换是以网络为主、以移动台为辅的切换。（　　）

7.15　CDMA 系统多址干扰来自非同步 CDMA 网中不同用户的扩频序列不完全正交。（　　）

7.16　CDMA 系统中采用_____技术解决远进效应。

　　A．分集技术　　　　B．Walsh 码　　　　C．软切换　　　　D．功率控制

7.17　移动台开户数据和当前数据分别存放于_____中。

　　A．HLR、VLR　　　　　　　　　　B．VLR、HLR

　　C．VLR、MSC　　　　　　　　　　D．MSC、VLR

7.18　CDMA 系统 $2^{42}-1$ 长码在反向信道中用于_____。

　　A．扰码　　　　　　B．区分移动台　　　C．区分基站　　　D．以上皆可

7.19　CDMA 系统可大致分为_____。

　　A．传输系统和交换系统　　　　　　B．交换系统和基站系统

　　C．传输系统和基站系统　　　　　　D．交换系统和寻呼系统

7.20　CDMA 系统反向闭环功率控制调节的速率为_____。

　　A．1600Hz　　　　B．33Hz　　　　　C．2Hz　　　　　D．800Hz

7.21　简述 CDMA 系统的主要特点。

7.22　CDMA 的 UIM 卡有什么特点？UIM 卡上存储哪些信息？

7.23　简述正向逻辑信道的特点。

7.24　简述功率控制功能的特点。

7.25　CDMA 系统有哪几种切换方式？简述软切换的过程。

7.26　简述移动台发起呼叫的过程。

7.27　简述两基站间进行软切换的过程。

第8章 CDMA2000 1x数字蜂窝移动通信系统

【内容提要】

CDMA2000 1x技术是上一代经验证的CDMA系统的直接演进，为CDMA运营商提供了向3G业务演进的路径。从理论分析结果来看，对于传送语音业务，CDMA2000 1x系统的总容量是IS-95系统的2倍；对于传送数据业务，CDMA2000 1x系统的总容量是IS-95系统的3.2倍。CDMA2000是发展迅猛的无线技术，其全球用户超过2.2亿。本章将介绍CDMA2000 1x系统的标准、技术特点、系统结构与接口、信道组成、关键技术、简单IP与移动IP的功能结构、网络解决方案和典型设备等内容。

8.1 CDMA系统概述

CDMA2000是第3代（3G）移动通信标准体系之一，它可以代指相关的产品和技术，实现CDMA2000技术体制的正式标准名称为IS-2000，它由美国电信工业协会（TIA）制定，并经3GPP2批准成为一种第3代移动通信的空中接口标准。IS-2000向下兼容IS-95系统。

8.1.1 CDMA系统的技术与标准

CDMA系统的发展历程如图8.1所示。

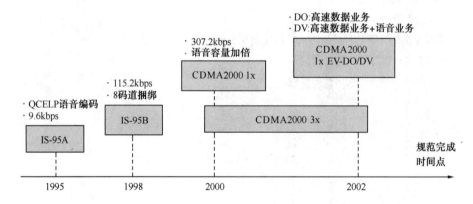

图8.1 CDMA系统的发展历程

CDMA系统的技术标准经历了从IS-95A到IS-95B，再到CDMA2000建议和IS-2000标准的发展过程。IS-2000的主要标准对照表如表8.1所示。

表8.1 IS-2000的主要标准对照表

TIA	3GPP2	内　容
IS-2000-1	C．S．0001	CDMA2000 介绍
IS-2000-2	C．S．0002	CDMA2000 物理层

TIA	3GPP2	内　容
IS-2000-3	C．S．0003	CDMA2000MAC 层
IS-2000-4	C．S．0004	CDMA2000 第二层 LAC
IS-2000-5	C．S．0005	CDMA2000 第三层
IS-2000-6	C．S．0006	CDMA2000 模拟

CDMA2000 1x 是指 CDMA2000 的第一阶段（速率高于 IS-95，低于 2Mbps），可支持 308kbps 的数据传输速率，网络部分引入分组交换，可支持移动 IP 业务。

CDMA2000 1x-EV 是在 CDMA2000 1x 的基础上进一步提高数据传输速率的增强体制，采用高速率数据（HDR）技术，除基站信号处理部分及移动台不同外，它能与 CDMA2000 1x 共享原有的系统资源。它可以在 1.25MHz（同 CDMA2000 1x 的带宽）的带宽内使下行链路达到 2.4Mbps（甚至高于 CDMA2000 3x），上行链路上也可提供 153.6kbps 的数据业务，很好地支持了高速分组业务，适于移动 IP，是 CDMA2000 1x 的边缘技术。3GPP2（第三代伙伴计划 2）于 2002 年制定了 CDMA2000 1x-EV 的技术标准。

CDMA2000 3x 称为 CDMA2000 1x 的下一阶段，其技术特点是正向信道有 3 个载波的多载波调制方式，每个载波均采用 1.2288Mbps 直接序列扩频，其反向信道则采用码片速率为 3.6864Mchip/s 的直接扩频（DSSS），因此，CDMA2000 3x 的信道带宽为 3.75MHz，最大用户比特率为 1.0368Mbps。它与 CDMA2000 1x 的主要区别是正向 CDMA 信道采用 3 载波方式，而 CDMA2000 1x 采用单载波方式。因此 CDMA2000 3x 的优势在于能提供更高的数据传输速率，但占用的频谱资源也较宽。

IS-95 为 CDMA 系统的第二代，IS-2000（包括 CDMA2000 1x、CDMA2000 3x、CDMA2000 1x-EV 等）属于第三代系统。IS-2000 各系统之间的业务性能、功能有明显差别。

8.1.2　CDMA2000 1x 系统的特点

CDMA2000 1x 系统最终的正式标准是在 2000 年 3 月通过的，它的主要追求目标是更高的数据传输速率和更好的频谱利用率。表 8.2 所示为 CDMA2000 1x 系统的主要技术指标。

表 8.2　CDMA2000 1x 系统的主要技术指标

带宽（MHz）	1.25	3.75	7.5	11.5	15
无线接口来源	IS-95				
网络结构来源	IS-41				
业务演进来源	IS-95				
最大用户比特率	307.2kbps	1.0368Mbps	2.0736Mbps	2.4576Mbps	
码片速率（Mchip/s）	1.2288	3.6864	7.3728	11.0592	14.7456
帧的时长（ms）	典型为 20，也可选 5，用于控制				
同步方式	IS-95（使用 GPS，使基站之间严格同步）				
导频方式	IS-95（使用公共导频方式，与业务码复用）				

分析表 8.2，与 CDMA One 相比，CDMA2000 1x 系统有下列技术特点。

- 多种信道带宽。下行链路上支持多载波（MC）和直扩（DSSS）两种方式；上行链路仅支持直扩方式。当采用多载波方式时，能支持多种射频带宽，即射频带宽可为 $N\times$ 1.25MHz，其中，N 为 1、3、5、9 或 12。

- 可以更加有效地使用无线资源。
- 可实现 CDMA One 向 CDMA2000 系统的平滑过渡。
- 核心网协议可使用 IS-41（美国蜂窝系统网络协议标准）、GSM-MAP 及 IP 骨干网标准。
- 使用 Turbo 码，对数据应用支持 MAC、QoS 和 Turbo 码。
- 下行链路快速功率控制，反向信道相干解调。
- 可选择较长的交织器，灵活帧长。
- 下行链路发送分集。
- 后向兼容 IS-95A/B。
- 可支持高达 153.6kbps 的数据传输速率。
- 与 IS-95A/B 相比，数据应用能力有 4～6 倍的提高。
- 与 IS-95A/B 相比，语音容量有 1.5～1.8 倍的提高，减少了运营成本。

CDMA2000 1x 系统正向信道和反向信道均使用码片（chip）速率为 1.2288Mchip/s 的单载波直接序列扩频（DSSS）方式。因此，它可以方便地与 IS-95（A/B）后向兼容，实现平滑过渡。移动网络运营商可在某些需求高速数据业务而导致容量不够的蜂窝（CDMA One）上，用相同载波部署 CDMA2000 1x 系统，从而减少用户和运营商的投资。

由于 CDMA2000 1x 采用了反向相干解调、下行链路快速功率控制、下行链路发送分集、Turbo 编码等新技术，其容量比 IS-95 大大提高。在相同的条件下，对普通语音业务而言，其通信容量为 IS-95 系统的两倍，而对于传送数据业务，CDMA2000 1x 系统的总容量是 IS-95 系统的 3.2 倍。

8.2　CDMA2000 1x 系统分层结构

8.2.1　CDMA2000 1x 系统结构

CDMA2000 1x 系统结构为第 3 代移动通信系统的典型结构，如图 8.2 所示。

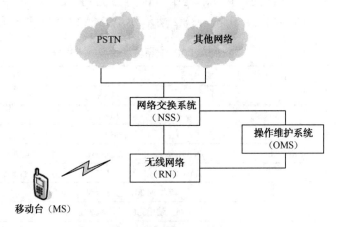

图 8.2　CDMA2000 系统结构示意图

CDMA2000 1x 系统结构主要由以下 4 部分组成。

（1）移动台（MS）。用户终端，为用户接入无线网络和使用各种应用服务业务的设备。移动台由移动设备（ME）和用户识别模块（UIM）两部分组成。

（2）无线网络（RN）。为移动用户提供服务的无线接入点，实现从无线信息传输形式到有线信息传输形式的转换，完成空中无线资源的管理和控制，并与网络交换系统交换必要的信息。它包括基站收发信机（BTS）、基站控制器（BSC）两个主要功能实体和为支持分组数据业务而增加的分组控制功能（PCF）实体。

（3）网络交换系统（NSS）。为移动用户提供基于电路交换和分组交换的业务服务，其中包括语音业务、电路数据业务和分组数据业务等，并为这些服务提供所必需的呼叫控制、用户管理、移动性管理等功能。它包括移动交换中心（MSC）、访问位置寄存器（VLR）、原籍位置寄存器（HLR）和鉴权（ACU）等功能实体。

（4）操作维护系统（OMS）。对网络设备进行维护，提供网络维护人员与网络设备之间的人机接口。它由网络管理中心（NMC）和操作维护中心（OMC）两部分功能实体组成。

由于 CDMA2000 1x 系统是由第二代 IS-95 CDMA 系统发展而来的，这两个系统之间无论是无线还是核心网部分都是平滑过渡的，所以 CDMA2000 1x 系统由电路域网络和分组域网络两部分构成。这样使移动通信系统在第二代核心网的基础上，引入第三代移动通信无线接入网络，通过电路交换和分组交换并存的网络实现电路型语音业务和分组数据业务。所有的用户业务在无线网络（RN）中进行分流，语音业务通过电路网络交换系统，而分组数据业务通过分组网络交换系统。电路域网络结构是由 IS-95 CDMA 网络演进而来的，没有大的变化，网络结构和主要技术基本相同。而分组域网络是 CDMA2000 1x 系统为引入高速分组数据业务在整个网络结构中增加的部分。分组域网络采用了大量 IP 技术，构造了 CDMA2000 的分组数据网络，推进移动通信网络向全 IP 网络的目标发展。

8.2.2　CDMA2000 1x 系统分层结构

CDMA2000 1x 系统分层结构如图 8.3 所示。

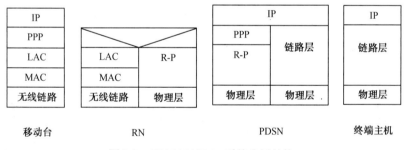

图 8.3　CDMA2000 1x 系统分层结构

图 8.3 中的 CDMA2000 1x 系统分层结构分为上层（IP 和 PPP）、链路层（LAC 和 MAC）和物理层（无线链路）三层。

1. 上层

上层包括以下三项基本业务。

（1）语音业务。包括 PSTN 接入、移动用户到移动用户的语音业务和网络电话。

（2）终端用户数据承载业务。给移动用户提供的数据业务，包括分组数据业务（如 IP 业务）、电路数据业务（B-ISDN 仿真业务）和短信业务（SMS）。分组数据业务分为面向连接的分组数据业务和无连接的分组数据业务，它包括 IP 协议（TCP 和 UDP）和 ISO/OSI 无连接互通协议（CLIP）。电路数据业务有异步拨号接入、传真、V.120 速率适配、ISDN 和 B-ISDN业务。

（3）信令。控制所有移动操作的业务。

2. 链路层

链路层根据具体上层业务的需要保证各等级的可靠性，并满足 QoS 特性的业务。它为数据传送业务提供协议支持和控制机制，并把上层数据传送需求映射为物理层的具体功能和特性。链路层分为以下两个子层。

（1）链路接入控制（LAC）子层。它管理对等上层实体之间的点对点通信信道，并具有能够支持各种不同端对端可靠链路层协议的框架。

（2）媒体接入（MAC）子层。它支持高级设备的多种状态，每种状态分别对应有效分组或电路数据的实例。MAC 层与 QoS 控制实体共同实现无线系统复杂的多媒体功能和多业务功能，并使每个有效业务具有 QoS 管理功能。MAC 子层有三个重要功能。

- 控制数据（分组和电路）业务接入物理层的过程。
- 利用无线链路协议（RLP）在无线链路上提供具有高可靠性能的传输服务。
- 通过调解来自竞争业务请求的冲突来协商 QoS 等级，并适当优化接入要求。

3. 物理层

物理层为链路层使用的物理信道提供编码、交织、调制解调和扩频等功能。

8.3　CDMA2000 1x 系统网络实现结构

CDMA2000 1x 系统网络与现有的 IS-95 CDMA 系统后向兼容，并与 IS-95 CDMA 系统的频率共享或重叠。与 IS-95 CDMA 系统相比，CDMA2000 1x 系统在其基础上增加了一些功能模块，采用了一系列新技术，大大提高了整个系统的性能，以适应高速数据业务。

8.3.1　CDMA2000 1x 系统实现结构

CDMA2000 1x 系统网络主要由基站收发信机（BTS）、基站控制器（BSC）、分组控制功能（PCF）、分组数据服务节点（PDSN）、业务数据单元（SDU）、基站控制器连接（BSCC）和移动交换中心 / 访问位置寄存器（MSC/VLR）组成。CDMA2000 1x 系统实现结构如图 8.4 所示。

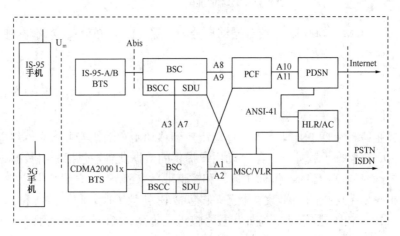

图 8.4　CDMA2000 1x 系统实现结构

移动交换中心（MSC）是 CDMA 蜂窝移动通信网的核心，其主要功能是对位于本移动交换中心（MSC）控制区域内的移动用户进行通信控制和管理，实现移动用户与固定网用户、移动用户与移动用户之间的互联，并面向下列功能实体：基站控制器（BSC）和基站收发设备（BTS）、原籍位置寄存器（HLR）、鉴权中心（AUC）、移动设备识别寄存器（EIR）、操作维护中心（OMC）和固定网（公用交换电话网、综合业务数字网等）。

基站控制器（BSC）和基站收发机（BTS）。每个基站的有效覆盖范围为无线小区，它通过无线接口与移动台相接，进行无线发送、接收及无线资源管理。

一个基站控制器（BSC）可以控制多个基站，每个基站有多部收发信机。基站控制器（BSC）通过网络接口分别连接移动交换中心（MSC）和基站收发信机（BTS）。实现移动用户与固定网络用户之间或移动用户之间的通信连接。

BTS 在小区建立无线覆盖区，用于移动台通信，移动台可以是 IS-95 或 CDMA2000 1x 制式手机。

移动台（MS）是 CDMA 移动通信网中用户使用的设备，它通过无线接口接入 CDMA2000 系统，具有无线传输与处理功能。不同的基站具有不同的引导 PN 序列偏置系数，移动台据此判断不同的基站。

与 IS-95 CDMA 系统相比，CDMA2000 1x 系统中的分组控制功能（PCF）、分组数据服务节点（PDSN）、归属代理（HA）、外部代理（FA）和认证、授权与计费服务器（AAA）为新增模块，通过支持移动 IP 协议的 A10 接口和 A11 接口互连，可以支持分组数据业务传输。而以移动交换中心 / 访问位置寄存器（MSC/VLR）为核心的网络部分支持语音和增强的电路交换型数据业务，与 IS-95 一样，MSC/VLR 与原籍位置寄存器 / 接入信道（HLR/AC）之间的接口基于 IS-41 协议。

分组控制功能（PCF）是新增的功能实体，用于转发无线子系统和分组数据服务器（PDSN）分组控制单元之间的信息，其主要功能描述如下。

- 完成控制无线数据到分组交换数据的格式处理。
- 与分组数据服务节点（PDSN）建立、维护和释放链路层的链路资源。
- 为分组数据业务建立和管理无线资源。
- 当移动台不能获得无线资源时，可以缓存分组数据。
- 收集与无线链路有关的计费信息，并通知 PDSN。

为了完成上述功能，分组控制功能（PCF）需要与基站控制器和分组数据服务器（PDSN）进行通信，其相互间的接口作为 A 接口的一部分，也已实现了标准化。

分组数据服务节点（PDSN）为 CDMA2000 1x 系统接入 Internet 的接口模块，它是连接无线网络和分组数据网的接入网关。其主要功能是提供移动 IP 服务，使用户可以访问公用数据网或专有数据网。移动 IP 时，PDSN 作为移动台的外部代理，相当于移动台访问网络的一个路由器，为移动台提供 IP 转交地址和 IP 路由服务。

原籍代理（HA）为移动用户提供分组数据业务的移动性管理和安全认证，包括认证移动台发出的移动 IP 注册信息，在外部公共数据网与外地代理（FA）之间转发分组数据包，建立、维护和终止与 PDSN 的通信，并提供加密服务，从 AAA 服务器获取用户身份信息，为移动用户指定动态的原籍 IP 地址。

外部代理（Foreign Agent，FA）为移动台访问网络的一个路由器，为在该 FA 登记的移动台提供路由功能。FA 通过 PDSN 来实现，在功能上类似于部分移动交换中心（MSC）。

认证、授权与计费（AAA）服务器为移动用户在分组域核心网内提供用户身份与服务资格的认证、授权及计费等服务。

如图 8.4 所示，CDMA2000 1x 系统主要有以下接口。

Abis 接口——用于 BTS 和 BSC 之间的连接。

A1 接口——用于传输 MSC 与 BSC 之间的信令信息。

A2 接口——用于传输 MSC 与 BSC 之间的语音信息。

A3 接口——用于传输 BSC 与 SDU（交换数据单元模块）之间的用户话务（包括语音和数据）和信令。

A7 接口——用于传输 BSC 之间的信令，支持 BSC 之间的软切换。

以上实体与接口与 IS-95 系统的需求相同。CDMA2000 1x 系统新增的接口如下。

A8 接口——传输 BS 和 PCF（分组控制单元）之间的用户业务。

A9 接口——传输 BS 和 PCF 之间的信令信息。

A10 接口——传输 PCF 和 PDSN（分组数据服务节点）之间的用户业务。

A11 接口——传输 PCF 和 PDSN 之间的信令信息。

A10/A11 接口——无线接入网和分组核心网之间的开放接口。

大部分厂家都把基站控制器（BSC）和分组控制功能（PCF）在同一个物理实体中实现，因此，实际上 A8 接口和 A9 接口并没有真正开放，而是采用各个厂家自己定义的接口。

8.3.2　频段设置、无线配置和后向兼容性

1. 频段设置

CDMA2000 系统可以工作在 8 个 RF 频段下，包括 IMT—2000 频段、北美 PCS（个人通信系统）频段、北美蜂窝网频段、TACS（全接入通信系统）频段等，其中，北美蜂窝网频段（上行链路 824～849MHz，下行链路 869～894MHz）提供了 AMPS（高级移动电话系统）/IS-95 CDMA 同频段运营的条件。

不同的国家支持不同的频段，中国联通使用 0 类频段。CDMA2000 1x 系统采用频分双工（FDD）方式来实现双工通信，基站与移动台（MS）发射采用不同的频率，频率间隔为 45MHz，与 IS-95 CDMA 系统的频率相同。中国联通 CDMA/CDMA2000 1x 系统的基本工作频率为 825～845MHz（基站收，移动台发）和 870～890MHz（基站发，移动台收）。

中国联通 CDMA/CDMA2000 1x 系统 A 频段和 B 频段的第一载频编号分别为 283 和 384，283 对应的实际工作频率在反向链路为 833.49MHz，283 对应的实际工作频率在前向链路为 878.49MHz；而 384 对应的实际工作频率在反向链路为 836.52MHz，384 对应的实际工作频率在前向链路为 881.52MHz。

CDMA 频道间隔为 1.23MHz。

图 8.5 所示为中国联通 CDMA 系统的基本工作频率。在图 8.5 中，按照 AMPS 系统的信道编号标注 CDMA 频道的编号（中心频率）位置。中心频率在 AMPS 的 283 号和 384 号频道为 CDMA 频道 A 频段和 B 频段的基本频道。

CDMA 不需要进行频率规划，各小区可以使用相同的信道。表 8.3 所示为 CDMA 系统信道间隔、信道分配和 800MHz 频段的发送中心频率。

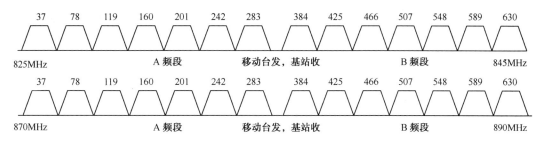

图 8.5　中国联通 CDMA 系统的基本工作频率

表 8.3　CDMA 系统信道间隔、信道分配和 800MHz 频段的发送中心频率

发 射 机	CDMA 信道编号	CDMA 信道中心频率/ MHz
移动台（MS）	1≤N≤799	0.030×N+825.00
	991≤N≤1023	0.030×（N−1023）＋825.00
基站（BS）	1≤N≤799	0.030×N+870.00
	991≤N≤1023	0.030×（N−1023）＋870.00

目前，中国联通已有单载波、双载波和三载波基站，单载波基站只使用频道 283，双载波基站使用频道 283 和 201，三载波基站使用的频道数更多。随着业务不断发展，多载波将逐步成为主流。

2. 无线配置

CDMA2000 物理信道的复杂化引入了无线配置（RC）的概念，无线配置是根据前向和反向业务信道不同的物理层传输特性进行分类的。在 CDMA2000 中，针对不同的环境和应用，定义了不同的物理信道配置，其传输能力也有所不同，所采用的差错控制编码、调制解调、扩频码的使用方式也不相同，这些物理信道的各种参数组合称为无线配置。

CDMA2000 的前向业务信道支持 RC1～RC9；反向业务信道支持 RC1～RC6。CDMA2000 的前向、反向业务信道可以使用 RC3 及其以上的 RC。CDMA2000 后向兼容 IS-95 CDMA，也就是说，符合 CDMA2000 标准的设备也支持 RC1 和 RC2。

3. 可变长度沃尔什码（Walsh Code）

CDMA2000 利用沃尔什码（Walsh Code）的正交特性区分信道，沃尔什码的产生很有规律，也很简单，如图 8.6 所示，以"0"为起始，向右复制，向下复制，向右下角取反，然后把这个二维沃尔什码（Walsh Code）作为整体，再按上述步骤和规则不断重复下去，即可得到更高维数的沃尔什码。

$$H_1 = 0, \qquad H_2 = \begin{matrix} 0\,0 \\ 0\,1 \end{matrix},$$

$$H_4 = \begin{matrix} 0\,0\,0\,0 \\ 0\,1\,0\,1 \\ 0\,0\,1\,1 \\ 0\,1\,1\,0 \end{matrix}, \qquad H_{2N} = \begin{matrix} H_N \; H_N \\ H_N \; \overline{H}_N \end{matrix},$$

图 8.6　沃尔什码（Walsh Code）的产生

在 CDMA2000 1x 系统中，沃尔什码（Walsh Code）的长度是可变的，而在 IS-95 CDMA 系统中，沃尔什码的长度是固定不变的，在 CDMA2000 1x 系统中是为了能够更加灵活地划分正交码资源，以便支持不同速率的业务。

在应用变长沃尔什码（Walsh Code）时，由于这种正交码资源的有限性，使得当低维数的沃尔什码被占用时，由其衍变而来的高维数的沃尔什码就不可用了。不同长度的沃尔什码的产生如图 8.7 所示。图 8.7 中的 SF 为扩展因子（Spreading Factor），与沃尔什码（Walsh Code）的维数对应。

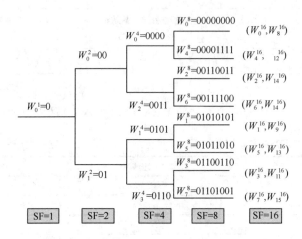

图 8.7　不同长度的沃尔什码（Walsh Code）的产生

　　使用的沃尔什码（Walsh Code）的维数越低，可用的码字就越少，系统支持的用户也越少。每个用户的速率却越高；反之，使用的沃尔什码（Walsh Code）的维数越高，可用的码字就越多，系统支持的用户也越多，而每个用户的速率却越低。沃尔什码的长度与所支持的速率有上述关系的一个重要前提是：无论信息符号速率如何变化，沃尔什码的速率都不变，因为扩频后的带宽是固定的。沃尔什码的长度与所支持的数据传输速率的关系如图 8.8 所示。

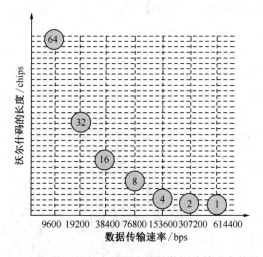

图 8.8　沃尔什码的长度与所支持的数据传输速率的关系

　　CDMA2000 使用了可变长度的沃尔什码，其优点是可以灵活地分配不同的速率，要充分发挥这一优点，还需要考虑合理地分配不同维数的沃尔什码。

4．后向兼容性

CDMA2000 1x 系统的信令提供对 IS-95 系统业务支持的后向兼容能力，具体如下。
- 支持重叠蜂窝网结构。
- 在越区切换期间，共享公共控制信道。
- 支持 IS-95 系统的信令协议标准的沿用。

8.4　CDMA2000 1x 系统信道结构

CDMA2000 1x 系统的物理信道分类与 IS-95 CDMA 系统相同，CDMA2000 1x 从传输方向上把信道分为前向传输逻辑和反向传输逻辑信道两大类，如图 8.9 所示。CDMA2000 1x 系统的前向传输逻辑和反向传输逻辑信道主要采用的码片速率为 1×1.2288Mchip/s，数据调制方式为 OQPSK，采用 64×64 阵列正交码平衡四相扩频调制方式。

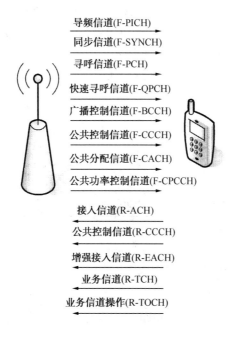

图 8.9　CDMA2000 1x 系统信道结构

CDMA2000 1x 系统前向传输逻辑信道所包括的导频信道、同步信道、寻呼信道均兼容 IS-95 系统控制信道的特性。

CDMA2000 1x 系统反向传输逻辑信道包括接入信道、增强接入信道、公共控制信道、业务信道，其中，增强接入信道和公共控制信道除可提高接入效率外，还适应多媒体业务。

8.4.1　前向物理信道

CDMA2000 1x 系统与 IS-95 CDMA 系统兼容，因此，当接入的移动台只支持 IS-95 CDMA 系统的业务时，与 IS-95 CDMA 系统中相应信道的作用、功能和处理方式都一样。由于 CDMA2000 1x 系统采用了复扩频方式，因此 CDMA2000 1x 系统前向物理信道结构的形式与 IS-95 CDMA 系统有所不同，即在编码和扰码输出后的复扩频方式有所不同，但这只是结构上的不同，而实际输出到空中接口的信号是与 IS-95 CDMA 相同的，也就是说，CDMA2000 1x 系统与 IS-95 CDMA 系统在前向物理信道的结构和信号对应的后续处理方式上有所不同，但实际输出到空中接口的信号是相同的，所以CDMA2000 1x 系统与 IS-95 CDMA 系统是兼容的。

前向物理信道的关键特性描述如下。

- 信道是正交的，并使用沃尔什码（Walsh Code）编码。使用不同长度的沃尔什码会使不同信息比特率有相同的码片速率。

- 在扩频之前使用 QPSK 调制来提高可用的沃尔什码的编码数量。
- 采用前向纠错（FEC）编码。
- 同步前向物理信道。
- 前向链路发射分集。
- 每秒 800 次快速前向功率控制（闭环）。
- 帧长度：信令和用户信息使用 20ms 帧；控制信息使用 5ms 帧。

对于 SR1（扩展速率 1）操作基站，在前向专用信道（前向专用控制信道、前向基本信道、前向补充信道）和前向公共信道（广播信道、快速寻呼信道、公共功率控制信道、公共分配信道、前向公共控制信道）上可以支持正交发送分集（OTD）和空时扩展（Space Time Spreading，STS）；对于 SR3 操作基站，在分离天线上可以通过发送载频支持发送分集。中国联通未使用正交发送分集（OTD）和（STS）。CDMA2000 1x 系统的前向物理信道如图 8.10 所示。

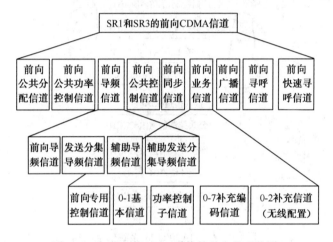

图 8.10　CDMA2000 1x 系统的前向物理信道

这些码道均用适当的沃尔什码或准正交函数进行扩频，然后用 1.2288Mchip/s 的固定码片速率的正交 PN 序列对扩频。在一个基站中可以采用频分复用的方法使用多个前向 CDMA 信道。

1. 前向导频信道（F-PICH）

为了提供定时和相位信息，在整个小区内不断发送前向导频信息，共用导频在沃尔什码扩频之前具有 Walsh 0 的一个全 0 序列，提供以下功能。

- 移动台用它来捕获系统。
- 提供时间与相位跟踪的参数。
- 用于使所有在基站覆盖区中的移动台进行同步和切换。
- 导频相位的偏置用于扇区或基站的识别，以及小区的捕获和切换。
- 检测多路径信号，可以有效地把 RANK 接收分支分配给信号最强的路径。

基站利用导频 PN 序列的时间偏置来标识每个前向 CDMA 信道。由于 CDMA 系统的频率复用系数为“1”，即相邻小区可以使用相同的频率，所以频率规划变得简单了，这在某种程度上相当于相邻小区导频 PN 序列的时间偏置规划。

2. 前向同步信道（F-SYCH）

在基站覆盖范围内，移动台利用同步信道获取初始化时间同步信息。同步信道在发射前要经过卷积编码、码符号重复、交织、扩频可调制等步骤。在基站覆盖区中，开机状态的移动台利用它来获得初始的时间同步、系统标识、网络标识和寻呼信道的比特率等信息。

一旦移动台捕获到导频信道，即与导频 PN 序列同步，这时可认为移动台在这个前向信道也达到了同步。这是因为同步信道和其他码分信道是用相同的导频 PN 序列进行扩频的，并且同一前向信道上的交织器也是定时用导频 PN 序列进行校准的。

3. 前向寻呼信道（F-PCH）

寻呼信道是经过卷积编码、码符号重复、交织、扰码、扩频和调制的扩频信号。基站使用寻呼信道发送系统信息和对移动台的寻呼消息。

在给定的系统中，所有寻呼信道的发送数据传输速率相同。寻呼信道使用的导频序列偏置与同一前向 CDMA 信道上的实体相同。寻呼信道分为许多寻呼信道时隙。

4. 前向广播信道（F-BCCH）

前向广播信道是专门用来承载开销信息和可能存在短信（SMS）广播信息的寻呼信道。CDMA2000 1x 把开销信息从寻呼信道转移到单独的广播信道，这样就缩短了移动台初始化所需要的时间，改善了系统的接入能力。

5. 前向快速寻呼信道（F-QPCH）

前向快速寻呼信道（F-QPCH）是基站需要在时隙模式下与移动台联系时所采用的一种新型寻呼信道，它的应用减少了激活移动台所需的时间，从而延长了移动台所用电池的寿命。

它包括一个数据位的快速寻呼信息，指示时隙模式的移动台监视寻呼信道分配给它的时隙。在寻呼信息通知移动台收听寻呼信道之前，发送最高可达 80ms 的快速寻呼信息。

6. 前向公共功率控制信道（F-CPCCH）

为了提高移动台接入时的传输效率，保证信号质量并降低对其他用户的干扰，在CDMA2000 1x 系统中增加了前向公共功率控制信道（F-CPCCH），用于对移动台接入时的发射功率进行闭环控制。前向公共功率控制信道（F-CPCCH）由时分复用的公共功率控制子信道组成，每个公共功率控制子信道控制一个增减功率，从而在移动台接入时实现对其接入功率的闭环控制。

7. 前向公共分配信道（F-CACH）

前向公共分配信道（F-CACH）用于在移动台接入过程中向特定移动台发送信道分配信息，通知移动台在随后的时隙里基站是否发送与它有关的信息，这样可以使移动台不必去监听那些没有相关信息的时隙，从而使移动台更加省电。

8. 前向公共控制信道（F-CCCH）

前向公共控制信道（F-CACH）负责向空闲状态的特定移动台发送专用的信息，如寻呼信息等。

9. 前向专用控制信道（F–DCCH）

前向专用控制信道（F-DCCH）用于传送低速小量数据或相关控制信息，它的最大特点是可以动态分配，非连续发送，比较适用于突发方式的数据，但它不支持语音业务。

10. 前向业务信道（F–TCH）

前向业务信道（F-TCH）在用户之间主要采用时分复用方式，其帧长（或时隙）最短为 1.25ms，可以充分利用系统当前不断变化的可用功率和码字资源提供分组数据业务，可以无线配置 RC1 编码结构。

8.4.2 反向物理信道

CDMA2000 1x 与 IS-95 CDMA 兼容，因此，IS-95 CDMA 系统中的反向物理信道仍被支持。当移动台只支持 IS-95 CDMA 系统的业务时，CDMA2000 1x 反向物理信道向下兼容 IS-95 CDMA 系统，与 IS-95 CDMA 系统中相应信道的作用、功能和处理方式相同。

CDMA2000 1x 反向 CDMA 信道由反向接入信道、反向公共控制信道和反向业务信道等组成。这些信道采用直接序列扩频的 CDMA 技术公用同一 CDMA 频率。在这一反向 CDMA 信道上，基站和用户使用不同的长码掩码区分每个反向业务信道。反向物理信道的结构如图 8.11 所示。

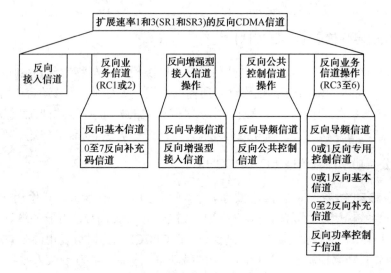

图 8.11　反向物理信道的结构

反向物理信道的主要特点说明如下。

- 信道主要采用编码复用。
- 针对不同的 QoS 和物理层特性采用不同的信道。
- 采用连续传输来避免电磁干扰。
- QPSK 和 BPSK 调制解调方式混用。
- 相干反向链路具有连续导频。
- 信道编码采用前向纠错编码方式。
- 语音和数据采用卷积码（$k=9$）。
- 辅助信道的高速数据采用并行 Turbo 码（$k=4$）。

- 快速反向功率控制：每秒 800 次。
- 帧长：信令和用户信息采用 20ms；控制信息采用 5ms。

1. 反向接入信道（R-ACH）

反向接入信道的功能如下。

- 发起同基站的通信。
- 响应基站发来的寻呼信道消息。
- 进行系统注册。
- 在没有业务时接入系统，对系统实时情况进行回应。

接入信道传输的是一个经过编码、交织以及调制的扩频信号。接入信道由其共用长码掩码唯一识别。

2. 反向增强型接入信道（R-EACH）

由于反向接入信道的传输速率较低，并且传输质量有限，接入时延较大。为了改善接入性能，在 CDMA2000 1x 系统中增强了接入管理，引入了反向增强型接入信道（R-EACH）。反向增强型接入信道（R-EACH）与反向接入信道（R-ACH）一样，用于移动台发起同基站的通信，或者用于响应专门发给移动台的信息，但两者实现的细节不同，结构也不同。

3. 反向公共控制信道（R-CCCH）

反向公共控制信道（R-CCCH）用于在没有使用反向业务信道时，向基站发送用户信息和信令信息。对应一个前向公共控制信道（F-CCCH），最多可以有 32 个反向公共控制信道（R-CCCH）。反向公共控制信道（R-CCCH）的主要特点是发射功率受基站的前向公共控制信道（F-CPCCH）的闭环控制，并且本身可以工作于软切换模式中，因此可以支持的传输速率较高，对系统资源的利用率高。

4. 反向基本信道（R-FCH）

CDMA2000 1x 系统中的反向基本信道（R-FCH）兼容 IS-95 CDMA 系统中的反向基本信道（R-FCH），对应的是无线配置 RC1 和 RC2。而 RC3 和 RC4 与 RC1 和 RC2 不同，不再采用 64 阶正交调制，各个移动台的反向信道之间利用不同的沃尔什码区分。RC3 和 RC4 的非全速率发送采用连续模式发送，并且降低功率，从而保证各数据位的能量基本不变，这与 RC1 和 RC2 不同，RC1 和 RC2 的非全速率发送采用非连续模式发送。

5. 反向辅助信道（R-SCH）

反向辅助信道（R-SCH）是为了实现高速数据业务而增加的反向信道。它是一种分组业务信道，信道编码采用卷积码和 Turbo 码，用于高于 19.2kbps 的数据业务，它可根据用户的不同需求提供不同的数据传输速率，无线配置 RC3 时最高速率为 153.6kbps 或 307.2kbps，无线配置 RC4 时最高速率为 230.4kbps。在不同的速率下，R-SCH 会被自动分配不同长度的沃尔什码。它的信道结构与反向基本信道（R-FCH）类似。

6. 反向专用控制信道（R-DCCH）

反向专用控制信道（R-DCCH）的功能和前向专用控制信道（F-DCCH）类似，用于传送低速小量数据或相关控制信息，它可以动态分配，非连续发送，比较适用于突发方式的数据，不支持语音业务。

7. 反向导频信道（R–DCCH）

由于 IS-95 CDMA 系统的反向物理信道中没有导频信道，所以不能进行相干解调，从而限制了系统容量。在 CDMA2000 1x 系统中，反向导频信道（R–DCCH）的主要功能是为接收方提供相位定时参考，以便进行相干解调。这是 CDMA2000 1x 系统与 IS-95 CDMA 系统在反向链路中显著的不同点之一。反向导频信道（R–DCCH）上还承载用来对前向信道进行快速功率控制的指令。

8. CDMA2000 1x 反向链路 I/Q 映射和调制方式

无线配置 RC3 和 RC4，反向导频信道、反向增强型接入信道、反向公共控制信道和反向业务信道 I、Q 的结构如图 8.12 所示。

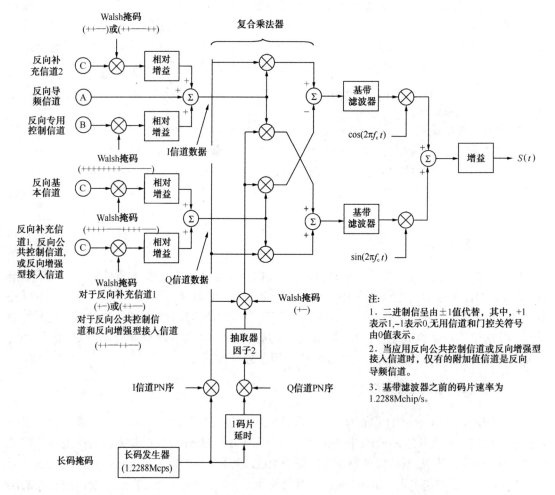

图 8.12　无线配置 RC3 和 RC4，反向导频信道、反向增强型接入信道、
反向公共控制信道和反向业务信道 I、Q 的结构

8.4.3　CDMA2000 1x 系统的关键技术

1．前向链路快速功率控制技术

CDMA2000 1x 系统采用前向链路快速功率控制技术。移动台测量来自基站前向业务信道信号的信噪比，并与阈值比较，根据比较结果，向基站发出调整基站发射功率的指令，功率控制速率可以达到 800bps。使用快速功率控制可以减小基站发射功率、减小总干扰电平，从而降低移动台对信噪比的要求，最终增大系统容量。

2．前向快速寻呼信道技术

前向快速寻呼信道技术主要有以下两种作用。

（1）寻呼或睡眠状态的选择。因基站使用前向快速寻呼信道向移动台发出指令，决定移动台处于监听寻呼信道还是处于低功耗的睡眠状态，这样移动台便不必长时间连续监听前向寻呼信道，可减少移动台的激活时间并节省移动台的功耗。

（2）配置改变。通过前向快速寻呼信道，基站向移动台发送最近几分钟内的系统参数信息，使移动台根据此新信息进行相应的设置处理。

3．前向链路发射分集技术

CDMA2000 1x 系统采用直接扩频（DSSS）方式发射分集技术。采用前向链路发射分集技术可以减少基站的发射功率，抗锐利衰落，增大系统容量，它主要有以下两种方式。

（1）一种是正交发射分集方式。先分离数据流再用不同的正交沃尔什（Walsh）函数扩频码对两路数据流进行扩频，并通过两副发射天线发射。

（2）另一种是空间分集方式。采用在空间上的两副分离天线发射已交织的数据流，并使用相同的原 Walsh 函数扩频码信道。

4．反向相干解调

基站利用反向传输逻辑信道的导频信道捕获移动台发送的无调制直接扩频信号，再用 RAKE 接收机实现反向相干解调，这样，基站接收反向传输逻辑信道的信号时，可采用相干解调。与 IS-95 系统采用非相干解调相比（IS-95 系统反向传输逻辑信道无导频信道），其提高了前向链路性能，降低了移动台的发射功率，增大了系统容量。

5．连续的反向空中接口波形

在反向链路中，数据采用连续导频，使反向信道上的数据波形连续，此措施可减少外界电磁干扰，改善搜索性能，支持正向功率快速控制及反向功率控制连续监控。

6．Turbo 码使用

Turbo 码具有优异的纠错性能，适于对译码时延要求不高的数据传输业务，并可降低对发射功率的要求，增加系统容量。在 CDMA2000 1x 系统中，Turbo 码仅用于前向补充信道和反向补充信道中。

Turbo 编码器由两个 RSC 编码器（卷积码的一种）、交织器和删除器组成。每个 RSC 有两路校验位输出，两路输出经删除复用后形成 Turbo 码。

Turbo 译码器由两路软输入、软输出的译码器、交织器、去交织器构成，经对输入信号交替译码、对软输出多轮译码、过零判决后得到译码输出。

7. 灵活的帧长

与 IS-95 系统不同，CDMA2000 1x 系统支持 5ms、10ms、20ms、40ms、80ms 和 160ms 多种帧长，不同类型的信道分别支持不同的帧长。前向基本信道、前向专用控制信道、反向基本信道、反向专用控制信道采用 5ms 或 20ms 帧，前向补充信道、反向补充信道采用 20ms、40ms 或 80ms 帧，语音信道采用 20ms 帧。

帧长较短可以减少传输时延，但解调性能较差；帧长较长可降低对发射功率的要求。

8. 增强的媒体接入控制功能

媒体接入控制子层控制多种业务接入物理层，保证多媒体的实现。它可以实现语音、分组数据和电路数据业务、实时处理，提供发送、复用和服务质量等级（QoS）控制，提供接入程序。与 IS-95 系统相比，它可以满足宽带和更多业务的要求。

8.5　CDMA2000 1x 系统物理信道的接续流程

从 CDMA2000 1x 系统的接续流程中可以看到系统中各种物理信道的基本功能。总体来说，CDMA2000 1x 和 IS-95 CDMA 系统的接续流程是类似的，只是针对不同的步骤，所使用的物理信道是不同的，CDMA2000 1x 主要侧重支持高速数据业务和提高系统接续性等方面。

如果接入 CDMA2000 1x 系统的移动台是符合 IS-95 CDMA 的，那么它仍然利用 IS-95 CDMA 的物理信道进行工作；如果接入 CDMA2000 1x 系统的移动台是符合 CDMA2000 1x 的，则其工作过程会有所不同，下面将介绍两类不同速率业务的基本接续流程。

8.5.1　CDMA2000 1x 系统的语音 / 低速数据率接续流程

CDMA2000 1x 系统的语音 / 低速数据率接续流程与 IS-95 CDMA 系统的接续流程基本是相同的。低速数据率是指基本信道（FCH）所能承载的最大数据传输速率，对于 CDMA2000 1x 系统来说是 19.2kbps，如图 8.13 所示，具体步骤如下。

（1）移动台加电后扫描 CDMA 载频。

（2）在 CDMA 载频上扫描最强的前向导频信道（F-PICH），进行初始同步，包括频率和相位同步。

（3）对前向导频信道（F-PICH）和前向同步信道（F-SYNCH）进行解码，从而与系统同步，包括系统时间同步和导频偏置同步等。

（4）接收前向寻呼信道（F-PCH），获得系统的各种参数配置数据。

（5）监听前向快速寻呼信道（F-QPCH）是否有针对本移动台的寻呼信息，如果有，则准备接收该信息。

（6）接收前向寻呼信道（F-PCH）传送的寻呼信息。

（7）如果是移动台发起的呼叫，则在反向接入信道（R-ACH）上传送用户的接入信息。

（8）移动台在前向寻呼信道（F-PCH）上收到确认信息和系统分配专用信道资源的信息。

（9）移动台发送反向导频信道（R-PICH）以使基站与之同步。

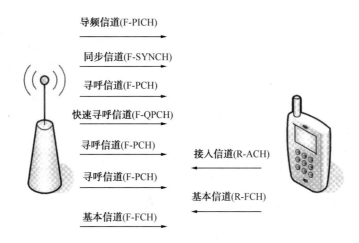

图 8.13 CDMA2000 1x 系统的语音/低速数据率接续流程

（10）基站通过建立的专用信道、前向基本信道、反向基本信道传输业务信息和信令信息。

8.5.2 CDMA2000 1x 系统的高速数据接续流程

CDMA2000 1x 系统的高速数据接续流程如图 8.14 所示，具体步骤如下。

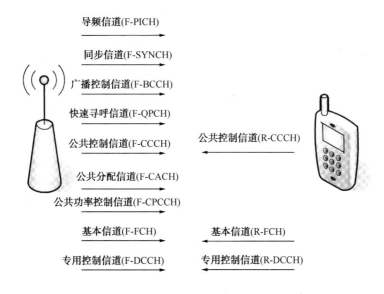

图 8.14 CDMA2000 1x 系统的高速数据接续流程

（1）移动台加电后扫描 CDMA 载频。

（2）在 CDMA 载频上扫描最强的前向导频信道（F-PICH），进行初始同步，包括频率和相位同步。

（3）对前向导频信道（F-PICH）和前向同步信道（F-SYNCH）进行解码，从而与系统同步，包括系统时间同步和导频偏置同步等。

（4）接收前向广播控制信道（F-BCCH），获得系统的各种参数配置数据。

（5）监听前向快速寻呼信道（F-QPCH）是否有针对本移动台的寻呼信息，如果有，则准备接收该信息。

（6）接收前向公共控制信道（F-CCCH）传送的寻呼信息。

（7）如是移动台发起的呼叫，则在反向增强型接入信道（R-EACH）或反向公共控制信道（R-CCCH）上传送用户的接入信息。在这一过程中，如果使用 R-CCCH，则需要通过前向公共分配信道（F-CACH）进行分配，并且需要前向公共功率控制信道（F-CPCH）用于对 R-EACH/R-CCCH 进行功率控制，具体步骤参考 IS-2000 的 MAC 层技术标准。

（8）移动台在前向公共控制信道（F-CCCH）上收到确认信息和系统分配专用信道资源的信息。

（9）移动台发送反向导频信道（R-PICH），以使基站与之同步。

（10）基站通过建立的专用信道、前向和反向的基本信道（FCH）/辅助信道（SCH）/专用控制信道（DCCH）传输业务信息和信令信息，通常在辅助信道（SCH）上传送高速业务数据，而在基本信道（FCH）或专用控制信道（DCCH）上传送信令。

8.6 CDMA2000 1x 分组数据业务的实现

由于 CDMA2000 1x 引入了高速分组数据业务和移动 IP 技术，因此它能提供高速的数据传输速率（153.6kbps），可以开展 AOD、VOD、网上游戏、可视通话和高速数据下载等业务。通常用户有两种接入 CDMA2000 1x 分组数据网络的方式。

8.6.1 简单 IP

简单 IP 业务是指移动台作为主叫系统能提供的 WWW 浏览、E-mail 和 FTP 等业务，即提供拨号上网所能提供的分组数据业务。图 8.15 所示为简单 IP 接入网络结构，提供较为简单的业务，具有以下特点。

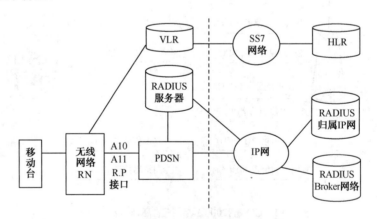

图 8.15 简单 IP 接入网络结构

- 不需要归属代理（HA），直接通过 PDSN 接入 Internet。
- 分组数据服务器（PDSN）提供静态 IP 地址；若 MS 要求动态 IP 地址分配，则由 PDSN、鉴权、授权和计费（AAA）服务器完成。
- 移动台（MS）的 IP 地址仅具有链路层的移动性，即移动用户的 IP 地址仅在 PDSN 服务区内有效，不支持跨 PDSN 的切换。

简单 IP 接入网络对应的协议结构如图 8.16 所示。无线网（RN）由分组控制功能（PCF）和无线资源控制器（RRC）构成；而 PCF 和 PDSN 间的无线包数据 R-P 接口完成无线信道和有线信道的协议转换。R-P 接口属于 A 接口的一部分，定义为 A10 和 A11。

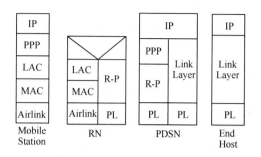

图 8.16　简单 IP 接入网络对应的协议结构

8.6.2　移动 IP

1. 移动 IP 的网络结构

移动 IP 是一种在 Internet 网上提供移动功能的方案，它提供了 IP 路由机制，使移动台可以以一个永久 IP 地址连接到任何子网中，可实现移动台作为主叫或被叫时的分组数据业务通信。

移动 IP 是一种在全球互联网上提供移动功能的方案，它提供了一种 IP 路由机制，使移动节点可以以一个永久的 IP 地址连接到任何链路上。在 CDMA2000 系统中，移动 IP 业务是一种移动分组数据业务的解决方法，是网络提供的核心业务之一。确切地说，是指基于 RFC2002 系列标准的一种业务，即由业务提供者网络为用户提供到公共 IP 网络或预先定义的专用 IP 网络的 IP 路由服务的业务。

移动 IP 业务主要用来实现移动台作为主叫或被叫时的分组数据业务，除了能提供上述简单 IP 业务，还可提供非实时性多媒体数据业务，类似于目前的短消息（传输的信息更丰富）。

相对于简单 IP 或传统的拨号上网，移动 IP 具有以下两方面优势。

（1）用户可以使用固定的 IP 地址实现真正的永远在线和移动，且用户可作为被叫用户，这便于 ISP 和运营商开展丰富的 PUSH 业务（广告、新闻和话费通知）。

（2）移动 IP 提供了安全的 VPN 机制，移动用户无论何时、何地都可以通过它所提供的安全通道方便地与企业内部通信，就像连在家里的局域网一样方便，因为不需要修改任何 IP 设置。

图 8.17 所示为采用移动 IP 技术的 CDMA2000 系统的网络结构。

在 CDMA2000 1x 网络中，由 RN（包括 MS、BTS、BSC、PCF）、PDSN、AAA、HA、FA 共同完成分组数据业务。

关于 RN，MS、BTS、PCF 均在前面介绍过，其中，PCF 主要负责与 BSC、MSC 配合，将分组数据用户接入分组交换核心网 PDSN 上。核心网的功能实体包括 PDSN、HA、FA、RADIUS（AAA）服务器等功能实体。以下分别进行简单的描述。

- PSDN：连接无线网络 RN 和分组数据网的接入网关，其主要功能是提供移动 IP 服务，使用户可以访问公共数据网或专有数据网。
- 移动节点：可以将接入因特网的位置从一条链路切换到另一条链路上，仍然保持所有正在进行的通信，并且只使用它归属地址（Home Address）的节点（在 CDMA2000 系统中为用户的移动终端）。

- FA：移动 IP 时，PDSN 作为移动台的外地代理，相当于移动台访问网络的一个路由器，为移动台提供 IP 转交地址和 IP 选路服务（前提是 MS 须有 HA 登记）。对于发往移动台的数据，FA 从 HA 中提取 IP 数据包，转发到移动台。对于移动台发送的数据，FA 可作为一个默认的路由器，利用反向隧道发往 HA。
- HA：归属代理是 MS 在本地网中的路由器，负责维护 MS 的当前位置信息，建立 MS 的 IP 地址和 MS 转发地址的关系。当 MS 离开注册网络时，需要向 HA 登记，当 HA 收到发往 MS 的数据包后，将通过 HA 与 FA 之间的信道将数据包送往 MS，完成移动 IP 功能。
- RADIUS 服务器：用 RADIUS 服务器的方式完成鉴权、计费、授权服务（AAA 服务）。

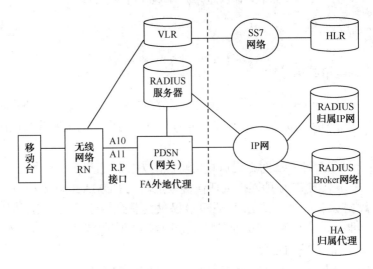

MS—移动台；VLR—访问位置寄存器；RN—无线网络；HLR—原籍位置寄存器；
PDSN—分组数据服务节点；RADIUS—远程拨号接入用户服务；FA—外地代理；HA—归属代理

图 8.17　采用移动 IP 技术的 CDM2000 系统的网络结构

图 8.18 和图 8.19 分别为移动 IP 接入时控制信令和用户数据的协议模型。其中，MAC 为媒体接入控制，LAC 为链路接入控制，它们与空中接口一起组成无线信道。PPP 为点到点协议，支持上层网络协议类型指定，以及 CHAP 和 PAP 认证；IP、TCP/UDP 及上层应用协议为标准的 IP 协议簇。MIP 作为上层控制协议通过 UDP 封装进行通信；与简单 IP 不同，为保证 HA 和 PDSN 间通信的安全性和私密性，接入专用网络时上层数据经过 IPsec 处理。从数据通信的角度来看，PDSN 和 HA 具备路由器的功能。

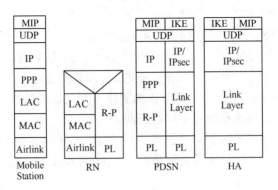

图 8.18　控制信令协议模型

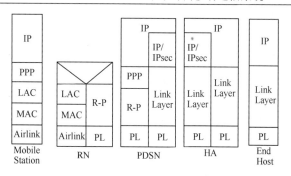

图 8.19　用户数据协议模型

2. 移动 IP 与简单 IP 的差别

作为 CDMA2000 系统所提供的分组数据业务的两种基本形式，简单 IP 和移动 IP 具有各自不同的特点。

在无线通信系统中，用户终端是随时都在移动的，这也是人们习惯将无线环境下的终端称为移动终端的原因。正因为如此，必须要考虑移动性管理的问题。

分组数据业务涉及三个层次的移动性管理问题。第一个层次是指无线网络（RN）内部的移动性，主要是通过无线接入网络内部的机制进行的，如同一 BSC 下的不同基站之间的切换或同一基站下不同扇区之间的切换等。第二个层次是指 R-P 会话的移动性。由于 R-P 会话是与 PCF 绑定的，因此这一层次的移动性管理可以理解为发生在 PCF 之间的切换，但仍然在同一 PDSN 管辖范围内，此时移动终端应保持相同的 PPP 连接和同样的 IP 地址，这是简单 IP 需要解决的问题。第三个层次就是 IP 层的移动性管理。当用户发生 PDSN 间的切换后，由于需要重新建立 PPP 连接，对于简单 IP 来说已无法保证用户的 IP 地址不发生变化，此时需要移动 IP 来保证这一层次的移动性。实际上，这是移动 IP 与简单 IP 的根本差别。

8.7　CDMA2000 1x 系统的升级方案和典型系统的介绍

8.7.1　CDMA2000 1x 系统的升级方案

在 CDMA 系统的基础上发展了 CDMA2000 1x 系统，既要考虑对原有网络的影响，又要最大限度地体现 CDMA2000 1x 系统的优势，使网络平滑过渡到 CDMA2000 1x 系统。

CDMA 系统已覆盖的区域存在两种组网方案。

- IS-95 系统升级到 CDMA2000 1x 系统。
- 建设 CDMA2000 1x 系统的叠加网络。

CDMA2000 1x 兼容 IS-95A/B，增加了 SCH 以支持数据分组业务，因此可以通过增加 CDMA2000 1x BSC 和 BTS 的方式平滑过渡，即业务可以平滑升级，但设备需要增加，CDMA 平滑升级方案如图 8.20 所示。

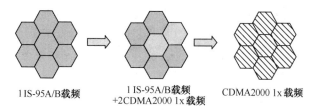

1 IS-95A/B 载频　　　1 IS-95A/B 载频　　　CDMA2000 1x 载频
　　　　　　　　　+2 CDMA2000 1x 载频

图 8.20　CDMA 平滑升级方案

1. 升级方案

升级方案指导思想是在 IS-95 系统的基础上升级为 CDMA2000 1x 系统，以满足新业务的需求，并进行系统扩容。

此方案要对原有设备进行较大的改造，下列设备必须替换。

（1）基站收发信机（BTS）。更换信道板、升级软件、升级 BTS 和基站控制器（BSC）间的接口板。

（2）基站控制器（BSC）设备。增加分组控制单元（PCF）接口及 BSC 间接口。升级 BSC 平台以满足处理分组数据业务的需求。

（3）移动交换中心/原籍位置寄存器/接入信道（MSC/HLR/AC）设备，软件升级。同时，要增加分组数据服务器（PDSN）和分组控制功能（PCF）设备。

2. 叠加方案

叠加方案指导思想是保持原有 IS-95 系统网络不变，同时新建一个 CDMA2000 1x 系统网络，它有以下三种方案。

（1）独立组网方案。新建移动交换中心（MSC）、基站控制器（BSC），增加分组数据服务器（PDSN）和分组控制功能（PCF），新业务与原系统完全独立。

（2）共移动交换中心（MSC）组网。新建 BSC，新增 PDSN 和 PCF，升级 MSC 软件。

（3）共 MSC、BSC 组网。新增 PDSN 和 PCF，升级 BSC 软件或 BSC 平台。

在以上三种方案中，方案（1）对原 IS-95 系统网络的影响最小。

3. 基站覆盖

由于不同地区对移动数据业务的需求不同，组网时要根据不同情况实行不同的数据传输速率，有下列方案可供参考。

（1）设置较小的站距，保证在 CDMA2000 1x 基站的覆盖范围内对于高、低速数据业务均有较好的 QoS。

（2）设置较大的站距，在保证语音业务覆盖的同时对低速数据业务能较好地覆盖，但不能保证对高速数据业务在全网不能有较好的 QoS。

8.7.2 东方通信 CDMA2000 1x 系统的介绍

1. 系统简介

东方通信 CDMA2000 1x 系统由基站收发信机 CS21-BTS、基站控制器 CS21-BSC 和无线操作维护中心 CS21-OMCR 三部分组成。

A 接口遵循 IOS4.1 标准，具备良好的开放性和兼容性；空中接口遵照 IS-2000 标准，提供高质量的语音和高速数据业务；网络管理提供 CORBA 或 Q3 接口；系统基于先进的 ATM（异步传输模式）交换平台，采用分布的模块化设计结构，集成度高。

基站控制器（BSC）的容量扩展能力强，组网灵活；基站收发信机（BTS）产品具有系列化的特点，可支持全向、三扇区和六扇区的工作模式，能满足不同用户的需求。

无线操作维护中心（OMC-R）基于人性化的界面设计，能对基站系统内的 CDMA 网内的设备实施集中操作、维护和管理，在提供配置、故障、安全、性能等方面的管理维护功能的同时，具备智能诊断定位功能，提高了系统的可维护性。

2．CDMA2000 1x 基站系统的整体解决方案

CS21-BSS 无线子系统主要由四部分组成：BTS 部分、BSC 部分、PCF（分组控制功能）部分和 OMC-R 部分，如图 8.21 所示。

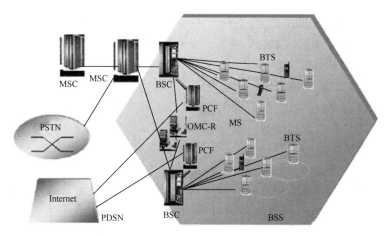

图 8.21　CS21-BSS 系统的整体解决方案

（1）基站收发信机（BTS）。BTS 的主要功能是用于无线信号的发送和接收，它是在小区范围内与用户通信的设备。BTS 硬件的结构紧凑、集成度高。它主要由主控部分、基带处理部分、上下变频处理部分、射频前端部分、线性功率放大器（MCPA）、时钟同步部分、电源部分组成。

（2）基站控制器（BSC）。BSC 主要实现对基站的控制功能。它掌握和控制整个基站子系统（BSS）的资源分配，实现对语音和数据信息的交换。BSC 主要由 ATM 交换模块、主处理机模块、声码器模块、NO.7 信令模块、PCF 模块、ATM 集中器模块组成，其系统特性描述如下。

- 能够支持灵活的容量配置：最大支持 1920 ch（信道）。
- 最大支持 64 BTS（基站收发信机）。
- 可以支持数据业务，提供数据核心网络接口。
- 数据传输速率：用户的数据传输速率为 153.6kbps，BTS 的数据传输速率为 384kbps。
- 支持电路数据业务和分组数据业务。
- 具有后向兼容性：支持 IS-95A。
- 实现对无线系统的配置、监控和测试等功能。
- 最大呼叫处理能力：168 万 BHCA。

（3）分组控制单元（PCF）。PCF 主要实现对分组数据业务的处理功能。它能够提供强大的分组数据处理能力，满足用户对高速分组数据的传输要求，能适应不断增长的业务需要。

（4）无线操作维护中心（OMC-R）。OMC-R 主要对整个基站子系统（BSS）进行管理和控制，它是整个 BSS 的操作维护中心。

（5）无线网络特性。CS21CDMA 移动通信系统的无线网络部分除具有呼叫处理的功能外，还具有以下特性。

- 支持高速数据和多媒体业务。
- 支持优先访问及信道调配（Priority Access and Channel Assignment，PACA）。

- 支持等级业务，能够提供如等级计账及为某一用户组的用户提供特别信息等不同的业务。
- 支持网络系统选择（Network Directed System Slection，NDSS）可以改变用户登记位置到合适的网络。
- 提供 8kbps EVRC、8kbps QCELP 和 13kbps QCELP 压缩方法，支持多种声码器。
- 充分利用 ATM 网络，CDMA 网络系统通过 ATM 网络处理大量的用户传输信号，提供有 QoS 支持的多种多媒体业务。通过 ATM 网络的操作及维护工具完善 ATM 路径、设备的检测、统计功能的操作和维护。
- 结构模块化，硬件和软件均模块化，可以在不改变硬件系统结构的情况下通过插拔模块扩展系统，在改变或增加功能软件的同时使系统的变更最小；在升级时使系统的中断可能性最小。
- 采用 AAL2 传输语音信号，增强网络建设的经济性和系统操作的方便性，BSM 以图形的方式显示系统组件状况，从而使操作员可以很方便地检查和进行必要的测试。BSM 也能通过以太网和双向 modem 进行远程调试和维护；采用高集成信道卡提供大用户容量。

8.7.3　中兴 CDMA2000 1x 移动通信系统的介绍

CDMA2000 1x 移动通信系统相对于 IS-95 CDMA 移动通信系统的一个重要提高是高速分组数据业务。中兴 CDMA2000 1x 移动通信系统不仅可以实现 IS-95 CDMA 系统所有的基本电信、补充、短消息、无线智能网等业务，而且可以实现高速数据业务。

中兴 ZX3G1X-BSS 基站子系统在空中接口使用基本信道（FCH）和 1 条辅助信道（SCH）进行数据传输，其前向和反向的最高数据传输速率为 163.2kbps（153.6kbps＋9.6kbps）。并且使用智能化的无线资源管理算法，对高速分组数据业务在空中的传输进行有效管理，提高无线容量。根据无线资源的状况可以支持灵活的数据传输速率，其中，SCH 可支持的前向和反向速率为 9.6～153.6kbps。由于中兴 ZX3G1X-BSS 基站子系统同时使用基本信道（FCH）和辅助信道（SCH）传输数据，所以对每个用户支持的空中传输速率也为 9.6～163.2kbps。

在建立 ZX3G1X-BSS 时，根据 RF 的功率情况和用户的无线环境计算 SCH 需要传输的功率，充分利用空中的剩余资源进行数据传输，提高数据业务的空中资源利用率。

ZX3G1X-BSS 可以根据运营商的要求调整对数据业务的管理策略，在平均用户传输速率和同时支持激活的用户数量之间进行调整。当系统处于休眠（Dormant）状态时，保持用户的 PPP 连接，但是释放用户占用的空中资源，以达到提高频谱利用率的目的，并且可以根据运营商的要求方便地实现对数据用户的"always-on（永远在线）"的支持。

中兴 ZXC100-PDSS 分组数据网络可向用户提供两种通用业务：本地和公用 IP 网络的接入访问，私有（专用）IP 网络的接入访问。这些业务是通过 IP 技术实现的。

根据系统网络结构的不同，中兴 ZXC100-PDSS 分组数据网络支持简单 IP 技术和移动 IP 技术。

简单 IP 技术类似于拨号上网，每次给移动台分配的 IP 地址是动态可变的，可实现移动台作为主叫的分组数据呼叫，协议简单，容易实现，但跨分组数据服务节点（PDSN）时需要中断正在进行的数据通信。简单 IP 业务是指移动台作为主叫时，系统能提供的 WWW 浏览、E-mail、FTP 等业务，即提供拨号上网所能提供的分组数据业务。

移动 IP 技术是在全球 Internet 网上提供一种 IP 路由机制，使移动台可以以一个永久的 IP

地址连接到任何子网中，可实现移动台作为主叫或被叫时的分组数据业务通信，并可保证移动台在切换 PPP 链路（跨 PDSN）时仍保持正在进行的通信。移动 IP 业务主要用来实现移动台作为主叫或被叫时的分组数据业务，除了能提供上述简单 IP 业务，还可提供非实时性的多媒体数据业务，类似于短消息（传输的信息更丰富）。

中兴 CDMA2000 1x 移动通信系统的网络示意图如图 8.22 所示，由以下几部分组成。

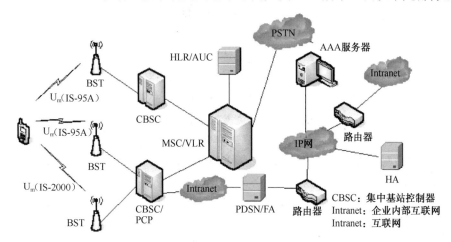

图 8.22　中兴 CDMA2000 1x 移动通信系统的网络示意图

（1）基站子系统（Base Station System，BSS）。包括基站收发信机（BTS）和基站控制器（BSC），一个 BSC 可以控制多个 BTS，它们之间的接口为内部 Abis 接口。其作用与 IS-95 系统基本相同，只是增加了对分组数据用户的支持。

（2）分组控制功能（Packet Control Funtion，PCF）。CDMA2000 1x 系统新增了物理实体，其作用主要是对移动用户所进行的分组数据业务进行转换、管理与控制。

（3）移动交换中心（Mobile Switch Centre，MSC）。其作用与 IS-95 系统基本相同，只是增加了对分组数据业务的支持与控制。

（4）访问位置寄存器（Visitor Location Register，VLR）。其作用与 IS-95 系统基本相同，只是增加了对与分组数据业务相关的用户数据的支持。

（5）原籍位置寄存器（Home Location Registor，HLR）。其作用与 IS-95 系统基本相同，只是增加了对与分组数据业务相关的用户数据的支持。

（6）鉴权中心（Authentication Center，AUC）。其作用与 IS-95 系统基本相同，只是增加了对分组数据用户的鉴权。

（7）分组数据服务节点（Packet Digital Switch Node，PDSN）。CDMA2000 1x 系统新增了物理实体，为 CDMA2000 1x 移动通信网络系统中的移动台提供接入 Internet、Intranet 和 WAP 的能力，类似于接入服务器。

（8）外部代理（Foreign Agent，FA）。CDMA2000 1x 系统新增了物理实体，位于移动台拜访网络的一个路由器，为在该 FA 登记的移动台提供路由功能。FA 通过 PDSN 实现，在功能上类似于部分移动交换中心（MSC）。

（9）归属代理（Home Agent，HA）。CDMA2000 1x 系统新增了物理实体，移动台在归属网上的路由器负责维护移动台的当前位置信息，完成"移动 IP（Mobile IP）"的登记功能。当移动台离开归属网络时，通过隧道（tunnel）将数据包送往 FA，由 FA 转发给移动台。只有使用"移动 IP（Mobile IP）"时才需要 HA，其功能类似于部分归属位置寄存器（HLR）。

（10）鉴权、授权、计费服务器（Authentication Authorization Accounting，AAA）。CDMA2000 1x 系统新增了物理实体，其主要作用是对分组数据用户进行鉴权，判决用户的合法性；保存用户的业务配置信息；完成分组数据计费功能，其功能类似于鉴权中心（AUC）和部分归属位置寄存器（HLR）。

本 章 小 结

本章介绍了 CDMA2000 1x 数字蜂窝移动通信系统，主要包括 CDMA2000 1x 系统的现状及标准、技术特点、系统结构和接口、信道组成、关键技术、接续流程、典型的解决方案及设备。主要就 CDMA 和 CDMA2000 1x 系统的网络结构、特点进行了描述，着重介绍了其与 CDMA（IS-95）系统的不同点。这些所涉及的都是构成 CDMA2000 1x 系统的基本原理和技术。通过对 CDMA2000 1x 系统的基本概念、原理、技术及设备的学习和了解，使学生了解和掌握 CDMA2000 1x 系统，本章的主要内容如下。

（1）CDMA2000 1x 的概念、标准和现状、特点和基本特征。

（2）CDMA2000 1x 系统的网络分层结构，各部分的功能和特点。

（3）CDMA2000 1x 系统的网络实现结构，频率配置、无线配置和后向兼容性。着重介绍了 CDMA2000 1x 系统的频段和信道的主要参数。

（4）介绍了 CDMA2000 1x 系统的信道结构，前向物理信道和反向物理信道的特点、功能及作用；同时介绍了 CDMA2000 1x 系统的关键技术。

（5）通过对 CDMA2000 1x 系统语音/低速数据业务和高速数据业务接续流程的介绍，使读者了解移动台、基站的处理流程。

（6）对 CDMA2000 1x 系统的简单 IP 和移动 IP 网络技术进行了介绍，有助于读者了解移动通信 IP 网的组成和特点。

（7）介绍了从 IS-95 升级到 CDMA2000 1x 系统的两种方案，并着重介绍已有的 CDMA2000 1x 系统的设备。

习　题　8

8.1　CDMA2000 技术体制的正式标准名为＿＿＿＿＿＿＿。

8.2　CDMA2000 1x 可支持＿＿＿＿＿＿数据传输速率，网络引入分组交换，可支持＿＿＿＿业务。

8.3　CDMA2000 1x 与 IS-95（A/B）＿＿＿＿＿，实现平滑过渡。

8.4　CDMA2000 1x 系统由＿＿＿、＿＿＿、＿＿＿和＿＿＿四部分组成。

8.5　几乎所有厂家都把＿＿＿和 PCF 在同一物理实体中实现。

8.6　CDMA2000 1x 系统利用沃尔什码的＿＿＿＿区分信道。

8.7　简单 IP 可提供拨号上网所提供的全部＿＿＿＿业务。

8.8　传送数据业务的 CDMA2000 1x 系统的总容量是 IS-95A 系统的＿＿＿。

　　A．1 倍　　　　　　B．2 倍　　　　　　C．3.2 倍

8.9　中国联通 CDMA/CDMA2000 1x 系统的第一载频编号为＿＿＿。

　　A．37　　　　　　B．160　　　　　　C．283

8.10　PDSN 功能实体属于＿＿＿。

　　A．无线网　　　　B．分组域部分　　　C．电路域部分

8.11　简述 CDMA2000 1x 的主要技术特点。

8.12　CDMA2000 1x 与 IS-95 相比，在结构上有什么特点？

8.13　在 CDMA2000 1x 中采用了哪些关键技术？

8.14　简述 CDMA2000 1x 的分层结构。

8.15　简述 PCF 的主要功能和 PDSN 的主要作用。

8.16　简述简单 IP 与移动 IP 的主要区别。

8.17　从 IS-95 升级到 CDMA2000 1x 系统有哪几种方案？各有什么特点？

第9章　第三代移动通信系统

【内容提要】

第三代移动通信系统与第二代移动通信系统的不同在于它以提供移动环境下的多媒体业务和宽带数据业务为主，是宽带数字系统，数据传输速率可达 2Mbps。本章首先介绍第三代移动通信系统的标准、特点、演进策略、系统网络结构、功能结构模型和关键技术，然后重点介绍 WCDMA 移动通信系统的结构、功能模型、接口和网络解决方案；随后简要介绍 TD-SCDMA 和 CDMA2000 1x EV-DO 移动通信系统的标准、技术特点，最后对 WCDMA、TD-SCDMA 和 CDMA2000 1x 三种主流技术进行分析比较。

第二代移动通信系统主要提供的服务仍然是语音服务及低速率数据服务。随着网络的发展，数据和多媒体通信有了迅猛发展的势头，第三代移动通信的目标就是宽带多媒体通信。

3G 是 3rd Generation 的缩写，指第三代移动通信技术。它是指将无线通信与互联网等多媒体通信相结合的新一代移动通信系统。它能够处理图像、音乐、视频流等多种媒体形式，提供网页浏览、电话会议、电子商务等多种信息服务。为了提供这些服务，无线网络必须能够支持不同的数据传输速率，也就是说，在室内、室外和行车环境中至少能够分别支持 2Mbps、384kbps 及 144kbps 的传输速率。CDMA 是第三代移动通信（3G）技术的首选，目前的标准有 WCDMA、CDMA2000 和 TD-SCDMA。

9.1　第三代移动通信系统的简介

9.1.1　第三代移动通信系统的概述

第三代移动通信系统以提供移动环境下的多媒体业务和宽带数据业务为主，是宽带数字系统，采用码分多址或时分多址，数据传输速率可达 2Mbps。

蜂窝移动通信系统的演进如图 9.1 所示。

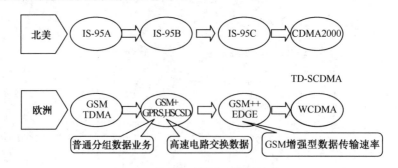

图 9.1　蜂窝移动通信系统的演进

9.1.2　第三代移动通信系统的标准

1．概述

国际电信联盟（ITU）早在 1985 年就开始研究适合全球运营的第三代移动通信系统，当时称为未来公共陆地移动通信系统（FPLMTS）；1992 年，世界无线电大会（WRC）分配了 230MHz 的频率给 FPLMTS；1996 年，ITU 将 FPLMTS 更名为 IMT—2000，即国际移动通信系统,这个命名有三重含意：工作于 2000MHz 频段,最高数据传输速率可达 2000kbps（2Mbps）,预计 2000 年左右投入商用。

1999 年 10 月份，ITU 在赫尔辛基举行的会议上确定了 5 种标准方案，如图 9.2 所示。

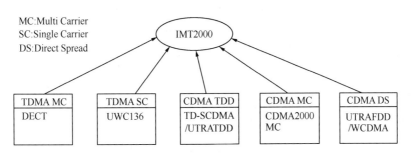

图 9.2　IMT—2000 确定的五种标准方案

- IMT—2000 CDMA DS，即欧洲和日本的 UTRA/WCDMA。
- IMT—2000 CDMA MC，即美国的 CDMA2000 MC。
- IMT—2000 CDMA TDD，即中国的 TD-SCDMA 和欧洲的 UTRA TDD。
- IMT—2000 TDMA SC，即美国的 UWC-136。
- IMT—2000 TDMA MC，即欧洲电信标准协会（ETSI）的 DECT。

IMT—2000 确定了 5 种无线传输技术的规范，其中，有 3 种基于 CDMA 技术，另外两种基于 TDMA 技术。CDMA 技术是第三代移动通信系统的主流技术。

国际电信联盟在 2000 年 5 月确定了 WCDMA、CDMA2000 和 TD-SCDMA 三大主流无线接口标准，将其写入 3G 技术指导性文件《2000 年国际移动通信计划》（简称 IMT—2000）。

2．标准组织

3G 的标准化组织实际上是由第三代伙伴关系计划（3th Generation Partner Project，3GPP）和 3GPP2 两个标准化组织来推动和实施的，如图 9.3 所示。

3GPP 成立于 1998 年 12 月，由欧洲的 ETSI、日本的 ARIB、韩国的 TTA 和美国的 T1P1 等组成。采用欧洲和日本的 WCDMA 技术构筑新的无线接入网络，在核心交换侧，则在 GSM 移动交换网络的基础上平滑演进,提供了更加多样化的业务。UTRA（Universal Tetrestrial Radio Access）为无线接口的标准。

随后，在 1999 年 1 月，3GPP2 正式成立，由美国的 TIA、日本的 ARIB、韩国的 TTA 等组成。无线接入技术采用 CDMA2000 和 UWC-136 为标准，CDMA2000 这一技术在很大程度上采用了美国高通公司的专利，核心网采用 ANSI/IS-41。

IMT—2000 的网络采用了"家族概念"，受限于此概念，ITU 无法制定详细的协议规范。中国无线通信标准研究组（CWTS）是这两个标准化组织的正式成员，华为公司、大唐集团也是 3GPP 的独立成员。

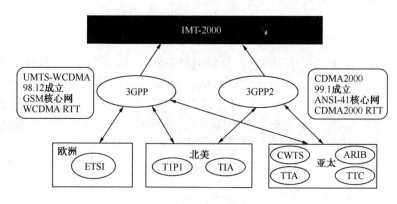

图 9.3　3G 标准化组织

（1）WCDMA：即 Wideband CDMA，也称为 CDMA Direct Spread。其支持者主要是以 GSM 系统为主的欧洲厂商，日本公司也参与其中，包括欧美的爱立信、阿尔卡特、诺基亚、朗讯（Lucent）、北电，以及日本的 NTT、富士通、夏普等厂商。这套系统能够架设在 GSM 网络上，对于系统提供商而言可以较轻易地实现过渡，而 GSM 系统相当普及的亚洲对这套新技术的接受度相当高。因此，WCDMA 具有先天的市场优势。

（2）CDMA2000：CDMA2000 也称为 CDMA Multi-Carrier，是由美国高通公司为主导提出的，Lucent 和后来加入的韩国三星都参与其中，韩国现在成为该标准的主导者。这套系统是从窄频 CDMA One 数字标准衍生出来的，可以从原有的 CDMA One 结构直接升级到 3G，建设成本低廉。但当时使用 CDMA 的地区只有日本、韩国和北美地区，所以 CDMA2000 的支持者不如 WCDMA 多。但 CDMA2000 的研发技术却是当时各标准中进度最快的，许多 3G 手机率先面世。

（3）TD-SCDMA：该标准是由中国独自制定的 3G 标准，1999 年 6 月 29 日，由中国原邮电部电信科学技术研究院（大唐电信）向 ITU 提出。该标准将智能无线、同步 CDMA 和软件无线电等国际领先技术融于其中，在频谱利用率、对业务支持的灵活性、频率灵活性及成本等方面有独特优势。另外，由于中国国内的庞大市场，该标准受到各大主要电信设备厂商的重视，全球一半以上的设备厂商都宣布可以支持 TD-SCDMA 标准。

TD-SCDMA 是由中国提出的第三代移动通信系统体制标准，它与 WCDMA 和 CDMA2000 两个标准最大的不同之处是采用了 TDD 双工方式，将 TDMA 与 CDMA 技术结合应用，其优势在于节省频谱资源，不需要成对的频率，能很好地实现非对称数据传输，由于上下行传播特性相同，所以智能天线技术得到了最佳应用，同时它应用了软件无线电、联合检测等新技术。

3．第三代移动通信系统的特点

第三代移动通信系统具有以下特点。

（1）高速率。数据传输速率可从几 kbps 到 2Mbps；高速移动时为 144kbps；慢速移动时为 384kbps；静止时为 2Mbps。

（2）多媒体化。提供高质量的多媒体业务，如语音、可变速率数据、活动视频和高清晰图像等多种业务，可实现多种信息的一体化。

（3）全球性。采用公用频段，可全球漫游。在设计上具有高度的通用性，系统中的业务以及它与固定网之间的业务可以兼容，拥有足够的系统容量和强大的多种用户管理能力，能提供全球漫游服务，是一个覆盖全球的、具有高度智能和个人服务特色的移动通信系统。

（4）综合化。多环境、灵活性，能把现存的寻呼、无绳电话、蜂窝（宏蜂窝、微蜂窝、微微蜂窝）、移动卫星等通信系统综合在统一的系统中（从小于 50m 的微微小区到大于 500km 的卫星小区），与不同网络互通，提供无缝漫游服务，并保证业务的一致性。

（5）平滑过渡和演进。与第二代系统共存和互通，开放结构，易于引入新技术。

（6）业务终端具有多样化的特征。终端既是通信工具，又是计算工具和娱乐工具。

（7）智能化。主要表现在优化网络结构方面（引入智能网概念）和收发信机的软件无线电化。

（8）个人化。用户可用唯一的个人电信号码（PTN）在任何终端上获取所需要的电信业务，这超越了传统的终端移动性，真正实现了个人移动性。

9.1.3　3G 演进策略

3GPP 和 3GPP2 制定的演进策略总体上都是渐进式的，如图 9.4 所示。

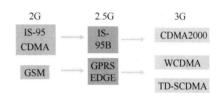

图 9.4　3G 演进图

- 保证现有投资和运营商的利益。
- 有利于现有技术的平滑过渡。

由于目前我国的第二代无线网络中 GSM 系统的主导地位，加之 GSM 和 DAMPS 的趋同（DAMPS 向 GSM 靠近），所以可以认为 GSM 向 UMTS/IMT—2000 的过渡是第二代无线网络向第三代无线网络发展的主干。

1．GSM 向 WCDMA 的演进策略

GSM 向 WCDMA 的演进策略如图 9.5 所示。

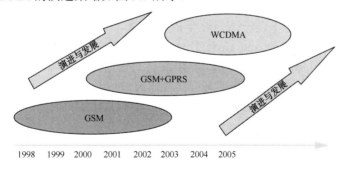

图 9.5　GSM 向 WCDMA 的演进策略

GSM 向 WCDMA 的演进策略应是：GSM→HSCSD（高速电路交换数据，速率为 14.4～64kbps）→GPRS（通用分组交换无线业务，速率为 144kbps）→IMT—2000 WCDMA。

（1）高速电路交换数据（High Speed Circuit Switched Data，HSCSD）。HSCSD 具有将多个全速率语音信道共同分配给 HSCSD 结构的特性。HSCSD 的目的是以单一的物理层结构提供不同空间接口数据传输速率的多种业务的混合功能。HSCSD 结构的有效容量是 TCH/F 容量的几倍，使得空间接口数据传输速率明显提高。

HSCSD 的好处在于能提供更高的数据传输速率（高达 64kbps，最大数据传输速率取决于

生产厂家），并仍使用 GSM 数据技术，将 GSM 系统稍加改动就可使用。此技术中较高的数据传输速率是以多信道数据传输实现的。并且，如果改动信道编码及协议，每个信道的数据传输速率可达到 14.4kbps。

（2）通用分组交换无线业务（General Packet Radio Service，GPRS）的主要优点如下。

- 标准的无线分组交换 Internet/Intranet 接入，适用于所有 GSM 覆盖的地方。
- 可变的数据传输速率峰值，从每秒几比特到 171.2kbps（最大数据传输速率取决于生产厂家）。
- 由于按实际数据量计费，所以用户即使全天在线上也只需要付实际传输数据量的费用。
- 现有业务的使用性及新的应用。
- 在无线接口上打包，优化无线资源共享。
- 网络构成的分组交换技术，优化网络资源共享。
- 可延伸到未来无线协议的能力。

在现有 GSM 部分的基础上，以分组交换为基础的 GPRS 网络结构增加了新的网络功能部分。

- 服务 GPRS 支持节点 SGSN。此节点支持移动台并执行加密和接入控制。SGSN 与 BSS 间采用帧中继方式。在使用 GPRS 时，SGSN 建立与信息相符的移动管理环境（CONTEXT），如手机的加密和移动。在 PDP（公共数据协议）环境激活时，SGSN 建立一个与所使用的网关 GPRS 支持节点（Gateway GPRS Support Nodes，GGSN）之间的用于路由的 PDP 环境。SGSN 在某些情况下可与 MSC/VLR 互相发送位置信息或接收寻呼要求。
- 网关 GPRS 支持节点 GGSN。此节点根据 PDP 的估算与分组数据网相连，如 X.25 或 IP 地址。它包含 GPRS 用户的路由信息。路由信息用于接通 PDU（协议数据单元）与手机所附着的当前点 SGSN。GGSN 可通过 Gc 接口向位置登记器 HLR 索要位置信息。对于漫游的手机，HLR 可能与当前的 SGSN 不在一个 PLMN 内。在支持 GPRS 的 GSM PLMN 网中，GGSN 是 PDU 上与之连接的第一点。
- 点到多点的服务中心 PTM-SC，处理 PTM 话务，它与 GPRS 主干网和 HLR 相连接。

（3）宽带码分多址（Wideband Code Division Multi Access，WCDMA）。WCDMA 是以 UMTS/IMT—2000 为目标的成熟的技术。其能满足 ITU 所列出的所有要求，提供有效的高速数据，以及具有高质量的语音和图像业务。其具体内容将在本章 9.3 节中进行详细介绍。但是，在 GSM 向 WCDMA 的演进过程中，仅核心网部分是平滑过渡的。由于空中接口的革命性变化，无线接入网部分的演进也是革命性的。

2．IS-95 向 CDMA2000 的演进策略

IS-95 向 CDMA2000 的演进策略如图 9.6 所示。

从 IS-95A（速率为 9.6/14.4kbps）→IS-95B（速率为 115.2kbps）→CDMA2000 1x，CDMA2000 1x 能提供更大的容量和更快的数据传输速率（144kbps），支持突发模式并增加新的补充信道，先进的 MAC 提供改进的 QoS 保证。采用增强技术后的 CDMA2000 1x EV 可以提供更高的性能。

IS-95B 与 IS-95A 的主要区别在于可以捆绑多个信道。当不使用辅助业务信道时，IS-95B 与 IS-95A 基本是相同的，可以共存于同一载波中。CDMA2000 1x 则有较大的改进，CDMA2000 与 IS-95 是通过不同的无线配置来区别的。CDMA2000 1x 系统设备可以通过设置 RC，同时

支持 CDMA2000 1x 终端和 IS-95A/B 终端。因此，IS-95A/B 与 CDMA2000 1x 可以同时存在于同一载波中。对 CDMA2000 系统来说，从 2G 到 3G 的过渡可以采用逐步替换的方式，压缩 2G 系统的 1 个载波，转换为 3G 载波，向用户提供中高速率的业务。此操作对用户来说是完全透明的，由于 IS-95 系统的用户仍然可以工作在 3G 载波中，所以 2G 载波中的用户数并没有增加，也不会因此增加呼损。随着 3G 系统中用户量的增加，可以逐步减少 2G 系统使用的载波，增加 3G 系统的载波。通过这种方式，可以很好地解决网络升级的问题，网络运营商通过这种平滑升级，可以向用户提供各种最新的业务。

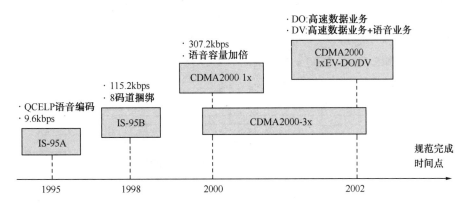

图 9.6　IS-95 向 CDMA2000 的演进策略

在向第三代演进的过程中，需要注意的问题是 BTS 和 BSC 等无线设备的演进问题。在制定 CDMA2000 标准时，已经充分考虑了保护运营商的投资，很多无线指标在 2G 和 3G 中是相同的。对 BTS 来说，天线、射频滤波器和功率放大器等射频部分是可以再利用的，而基带信号处理部分则必须更换。

CDMA2000 1x EV 的演进方向包括两个分支：仅支持数据业务的分支 CDMA2000 1x EV-DO 和同时支持数据与语音业务的分支 CDMA2000 1x EV-DV。在仅支持数据业务的分支方面，确定采用美国高通（Qualcomm）公司提出的 HDR，而在同时支持数据与语音业务分支方面的提案有多家，包括我国提交的一项技术 LAS-CDMA。

9.1.4　3G 技术体制

对于 3G，ITU 的目标是：建立 ITM-2000 系统家族，求同存异，实现不同 3G 系统上的全球漫游。

网络部分：与第二代兼容，即第三代网络是基于第二代网络逐步发展演进的。第二代网络有两大核心网：GSM MAP 和 IS-41。

无线接口：美国的 IS-95 CDMA 和 IS-136 TDMA 运营者强调后向兼容（演进性）；欧洲的 GSM、日本 PDC 运营者无线接口不强调后向兼容（革命性）。

核心网与无线接口的对应关系如图 9.7 所示。

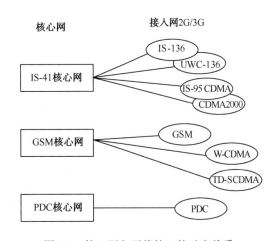

图 9.7　核心网与无线接口的对应关系

9.1.5　3G 频谱

国际电联对第三代移动通信系统 IMT—2000 划分了 230MHz 频率，即上行 1885～2025MHz、下行 2110～2200MHz，共 230MHz。其中，1980～2010MHz（地对空）和 2170～2200MHz（空对地）用于移动卫星业务。上下行频带不对称，主要考虑可使用双频 FDD 方式和单频 TDD 方式，此规划在 WRC1992 上通过。

WRC1992 划分的频谱已经得到各标准化组织的支持，如 3GPP 和 3GPP2 分别在 WCDMA 和 CDMA2000 的标准中给出了 IMT—2000 WRC1992 频谱的使用方法。

在 2000 年的 WRC2000 大会上，在 WRC-1992 基础上又批准了新的附加频段：806～960MHz、1710～1885MHz、2500～2690MHz，如图 9.8 所示。

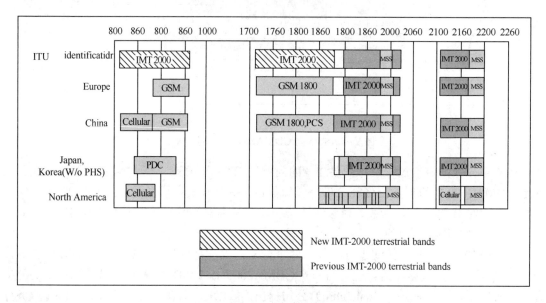

图 9.8　WRC2000 对 IMT—2000 的频谱安排

（1）WCDMA FDD 模式使用的频谱如下（3GPP 并不排斥使用其他频段）。

- 上下行分别为 1920～1980MHz 和 2110～2170MHz。
- 美洲地区：上行 1850～1910MHz，下行 1930～1990MHz。

（2）WCDMA TDD（包括 High bit rate 和 Low bit rate）模式使用的频谱如下（3GPP 并不排斥使用其他频段）。

- 上下行分别为 1900～1920MHz 和 2010～2025MHz。
- 美洲地区：上下行分别为 1850～1910MHz 和 1930～1990MHz。
- 美洲地区：上下行为 1910～1930MHz。

CDMA2000 中只有 FDD 模式，目前共有 7 个 Band Class，其中，Band Class 6 为 IMT—2000 规定的 1920～1980MHz/2110～2180MHz 的频段。

在我国，第三代移动通信必须与现有的各种无线通信系统共享有限的频率资源。为了促使运营、科研、生产等部门积极发展第三代移动通信系统，满足我国移动通信发展的近期频谱需求和长远频谱需求，必须随着技术、业务的发展做好 IMT—2000 频段的规划调整工作。考虑到实际应用的业务，我国 IMT—2000 的频谱分配如图 9.9 所示。

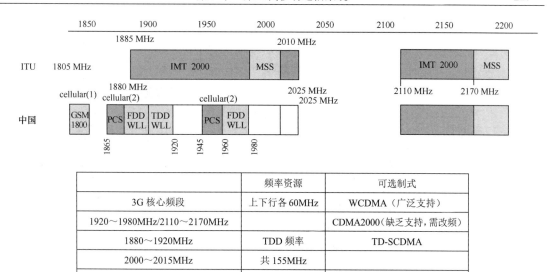

	频率资源	可选制式
3G 核心频段	上下行各 60MHz	WCDMA（广泛支持）
1920～1980MHz/2110～2170MHz		CDMA2000（缺乏支持，需改频）
1880～1920MHz	TDD 频率	TD-SCDMA
2000～2015MHz	共 155MHz	
2300～2400MHz		
1800MHz 频段	剩余 55MHz	GSM 1800

图 9.9　我国 IMT—2000 的频谱分配

9.2　第三代移动通信系统的结构

由于人们对高速数据业务和多媒体业务的需求及第二代移动通信系统固有的局限性，促使第三代移动通信出现。同时，鉴于全球的第二代移动通信体制和标准不尽相同，以及第二代与第三代移动会在较长的时间段内共存，ITU 提出了"IMT—2000 家族"的概念。这意味着只要系统在网络和业务能力上满足要求，就可以成为 IMT—2000 的成员。

9.2.1　IMT—2000 系统的网络结构

IMT—2000 的功能模块大体可以分为三大部分：核心网、业务控制网和接入网。其中，核心网络的主要作用是提供信息交换和传输功能，采用分组交换或 ATM 网络，最终过渡到全球 IP 网络，并且与 2G 网络后向兼容。业务控制网络为移动用户提供附加业务和控制逻辑功能，基于增强型智能网来实现。接入网络包括与无线技术有关的部分，主要实现无线传输功能。在一般情况下，为了分析方便，人们通常将业务控制网络划入核心网络的范围。因此，无线接入网和核心网这两个子网与用户终端设备组成了一个完整的 IMT—2000 系统，如图 9.10 所示。

1．无线接入网

无线接入网由以下两部分组成。
- 无线载体通用功能（RBCF）：包括所有与采用的无线传输技术无关的控制和传输功能。
- 无线载体特殊功能（RTSF）：包括与传输技术有关的各项功能，可以进一步划分为无线传输技术（RTT）和无线传输适配功能（RTAFA）。

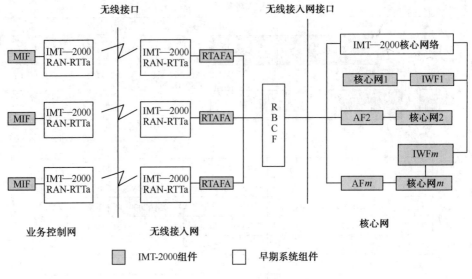

图 9.10　IMT—2000 系统结构

2．核心网

早期的核心网络（2G 系统）可以通过互通单元（IWF）与 IMT—2000 核心网相连；同时，IMT—2000 的接入网也可以通过一定的适配模块（AF）接入早期的核心网。

3．3G 终端

在 IMT—2000 的初期阶段，用户终端将不得不处于一个多标准的应用环境中，所以必须制造出多模式、多频段的终端设备来实现全球漫游。而在终端设备中，未来软件程序和增值业务将比无线电技术占有更大的份额。

9.2.2　IMT—2000 的功能结构模型

ITU 建议的 IMT—2000 功能模块划分的一个主要特点是：将依赖无线传输技术的功能与不依赖无线传输技术的功能分离开来，对网络的定义尽可能地独立于无线传输技术。IMT—2000 的功能结构模型如图 9.11 所示。它由两个平面组成：无线资源控制（RRC）平面和通信控制（CC）平面。RRC 平面负责无线资源的分配和监视，代表无线接入网完成的功能；而 CC 平面负责整体的接入、寻呼、承载和连接控制等。

1．无线资源控制（RRC）平面的功能模型

在 RRC 平面中包括以下 4 个功能实体。

（1）无线资源控制（RRC）：处理无线资源总的控制，如无线资源的选择和保留、切换决定、频率控制、功率控制及系统信息广播等。

（2）移动无线资源控制（MRRC）：处理移动侧的无线资源控制。

（3）无线频率的发射和接收（PFTR）：处理无线接口网络侧的用户与控制信息的发射和接收，包括无线信道资源管理和纠错编码。

（4）移动无线频率的发射和接收（MRTR）：处理无线接口用户侧的用户与控制信息的发射和接收，包括无线信道资源管理和纠错编码。

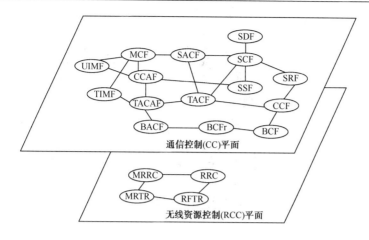

图 9.11　IMT—2000 的功能结构模型

2．通信控制（CC）平面的功能模型

CC 平面包括的功能实体比较多，主要有以下几种。

（1）业务数据功能（SDF）：负责存储与业务和网络有关的数据，并提供数据的一致性检查。其中，数据包括业务轮廓和移动多媒体属性。

（2）业务控制功能（SCF）：包括整个业务逻辑和移动控制逻辑，负责处理与业务有关的事件，支持位置管理、移动管理和身份管理等功能。

（3）业务交换功能（SSF）：与呼叫控制功能（CCF）结合在一起，提供呼叫控制功能（CCF）和 SCF 之间通信所需的功能。

（4）呼叫控制功能（CCF）：负责提供呼叫控制和连接控制，提供访问智能网络的触发机制，建立、保持、释放网络中的承载连接。

（5）特殊资源功能（SRF）：负责提供智能网业务、多媒体业务、分组数据交换业务等所需要的特殊资源，如收发器、放音设备和会议桥等。

（6）业务访问控制功能（SACF）：提供与呼叫和承载无关的处理和控制功能，如移动管理功能。

（7）终端访问控制功能（TACF）：提供对移动终端和网络之间连接的整体控制，如终端寻呼、寻呼响应检测、切换决定和执行等。

（8）承载控制功能（BCF）：控制承载实体之间的互连。

（9）承载控制功能（BCFr，与无线承载有关）：控制无线承载和对应的有线承载之间的互连和适配。

（10）移动控制功能（MCF）：在无线接口的移动网侧提供整体业务访问控制逻辑。它可以支持与呼叫和载体无关的业务与网络通信（如移动性管理）。

（11）增强的呼叫控制代理功能（CCAF）：为用户提供业务接入功能，是用户与网络 CCF 的接口。

（12）终端接入控制代理功能（TACAF）：提供移动终端的接入功能。

（13）承载控制代理功能（BACF）：控制无线承载和移动终端其余部分的互连和适配。

（14）用户身份管理功能（UIMF）：保存诸如标识、安全等用户信息，给网络或业务供应商提供一种手段，用来标识和鉴权 IMT—2000 用户和移动终端。

（15）终端/用户登记、鉴权和隐私。

（16）呼叫/连接建立和控制。

（17）不同类型的切换。

IMT—2000 不仅负责业务的执行、加载和运行，而且具有位置管理、移动管理等方面的能力。其中，作为网络中心的 SCF（业务控制功能）包括全部业务处理和与业务有关的活动。业务逻辑由来自其他实体的业务请求激活，以支持位置管理、移动管理、身份管理和定制业务。SCF 和其他实体通信，获得附加的逻辑，以及处理呼叫、业务逻辑实例所需要的信息。SCF 功能分布在归属 SCF 和访问 SCF 中，访问 SCF 为访问本地用户提供 IMT—2000 的支持，而用户的永久性数据和业务操作存放在归属 SCF 中。

9.2.3　第三代移动通信系统中的关键技术

1．软件无线电技术

软件无线电技术的基本思想是高速模数和数模转换器尽可能靠天线处理，所有基带信号处理都用软件替代硬件实施。

软件无线电系统的关键部分为宽带多频段天线、高速 A/D 和 D/A 转换器及高速信号处理部分。宽带多频段天线采用多频段天线阵列，覆盖不同频段的几个窗口；高速 A/D 和 D/A 转换器和高速信号处理部分完成基带处理、调制解调、数据流处理和编解码等工作。

软件无线电技术最大的优点是基于同样的硬件环境，针对不同的功能采用不同的软件来实施，其系统升级、多种模式的运行可以自适应完成。软件无线电技术能实现多模式通信系统的无缝连接。

2．智能天线阵技术

无线覆盖范围、系统容量、业务质量、阻塞和掉话等问题一直困扰着蜂窝移动通信系统。采用智能天线阵技术可以提高第三代移动通信系统的容量及服务质量。其特点在于以较低的代价换取无线覆盖范围、系统容量、业务质量、抗阻塞和掉话等性能的显著提升。

我国提出的 TD-SCDMA 方案是采用智能天线的第三代移动通信系统。

3．多用户检测技术

在 CDMA 系统中，由于码间不正交，所以会引起多址干扰（MAI）问题，而多址干扰将会限制系统容量，为了消除多址干扰的影响，提出了利用其他用户的已知信息消除多址干扰的多用户检测技术。CDMA 系统中的多用户检测技术存在一定的局限性，主要表现在：多用户检测只消除了小区内的干扰，而无法消除小区间的干扰；其算法相当复杂，不易在实际系统中实现。

4．多层网络结构

第三代移动通信系统中众多的要求、复杂的功能使其几乎集中通信领域中的所有难点于一身。因此，不能将该系统想象成一个单一的系统，它应该是一组系统和子系统的不同组合。

在网络结构上采用 ATM 技术提供宽带综合业务的核心网结构。由于它具有通用的网络接口功能，所以能将第二代（如 GSM、CDMA、DCS-1800 和 DECT）和第三代移动通信系统以及有线语音网、数据网连接至核心网。在业务控制中心的控制下，智能地完成多种业务的传送与交换。

5. 智能协议

移动通信希望自适应移动通信系统的结构，使之能适应不同地区、不同时间、不同环境的通信需求。自适应系统结构要求自适应移动控制和资源管理，因此离不开智能协议。由于用户、业务 QoS 不同，其网络协议也得与之适应，智能协议是必不可少的。研究如何适应不同网络和业务的智能协议尤为必要。

9.3　WCDMA 移动通信系统

9.3.1　概述

通用移动通信系统（Universal Mobile Telecommunications System，UMTS）是采用 WCDMA 空中接口技术的第三代移动通信系统，通常也把 UMTS 系统称为 WCDMA 通信系统。UMTS 是 IMT—2000 的重要成员，主要是由欧洲、日本等国家和地区的移动通信设备供应商提出的。UMTS 系统采用了与第二代移动通信系统类似的结构，包括无线接入网（Radio Access Network，RAN）和核心网（Core Network，CN）。其中，无线接入网用于处理所有与无线有关的功能，而 CN 处理 UMTS 系统内所有的语音呼叫和数据连接，并实现与外部网络的交换和路由功能。CN 从逻辑上分为电路交换域（Circuit Switched Domain，CS）和分组交换域（Packet Switched Domain，PS）。UTRAN、CN 与用户设备（User Equipment，UE）一起构成了整个 UMTS 系统，如图 9.12 所示。

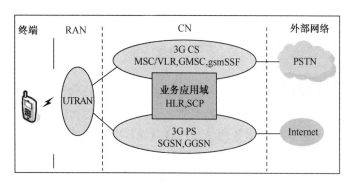

图 9.12　UMTS 的系统结构

从 3GPP R99 标准的角度来看，UE 和 UTRAN（UMTS 的陆地无线接入网）由全新的协议构成，其设计基于 WCDMA 无线技术。而 CN 则采用了 GSM/GPRS 的定义，这样可以实现网络的平滑过渡，此外，在第三代网络建设的初期可以实现全球漫游。

将图 9.12 从物理的角度进行模型化，IMT—2000 的物理结构模型如图 9.13 所示。域是最高级的物理实体，参考点在域之间定义。

UMTS 支持可变速率的业务量及 QoS 的高比特率承载业务。同时，也能以有效的方式支持突发和非对称业务，这将允许 UMTS 引入一系列新的业务，如多媒体业务和 IP 业务等。

一般的 UMTS 系统的物理结构分为两个域：用户设备域和基本结构域。用户设备域是用户用来接入 UMTS 业务的设备，用户设备通过无线接口与基本结构相连接。基本结构域由物理节点组成，这些物理节点完成终止无线接口和支持用户通信业务需要的各种功能。基本结构域是共享资源，它为其覆盖区域内的所有授权用户提供服务。

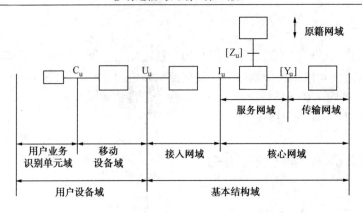

图 9.13　IMT—2000 的物理结构模型

1．用户设备域

用户设备域包括具有不同功能的各种类型设备。它们可能兼容一种或多种现有的接口（固定或无线）设备。用户设备还可以包括智能卡。从图 9.13 中可以看出，用户设备域可进一步分为移动设备（ME）域和用户业务识别单元（USIM）域。

（1）移动设备（ME）域。移动设备域的功能是完成无线传输和应用。移动设备还可以分为完成无线传输和相关功能的移动终端（MT）和包含端到端应用的终端设备（TE）。对移动终端没有特殊的要求，因为它与 UMTS 的接入层和核心网有关。

（2）用户业务识别单元（USIM）域。用户业务识别单元包含清楚而又安全地确定身份的数据和过程，这些功能一般存入智能卡中，且只与特定的用户有关，而与用户所使用的移动设备无关。

2．基本结构域

基本结构域可进一步分为直接与用户相连接的接入网域和核心网域，两者通过开放接口连接。接入网域由与接入技术相关的功能组成，而核心网域的功能与接入技术无关。从功能方面出发，核心网域又可以分为服务网域、传输网域和原籍网域。但是，网络和终端可以只具有分组交换功能或电路交换功能，也可以同时具有两种功能。

（1）接入网域。接入网域由管理接入网资源的物理实体组成，并向用户提供接入核心网域的机制。为了使 UMTS 网络能够在两种接入网下运行，特别定义了 UTRAN 和基站子系统（BSS）接入网的互操作。

从网络发展及漫游和切换的角度看，UMTS 系统应向后兼容第 2 代移动通信系统 GSM 网络。所以 UMTS 允许运营商引入新的技术，如 ATM、IP 等。UMTS 支持各种接入方法，以便于用户利用各种固定端和移动终端接入 UMTS 核心网和虚拟原籍环境（VHE）业务。接入 UMTS 网需要使用 UMTS 的用户业务识别单元。UMTS 的移动终端运用于各种无线接入环境中。

（2）核心网域。核心网域由提供网络支持特性和通信业务的物理实体组成。提供的功能包括用户位置信息的管理、网络特性和业务的控制、信令和用户信息的传输机制等。核心网域又可分为服务网域、原籍网域和传输网域。

- 服务网域：与接入网域连接，其功能是呼叫寻路和将用户数据与信息从源址传输到目的地。它既和原籍网域联系，以获得与用户有关的数据和业务，又和传输网域联系，以获得与用户无关的数据和业务。

● 原籍网域：管理用户永久的位置信息。用户业务识别单元域与原籍网域有关。
● 传输网域：它是服务网域和远端用户间的通信路径。

9.3.2　WCDMA 系统

1. WCDMA 系统的网络结构

WCDMA 系统的网络结构如图 9.14 所示。

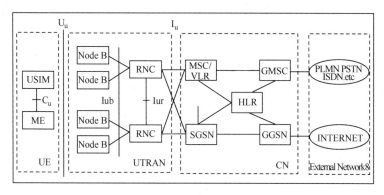

图 9.14　WCDMA 系统的网络结构

从图 9.14 中可以看出，WCDMA 系统的网络结构包括以下几部分。

（1）用户终端设备（User Equipment，UE）。UE 主要包括射频处理单元、基带处理单元、协议栈模块及应用层软件模块等；UE 通过 U_u 接口与网络设备进行数据交互，为用户提供电路域和分组域内的各种业务功能，包括普通语音、数据通信、移动多媒体、Internet 应用（如 E-mail、WWW 浏览、FTP 等）。

UE 包括两部分：用户设备（The Mobile Equipment，ME），提供应用和服务；用户业务识别单元（The UMTS Subsriber Module，USIM），提供用户身份识别服务。

（2）无线接入网（UMTS Terrestrial Radio Access Network，UTRAN）。无线接入网包含一个或几个无线网络子系统（RNS）。一个 RNS 由一个无线网络控制器（RNC）和一个或多个基站（Node B）组成。UTRAN 可分为基站（Node B）和无线网络控制器（RNC）两部分。

① Node B。Node B 是 WCDMA 系统的基站，包括无线收发信机和基带处理部件。通过标准的 Iub 接口和 RNC 互连，主要完成 U_u 接口物理层协议的处理。它的主要功能是扩频、调制、信道编码及解扩、解调、信道解码，还包括基带信号和射频信号的相互转换等功能。

② Node B 由下列几个逻辑功能模块构成：RF 子系统、TRX 系统、基带处理子系统、传输接口单元等，如图 9.15 所示。

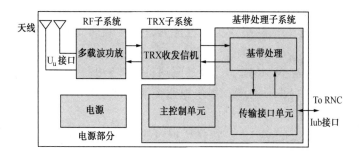

图 9.15　Node B 的逻辑组成框图

③ 无线网络控制器（Radio Network Controller，RNC）。RNC 主要完成连接的建立、断开和切换，以及宏分集合并、无线资源管理控制等功能，具体如下。

- 执行系统信息广播与系统接入控制功能。
- 完成切换和 RNC 迁移等移动性管理功能。
- 完成宏分集合并、功率控制、无线承载分配等无线资源管理和控制功能。

（3）核心网（Core Network，CN）。CN 负责与其他网络的连接和对 UE 的通信和管理。其主要功能实体如下：

① 移动交换中心/访问位置寄存器（MSC/VLR）。MSC/VLR 是 WCDMA 核心网 CS 域的功能节点，它通过 I_u–CS 接口与 UTRAN 相连，通过 PSTN/ISDN 接口与外部网络（PSTN、ISDN 等）相连，通过 C/D 接口与 HLR/AUC 相连，通过 E 接口与其他 MSC/VLR、GMSC 或 SMC 相连，通过 CAP 接口与 SCP 相连，通过 G_s 接口与 SGSN 相连。MSC/VLR 的主要功能是提供 CS 域的呼叫控制、移动性管理、鉴权和加密等功能。

② 网关 MSC 节点（GMSC）。GMSC 是 WCDMA 移动网 CS 域与外部网络之间的网关节点，是可选功能节点，它通过 PSTN/ISDN 接口与外部网络（PSTN、ISDN、其他 PLMN）相连，通过 C 接口与 HLR 相连，通过 CAP 接口与 SCP 相连。它的主要功能是完成 VMSC 功能中的呼入呼叫的路由功能及与固定网等外部网络的网间结算功能。

③ 服务 GPRS 支持节点（SGSN）。SGSN 是 WCDMA 核心网 PS 域的功能节点，它通过 I_u–PS 接口与 UTRAN 相连，通过 G_n/G_p 接口与 GGSN 相连，通过 G_r 接口与 HLR/AUC 相连，通过 G_s 接口与 MSC/VLR 相连，通过 CAP 接口与 SCP 相连，通过 G_d 接口与 SMC 相连，通过 G_a 接口与 CG 相连，通过 G_n/G_p 接口与 SGSN 相连。

SGSN 的主要功能是提供 PS 域的路由转发、移动性管理、会话管理、鉴权和加密等功能。

① 网关 GPRS 支持节点（GGSN）。GGSN 是 WCDMA 核心网 PS 域的功能节点，通过 G_n/G_p 接口与 SGSN 相连，通过 G_i 接口与外部网络（Internet /Intranet）相连。GGSN 提供数据包在 WCDMA 移动网和外部网络之间的路由和封装。GGSN 的主要功能是同外部 IP 分组网络的接口功能，GGSN 需要提供 UE 接入外部分组网络的关口功能，从外部网的角度来看，GGSN 就像是可寻址 WCDMA 移动网络中所有用户 IP 的路由器，需要同外部网络交换路由信息。

② 原籍位置寄存器（HLR）。HLR 是 WCDMA 核心网 CS 域和 PS 域共有的功能节点，它通过 C 接口与 MSC/VLR 或 GMSC 相连，通过 G_r 接口与 SGSN 相连，通过 G_c 接口与 GGSN 相连。HLR 的主要功能是提供用户的签约信息存放、新业务支持、增强鉴权等功能。

③ 操作维护中心（OMC）。OMC 功能实体包括设备管理系统和网络管理系统。

- 设备管理系统完成对各独立网元的维护和管理，包括性能管理、配置管理、故障管理、计费管理和安全管理等功能。
- 网络管理系统能够实现对全网所有相关网元的统一维护和管理，实现综合集中的网络业务功能，同样包括网络业务的性能管理、配置管理、故障管理、计费管理和安全管理。

④ 外部网络（External Networks）。外部网络可以分为以下两类。

- 电路交换网络（CS Networks）：提供电路交换连接服务，如通话服务。ISDN 和 PSTN 均属于电路交换网络。
- 分组交换网络（PS Networks）：提供数据包的连接服务，Internet 属于分组交换网络。

2．系统接口

从图 9.14 中可以看出，WCDMA 系统主要有以下接口。

（1）C_u 接口。C_u 接口是 USIM 卡和 ME 之间的电气接口，C_u 接口采用标准接口。

（2）U_u 接口。U_u 接口是 WCDMA 的无线接口。UE 通过 U_u 接口接入 UMTS 系统的固定网络部分，可以说 U_u 接口是 UMTS 系统中最重要的开放接口。

（3）I_u 接口。I_u 接口是连接 UTRAN 和 CN 的接口。类似于 GSM 系统的 A 接口和 G_b 接口。I_u 接口是一个开放的标准接口。这也使通过 I_u 接口相连接的 UTRAN 与 CN 可以分别由不同的设备制造商提供。

（4）Iur 接口。Iur 接口是 RNC 之间的接口，Iur 接口是 WCDMA 系统特有的接口，用于对 RAN 中的移动台的移动管理。例如，在不同的 RNC 之间进行软切换时，移动台的所有数据都是通过 Iur 接口从正在工作的 RNC 传到候选 RNC 中的。Iur 是开放的标准接口。

（5）Iub 接口。Iub 接口是连接 Node B 与 RNC 的接口，Iub 接口也是一个开放的标准接口。这也使通过 Iub 接口相连接的 RNC 与 Node B 可以分别由不同的设备制造商提供。

9.3.3　信道结构

WCDMA 分层和信道结构如图 9.16 所示。

从图 9.16 中可以看出，逻辑信道是传输控制信息和用户信息的组合，它可能携带用户数据或层 3（L3）信令。L3 信令有时候是指移动性管理，用于发送如测量报告和切换命令等信息。这些逻辑信道通过 MAC（Medium Access Control）影射到传输信道。传输信道是指由低层提供给高层的服务，是所使用的传输方法的组合，定义无线接口传输数据的方式和特性，允许不同的 CRC 编码申请不同的应用。然后传输信道影射到物理信道，

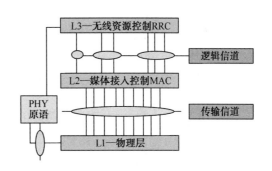

图 9.16　WCDMA 分层和信道结构

物理信道是通过频率、信道编码、扩频码、调制及时隙（TDD）来区分的。换句话说就是，这些信道提供实际数据位的传输。物理信道分为上行物理信道和下行物理信道。

WCDMA 有两种接入模式：FDD 和 TDD。

- FDD：上行链路和下行链路采用两个不同频率的载波工作的双工模式。
- TDD：上行链路和下行链路采用两个不同时隙来区分在相同的频段上工作的双工模式，即上、下行链路的信息是交替发送的。

9.3.4　WCDMA 核心网（CN）的基本结构

核心网（CN）从逻辑上可划分为电路域（CS 域）、分组域（PS 域）和广播域（BC 域）。电路域（CS 域）设备是指为用户提供电路型业务，或提供相关信令连接的实体。CS 域特有的实体包括 MSC、GMSC、VLR、IWF。分组域（PS 域）为用户提供分组型数据业务，PS 域特有的实体包括服务 GPRS 支持节点（SGSN）和网关 GPRS 支持节点（GGSN）。其他设备（如 HLR 或 HSS、AUC、EIR 等）被 CS 域与 PS 域共用。

WCDMA 的网络总体结构定义在 3GPP TS 23.002 中。WCDMA 各版本的版本号和完成时

间如表 9.1 所示。

表 9.1　WCDMA 各版本的版本号和完成时间

WCDMA 版本	缩　写	规范版本号	完成时间（年.月）
Release6	R6	6.x.y	2003.6
Release5	R5	5.x.y	2002.3
Release4	R4	4.x.y	2001.3
Release2000	R00	4.x.y	被 Release4 代替
		9.x.y	
Release1999	R99	3.x.y	2000.3
		8.x.y	

　　3GPP 在 1998 年年底和 1999 年年初开始制定 3G 的规范。R99 版本计划在 1999 年年底完成，最后是在 2000 年 3 月完成的。后来意识到按年命名版本会给实现带来困难，因为年度版本不能保持相对稳定的规范集，因此决定从 R99 后不再按年来命名版本，同时把 R2000 的功能分成两个阶段实施：Rel4 和 Rel5；以后升级将按 R6、R7 的方式命名版本。原则上，R99 的规范是 Rel4 规范集的一个子集，若在 R99 中增加新的特征，就把它升级到 Rel4。同样 Rel4 规范集是 Rel5 规范集的子集，若在 Rel4 中增加新的特征就把它升级到 Rel5。从中可看出，WCDMA 版本的演进过程基本上体现了技术和业务需求不断提高的过程。

　　对于以上几个版本，PS 域特有的设备主体没有变化，只进行协议的升级和优化；CS 域设备的变化也不是非常大。WCDMA 网络模型如图 9.17 所示。

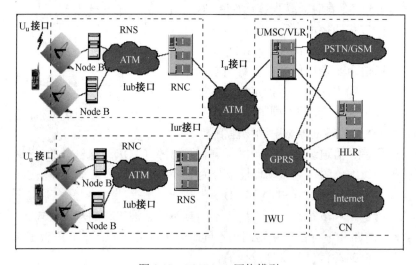

图 9.17　WCDMA 网络模型

　　WCDMA 网络的标准接口主要包括 U_u、Iub、Iur、I_u 等。WCDMA 的网络接口具有以下三个特点。

- 所有接口具有开放性。
- 将无线网络层与传输层分离。
- 将控制面和用户面分离。

9.3.5　华为 WCDMA 网络的解决方案

华为公司 WCDMA 系统基于 iNET 平台，采用模块化、构件化设计，各部分既可一起组网，也可以单独应用，组网方式灵活，全面适应各种移动网络应用的需要。WCDMA 移动网产品遵循 ITU-T 和 ETSI 相关标准。

采用华为公司的 WCDMA 系统，移动运营商和业务提供商既可以演进已有的移动网，也可以直接构建第三代移动网络，华为公司为用户提供了完整的移动解决方案。

1．系统介绍

华为 WCDMA 系统由无线接入网（UTRAN）和核心网（CN）两部分构成。

UTRAN 与 CN 间为标准的 I_u 接口，UTRAN 与用户终端（UE）间为标准的 U_u 接口。

UTRAN 包括许多通过 I_u 接口连接到 CN 的 RNS，一个 RNS 包括一个 RNC 和一个或多个 NodeB。NodeB 通过 Iub 接口连接到 RNC 上，它支持 FDD 模式、TDD 模式或双工模式，NodeB 提供一个或多个小区的覆盖。

RNC 负责决定 UE 的切换，它具有分集/合并的功能，用以支持在不同 NodeB 之间的宏分集。

在 UTRAN 内部，RNC 之间通过 Iur 接口交互信息，Iur 接口是逻辑连接，可以是 RNC 之间直接的物理相连，或通过适当的传输网络实现。

核心网设备主要包括 UMSC、MSC/VLR、GMSC、SGSN、GGSN。

UMSC 设备可以完成 R99 规范定义的 MSC/VLR、GMSC、SGSN 的所有功能。

UMSC 通过 I_u 接口与 UTRAN 相连。

GMSC 为关口 MSC，提供 UMSC 与 PTSN 之间的接口；GGSN 为关口 GSN，提供 UMSC 与 Internet 之间的接口。华为 WCDMA 的网络结构如图 9.18 所示。

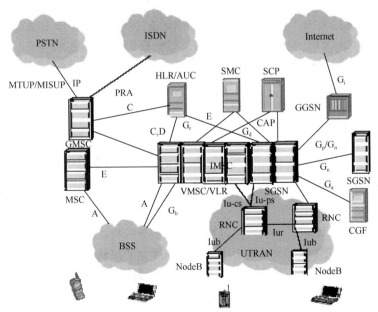

GMSC—关口移动交换中心；VLR—访问位置寄存器；HLR—原籍位置寄存器；SCP—业务控制节点；
BSS—GSM 基站子系统；GGSN—网关 GPRS 业务节点；AUC—鉴权中心；UTRAN—UMTS 无线接入网；
SMC—短消息中心；CGF—（分组）计费网关功能；UMSC—UMTS 移动交换中心；SGSN—服务 GPRS 业务节点

图 9.18　华为 WCDMA 的网络结构

2．系统目标

WCDMA 移动系统是从满足客户需求（业务要求）和网络运营者需要（网络要求）两方面来设计的。

（1）业务要求。

- 用户可通过标准的用户网络接口接入 WCDMA 移动网，获得 WCDMA 移动网所提供的业务。
- 能完成对业务的接入控制。
- 很容易定义和引入业务。
- 记录业务在网络中的使用情况。

（2）网络要求。

- 能非常灵活地从 2G 核心网演进到 3G 核心网，既可采用 OverLay 方式，也可采用综合方式。
- 支持 ETSI、ITU-T 标准，提供开放的标准接口。
- 能以经济的费用和较短的时间从网络功能中生成新的业务。
- 能管理网络单元和网络资源，以保证服务质量和网络性能。
- 业务的提供独立于技术的发展和网络的演进，这样物理网络可以发展而不影响现有的业务。

9.4　TD-SCDMA 系统

9.4.1　概述

TD-SCDMA 的中文含义为时分同步码分多址接入，该项通信技术也属于一种无线通信的技术标准，它是中国提出的 TD-SCDMA 全球 3G 标准之一，也是中国对第三代移动通信发展的贡献。TD-SCDMA 系统的设计参照了 TDD（时分双工）在不成对的频带上的时域模式。

TDD 模式是基于在无线信道时域里周期性地重复 TDMA 帧结构实现的。这个帧结构被再分为几个时隙。在 TDD 模式下，可以方便地实现上/下行链路间的灵活切换。这一模式的突出优势是：上/下行链路间的时隙分配可以被一个灵活的转换点改变，以满足不同的业务要求。这样，运用 TD-SCDMA 这一技术，通过灵活地改变上/下行链路的转换点就可以实现所有 3G 对称业务和非对称业务。合适的 TD-SCDMA 时域操作模式可自行解决所有对称业务和非对称业务，以及任何混合业务的上/下行链路资源分配问题。因此，TD-SCDMA 通过最佳自适应资源的分配和最佳频谱效率，可支持速率从 8kbps 到 2Mbps 的语音、互联网等 3G 业务。

TD-SCDMA 为 TDD 模式，在应用范围内有其自身的特点：一是终端的移动速度受现有 DSP 运算速度的限制只能到 240km/h；二是基站覆盖半径在 15km 以内时频谱利用率和系统容量可达到最佳，在用户容量不是很大的区域，基站的最大覆盖半径可达 4～30km。所以，TD-SCDMA 适合在城市和城郊使用。因为在城市和城郊，车速一般都小于 200km/h，城市和城郊的人口密度高，因为容量的原因，小区半径一般都在 15km 以内。而在农村及大区全覆盖时，用 WCDMA FDD 方式也是合适的，因此 TDD 模式和 FDD 模式是互补的。

9.4.2　TD-SCDMA 系统的技术特点

TD-SCDMA 除具备 CDMA TDD 的所有特点外，还采用了以下技术，保证了 TD-SCDMA 有着其独特的特点和优点，这也是 TD-SCDMA 提案被国际电联接受的重要原因。

1. 时分双工（TDD）模式

在 TDD 模式下，TD-SCDMA 采用在周期性重复的时间帧里传输基本 TDMA 突发脉冲的工作模式（与 GSM 相同），通过周期性转换传输方向，在同一载波上交替进行上/下行链路传输，该模式具有以下优势。

（1）根据不同业务，上/下行链路间转换点的位置可任意调整。在传输对称业务（如语音、交互式实时数据业务等）时，可选用对称的转换点位置；在传输非对称业务（如互联网方式业务）时，可在非对称的转换点位置范围内选择。对于上述两种业务，TDD 模式都可提供最佳频谱利用率和最佳业务容量。

（2）TD-SCDMA 采用不对称频段，无须成对频段，系统采用 1.28Mchip/s 的低码片速率，扩频因子有 1、2、4、8、16 五种选择，这样可降低多用户检测器的复杂度，灵活满足 3G 要求的不同数据传输速率。

（3）单个载频带宽为 1.6MHz，帧长为 5ms，每帧包含 7 个不同码型的突发脉冲同时传输，由于它占用的带宽窄，所以在频谱安排上有较强的灵活性。

（4）TDD 上/下行链路工作于同一频率，对称的电波传播特性使之便于利用智能天线等新技术，可达到提高性能、降低成本的目的。

（5）TDD 系统设备的成本低，无收发隔离的要求，可使用单片 IC 实现 RF 收发信机，其成本比 FDD 系统低 20%～50%。

TDD 系统的主要缺陷在于终端的移动速度和覆盖距离。

（1）采用多时隙不连续传输方式，抗快衰落和多普勒效应能力比连续传输的 FDD 方式差，因此 ITU 要求 TDD 系统用户终端的移动速度为 120km/h，FDD 系统为 500km/h。

（2）TDD 系统的平均功率与峰值功率之比随时隙数的增加而增加，考虑到耗电和成本因素，用户终端的发射功率不可能很大，故通信距离（小区半径）较小，一般不超过 10km，而 FDD 系统的小区半径可达数十 km。

由于 TD-SCDMA 系统的码片速率采用的是 1.28Mchip/s，为 UTRA/TDD 码片速率的 1/3，这有利于 URTA/TDD 系统的兼容。由于其具有较低的码片速率，所以在硬件上也容易实现，可大大降低成本。另外，1.28Mchip/s 码片速率的单个载频占用 1.6MHz 的带宽，较之 5MHz 的 URTA/TDD 和 UTEA/FDD，由于占用的带宽窄，所以在频谱安排上有很强的灵活性。对于利用将来要空置的第二代频谱开展第三代业务，可有效地使用日益宝贵的频谱资源。

2. 智能天线

TD-SCDMA 系统中所用的智能天线采用波束成形技术，方向图随移动台的移动而动态跟踪（基站装配智能天线）。由于它的波束很窄，对其他用户的干扰很小，因此大大提高了系统容量。同时，基站的发射功率也大大降低。另一方面，由于 TD-SCDMA 系统中的波束很窄，所以下行链路的多径问题也得到了解决。

采用智能天线技术的 TD-SCDMA 移动通信系统不仅适用于室内环境，也适用于室外的移动的车环境。无论移动台的速度多快，上行链路的接收机都可以迅速在每一帧适应新的波束特点。在 TDD 双工模式下，上行链路和下行链路使用的是同一个频带，基站端的发射机可以根据在上行链路上得到的接收信号来了解下行链路的多径信道的快衰落特性。这样，基站的收发信机就可以使用在上行链路上得到的信道估测信息来实现下行链路的波束成形。

作为 TD-SCDMA 的关键技术之一，智能天线技术能够提高系统的容量，扩大小区的最大覆盖范围，减少移动台的发射功率，提高信号的质量并增大数据传输速率。这些优点给移动网络运营商提供了很强的灵活性。

3. 上行同步（Uplink Synchronization）

在 TD-SCDMA 系统中，上行链路和下行链路一样，都采用正交码扩频。移动台动态调整发往基站的发射时间，使上行信号到达基站时保持同步，保证了上行信道信号的不相关，降低了码间干扰，使系统的容量由于码间干扰的降低而大大提高。

TD-SCDMA 上行链路各终端信号在基站解调器完全同步，它通过软件及物理层设计实现，这样可使使用正交扩频码的各个码道在解扩时完全正交，且相互之间不会产生多址干扰，克服了异步 CDMA 多址技术由于每个移动终端发射的码道信号到达基站的时间不同而造成的码道非正交所带来的干扰，大大提高了 CDMA 的系统容量，提高了频谱利用率，同时基站接收机的复杂度也大大降低。其缺点是系统对同步的要求非常严格，上行的同步要求为 1/8 码片宽度，网络同步要求为 5us。由于移动终端的小区位置不断变化，即使在通信过程中也可能高速移动，电波从基站到移动终端的传播时间不断变化，从而引起同步变化，若再考虑多径传播的影响，同步将更加困难，一旦同步破坏，将导致通信阻塞和严重的干扰。系统同步要求基站有 GPS 接收机或公共的分布式时钟，增加了系统成本。

4. 联合检测（Joint Detection）

CDMA 系统是干扰受限系统，干扰包括多径干扰、小区内的多用户干扰和小区间干扰。这些干扰破坏了各个信道的正交性，降低了 CDMA 系统的频谱利用率。过去传统的 Rake 接收机技术把小区内的多用户干扰当作噪声处理，而没有利用该干扰不同于噪声干扰的特性。联合检测技术就是多用户干扰抑制技术，是 TD-SCDMA 系统中使用的又一重要技术，是消除和减轻多用户干扰的主要技术，它把所有用户的信号都当作有用信号处理，这样可大幅度降低多径多址干扰。

在基站侧，由于信号从移动台多径到达基站，因此上行同步技术只能保证主径在一定范围内的同步。联合检测技术把同一时隙中多个用户的信号及多径信号一起处理，充分利用用户信号的拥护码、幅度、定时、延迟等信息，精确地解调出各个用户的信号。在移动台侧，基站智能天线的波束成形，虽然降低了多用户干扰的强度，但是多用户干扰依然存在，尤其是当用户的位置非常近时，多用户干扰问题仍很严重，除此之外，还存在多码道处理复杂和无法完全解决多址干扰等问题。结合使用智能天线和多用户检测，可获得理想的效果。

5. 软件无线电（Software Radio）

软件无线电是近几年发展起来的技术，它把许多以前需要硬件实现的功能用软件来实现。软件无线电是利用数字信号处理软件实现无线功能的技术，能在同一硬件平台上利用软件处理基带信号，通过加载不同的软件，可实现不同的业务性能。其具有以下优点：通过软件方式，灵活地完成硬件功能；具有良好的灵活性及可编程性；可代替昂贵的硬件电路，实现复杂的功能；对环境的适应性强，不会老化；便于系统升级，可降低用户设备的费用。

对 TD-SCDMA 系统来说，软件无线电可用来实现智能天线、同步检测和载波恢复等。由于修改软件比修改硬件容易，在设计、测试方面非常方便，不同系统的兼容性也易于实现，所以这一技术在 TD-SCDMA 系统中也被采用。

6．接力切换（Baton Handover）

移动通信系统采用蜂窝结构，在跨越空间划分小区时，必须进行越区切换，即完成移动台到基站的空中接口转换，及基站到网口和网口到交换中心的相应转移。由于采用智能天线可大致定位用户的方位和距离，所以 TD-SCDMA 系统的基站和基站控制器可采用接力切换方式，根据用户的方位和距离信息判断手机用户现在是否移动到应该切换给另一基站的临近区域。如果进入切换区，便可通过基站控制器通知另一基站做好切换准备，达到接力切换的目的。接力切换可提高切换成功率，降低切换时对临近基站信道资源的占用。基站控制器（BSC）实时获得移动终端的位置信息，并告知移动终端周围同频基站的信息，移动终端同时与两个基站建立联系，切换由 BSC 判定发起，使移动终端由一个小区切换至另一个小区。TD-SCDMA 系统既支持频率内切换，也支持频率间切换，具有较高的准确度和较短的切换时间，它可动态分配整个网络的容量，也可以实现不同系统间的切换。

由于 TD-SCDMA 系统中智能天线的使用，所以系统可得到移动台所在的位置信息。接力切换就是利用移动台的位置信息准确地将移动台切换到新的小区。接力切换避免了频繁切换，大大提高了系统容量。在切换时可根据系统的需要选择硬切换或软切换。

7．基站与终端技术

TD-SCDMA 系统采用时分双工（TDD）、TDMA/CDMA 多址多方式工作，基于同步CDMA、智能天线、多用户检测、正向可变扩频系数等技术，工作在 2010～2025MHz 频段。

（1）基站。TD-SCDMA 系统基站具有高集成度、低成本设计等特点，采用 TD-SCDMA的物理层和基于修改的 GPRS 业务，具有以下主要特点。

- 基站采用 3 载波设计，每载波的带宽为 1.6MHz，其占用 5MHz 带宽。
- 采用低中频数字合成技术，以解决多载波的有关问题。
- 公用一套智能天线，以达到增强所需信号、抑制干扰信号、成倍扩展通信系统容量的目的。
- 公用射频收发信机单元。
- 基于软件无线数字信号处理技术。
- 低功耗设计，每个载波基站的耗电不超过 200W。
- 具有高可靠性、可维护性等特点。

（2）用户设备（UE）。TD-SCDMA 系统采用双频双模（GSM900 和 TD-SCDMA）UE，支持 TD-SCDMA 系统内切换，支持 TD-SCDMA 系统到 GSM 系统的切换。在 TD-SCDMA系统覆盖范围内优先选择 TD-SCDMA 系统，在 TD-SCDMA 系统覆盖范围以外采用现有的GSM 系统。UE 具有以下主要特点。

- TD-SCDMA 系统采用双频双模 UE，GSM900 和 TD-SCDMA。
- 采用固定台和车载台，多载波工作，外接天线，提供 384kbps～2Mbps 的数据业务。
- UE 有 6 个发射功率等级。
- 使用 GSM 的 SIM 卡。
- 语音编译码，GSM/3G，8kbps。

- 具有用户设备数据接口或大尺寸 LCD 显示屏幕。
- TD–SCDMA 系统平均每户的价格比 GSM 扩容至少降低了 20%，与 GSM 系统同基站安装无须另外投资。

　　TD–SCDMA 系统设计的一个重要思想就是建立在 GSM 网络的基础上，逐步向第三代系统过渡，支持系统的平滑演进和业务的发展同步。GSM 网络和第三代网络共存，基站控制器（BSC）被连接到无线网络控制器（UMSC）上。最终，网络升级到完全基于第三代网络，提供所有第三代网络的业务。

9.5　CDMA2000 1x EV-DO

　　CDMA2000 1x EV-DO 技术是美国高通公司 CDMA2000 家族的一员，同时经 ITU 的批准，它还是 IMT—2000 标准系列的一部分。1X 表示该产品是 CDMA2000 家族的一员，EV 表示系统演进，DO 表示数据优化，以使分组通信达到最高性能。

　　1x EV-DO 是 CDMA2000 1x 技术向提高分组数据传输能力方向的演进。它在独立于 CDMA2000 1x 的载波上向移动终端提供高速无线数据业务，不支持语音业务。

　　CDMA2000 1x 移动通信系统在本书的第 8 章中已有介绍。本节将简要介绍 CDMA2000 1x EV-DO 移动通信系统。

9.5.1　CDMA2000 1x EV-DO 与 CDMA2000 1x 的兼容性

　　CDMA2000 1x EV-DO 与 CDMA2000 1x 不具有兼容性，即 CDMA2000 1x EV-DO 单模终端不能在 CDMA2000 1x 网络中通信，同样，CDMA2000 1x 单模终端也不能在 CDMA2000 1x EV-DO 网络中通信。

　　但 CDMA2000 1x EV-DO 的组网非常灵活，对于那些只需要分组数据业务的用户，可以单独组网，此时的核心网配置不需要基于 ANSI-41 的复杂结构，而是基于 IP 的网络结构。对于那些同时需要语音、数据业务的用户，可以与 CDMA2000 1x 联合组网，同时提供语音与高速分组数据业务，这样也可以解决不兼容所带来的问题。CDMA2000 1x EV-DO 与 CDMA2000 1x 分别在不同的载波上提供服务，当 CDMA2000 1x EV-DO 与 CDMA2000 1x 联合组网时，CDMA2000 1x EV-DO 与 CDMA2000 1x 彼此间几乎无任何影响。

　　另外，对于同时支持 CDMA2000 1x 和 CDMA2000 1x EV-DO 的双模终端，当其工作在 Hybrid 模式时，可以在两个系统间（CDMA2000 1x、CDMA2000 1x EV-DO）进行网络选择和切换。

　　此外，CDMA2000 1x EV-DO 保持了与 CDMA2000 1x 在设计和网络结构上的兼容性。首先，CDMA2000 1x EV-DO 具有与 CDMA2000 1x 相同的射频特性和技术实现方式，包括码片速率、功率要求、功率控制、接入过程和 Turbo 编码等，最大限度地保护了运营商的现有投资，使得 CDMA2000 1x 网络进行 CDMA2000 1x EV-DO 升级时，可以直接使用现存的 CDMA2000 1x 射频部分。其次，CDMA2000 1x EV-DO 可以与 CDMA2000 1x 共用相同的分组数据核心网（PDSN）。

9.5.2　CDMA2000 1x EV-DO 的技术特点

　　CDMA2000 1x EV-DO 的主要特点是提供高速数据服务，每个 CDMA 载波可以提供 2.4576Mbps/扇区的前向峰值吞吐量。前向链路的速率范围是 38.4kbps～2.4576Mbps，反向链路的速率范围是 9.6～153.6kbps。反向链路的数据传输速率与 CDMA2000 1x 基本一致，而前向链路的数据传输速率远远高于 CDMA2000 1x。

　　CDMA2000 1x EV-DO 的空中链路是专门为优化分组数据而设计的，它的一个关键的设计思路是数据和语音具有不同的需求（语音业务具有低时延、低速率、上下行对称、对误码率要求不高等需求。而数据业务具有突发性强、速率高、上下行不对称、对延时不敏感等需求），如果将数据和语音合在一起，经常会降低效率。本着这种思想，CDMA2000 1x EV-DO 的数据和语音需要采用独立的载波,但是从射频的角度看,CDMA2000 1x EV-DO 的波形 100% 兼容 IS-95/CDMA2000 1x RTT 的波形；在终端和网络的设计上，CDMA2000 1x EV-DO 使用相同的 1.2288Mchip/s 的码片速率、相同的链路预算方法、相同的网络规划方法和射频设计。而且，由于数据和语音优化使用不同的载波，所以对两种业务都带来了很大的便利。可以对语音和数据分别采用不同的优化策略，大大提高频谱利用率，并大大降低系统软件的开发难度，避免了复杂的载荷平衡（调度）任务。

　　在忙时，CDMA2000 1x EV-DO 能提供比 1X RTT 和 WCDMA 高的频谱利用率。运营无线数据业务，在有了良好的业务后，利润的空间将取决于网络的两个关键方面。

- 网络容量。在固定的带宽内（如 1.25MHz），每个小区能够容纳的数据用户数。
- 业务级别。能提供给每个用户的平均数据吞吐量。

　　所以当前无线技术的发展主要着眼于提高网络容量和业务级别。另外，由于绝大多数互联网应用（网络浏览、音频、视频）都有不对称的带宽需求，通常要求较高的下载速率，所以对于无线数据业务，优化、增强前向链路（从基站到用户）的性能至关重要。

　　CDMA2000 1x EV-DO 主要从两方面来达到以上目的：一是提高突发数据传输速率，突发数据传输速率是当用户传输数据时用户所看到的真实的数据传输速率；二是提高复用效率，复用效率用于衡量设备如何有效地在多个激活的用户之间分配空中资源。

　　为了提高突发数据传输速率，CDMA2000 1x EV-DO 系统采用自适应速率操作，允许基站针对每个激活的用户快速地调整数据传输速率（最小调度单位为 1.666ms）。在前向链路上，所有激活用户定时测量从基站接收的导频信号，从而决定当前的信道质量，并向基站反馈自己所能接收的最大数据传输速率。根据反馈的数据传输速率（从 38.4kbps 到 2.4576Mbps 可变），基站将选择一个合适的多级调制编码方式（Q PSK、8-PSK、16-QAM），此特性使基站在任何时候都能以用户无线环境所支持的最大数据传输速率服务于该用户。另外，为了保证在复杂无线环境（特别是高速移动环境）下系统性能的稳定性，CDMA2000 1x EV-DO 系统还采用了一个复合 ARQ 机制及时纠正终端数据传输速率的测量误差。同时,CDMA2000 1x EV-DO系统也是第一个采用自适应多级调制机制的商用移动蜂窝网络。

　　CDMA2000 1x EV-DO 系统还进一步使用了宏观分集技术提高突发数据传输速率，CDMA2000 1x EV-DO 系统使用了一种基于基站选择的分集技术。对于基站选择分集，每个激活终端会测量它所能收到的所有基站的导频信号质量，然后告诉网络它希望从哪个基站接收信号，这样允许基站选择一个适当的基站服务于该用户，从而获得最高的数据传输速率。

　　为了提高系统的复用效率，CDMA2000 1x EV-DO 系统也采用了基于时分复用（TDM）的策略，基站每次都以所有可能的空中资源、接收者信道质量所允许的最大速率来给用户发送一个数据包。数据包的发送顺序（哪个用户的数据包先发、哪个后发）并不是采用常规的时间片轮转方法（Round-Robin），而是采用基于信道质量的调度策略。基于这种策略，当激活用户的信道质量相对较好时，激活用户的数据传输速率将明显增快。这样避免了资源的无谓浪费，大大提高了整个系统的性能。

综上所述，为了提供前向链路的高速数据传输速率，CDMA2000 1x EV-DO 主要采用了以下关键技术。

1．前向链路时分复用

一般情况下，数据业务流是非对称的。从网络侧流向移动终端（前向链路）的数据流大于移动终端流向网络（反向链路）的数据流。因此，前向链路需要的射频资源将大于反向链路。CDMA2000 1x EV-DO 的开发充分利用了数据通信业务的不对称性和数据业务对实时性要求不高的特征，将前向链路设计为时分复用（TDM）CDMA 信道。对于前向链路，在给定的某一瞬间，某一用户将得到 1x EV-DO 载波的全部功率。另外，不管是传输控制信息还是传输业务信息，1x EV-DO 的载波总以全功率发射。

2．速率控制

在 CDMA2000 1x EV-DO 网络中，前向链路的发射功率不变，没有功率控制机制，但采用了速率控制机制，速率随着前向射频链路质量的变化而变化。基站不决定前向链路的速率，而是由移动终端根据测得的载干比（C/I）值请求最佳的数据传输速率。基站按移动终端请求的数据传输速率决定是否向移动终端传输数据。移动终端用数据传输速率信道（DCR）向基站指明其使用的数据传输速率。

3．自适应调制编码技术

根据前向射频链路的传输质量，移动终端可以要求 9 种数据传输速率，最低为 38.4kbps，最高为 2457.6kbps。在 1.25MHz 的载波上能传输高速数据，其原因是采用了高阶调制解调，并结合了纠错编码技术。前向链路共使用了 3 种调制解调技术：QPSK、8-PSK 和 16-QAM。当 RF 信道的传输质量好时，即 C/I 较高的情况下，使用 8-PSK 或 16-QAM。

4．混合自动重传请求技术（H-ARQ）

最初的高速数据传输速率（HDR）系统采用固定数量的时隙重复传送数据包，这在信道传输质量好时将会浪费系统的传输效益。为了改进系统性能，采用混合自动重传请求技术，且该技术成为 CDMA2000 1x EV-DO 标准的差错控制技术。其核心思想是，根据数据传输速率确定每个分组重复传送的最大时隙数。

在传送过程中，当 AN 收到 AT 的肯定应答（ACK）以后，不管已经传送的次数是否达到最大数，立即开始发送下一分组。这将充分利用信道传输质量好时给系统带来的传输效益。

5．调度程序使射频资源发挥最大效能

在基站中有一个调度程序决定下一个时隙给哪一个用户使用。在锐利衰落环境下，移动终端将受到比较大的衰落。对于 CDMA2000 1x 系统，当发生衰落时，基站必须增大发射功率，这将增加系统的干扰，损伤系统的射频容量。

而对于 CDMA2000 1x EV-DO，当移动终端处于衰落状态时，基站的调度程序就不给它分配传输时间或少分配传输时间了。调度程序向某一用户分配时隙依据的是移动终端请求的速率与其平均吞吐量之比最高的原则。当某一用户处于衰落状态时，其请求的速率比较低，这样它请求的速率与其平均吞吐量之比较低，于是，为处于衰落状态的用户分配时隙的可能性就比较低。这就是 CDMA2000 1x EV-DO 的多用户分集增益，从而增加了网络容量。

9.5.3　CDMA2000 1x EV-DO Release 0 存在的问题

虽然 CDMA2000 1x EV-DO 采用了一些新的技术，但其仍存在一些问题需要解决，具体如下。

- 一是双模终端工作在 Hybrid 模式时的网络选择问题，目前工作在 Hybrid 模式时的双模终端在没有 CDMA2000 1x 网络覆盖的情况下无法捕获 CDMA2000 1x EV-DO 网络，它只有先捕获 CDMA2000 1x 网络后才能捕获 CDMA2000 1x EV-DO 网络。
- 二是 CDMA2000 1x EV-DO 终端的问题，主要是用户设备（UE）功能上仍需进一步改进和完善。
- 三是在鉴权、加密、切换、双网负荷均衡等方面仍存在不足，这些问题均已在逐步被解决。

9.5.4　CDMA2000 1x EV-DO Release A 版本

随着 IP 数据网络的迅猛发展，为了在 CDMA 上支持高速率分组数据业务，美国高通公司提出了 EV-DO 的概念。2000 年 11 月，3GPP2 颁布了 CDMA2000 1x EV-DO 0 版本（IS-856 Rev. 0）标准，其附录 2 于 2002 年 10 月定稿。1x EV-DO 0 版本在前向链路上使用时分复用技术，采用自适应调制和编码方式、动态信道评估、混合自动重复请求（ARQ）等机制，将前向峰值速率提高到 2.4Mbps。随着 1x EV-DO 0 版本在全球的成功部署，CDMA2000 1x EV-DO A 版本的研发也在进行。2004 年 4 月，CDMA2000 1x EV-DO Rev. A（IS-856 Rev. A）标准发布，CDMA2000 1x EV-DO A 版本的附录及相关标准随后发布。CDMA2000 1x EV-DO A 版本是 CDMA2000 1x EV-DO 0 版本的增强型，它通过一系列技术手段，如在前向链路增强了速率的量化级别，提高了分组效率；在反向链路的物理层采用了 ARQ 技术和增强型 MAC 算法，以改善时延特性，从而使前向和反向峰值速率分别提高到 3.1Mbps 和 1.8Mbps。

通过采用美国高通公司的 CSM6800 和 MSM6800（手机）芯片，CDMA2000 1x EV-DO A 版本可以使现有的 1x EV-DO 0 版本网络有如下改善。

（1）增强的 QoS。通过用户间和用户内的 QoS 机制设置不同用户、不同业务的服务优先级，可以使终端用户尽享多媒体业务的实时感受。

（2）广播和多点的传送方式。使运营商可以同时为大规模的用户提供高质量的视频和音频服务。

（3）优化的分组数据业务。增强了速率的量化级别，短包格式提高了低带宽、低延迟业务的效率。高达 3.1Mbps 的前向速率和 1.8Mbps 的反向速率使其成为当时每比特成本最低的无线网络之一。

（4）基于 IP 的实时业务。采用可变的寻呼周期适应多媒体业务的实时性和即时性。引进 VoIP，将高质量的语音融入多媒体数据业务，使参加大群体互动 3D 网络游戏、发送带有多媒体的即时信息及拨打视频电话的用户感受到实时通信的便捷，同时，在无线网络上实现"Push to Talk"。

CDMA2000 1x EV-DO A 版本可以高效地承载语音和数据业务，运营商只需要建设一个简单的 IP 网络，即可提供语音和数据业务。

CDMA2000 1x EV-DO 作为一种新技术仍存在一些缺陷，但其提供的高达 2.4Mbps 的前向峰值速率能够满足数据业务向多样性、大容量和非对称性发展的需求，有效利用 1.25MHz 的载频提供了最高的网络容量（最高前向峰值吞吐量为 7.4Mbps/cell），有效地利用了运营商的频谱资源。通过让语音和数据使用不同的载波保持了原有的高质量语音，其在 CDMA2000 1x 的基础上升级的成本很低，技术实现简单，是比较成熟的高速分组数据解决方案。

9.6　第三代移动通信主流技术标准的比较

9.6.1　概述

全球移动通信迅速发展，2G 网络逐渐不能满足需要，3G 是发展的必然趋势。ITU 针对 3G 规定了 5 种陆地无线技术，其中 WCDMA、CDMA2000 和 TD-SCDMA 是 3 种主流技术。

在这 3 种技术中，WCDMA 和 CDMA2000 采用频分双工（FDD）方式，需要成对的频率规划。WCDMA 即宽带 CDMA 技术，其码片速率为 3.84Mchip/s，载波带宽为 5MHz，而 CDMA2000 的扩频码速率为 1.2288Mchip/s，载波带宽为 1.25MHz；另外，WCDMA 的基站间同步是可选的，而 CDMA2000 的基站间同步是必需的，因此需要全球定位系统（GPS），以上两点是 WCDMA 和 CDMA2000 最主要的区别。除此以外，在其他关键技术方面，如功率控制、软切换、扩频码及所采用的分集技术等方面是基本相同的，只有很小的差别。

TD-SCDMA 采用时分双工（TDD）、TDMA/CDMA 多址方式工作，扩频码速率为 1.28Mchip/s，载波带宽为 1.6MHz，其基站间必须同步，与其他两种技术相比，采用了智能天线、联合检测、上行同步及动态信道分配、接力切换等技术，具有频谱使用灵活、频谱利用率高等特点，适合非对称数据业务。

9.6.2　三种主流 3G 技术标准的比较

三种主流 3G 标准主要技术性能的比较如表 9.2 所示。

表 9.2　三种主流 3G 标准主要技术性能的比较

指　标	WCDMA	TD-SCDMA	CDMA2000
载波间隔/MHz	5	1.6	1.25
码片速率/Mchip/s	3.84	1.28	1.2288
帧长/ms	10	10（分为两个子帧）	20
基站同步	不需要	需要	需要的典型方法是 GPS
功率控制	快速功率控制：上/下行均为 1500Hz	0～200Hz	前向：慢速、快速功率控制　反向：800Hz
下行发射分集	支持	支持	支持
频率间切换	支持，可用压缩模式进行测量	支持，可用空闲时隙进行测量	支持
信道估计	公共导频	DwPCH、UpPCH、Midamble	前向、反向导频
编码方式	卷积码　Turbo 码	卷积码　Turbo 码	卷积码　Turbo 码

从运营商的选择看，虽然 CDMA2000 的商用早于 WCDMA 和 TD-SCDMA，而且应用范围较广，但从全球主要运营商的选择来看，80%的运营商选择 WCDMA 技术，这就为 WCDMA 系统提供了良好的发展机会。

从信令互通性的角度看，在核心网方面，WCDMA 基于 GSM 的移动应用协议（MAP），用户识别使用和 GSM 系统相同的 IMSI（国际移动用户识别），实践证明其具有良好的互通性。

CDMA2000 采用基于 CDMAOne 的 ANSI-41 协议，用户识别使用基于 MIN 的 IMSI，虽然在技术上实现互通不成问题，但要对系统进行升级，实践证明这些都会影响漫游能力。

　　CDMA2000 是非常成熟的，尤其是在终端方面，其商用终端种类达到一百多种（使用频段为 800MHz～1.9GHz），用户可以有更多的选择。CDMA2000 在韩国、日本、美国、加拿大和中国等国家运营，用户总数超过 2.2 亿。WCDMA 的 R99 版本的系统产品也基本成熟，终端仍是开展业务的瓶颈，目前，商用终端种类也有近百种（使用频段为 2GHz）。已经开通的商用网络主要有日本 NTT DoCoMo、J-phone 的网络和欧洲地区，用户数已超过 4000 万。无论是在系统还是终端方面，TD-SCDMA 的产品成熟度都落后于 WCDMA 和 CDMA2000。

本 章 小 结

　　本章介绍了第 3 代蜂窝移动通信系统，主要包括 3G 系统的现状及标准、演进策略、系统结构、功能模型、关键技术及三种技术的比较。主要围绕 WCDMA、TD-SCDMA 和 CDMA2000 1x EV-DO 系统的标准、网络和技术特点进行了描述。这些所涉及的都是构成 3G 系统的基本原理和技术。并系统地介绍了 WCDMA 移动通信系统的基本概念、原理、系统构成、接口及典型系统解决方案，使学生通过对 WCDMA 系统的了解和认识掌握第 3 代蜂窝移动通信系统。本章的主要内容如下。

　　（1）第 3 代蜂窝移动通信系统的现状及标准、演进策略、技术体制和频谱分配。

　　（2）第 3 代蜂窝移动通信系统的网络分层结构、功能模型和关键技术。

　　（3）系统地描述了 WCDMA 系统网络的实现结构、功能结构、无线网和核心网、接口及系统解决方案。

　　（4）简要介绍了 TD-SCDMA 系统的标准、技术特点、功能及作用。

　　（5）简要介绍了 CDMA2000 1x EV 系统的标准、技术特点、功能及作用。

　　（6）对 WCDMA、TD-SCDMA 和 CDMA2000 1x EV-DO 三种技术标准和技术特点进行了对比分析，有助于了解 3G 移动通信系统。

习 题 9

　　9.1　IMT—2000 所代表的意思是_____、_____和_____。

　　9.2　3GPP 制定_____技术标准，而 3GPP2 制定_____技术标准。

　　9.3　IMT—2000 功能模块可分为_____、_____和_____三大部分。

　　9.4　IMT—2000 功能模块可由_____和_____两个平面组成。

　　9.5　WCDMA 系统由_____、_____和_____一起构成整个系统。

　　9.6　WCDMA 系统有两种接入模式：_____和_____。

　　9.7　TD-SCDMA 系统的设计参照_____模式，为在不成对的频带上的时域模式。

　　9.8　CDMA2000 1x EV-DO 是_____技术向提高分组数据传输能力方向的演进。

　　9.9　WCDMA 和 CDMA2000 采用_____接入方式，需要成对频率规划，而 TD-SCDMA 采用_____接入方式。

　　9.10　在 GSM 向 WCDMA 演进的过程中，仅_____属于平滑演进。

　　　　A．空中接口

　　　　B．核心网

　　　　C．两者都不是

9.11　我国给 TD-SCDMA 分配的频谱带宽为_____。

　　　A．上、下行频谱带宽各为 60MHz

　　　B．230MHz

　　　C．155MHz

9.12　_____是 WCDMA 系统的无线接口。

　　　A．I_u 接口　　　　　　B．Iub 接口　　　　　　C．U_u 接口

9.13　CDMA2000 1x EV-DO 单模终端可支持_____业务。

　　　A．语音　　　　　　　　B．数据　　　　　　　　C．语音和数据

9.14　_____系统的基站间同步是可选的。

　　　A．TD-SCDMA　　　　B．CDMA2000　　　　C．WCDMA

9.15　简述 3G 的技术特点。

9.16　简述 3G 的关键技术。

9.17　简述 WCDMA 系统的网络结构。

9.18　简述 WCDMA 系统的信道结构。

9.19　简述 WCDMA 移动台在空闲模式下的寻呼流程。

9.20　简述 TD-SCDMA 系统的技术特点。

9.21　简述 CDMA2000 1x EV-DO 系统与 CDMA2000 1x 系统的不同。

9.22　简述 CDMA2000 1x EV-DO 系统的特点。

9.23　简述 3G 无线网络规划的方法。

第10章 LTE 系统的原理与架构

【内容提要】

    LTE 系统是 UMTS 技术的长期演进，为电信运营商提供了便捷、经济适用的 4G 业务。从实际效果来看，相比 3G 技术其带宽配置更灵活、峰值速率更高、时延更小且具有扁平化系统架构。通过全 IP 技术应用，将 IP 网效率高的优点和通信网 QoS 保证的特点结合起来。本章将介绍 LTE 系统的标准、技术原理、系统架构与协议、接口、信道组成、关键技术、切换和移动管理、网络解决方案等内容。

    长期演进（Long Term Evolution，LTE）是由第三代合作伙伴计划（The 3rd Generation Partnership Project，3GPP）组织制定的通用移动通信系统（Universal Mobile Telecommunications System，UMTS）技术标准的长期演进，于 2004 年 12 月在 3GPP 多伦多会议上正式立项并启动。

10.1 LTE 系统的演进目标

    移动宽带化进程和宽带无线化进程的融合为 LTE 的产生奠定了技术雏形，如图 10.1 所示。无线接入网的网元之间使用 IP 技术进行数据传输，即移动通信网 IP 化是二者融合的网络基础。通信网 IP 化最重要的技术就是 IP 支持 QoS 保证，将 IP 网效率高的优点和通信网 QoS 保证的特点结合起来。

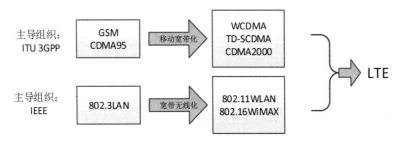

图 10.1　宽带无线化和移动宽带化的融合

    随着通信技术、广电技术、互联网技术三网融合进程的快速发展，通信产业的价值链从封闭走向开放，无线通信业务数据化、多媒体化成为必然。未来无线通信的主体不只是人与人之间的通信，还会扩展到人与物、物与物之间，爆炸式的无线通信需求为 LTE 的发展奠定了坚实的市场基础。3GPP 执意要把 LTE 打造成未来较长时间内领先的无线制式。

10.1.1 LTE 的标准化和目标

    LTE 是 3GPP 主导制定的无线通信技术，其关注的核心是无线接口和无线组网架构的技术演进问题。相对于以往的无线制式，LTE 技术在无线接入技术和组网架构上都发生了革命性的变化。

（1）带宽灵活配置：支持 1.4MHz、3MHz、5MHz、10MHz、15MHz、20MHz 的带宽。

（2）峰值速率更高：下行 100Mbps，上行 50Mbps。

（3）时延更小：控制面小于 100ms，用户面小于 5ms。

（4）支持高速：速度大于 350km/h 的用户最少支持 100kbps 的业务接入。

（5）简化结构：取消电路（CS）域，取消无线网络控制（RNC）节点。

在实现以上目标的同时，要降低系统的复杂性和组网成本。LTE 相对于 3G 系统来说，网络性能更好、网络成本更低，如图 10.2 所示。

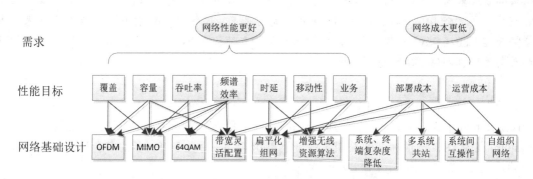

图 10.2　LTE 设计性能目标分解

网络性能更好包括更广的覆盖范围、更大的系统容量、更高的用户速率、更高的频谱效率、更短的等待时间、较高的移动速度、更丰富的业务种类、更佳的业务质量。网络成本更低是指更低的部署成本和运营成本。为了满足上述的需求，就需要明确 LTE 在无线接口和网络架构方面演进的设计目标。下面先从覆盖范围、容量、吞吐率及频谱效率、时延、移动性、业务支持等方面介绍网络性能的功能设计目标。

（1）覆盖范围（Coverage）。

在 5km 范围内，能够满足 LTE 相关协议定义的吞吐率、频谱效率及移动性需求；在 30km 范围内，在保证移动性需求的情况下，允许用户吞吐率轻微下降，频谱效率可以有明显的下降。100km 的覆盖范围不排除支持。

（2）容量（Capacity）。

在 5MHz 带宽内，LTE 要支持 200 个激活用户；带宽在 5MHz 到 20MHz 的范围内，要支持 400 个激活用户。

（3）吞吐率（Throughput）及频谱效率（Spectrum Effectiveness）。

在 20MHz 的带宽时，下行峰值数据速率（Peak Data Rate）达到 100Mbps，上行峰值数据速率达到 50Mbps。

LTE 在 MIMO 2x2 的配置下，下行小区边缘用户吞吐率是 R6 HSDPA 的 2～3 倍；平均用户吞吐率是 R6 HSDPA 的 3～4 倍；LTE 的频谱效率是 R6 HSDPA 的 3～4 倍；上行小区边缘用户吞吐率是 R6 HSUPA 的 2～3 倍；平均用户吞吐率是 R6 HSUPA 的 2～3 倍；频谱效率是 R6 HSUPA 的 2～3 倍。

LTE 实现吞吐率和频率利用效率大幅提升的技术有 OFDM、MIMO、高阶调制技术 64QAM。OFDM、MIMO 这两个物理层技术的选用并不是 LTE 的首创。

（4）时延（Latency）。

无线接入网 UE 到 eNodeB 用户面的延迟时间低于 10ms，控制面延迟时间低于 100ms。注意，此处的时延不是端到端时延，而是无线接入侧的时延。网络架构扁平化、调度粒度细微化是 LTE 实现低时延的主要手段。

（5）移动性（Mobility）。

用户的移动速度在 15km/h 以内时，保持最优的业务性能；移动速度在 15～120km/h 范围内，能够有较高的业务性能；移动速度在 120～500km/h 范围内，提供与 GPP R6 质量相当或更优的业务性能。

LTE 不仅支持大范围移动条件下的业务使用，更注重低速条件下的使用效果，支持热点区域的小范围高质量的覆盖。

（6）业务支持。

LTE 需要有效地支持多种业务，除了现有网页浏览、FTP、视频流、VoIP 业务，还支持实时视频、Push-to-X（X 代表各种应用，即 Push-to-Talk，一键语音通话；Push-to-View，一键视频通话；Push-to-Share，一键文件共享）等业务，支持增强型多媒体广播和组播业务（Multimedia Broadcast Multicast Service，MBMS）。

为了支持上面的网络性能需求目标，LTE 网络的技术基础设计目标有：一个扁平化的网络架构、两个物理层关键技术——OFDM 和 MIMO、带宽灵活配置。

为了降低建网成本，首先，从降低网络复杂性开始，要求接入网的网元种类减少，接口简单，单个网元功能增强，基站规模减小；其次，降低功能复杂性，严格禁止冗余的强制功能特性、可选特性最少化；再次，要求 LTE 支持和 2G、3G 无线制式共站址建设，降低建站成本；最后，要求 LTE 和其他制式能够互操作，实现多制式网络资源的共享。

为了降低运营成本，运营商要求 LTE 具备自组织网络（Uelf Oganization Network，SON）功能，即要求 LTE 网络具有自规划（Self-Planning）、自配置（Self-Configuration）、自优化（Self-Optimization）、自维护（Self-Maintenance）等能力。

LTE 的目的是减少规划、优化、维护的成本，降低运营成本。

另外，在设计 LTE 的过程中，不强制要求网络同步（Network Synchronization），这一点类似于 WCDMA（软同步），有别于对同步要求相当严格的 TD-SCDMA 系统（硬同步）。任何无线系统都需要同步，否则系统无法正常有序地工作，只不过同步实现的途径不同。

LTE 与 HSPA+、EDGE+技术特性的对比如表 10.1 所示。在组网架构和多址技术方面与已有无线制式的增强型版本和其派生"母体"保持一致。

表 10.1　LTE 与 HSPA+、EDGE+技术特性的对比

	EDGE+	HSPA+	LTE
网络结构	与 GSM/EDGE 相同，四层组网架构，平滑升级	与 UMTS/HSPA 相同，四层组网架构，软件平滑升级	与 UMTS/HSPA 不同，扁平化三层网络架构，组网架构需要较大的变化
多址技术	FDMA、TDMA	CDMA	OFDMA
调制编码	支持 16QAM 和 32QAM 调制方式，支持 Turbo 编码	支持 64QAM	支持 64QAM
带宽	固定带宽：200kHz	固定带宽：WCDMA，5MHz；TD-SCDMA，1.6MHz	可变带宽：最大 20MHz
天线技术	FDD 智能天线,终端双天线接收分集	MIMO	MIMO

续表

	EDGE+	HSPA+	LTE
时延	50～70ms（与 EDGE 相比，网络时延降低一半）	20～30ms	10ms
下行峰值速率	理论速率 2Mbps，实测速率 1Mbps	42Mbps	100Mbps
兼容性	终端与 GSM、GPRS、EDGE 后向兼容	终端与 WCDMA/TD-SCDMA、HSPA 后向兼容	与 2G、3G 网络不兼容。终端和网络自成一体
产业成熟期	2011 年	2009 年	2011 年以后

　　　　LTE 为三层的扁平化组网架构，采用新的多址技术和新的空中接口技术（新的信道结构、时隙帧结构）。

　　　　高阶调制的信号峰均比更高，对功放功率回退的要求和对接收机灵敏度的要求更加严格。由于高阶调制信号需要较多的功率回退，所以采用高阶调制的信号会使搜索范围变小。LTE 和 HSPA+可以使用 64QAM 的高阶调制技术，可选的还有 QPSK 和 16QAM 调制方式。

　　　　LTE 使用的是可变带宽，而 HSPA+、EDGE+使用的是固定带宽。在 HSPA+和 LTE 都使用 5MHz 带宽的时候，业务性能是相似的。LTE 和 HSPA+可以使用 MIMO 技术，EDGE+使用的是智能天线和接收分集的天线技术。

　　　　在时延、峰值速率等性能指标方面，虽然 HSPA+、EDGE+无法超越 LTE，但已经达到了该制式在技术条件下的极致水平。

　　　　实现 HSPA+和 EDGE+，终端比基站侧的改动要大。支持 HSPA+的终端一定能够在 HSPA R5 网络上使用，支持 EDGE+的终端一定能够在 GSM、GPRS/EDGE 网络上使用，这就是所谓的后向兼容性问题。但 LTE 终端和以往的无线制式都不兼容。

10.1.2　无线组网架构

　　　　LTE 系统只存在分组域，分为两个网元：演进分组核心网（Evolved Packet Core，EPC）和演进 NodeB（Evolved NodeB，eNodeB）。EPC 负责核心网部分，信令处理部分为移动管理实体（Mobility Management Entity，MME），数据处理部分为服务网管（Serving Gateway，SGW）。eNodeB 负责接入网部分，也称演进的 UTRAN（Evolved UTRAN，eUTRAN），如图 10.3 所示。

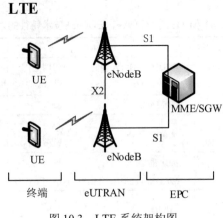

图 10.3　LTE 系统架构图

在 2G、3G 无线组网结构中，基站之间没有接口，基站之间的协调通过基站控制器完成，信息传送距离较长，信息传送时延较大，网络的自适应能力较差。LTE 克服了层级化组网的缺点，网络架构向扁平化的方向演进，将基站控制器的功能向基站转移。网络中任何一个节点兼有基站和基站控制器的功能，基站之间要建立信息传送接口。扁平化后的网络结构，信息传送距离缩短，信息传送时延减少，网络的无线环境自适应能力增强。扁平化的无线组网结构又称为网状网。LTE 无线接入网的组网架构就是扁平化的网络结构，如图 10.4 所示。LTE 中的 eNodeB 之间的接口是有线的。

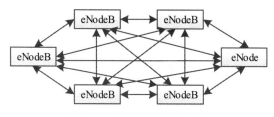

图 10.4　扁平化的网络结构

10.2　扁平化的组网架构

LTE/SAE 的组网架构主要包括扁平化、分组域化、IP 化、多制式融合化、用户面和业务面分离等工作，目的是提高峰值速率、降低系统时延、简化运营维护、降低系统成本。

10.2.1　LTE 组网架构

LTE/SAE 无线接入网采用 eUTRAN（Evolved UMTS Terrestrial RadioAccess Network），如图 10.5 所示。

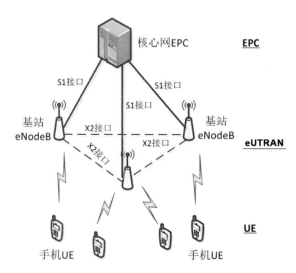

图 10.5　LTE/SAE 的网络架构

LTE 采用组网架构扁平化使 LTE 的组网层级分为 3 层，其优点如下。

（1）节点数量减少，用户平面的时延大大缩短。

（2）简化了控制平面从睡眠状态到激活状态的过程，减少了状态迁移的时间。

（3）降低了系统的复杂性，减少了接口类型，系统内部相应的交互操作也随之减少。

　　eUTRAN 是由若干个 eNodeB 组成的，eNodeB 之间增加了一个 X2 接口。可以以光纤为载体，实现无线侧 IP 化传输，使得基站网元之间可以协调工作。eNodeB 之间设计了接口，方便 LTE 的无线网采用网格（Mesh）方式组成网状网。

　　LTE 网络的网状网结构降低了孤点出现的概率。eNodeB 之间实现了互连，一个基站和多个基站相连，任何两点之间的传输故障不会使某个基站成为孤点，该站总可以取道其他传输通路与网络相连，降低了基站成为孤点的概率，增强了网络的成长性，如图 10.6 所示。

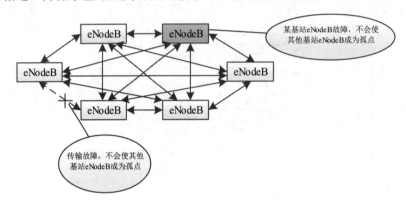

图 10.6　基站间的互连降低了单点的失败概率

10.2.2　核心网 EPC

　　LTE/SAE 核心网的系统架构为演进的包交换核心（Evolved Packet Core，EPC），如图 10.7 所示。LTE 的核心网 EPC 主要由移动性管理实体（Mobility Management Entity，MME），服务网关（Serving Gateway，SGW）和 PDN 网关或分组数据节点网关（Packet Data Node Gateway，PGW）组成。多个 EPC 的集合可以称为演进的分组交换系统（Evolved Packet System，EPS）。

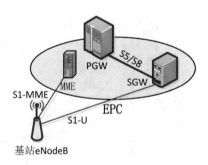

图 10.7　LTE/SAE 核心网的主要架构

10.2.3　基站 eNodeB

　　LTE 的 eUTRAN 由多点 eNodeB 组成。eNodeB 直接和 LTE 终端交互信息。基站 eNodeB 是网络侧直接和终端 UE 交互信息的设备，主要完成射频处理和基带处理两大类工作。射频处理主要完成发送或接收高频无线信号，以及高频无线信号和基带信号的互相转换功能；基带处理主要完成信道编/译码、复用/解复用、扩频调制及解扩/解调等功能。

　　基站 eNodeB 还具有系统接入控制、承载控制、移动性管理、宏分集合并、无线资源管理等控制功能，以及 SGSN、GGSN 路由选择功能。

　　除了上述功能，eNodeB 的功能还包括与 LTE 的核心网（EPC）进行信息交互的功能，如在 UE 附着状态时选择为之服务的移动性管理实体（MME)，选择转发用户平面数据的服务网关（SGW）的路由等。

10.3　EPC 架构

10.3.1　EPC 结构

语音业务（Voice）在以往的无线制式里由 CS 域承载，在 LTE 里则完全由 PS 域承载。VoIP（Voice over IP）就是语音业务由分组网承载的意思。

首先 EPC 将 CS 域业务承载在 PS 域。取消了 CS 域，减少了 CS 域的网元种类，实现了核心网的 IP 化，进一步将系统结构简单化，方便低成本建网。我们常说的 LTE 是单一网络架构，就是指全网为基于分组业务（PS）的网络架构。

其次，全网 IP 化。EPC 的各节点之间进行 IP 化传输。eNodeB 之间实现 IP 传输。由于互联网中的 IP 传输比无线通信中的 ATM 传输的效率高，但 IP 传输缺乏 QoS 保证。因此，LTE 全网 IP 化的关键支撑就是端到端的 QoS 保障机制。

最后，LTE/SAE 在核心网的演进过程中实现了用户面和控制面的分离，即用户面和控制面分别由不同的网元实体完成，这样可以降低系统时延、有效地提高核心网的业务处理效率。

LTE/SAE 核心网的 MME 是位于控制平面的设备，负责控制面的信令传输；而两个网关，即 SGW（服务网关）和 PGW（PDN 网关）是位于用户面的设备，负责用户包数据的过滤、路由和转发。

EPC 和 eUTRAN 之间的接口为 S1 接口。由于用户面和控制面的分离，S1 接口可以分为两种：用户面接口 S1-UI，eNodeB 与 SGW 实体的接口；控制面接口 S1-MME，eNodeB 与 MME 实体的接口。

LTE 的核心网支持多网融合。EPC 支持包括 LTE 在内的多种无线接入技术，不仅要支持 UMTS 网络的接入，也支持非 3GPP 制式的网络接入，如 GSM、CDMA、WLAN、WiMAX 等网络，从而实现不同无线制式在 EPC 平台上的大融合。

EPC 和各种无线制式中都设计了标准接入，如图 10.8 所示，以实现业务在不同制式的无线系统中无缝切换。

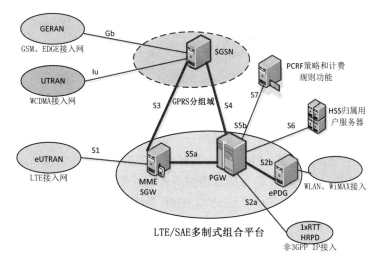

图 10.8　EPC 和各种无线制式中都设计了标准接入

这里需要说明的是，LTE 制式对应的无线接入网称为 eUTRAN；UMTS（WCDMA 和 TD-SCDMA）对应的无线接入网称为 UTRAN；GSM 和 EDGE 对应的无线接入网称为 GERAN（GSM EDGE Radio Access Network）；CDMA 对应的无线接入网称为 lxRTT（CDMA lx Radio Transmission Technology）；3G 标准的 CDMA2000 对应的无线接入网称为 HRPD（CDMA2000 High Rate Packet Data）。LTE 网络接口如表 10.2 所示。

表 10.2　LTE 网络接口

S1-MME	eNodeB 与 MME 之间的控制面接口，提供 S1-AP 信令的可靠传输，基于 IP 和 SCTP 协议
S1-U	eNodeB 与 S-GW 之间的用户面接口，提供 eNodeB 与 S-GW 之间用户面 PDU 的非保证传输，基于 UDP/IP 和 GTP-U 协议
S2a	针对授信的非 3GPP 接入，是 WLAN 和 ePDG 之间的接口，可基于 PMIPV6 或 GTP 协议实现
S2b	针对非授信的非 3GPP 接入，是 PDW 和 ePDG 之间的接口，可基于 PMIPV6 或 GTP 协议实现
S3	在 UE 活动状态和空闲状态下，为支持不同的 3G 接入网之间的移动性，以及用户和承载信息交换而定义的接口，基于 SGSN 之间的 Gn 接口定义
S4	核心网和作为 3GPP 锚点功能的 Serving GW 之间的接口，为两者提供相关的控制功能和移动性功能支持。该接口基于定义于 SGSN 和 GGSN 之间的 Gn 接口。另外，如果没有建立 Direct Tunnel，那么该接口提供用户面的隧道功能
S5a	负责 Serving GW 和 PDN GW 之间的用户平面数据传输和隧道管理功能的接口。用于支持 UE 的移动性而进行的 Serving GW 重定位过程及连接 PDN 网络所需要的与 non-collocated PDN GW 之间的连接功能。基于 GTP 协议或 PMIPv6 协议
S5b	PGW 和 PCRF 之间的控制面信息接口，提供 QoS 策略和计费准则的传递
S6	MME 和 HSS 之间用以传输签约和鉴权数据的接口。传送控制面信息
S7（Gx）	基于 Gx 接口的演进，提供 QoS 策略和计费准则的传递，属于控制面信息

10.3.2　职能划分

LTE/SAE 体系架构的设计目的是高效、低成本。eNodeB 和 EPC 之间的功能划分如图 10.9 所示。从图 10.9 中可以看出，eNodeB 是服务用户（UE），而 EPC 是负责分组数据交换的中央平台。

eNodeB 主要承担的是用户的服务和资源管理功能，即除了提供和管辖区域内的用户的空中接口功能，还要提供一些小区间无线资源管理功能、动态资源分配功能、无线接入控制功能、无线承载控制功能、移动管理功能等。

MME 的主要功能有寻呼、切换、漫游、鉴权，对非接入层（Non-Access Stratum，NAS）信令的加密和完整性保护，对接入层（Access Stratum，AS）的安全性控制、空闲态移动性管理等。其中，NAS 信令是指 UE 和核心网 EPC 直接联系使用的，它是接入网 eUTRAN 不做分析，也不直接使用的信令；AS 信令是接入网 eUTRAN 分析并使用的信令。

SGW（服务网关）是 EPC 和 eUTRAN 的一个边界网关，不和其他系统网关（如 GGSN、PDW）直接相连，主要功能包括 LTE 系统内的分组数据路由和转发、监听和计费。

PGW（PDN 网关）是和运营商外部或内部的分组网络连接的网关，其功能类似 UMTS 或 EGDE 中的 GGSN，是所有 3GPP 系统或非 3GPP 系统分组网络的统一出入口。

PGW 的主要功能包括分组包深度检查、分组数据过滤及筛选、转发、路由选择等。此外，PGW（PDN 网关）还负责 UE 的 IP 地址分配、速率限制、上/下行业务级计费等功能。设立 PDN 网关的目的是方便引入 LTE 系统以外的分组网络，使得多系统引入 LTE 的接口数目最小化使 EPS 和外界接口的功能简单化、清晰化，从而使 LTE/SAE 的核心网真正成为一个多制式融合的平台。

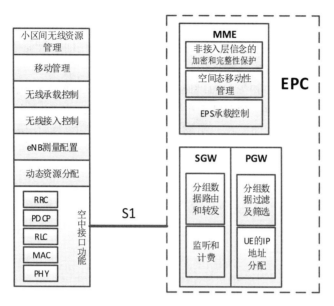

图 10.9　eNodeB 和 EPC 之间的功能划分

10.4　接口协议

接口是指不同网元之间的信息交互方式。既然是信息交互，就应该使用彼此能够懂的语言，这就是接口协议。接口协议的架构称为协议栈。

按无线通信制式的接口所处的物理位置的不同，可将其分为空中接口和地面接口。相应地，接口协议也分为空中接口协议和地面接口协议。空中接口是无线制式，不同的无线制式，空中接口的最底层（物理层）的技术实现有很大的不同。

LTE 无线侧的主要接口分空中接口和地面接口。LTE 空中接口是 UE 和 eNodeB 的 LTE-Uu 接口；LTE 无线侧的地面接口主要是 eNodeB 之间的 X2 接口，以及 eNodeB 和 EPC 之间的 S1 接口。

10.4.1　接口三层协议

为了简化设计，协议栈采用的是分层结构，底层为上层提供服务，上层使用下层提供的功能。无线制式的接口协议也可简单地分为 L1 层（物理层）、L2 层（数据链路层）和 L3 层（网络层）。

L1 层（物理层）的主要功能是提供两个物理实体间的可靠数据流的传送，适配传输媒介。在无线空中接口中，适配的是无线环境；在地面接口中，适配的是 E1、网线和光纤等传输媒介。

L2 层（数据链路层）的主要功能是信道复用和解复用、数据格式的封装、数据包调度等。其完成的主要功能是业务数据向通用数据帧的转换。

L3 层（网络层）的主要功能是寻址、路由选择、连接的建立和控制、资源的配置策略等。

10.4.2　用户面协议和控制面协议

LTE 接口协议栈除了分层还要分面。按信息处理类型的不同，接口协议可以分为用户面协议和控制面协议。用户面和控制面都是逻辑上的概念。用户面负责业务数据的传送和处理，控制面负责协调和控制信令的传送和处理。

在物理层，不区分用户面和控制面；而在数据链路层，数据处理功能开始区分用户面和控制面；在网络层，用户面和控制面则由不同的功能实体完成。

在无线侧，用户面和控制面还在一个物理实体 eNodeB 上；而在核心网侧，用户面和控制面则完全实现了物理上的分离，分别在不同的物理实体上。

不同接口的协议在细节上有所不同，但在架构上，接口协议的通用模型如图 10.10 所示。

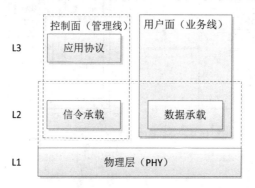

图 10.10　接口协议的通用模型

10.5　空中接口 LTE-Uu

LTE 空中接口的协议栈如图 10.11 所示。

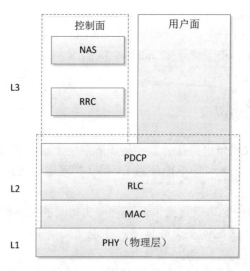

图 10.11　LTE 空中接口的协议栈

在 LTE 的架构中，没有 CS 域，包括控制面信令在内的一切数据流要通过分组数据汇聚协议（Packet Data Convergence Protocol，PDCP）处理。

10.5.1　数据链路层功能模块

空中接口的用户面没有网络层的功能模块，这一点和地面接口不同。用户面的数据链路层功能模块主要包括媒质接入控制（Medium Access Control，MAC）、无线链路控制（Radio Link Control，RLC）、分组数据汇聚协议（Packet Data Convergence Protocol，PDCP）三个功能模块，如图 10.12 所示。

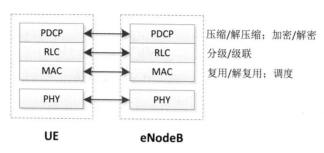

图 10.12　用户面的数据链路层功能模块

用户面的主要功能是处理业务数据流。在发送端，将承载高层业务应用的 IP 数据流经过头压缩（PDCP）、加密（PDCP）、分段（RLC）、复用（MAC）、调度等过程变成物理层可处理的传输块；在接收端，将物理层接收到的数据流按调度要求解复用（MAC）、级联（RLC）、解密（PDCP）、解压缩（PDCP），成为高层应用可以识别的数据流，如图 10.13 所示。

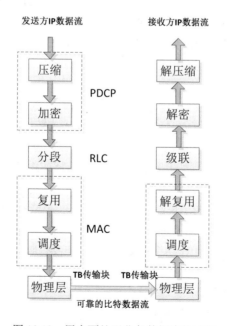

图 10.13　用户面处理业务数据流的过程

LTE 空中接口控制面包括数据链路层、网络层的功能模块，如图 10.14 所示。控制面数据链路层的功能模块和用户面的是一样的，也包括 MAC、RLC、PDCP 三个主要模块。其中，MAC 和 RLC 层的功能与用户面相应模块的功能是一致的；而 PDCP 层的功能与用户面有一些区别，除了对控制信令进行加密和解密操作，还要对控制信令数据进行完整性保护和完整性验证。

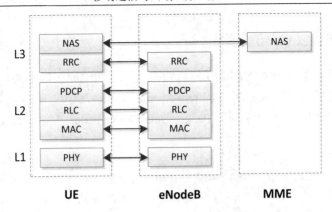

图 10.14　LTE 空中接口控制面的功能模块

10.5.2　网络层功能模块

LTE 空中接口控制面的网络层有两个功能模块：无线资源控制（Radio Resource Control，RRC）和非接入层（Non Access Stratum，NAS）。

UE 和 eNodeB 之间的控制信令主要是 RRC 消息。RRC 消息携带建立、修改和释放数据链路层和物理层协议实体所需的全部参数。另外，RRC 还要给 UE 透明地传达来自核心网的指示。

UE 和 eNodeB 在承载业务之前，先要建立 RRC 连接。RRC 包括面向所属 UE 的信息发布（系统信息的广播）；寻找某个用户（寻呼）；信令传播渠道的建立是安全保障（RRC 连接建立）；RRC 可进行无线资源控制和移动性管理。

RRC 模块的主要功能有系统信息的广播、寻呼、RRC 连接建立、无线资源控制、移动性管理（包括 UE 测量控制和测量报告的准备和上报，LTE 系统内与 LTE 和其他无线系统间的切换）。

LTE 的 RRC 状态管理比较简单，只有两种状态：空闲状态（RRC_IDLE）和连接状态（RRC_CONNECTED）。由于系统信息块的个数减少，传输信道的个数也减少了。这样，针对系统信息或传输信道的参数配置也减少了，满足了 LTE 最小化配置的需求。

UE 处于空闲状态时，接收到的系统信息有小区选择或重选的配置参数、邻小区的信息；在 UE 处于连接状态时，接收到的是公共信道配置信息。

寻呼（Paging）消息是 eUTRAN 用来寻找或通知一个或多个 UE 的信息，主要携带的内容包括拟寻呼 UE 的标识、发起寻呼的核心网标识、系统消息是否有改变的指示。UE 划分成多个寻呼组，在空闲状态时，UE 并不是始终检测是否有呼叫进入。由于采用非连续接收（Discontinuous Reception，DRX）的方式，只在特定的时刻接收寻呼信息。这样可以避免寻呼消息过多，减少手机功率的消耗。

RRC 连接建立的初始阶段，没有启用安全机制，交互信令没有加密和完整性保护。在 RRC 建立连接的过程中，一旦安全机制（加密和完整性保护）被激活，RRC 信令（Signal Radio Bearer，SRB）就被完整性保护。与此同时，RRC 信令（Signaling Radio Bearer，SRB）和用户数据（Data Radio Bearer，DRB）都会被加密。

无线资源管理包括 RRC 信令（SRB）连接的增加和释放、用户数据承载（DRB）的增加和释放、MAC 调度机制的配置、物理信道的重配置等内容。

移动性管理包括小区间的切换和重选、跨系统（inter-RAT）的切换和重选、UE 的测量及对测量报告的控制。RRC 模块会指示 UE 的测量内容、测量开始时间和对测量结果进行汇报的方式。RRC 将依据测量结果判断是否启动切换和重选，是启动小区的切换和重选，还是启动系统间的切换和重选。

NAS 信令是指 UE 和 MME 之间交互的信令，eNodeB 只负责 NAS 信令的透明传输。NAS 信令主要承载的是 SAE 控制信息、移动性管理信息、安全机制配置和控制等内容。

10.6　地面接口

地面接口是网络侧网元之间的信息沟通渠道。在 LTE 的无线接入网侧，主要包括两类：同层接口（基站间的接口）和上下层接口（基站与核心网间的接口）。

10.6.1　同层接口 X2

在以往的制式中，基站之间没有直接沟通的接口。X2 接口为用户面提供了业务数据的基于 IP 传输的不可靠链接，而为控制面提供了信令传送的基于 IP 传输的可靠链接。

X2 接口的用户面是在切换时 eNodeB 之间转发业务数据的接口。这也是一个 IP 化的接口。UDP/IP 是基于 TCP/IP 协议族的内容，是实时性较差的、不可靠链接的分组数据包传送协议。在 UDP/IP 上是利用 GPRS 用户平面隧道协议（GPRS Tunneling Protocol for User Plane，GTP-U）来传送用户分组数据单元（Packet Data Unit，PDU）的，X2 接口的用户面协议如图 10.15 所示。

X2 接口的控制面也是基于 IP 传输的，但是它利用流控制传输协议（Streaming ControlTransport Protocol，SCTP）为 IP 分组交换网提供可靠的信令传输，如图 10.16 所示。SCTP 解决 TCP/IP 网络在传输实时信令和数据时所面临的不可靠传输、时延等问题。X2 接口的控制面协议为 X2 AP。

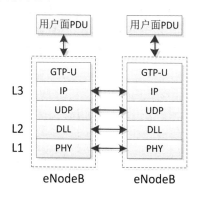

图 10.15　X2 接口的用户面协议

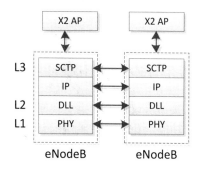

图 10.16　X2 接口的控制面协议

X2 接口控制面的主要功能在 LTE 系统内，用于 UE 在连接状态下从一个 eNodeB 切换到另一个 eNodeB 的移动性管理。X2 接口控制面还可以对各 eNodeB 之间的资源状态、负荷状态进行监测，用作 eNodeB 负载均衡、负荷控制或准入控制的判断依据。此外，X2 接口控制面还负责 X2 连接的建立、复位、eNodeB 配置更新等接口管理工作。

10.6.2　上下层接口 S1

S1 用户面接口位于 eNodeB 和 SGW 之间，这个接口和 X2 用户面的架构是一致的，如图 10.17 所示，也是建立在 IP 协议上的分组交换，面向连接的不可靠传输。在传输上，用 GTP-U 协议来携带用户面的 PDU。

S1 控制面接口位于 eNodeB 和 MME 之间，如图 10.18 所示，也是建立在 IP 传输基础之上的，这一点和 S1 用户面一样。和 S1 用户面不同的是，为了支持可靠的信令传输，S1 控制面在 IP 层上添加了 SCTP，这样，和 X2 控制面的基础架构是一致的。S1 AP 是 S1 的应用层信令协议。

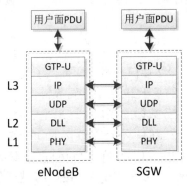

图 10.17　S1 接口的用户面协议

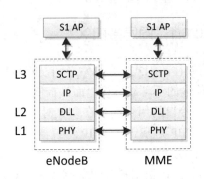

图 10.18　S1 接口的控制面协议

S1 控制面的主要功能是建立与核心网的承载连接，即 SAE 承载管理功能，包括 SAE 承载建立、修改和释放。

S1 移动性管理不仅包括 LTE 系统内的切换，还包括系统间的切换。假如处于连接状态的 UE 从 LTE 覆盖区域移动到 WCDMA 覆盖区域，那么 S1 控制面接口会助力 UE 完成系统间切换。X2 接口的控制面没有系统间切换的功能，只是 LTE 系统内的移动性管理。

此外，S1 接口还支持寻呼功能、NAS 信令的传输功能、S1 接口的管理功能等。

10.6.3　LTE 接口协议栈的特点

LTE 接口协议栈的特点主要有以下三种。

（1）功能简化，降低系统的复杂度。

LTE MAC 层减少了传输信道的个数，通过功能实体的简化降低了系统设计和参数配置的复杂度。

LTE UE 的状态如图 10.19 所示。在 eNodeB 中只存在 2 种 RRC 状态：RRC_IDLE（空闲状态）和 RRC_CONNECTED（连接状态）。

LTE UE状态

图 10.19　LTE UE 的状态

LTE 使用共享信道来承载用户的控制信令和业务数据,取代了 3G 时代物理层中的专用信道。共享信道可以使多个用户共享其中接口的资源,因此不需要区分 LTE 连接状态的细节,可以根据需要动态地调整连接状态的资源。

LTE 要与 WCDMA、GSM 等进行系统间的互操作,所以 LTE 系统中也要设计 LTE-RRC 状态和其他系统的 RRC 状态间的相互转移途径。

(2)功能位移,实现位置下移。

在 eNodeB 上实现 RNC 的功能。RNC 主要实现无线资源调度功能和控制面的 RRC 功能,并在网络侧终止于 eNodeB。PDCP 功能也在 eNodeB 上实现,这导致 SGW 基本成为简单的路由器,方便 LTE 和其他分组网络在核心网侧的融合。

(3)功能增强。

使用广播多播业务(Multimedia Broadcast Multicast Service,MBMS),代替了 UMTS 的 BMC 层(广播媒体控制层)及公共业务信道 CTCH;使用时隙统筹(Scheduling Gap)方案替换了 WCDMA 异频测量过程中使用的压缩模式。

10.7　FDD 和 TDD 的频段分配及 LTE 的两种帧结构

LTE 标准支持两种双工模式:频分双工(Frequency Division Duplexing,FDD)和时分双工(Time Division Duplexing,TDD)。LTE 定义了两种帧结构:FDD 帧结构(Frame structure type 1)和 TDD 帧结构(Frame structure type 2)。

FDD 和 TDD 两种双工方式已分配的频段不同,大小不同。LTE 在整个标准的制定过程中充分考虑了 TDD 和 FDD 双工方式在实现过程中的异同,增加了二者实现的共同点、减少了二者的差异处。

FDD-LTE 和 TD-LTE 帧结构设计的差别会导致系统实现方面相应的不同。主要的不同集中在物理层(PHY)的实现上,而在媒质接入控制(MAC)层、无线链路控制(RLC)层的差别不大,在更高层的设计上几乎没有不同。

10.7.1　FDD 和 TDD 的频段分配

FDD 具有共同的时间、不同的频率。FDD 在两个分离的、对称的频率信道上分别进行接收和发送。

TDD 具有共同的频率、不同的时间。TDD 的接收和发送使用同一频率的不同时隙来区分上、下行信道,在时隙上是不连续的。

LTE 支持 1.4MHz、3MHz、5MHz、10MHz、15MHz、20MHz 等多种带宽配置,还支持从 700MHz 到 2.6GHz 等多种频段。

根据协议规定,LTE 系统定义的工作频段有 40 个,使用的频段考虑了对现有无线制式频段的再利用。每个频段都有一个编号和一定的范围,部分工作频段之间会有重叠。编号 1~32 为 FDD 频段,如表 10.3 所示;编号 33~40 为 TDD 频段,如表 10.4 所示。其中,FDD 的一些编号如 15、16、18~32,还没有分配具体的频点。

表 10.3　FDD 模式支持的频段

FDD-LTE 频段	上行(UL)	下行(DL)
1	1920~1980MHz	2110~2170MHz

FDD-LTE 频段	上行（UL）	下行（DL）
2	1850~1910MHz	1930~1990MHz
3	1710~1785MHz	1805~1880MHz
4	1710~1755MHz	2110~2155MHz
5	824~849MHz	869~894MHz
6	830~840MHz	875~885MHz
7	2500~2570MHz	2620~2690MHz
8	880~915MHz	945~960MHz
9	1749.9~1784.9MHz	1844.9~1879.9MHz
10	1710~1770MHz	2110~2170MHz
11	1427.9~1452.9MHz	1475.9~1500.9MHz
12	689~716MHz	728~746MHz
13	777~787MHz	746~756MHz
14	788~798MHz	758~768MHz
……	……	……
17	704~716MHz	734~746MHz
……	……	……

表 10.4　TD 模式支持的频段

TD-LTE 频段	上行（UL）	下行（DL）
33	1900~1920MHz	1900~1920MHz
34	2010~2025MHz	2010~2025MHz
35	1850~1910MHz	1850~1910MHz
36	1930~1990MHz	1930~1990MHz
37	1910~1930MHz	1910~1930MHz
38	2570~2620MHz	2570~2620MHz
39	1880~1920MHz	1880~1920MHz
40	2300~2400MHz	2300~2400MHz

中国移动 4G 采用 TD-LTE 制式，频段为 1880~1900MHz、2320~2370MHz、2575~2635MHz。

中国联通 4G 的频段：FDD-LTE 频段上行 1755~1765MHz，下行 1850~1860MHz。TD-LTE 频段为 2555~2575MHz 和 2300~2320MHz（仅限室内使用）。

中国电信 4G 的 TD-LTE 频段为 2370~2390MHz 和 2635~2655MHz，FDD-LTE 频段为 1765~1780MHz 和 1860~1875MHz。移动、联通和电信 LTE 的频段划分如表 10.5 所示。

表 10.5　移动、联通和电信 LTE 的频段划分

制式		总带宽（MHz）	移动带宽（MHz）	联通带宽（MHz）	电信带宽（MHz）
LTE- TD	4G	D 段：2555~2655	1880~1920		
		E 段：2300~2400	2320~2370	2300~2320	2370~2390
		F 段：1880~1920	2575~2635	2555~2575	2635~2655
FDD-LTE	4G			上行：1755~1765	上行：1765~1780
				下行：1850~1860	下行：1860~1875

10.7.2　LTE 的两种帧结构

LTE 采用的是 OFDM 技术，子载波间隔 15kHz，每个子载波为 2048 阶 IFFT 采样，则 LTE 的采样周期 T_s= 1/ (2 048x15 000) = 0.033us。在 LTE 中，帧结构时间描述的最小单位就是采样周期 T_s。

1．FDD 的帧结构

FDD-LTE 类型的无线帧长为 10ms，每帧含 10 个子帧、20 个时隙。每个子帧有两个时隙，每个时隙为 0.5ms，如图 10.20 所示。每个 LTE 的时隙又有若干个资源块（PRB），每个 RRB 含有多个子载波。

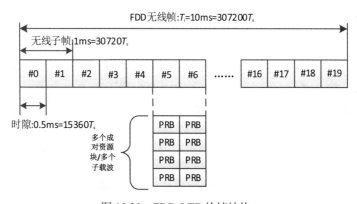

图 10.20　FDD-LTE 的帧结构

LTE 有很苛刻的时延要求，在负载较轻的情况下，用户面延迟小于 5ms。为了满足这么苛刻的数据传输延迟要求，LTE 系统必须使用很短的交织长度（TTI）和自动重传请求（ARQ）周期。因此，LTE 的时隙长度为 0.5ms，但对 0.5ms 这个调度，信令面的开销太大，对器件的要求比较高。一般调度周期 TTI 设为一个子帧的长度（1ms），包括两个资源块（PRB）的时间长度。因此，在一个调度周期内，资源块（PRB）都是成对出现的。

FDD 帧结构不但支持半双工 FDD 技术，还支持全双工 FDD 技术。一个常规时隙包含 7 个连续的 OFDM 符号（Symbol）为了克服符号间干扰（ISI），需要加入循环前缀（Cyclic Prefix，CP）。加入 CP 主要用来对抗实际环境中的多径干扰，由于多径导致的时延扩展会影响子载波之间的正交性，造成符号间干扰。CP 的长度与覆盖半径有关，要求的覆盖范围越大，需要配置的 CP 长度就越长；但过长的 CP 配置也会导致系统的开销过大。在一般覆盖要求下，配置普通长度的 CP（Normal CP）即可满足要求；但是需要广覆盖的场景则要配置增长的扩展 CP（Extended CP）。

在增强型广播多播业务（Multimedia Broadcast Multicast Service，MBMS）应用的场景，由于需要多个同频小区同时进行数据发送，为了避免不同位置的基站的多径时延不同，需要采用扩展 CP。

在下行方向，还有一种超长 CP 的配置，子载波的间隔不是 15kHz，而是 7.5kHz，仅仅应用于独立载波的多播广播同频网络（Multicast Broadcast over Single Frequency Network，MBSFN）传输。在上行方向，没有子载波间隔为 7.5kHz 的时隙结构。

FDD 模式普通 CP 配置的时隙结构如图 10.21 所示。在一个时隙中，第 0 个 OFDM 符号的循环前缀 CP 长度和其他 OFDM 符号的 CP 长度是不一样的。第 0 个 OFDM 符号的 CP 长度为 160 T_s，约为 5.2us；而其他 6 个 OFDM 符号的 CP 长度为 144 T_s，约为 4.7us；每个 OFDM 周期内有用符号的长度为 2 048 T_s；，约为 66.7us。7 个 OFDM 符号周期内有用符号的长度和 CP 长度之和正好为 15360 T_s；约为 0.5ms。

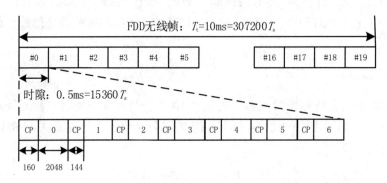

图 10.21　FDD 模式普通 CP 配置的时隙结构

FDD 模式扩展 CP 配置的时隙结构如图 10.22 所示。在扩展 CP 配置下，每个时隙的 OFDM 符号数目不再是 7 个，而是 6 个。与普通 CP 配置的时隙结构不同的是，在一个时隙内，每个 OFDM 符号周期的长度是一样的。每个 OFDM 符号中有用符号的长度仍然是 2048Ts；，约为 66.7ns；但 CP 的长度扩展为 512Ts；，约为 16.7us。这样在扩展 CP 模式下，比普通 CP 模式下的符号周期约增加了 12us，因此 1 个时隙（0.5ms）内的符号个数减少了 1 个。

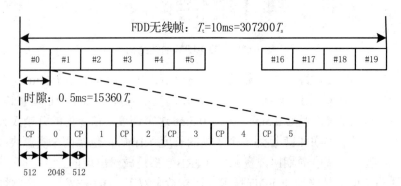

图 10.22　FDD 模式扩展 CP 配置的时隙结构

在下行方向（且只有在下行方向），为了支持独立载波的 MBSFN 传播，增加了子载波间隔 7.5kHz 情况下扩展 CP 配置的时隙结构，如图 10.23 所示。

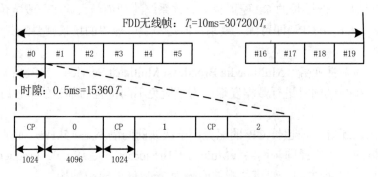

图 10.23　FDD 模式扩展 CP 配置下的时隙结构

在这种时隙结构下，每个时隙 OFDM 符号个数降低为 3 个，OFDM 符号的周期增长了很多，能够支持较大覆盖范围的数据传送。在一个时隙内，每个 OFDM 符号周期的长度由扩展的 CP 和扩展的有用符号组成。每个 OFDM 符号中有用符号的长度增加为 $4096T_s$，约为 133.3μs；扩展 CP 的长度为 $1024T_s$，约为 33.3μs。因此，子载波间隔 7.5kHz 的扩展 CP 的时隙结构，比子载波间隔 15kHz 的时隙结构的 OFDM 符号周期增加了一倍，不同 CP 配置的时隙结构对比表如表 10.6 所示。

表 10.6　不同 CP 配置的时隙结构对比表

CP 配置	子载波间隔	下行 OFDM CP 长度	上行 SC-FDMA CP 长度	有用符号的长度	子载波 RB 数目	每个时隙的 OFDM 符号数目
普通 CP	△ f=15KHz	符号 0 的 CP 长度为 160；符号 1～6 的 CP 长度为 144	符号 0 的 CP 长度为 160；符号 1～6 的 CP 长度为 144	2048	12	7
		符号 0～5 的 CP 长度为 512	512 时隙取#0～#5	2048		6
扩展 CP	△ f=7.5KHz	符号 0～2 的 CP 长度为 1024	无	4096	24（仅限下行）	3（仅限下行）

2．TDD 帧结构

TD-LTE 帧格式的形成过程比较复杂。帧结构与 FDD-LTE 帧长度一致，但保留了 TD-SCDMA 的一些特色元素，如图 10.24 所示。

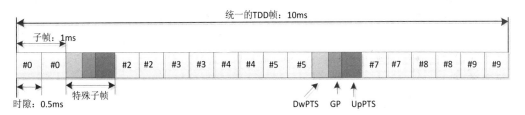

图 10.24　融合后的 TD 版本

TD-LTE 每个长为 10ms 的帧的特殊时隙可以出现 1 次，也可以出现两次，取决于上、下行转换周期的配置策略。3 个特殊时隙占用 1ms 的子帧。

TD-LTE 的 TD 每个常规时隙长度为 0.5ms，但每两个时隙组成一组进行调度，长度为 1ms。LTE 的 TDD 帧结构和 FDD 不一样的地方有以下两个。

一是存在特殊子帧，由下行导频时隙（Downlink Pilot Time Slot，DwPTS）、保护周期（Guard Period，GP）和上行导频时隙（Uplink Pilot Time Slot，UpPTS）构成，特殊子帧各部分的长度可以配置，但总时长固定为 1ms；二是存在上、下行转换点。

LTE 采用的是 OFDM 技术，子载波间隔为 15kHz，每个子载波用 2048 阶 IFFT 采样，则 LTE 的采样周期 T_s = 1/ (2 048x15 000) = 0.033us。在 LTE 中，描述帧结构时间的最小单位就是采样周期。LTE 每帧分为 10 个子帧，共 20 个时隙，资源调度的单位是子帧，即两个时隙的时间长度为 1ms。

10.8　LTE 信道

信道实际上就是信息前后衔接的不同处理过程，是不同类型的信息按照不同传输格式、用不同的物理资源承载的信息通道。根据信息类型的不同、处理过程的不同可以将信道分为多种类型。

10.8.1　三类信道

LTE 采用三种信道：逻辑信道、传输信道与物理信道。从协议栈的角度来看，逻辑信道是 MAC 层和 RLC 层之间的，传输信道是物理层和 MAC 层之间的，物理信道是物理层上的，如图 10.25 所示。

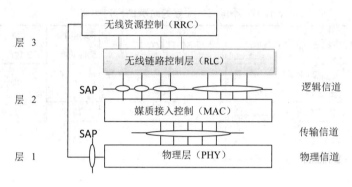

图 10.25　无线信道结构

逻辑信道是传输内容和类别的信息。信息首先要被分为两种类型：控制消息（控制平面的信令，负责工作协调，如广播类消息、寻呼类消息）和业务消息（业务平面的消息，承载高层传来的实际数据）。逻辑信道是高层信息传送到 MAC 层的服务接入点。

传输信道负责传输信息和信息形成的传输块（TB）。不同类型的传输信道对应的是空中接口上不同信号的基带处理方式，如调制编码方式、交织方式、冗余校验的方式、空间复用方式等内容。

根据对资源占有的程度不同，传输信道可分为共享信道和专用信道。共享信道就是多个用户共同占用信道资源；而专用信道就是由某个用户独自占用信道资源。与 MAC 层强相关的信道有传输信道与逻辑信道。传输信道是物理层提供给 MAC 层的服务，MAC 可以利用传输信道向物理层发送与接收数据；而逻辑信道则是 MAC 层向 RLC 层提供的服务，RLC 层可以使用逻辑信道向 MAC 层发送与接收数据。MAC 层一般包括很多功能模块，如传输调度模块、MBMS 功能模块、传输块（TB）产生模块等。经过 MAC 层处理的消息向上传给 RLC 层的业务接入点，要变成逻辑信道的消息；向下传送到物理层的业务接入点（SAP），要变成传输信道的消息。

物理信道是信号在无线环境中传送的方式，即空中接口的承载媒体。物理信道对应的是实际的射频资源，如时隙（时间）、子载波（频率）、天线口（空间）。物理信道是确定好编码交织方式、调制方式，在特定的频域、时域、空域上发送数据的无线通道。根据物理信道所承载的上层信息的不同，定义了不同类型的物理信道。

1. 逻辑信道

根据传送消息的不同类型，逻辑信道分为两类：控制信道和业务信道。
控制信道，只用于控制平面信息的传送，如协调、管理、控制类信息。
业务信道，只用于用户平面信息的传送，如上层交给下层传送的语音类、数据类的数据包。
LTE 逻辑信道的定义如表 10.7 所示。

表 10.7　LTE 逻辑信道的定义

逻辑信道类型	逻辑信道	信息方向
控制信道	广播控制信道（Broadcast Control Channel，BCCH）	下行
	寻呼控制信道（Paging Control Channel，PCCH）	下行
	公共控制信道（Common Control Channel，CCCH）	上行、下行
	专用控制信道（Dedicated Control Channel，DCCH）	上行、下行
	多播控制信道（Multicast Control Channel，MCCH）	下行
业务信道	专用业务信道（Dedicated Traffic Channel，DTCH）	上行、下行
	多播业务信道（Multicast Traffic Channel，MTCH）	下行

2．控制信道

MAC 层提供的控制信道有五个。

广播控制信道（Broadcast Control Channel，BCCH）是广播类消息的入口，面向辖区内的所有用户广播控制信息。BCCH 是网络到用户的一个下行信道，它传送的信息是在用户实际工作开始之前一些必要的通知工作。它是协调用户行为、控制用户行为、管理用户行为的重要信息。

寻呼控制信道（Paging Control Channel，PCCH）是寻呼类消息的入口。当不知道用户具体处在哪个小区的时候，用于发送寻呼信息。PCCH 也是一个网络到用户的下行信道，一般用于被叫流程（主叫流程比被叫流程少一个寻呼消息）。

公共控制信道（Common Control Channel，CCCH）是系统与用户信息交互的入口，用于多用户时，协调通信的信息渠道。CCCH 是上、下行双向和点对多点的控制信息传送信道，在 UE 和网络没有建立 RRC 连接的时候使用 CCCH。

专用控制信道（Dedicated Control Channel，DCCH）是系统与指定用户的信息入口，协调通信的信息渠道。DCCH 是上、下行双向和点到点的控制信息传送信道，在 UE 和网络之间建立了 RRC 连接以后使用。

多播控制信道（Multicast Control Channel，MCCH）是系统给多个用户下发命令的入口，是协调彼此通信的信息渠道。MCCH 是点对多点的从网络到 UE 侧（下行）的 MBMS 控制信息的传送信道。一个 MCCH 可以支持一个或多个 MTCH（MBMS 业务信道）配置。

3．业务信道

MAC 层提供的业务信道有以下两个。

专用业务信道（Dedicated Traffic Channel，DTCH），按照控制信道的命令或指示，完成业务数据的传输。DTCH 是 UE 和网络之间的点对点和上、下行双向的业务数据传送信道。

多播业务信道（Multicast Traffic Channel，MTCH）是系统给多个用户下发业务数据的信道。LTE 中的 MTCH 是一个点对多点的从网络到 UE（下行）的传送多播业务 MBMS 的数据传送信道。

10.8.2　传输信道

传输信道定义了空中接口中数据的传输方式和特性。传输信道可以配置物理层的参数，同时，物理层可以通过传输信道为 MAC 层提供服务。值得注意的是，传输信道关注的不是传什么，而是怎么传。

LTE 的传输信道没有定义专用信道，都属于公共信道或共享信道。LTE 传输信道分为上行信道和下行信道，但 LTE 的共享信道（SCH）支持上行、下行两个方向，为了区别，将 SCH 分为 DL-SCH（下行 SCH）和 UL-SCH（上行 SCH）。

1. 下行信道

LTE 下行传输信道有以下四个。

广播信道（Broadcast Channel，BCH），广播消息规定了预先定义好的固定格式、固定发送周期、固定调制编码方式。BCH 是在整个小区内发射的、固定传输格式的下行传输信道，用于给小区内的所有用户广播特定的系统信息。在 LTE 中，只有广播信道中的主系统信息块（Master Information Block，MIB）在专属的传输信道（BCH）上传输，其他的广播消息，如系统信息块（System Information Block，SIB）都是在下行共享信道（DL-SCH）上传输的。

寻呼信道（Paging Channel，PCH）规定了寻呼传输的格式，预先定义好格式、发布间隔等内容。寻呼信道是在整个小区内进行发送寻呼信息的一个下行传输信道。为了减少 UE 的耗电，UE 支持寻呼消息的非连续接收（DRX）。为了支持终端的非连续接收，PCH 的发射与物理层产生的寻呼指示的发射是前后相随的。

下行共享信道（Downlink Shared Channel，DL-SCH），规定了业务数据的传送格式。DL-SCH 是传送业务数据的下行共享信道，支持自动混合重传（HARQ）；支持编码调制方式的自适应调整（AMC）；支持传输功率的动态调整；支持动态、半静态的资源分配。

多播信道（Multicast Channel，MCH）规定了给多个用户传送业务数据的传送格式，与以往无线制式的下行传送信道不同。在多小区发送时，支持 MBMS 的同频合并模式 MBSFN。MCH 支持半静态的无线资源分配，在物理层上对应的是长 CP 的时隙。

2. 上行信道

LTE 上行传输信道有以下两个。

随机接入信道（Random Access Channel，RACH），规定了终端要接入网络时的初始协调信息格式。RACH 是一个上行传输信道，在终端接入网络开始业务之前使用。由于终端和网络还没有正式建立链接，RACH 信道使用开环功率控制。RACH 发射位总是基于碰撞（竞争）的资源申请机制。

上行共享信道（Uplink Shared Channel，UL-SCH）和下行共享信道一样，也规定了业务数据的传送格式，只是传输方向不同。UL-SCH 是传送业务数据的从终端到网络的上行共享信道，同样支持自动混合重传（HARQ）；支持编码调制方式的自适应调整（AMC）；支持传输功率的动态调整；支持动态、半静态的资源分配。传输信道的编码方案如表 10.8 所示。

表 10.8　传输信道的编码方案

传 输 信 道	编 码 方 案	编 码 速 率
UL-SCH	Turbo 编码	1/3
DL-SCH		
PCH		
MCH		
BCH	咬尾卷积码（Tail biting convolutional coding ）	1/3
RACH	N/A	N/A

10.8.3　物理信道

物理信道是上层信息在无线环境中的实际承载。在 LTE 中，物理信道是由特定的子载波、时隙、天线口确定的，即在特定的天线口上，对应的是一系列无线时频资源（Resource Element，RE）。

物理信道是有开始时间、结束时间、持续时间的。物理信道在时域上可以是连续的，也可以是不连续的。连续的物理信道持续时间是从它的开始时刻到结束时刻这一段连续的时间，不连续的物理信道则须明确指示清楚由哪些时间片组成。在 LTE 中，度量时间长度的单位是采样周期 T_s。

物理信道主要用来承载传输信道的数据，但还有一类物理信道无须传输信道的映射，直接承载物理层本身产生的控制信令或物理信令（下行 PDCCH、RS、SS；上行 PUCCH、RS）。这些物理信令和传输信道映射的物理信道一样，有相同的空中载体，可以支持物理信道的功能。

1．两大处理过程

物理信道一般要进行两大处理过程：比特级处理和符号级处理。

从发送端的角度看，比特级处理是物理信道数据处理的前端，主要是在二进制数据流上添加 CRC 校验；进行信道编码、交织、速率匹配及加扰。加扰之后进行的是符号级处理，包括调制、层映射、预编码、资源块映射、天线发送等过程。

在接收端，先进行的是符号级处理，然后是比特级处理，这与发送端处理的先后顺序不同。

上、下行物理信道采用的多址接入方式不同，MIMO 实现的方式也可能不同，所以二者的处理过程有所区别。下行物理信道的信息处理过程如图 10.26 所示，上行物理信道的信息处理过程如图 10.27 所示。

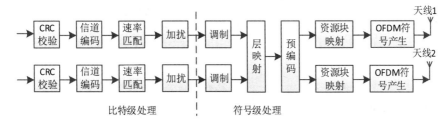

图 10.26　下行物理信道的信息处理过程

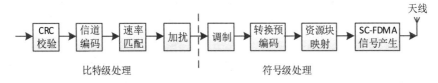

图 10.27　上行物理信道的信息处理过程

2．下行物理信道

下行方向有六个物理信道。

物理广播信道（Physical Broadcast Channel，PBCH）：并不是所有的广播消息都从这里广播通知用户；部分广播消息通过下行共享信道（PDSCH）通知用户。PBCH 承载的是小区 ID

等系统信息，用于小区的搜索过程。

物理下行共享信道（Physical Downlink Shared Channel，PDSCH）：承载的是下行用户的业务数据。

物理下行控制信道（Physical Downlink Control Channel，PDCCH）：承载传送用户数据的资源分配的控制信息。在 LTE 中，因为 PDCCH 的传输时间很短，所以寻呼指示依靠 PDCCH。UE 依照特定的 DRX 周期在预定时刻监听 PDCCH。随机接入响应同样依靠 PDCCH。

物理控制格式指示信道（Physical Control Format Indicator Channel，PCFICH）：是 LTE 的 OFDM 特性强相关的信道，承载的是控制信道在 OFDM 符号中的位置信息。

物理 HARQ 指示信道（Physical Hybrid ARQ Indicator Channel，PHICH）：承载的混合自动重传 (HARQ)的确认/非确认（ACK/NACK）信息。

物理多播信道（Physical Multicast Channel，PMCH）：承载多播信息，负责把上层来的业务信息或相关的控制命令传给终端。

这几个物理信道彼此协调工作。每一种物理信道根据其承载的信息不同，对应着不同的调制方式，如表 10.9 所示。

表 10.9　物理信道及其调制方式

物 理 信 道	调 制 方 式
PDSCH	QPSK，16QAM，64QAM
PMCH	QPSK，16QAM，64QAM
PDCCH	QPSK
PBCH	QPSK
PCFICH	QPSK
PHICH	BPSK

PDSCH 和 PMCH 这两个信道可以根据无线环境的好坏选择合适的调制方式。当信号质量好的时候，选择高阶的调制方式，如 64QAM；当信号质量不好的时候，选择低阶的调制方式，如 QPSK。其他协调控制类信道都采用固定的调制方式。其中，PBCH、PDCCH、PCFICH 采用 QPSK，PHICH 采用 BPSK。

3. 上行物理信道

上行方向有三个物理信道。

物理随机接入信道（Physical Random Access Channel，PRACH）：承载 UE 想接入网络时的请求信号——随机接入前导，网络一旦应答，UE 便可进一步和网络沟通信息。

物理上行共享信道（Physical Uplink Shared Channel，PUSCH）：采用共享的机制，承载上行用户数据。

物理上行控制信道（Physical Uplink Control Channel，PUCCH）：承载着 HARQ 的 ACK/NACK、调度请求（Scheduling Request）、信道质量指示（Channel Quality Indicator）等信息。

上行物理信道的调制方式如表 10.10 所示。

表 10.10　上行物理信道的调制方式

物 理 信 道	调 制 方 式
PUSCH	QPSK，16QAM，64QAM

物 理 信 道	调 制 方 式
PUCCH	BPSK，QPSK
PRACH	Zadoff-Chu 序列

PUSCH 信道可以根据无线环境的好坏选择合适的调制方式。当信号质量好的时候，选择高阶的调制方式，如 64QAM；当信号质量不好的时候，选择低阶的调制方式，如 QPSK。

PUCCH 的调制方式有两种选择：BPSK、QPSK。

PRACH 采用 Zadoff-Chu 随机序列。Zadoff-Chu（ZC 序列）是自相关特性较好的一种序列（在某一点处的自相关值最大，在其他处的自相关值为 0；具有恒定幅值的互相关特性和较低的峰均比特性）。在 LTE 中，发送端和接收端的子载波频率容易出现偏差，接收端需要对此频偏进行估计，使用 ZC 序列可以进行频偏的粗略估计。

10.8.4　信道映射

信道映射就是指逻辑信道、传输信道、物理信道之间的对应关系，这种对应关系包括下层信道对上层信道的服务支撑关系及上层信道对下层信道的控制命令关系。LTE 信道的映射关系如图 10.28 所示。

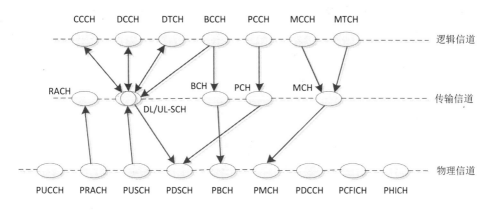

图 10.28　LTE 信道的映射关系

从图 10.28 中可以看出，LTE 信道映射的关系有以下几个规律。

（1）上层一定需要下层的支撑来完成业务。

（2）下层不一定和上层都有关系，做好业务。

（3）无论是传输信道、还是物理信道，共享信道的工作的种类多且杂。

在 LTE 中，以如下几个消息的处理过程为例。

（下行）广播消息→主消息块（MIB）；

BCCH 逻辑信道→BCH 传输信道→PBCH 物理信道。

（下行）广播消息→系统消息块（SIB）；

BCCH 逻辑信道→DL-SCH 传输信道→PDSCH 物理信道。

（下行）寻呼消息：

PCCH 逻辑信道→PCH 传输信道→PDSCH 物理信道。

（下行）业务数据：

DTCH 逻辑信道→DL-SCH 传输信道→PDSCH 物理信道。

（下行）控制信息：

DCCH（专用）逻辑信道→DL-SCH 传输信道→PDSCH 物理信道；

CCCH（公用）逻辑信道→DL-SCH 传输信道→PDSCH 物理信道。

（下行）多播数据：

MTCH（业务）逻辑信道→MCH 传输信道→PMCH 物理信道；

MCCH（控制）逻辑信道→MCH 传输信道→PMCH 物理信道。

（上行）用户随机接入消息：

PRACH 物理信道→RACH 传输信道。

（上行）共享业务控制消息：

PDUSCH 物理信道→UL-SCH 传输信道→DCCH（专用）逻辑信道

PDUSCH 物理信道→UL-SCH 传输信道→CCCH（公用）逻辑信道

PDUSCH 物理信道→UL-SCH 传输信道→DTCH（业务）逻辑信道

10.9　物理信号

物理信号是物理层产生并使用的、有特定用途的一系列无线资源单元（Resource Element）。物理信号并不携带从上层而来的任何信息，是下层配合工作时，彼此约定好使用的信号。它们对上层而言不是直接可见的，即不存在上层信道的映射关系，但从系统功能的观点来讲是必需的。在下行方向上，定义了两种物理信号：参考信号（Reference Signal，RS）和同步信号（Synchronization signal，SS）。在上行方向上，只定义了一种物理信号：参考信号（Reference Signal，RS）。

10.9.1　下行参考信号

下行参考信号 RS 在本质上是一种伪随机序列，不含任何实际信息。这个随机序列通过时间和频率组成的资源单元（RE）发送出去，便于接收端进行信道估计，也可以为接收端进行信号解调提供参考。频偏、衰落、干扰等因素都会使发送端的信号与接收端收到的信号存在一定的偏差。信道估计的目的就是使接收端找到此偏差，以便正确地接收信息。

信道估计并不需要时时刻刻进行，只要在关键位置出现便可。也就是说，RS 离散地分布在时域、频域上，它只是对信道的时域、频域特性进行抽样而已。

为了保证 RS 能够充分且必要地反映无线信道的时频特性，RS 在天线口的分布必须有一定的规则。

RS 分布得越密集，则信道估计越精确，但会占用过多的无线资源，降低系统传递有用信号的容量。因此，RS 的分布不宜过密，也不宜过于分散。RS 在时域、频域的分布遵循以下规则。

（1）RS 在频域上的间隔为 6 个子载波。

（2）RS 在时域上的间隔为 7 个 OFDM 符号周期。

（3）为了最大限度地降低信号传送过程中的相关性，不同天线口的 RS 出现的位置不宜相同。

10.9.2　下行同步信号

同步信号（Synchronization Signal，SS）：用于小区搜索过程中 UE 和 eUTRAN 的时频同步。UE 和 E-URAN 做业务连接的必要前提就是时频同步。

同步信号包含两部分。

主同步信号（Primary Synchronization Signal，PSS）：用于符号时间对准、频率同步及部分小区的 ID 侦测。

从同步信号（Secondary Synchronization Signal，SSS）：用于帧时间对准、CP 长度侦测及小区组 ID 侦测。

在 LTE 里，物理层小区 ID（Physical Cell ID，PCI）分为两部分：小区组 ID（Cell Group ID）和组内 ID（ID within Cell Group）。

LTE 物理层小区组有 168 个，每个小区组由 3 个 ID 组成。于是共有 504（168×3）个独立的小区 ID（Cell ID）。

$$Cell\ ID = Cell\ Group\ ID \times 3 + ID\ within\ Cell\ Group \qquad (10\text{-}1)$$

其中，Cell Group ID 的取值范围为 0～167；组内 ID 的取值范围为 0～2。

在频域里，不管系统带宽是多少，主/辅同步信号总是位于系统带宽的中心（中间的 64 个子载波上，协议版本不同，数值不同），占据 1.25MHz 的频带宽度。这样的好处是，即使 UE 在刚开机的情况下，还不知道系统带宽，也可以在相对固定的子载波上找到同步信号，方便进行小区搜索，如图 10.29 所示。

在时域里，同步信号的发送也须遵循一定的规则，为了便于 UE 寻找，要在同样的位置发送。无须过密，也不能过疏。

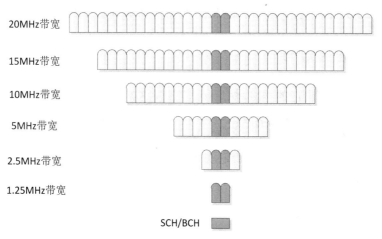

图 10.29　同步信道占用中心位置带宽

在时域里，同步信号在 FDD-LTE 和 TDD-LTE 的帧结构里的位置略有不同。协议规定，FDD 帧结构传送的同步信号位于每帧（10ms）的第 0 个和第 5 个子帧的第一个时隙位置；在 TDD 帧结构同步信号的位置与 FDD 是不一样的。在 TDD 中，主同步信号位于特殊时隙 DwPTS 里，其位置和特殊时隙的长度配置有一定的关系。

10.9.3　上行参考信号

上行参考信号（Reference Signal，RS）类似下行参考信号的实现机理。也是在特定时频单元中发送一串伪随机序列，用于 eUTRAN 与 UE 的同步，以及 eUTRAN 对上行信道进行估计。

上行参考信号包含两种情况。

（1）一种是 UE 和 eUTRAN 已经建立的业务链接。

上行共享信道（PUSCH）和上行控制信道（PUCCH）传输时的导频信号是便于 eUTRAN 解调上行信息的参考信号。这种上行参考信号称为解调参考信号（Demodulation Reference Signal，DM RS）。DM RS 可以伴随 PUSCH 传输，也可以伴随 PUCCH 传输，占用的时隙位置及数量和 PUSCH、PUCCH 的不同格式有关。

（2）另外一种就是 UE 和 eUTRAN 还没有建立业务链接。

处于空闲态的 UE，无 PUSCH 和 PUCCH 可以使用。在这种情况下，UE 发出的 RS 不是某个信道的参考信号，而是无线环境的一种参考导频信号，称为环境参考信号（Sounding Reference Signal，SRS），这时 UE 没有业务链接，仍然给 eUTRAN 汇报信道环境信息。

LTE 上行采用的是 SC-FDMA 多址方式，每个 UE 只占用系统带宽的一部分。于是 DM RS 只能占用部分系统带宽，即伴随着 PUSCH 和 PUCCH 分配的带宽。而 SRS（环境 RS）不受 PUSCH 和 PUCCH 可分配的带宽制约。比单个 UE 分配到的带宽要大，其目标是为 eNodeB 作为全带宽的上行信道估值提供参考。

既然是参考信号，就需要在约定好的固定位置出现。例如，伴随 PUSCH 传输的 DM RS 约定好的出现位置是每个时隙的第 4 个符号。环境参考信息 SRS 由多少个 UE 发送，发送的周期、发送的带宽是多大可由系统调度配置。SRS 一般在每个子帧的最后一个符号发送。

10.10　物理层过程

UE 需要搜索到服务自己的网络，然后接入网络，这就涉及小区搜索过程和随机接入过程；在交互过程中，终端和网络都需要将功率调节到合适的大小，以增强覆盖或抑制干扰，这就是功率控制过程；网络想找到某一个终端，以期与其建立业务连接，这就是寻呼过程；网络的自适应能力依赖于对无线环境的精确感知，测量过程为网络的自适应提供依据；终端和网络的有用信息的交互依赖于共享信道的物理层过程。

10.10.1　物理层

LTE 无线系统的物理层过程非常复杂。无线信道环境不断变化，需要不断地调整系统参数；在终端开机、重新激活时，需要和系统"握手"；当终端移动时，需要实现切换和漫游；在终端和某站交互大量数据的时候，需要大量的协调配合工作，也需要进行各种自适应操作。这些都需要物理层过程的参与，从而完成各种配置的预设和重调。

在 LTE 中，下行物理层过程有小区搜索过程、下行功率控制、寻呼过程、手机下行测量过程、下行共享信道物理过程。

上行物理层过程有随机接入过程、上行功率控制、基站上行测量过程、上行共享信道物理过程。

在无线通信制式中，终端和基站建立无线通信链路的前提是先进行小区搜索。在以下两种情况下，必须进行小区搜索。

一是用户开机。

二是小区切换。

在 LTE 中，用户一开机，必须首先连接网络，完成随机接入的过程。用户移动时，换了小区，要获取新小区的必要信息，完成越区切换。用户终端开机或小区切换时，要和小区的时间和频率保持同步，获取小区的必要信息。在小区搜索过程中，用户 UE 要达到以下三个目的。

（1）下行同步：符号定时、帧定时、频率同步。

（2）获取小区的标识号（ID）。

（3）获取广播信道（BCH）的解调信息。

广播信道广播的信息有小区的传输带宽（在 LTE 中，各小区的传输带宽不是固定的）、发射天线的配置信息（每个基站的天线数目可能不一样）、循环前缀（CP）的长度（单播和多播业务的 CP 长度不一样）等。

10.10.2　小区搜索步骤

LTE 的 UE 完成小区搜索过程的是三个信道：同步信道（SS、SCH），包括主同步信道（PSS、P-SCH）和从同步信道（SSS、S-SCH）；参考信道（RS）；广播信道（BCH）。

对于 UE，必须先时间同步，后调整频率，使频率同步，然后才能收到广播信息。小区搜索的同步也分粗调和细调。粗调用的是同步信道（SS），细调用的是参考信号（RS）。小区搜索过程分为 4 个步骤，如图 10.30 所示。

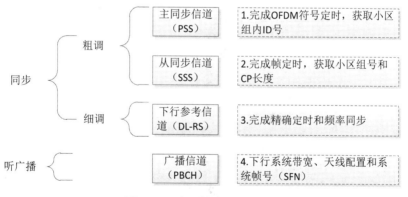

图 10.30　小区搜索 4 大步骤

第一步，从 PSS 信道上获取小区组内 ID；

第二步，从 SSS 信道上获取小区组号，这里的小区组号多达 168 个。协议规定了 3 个 PSS 信号，使用长度为 M 的频域 Zadoff-Chu（ZC 序列，有较好的自相关特性和较低的峰均比），分别对应小区组内的 ID 号；SSS 信号则使用二进制 M 序列，有 168 种组合，与 168 个物理层小区标识组对应。因此 UE 接收 PSS 和 SSS 后，就可以确定小区标识了。先获取组内的顺序号，再获取小区组的顺序号。

第三步，UE 接收下行参考信号（DL-RS），用来进行精确的时频同步。下行参考信号（DL-RS）是 UE 获取信道估计信息的指示灯。对于频率偏差、时间提前量、链路衰落情况，UE 通过估值处理，在时间和频率上与基站保持同步。

第四步，UE 要接收小区广播信息。完成了前三步，UE 就完成了和基站的时频同步，可以接收基站的广播信息。广播信息包括下行系统带宽、天线配置和本小区的系统帧号（SFN）等参数。

10.10.3　UE 在合适位置寻找合适的信息

同步信号（SS）和 BCH 信道是小区搜索时用户最先捕获的物理信道。因此，必须保证用户在没有任何先验信息的情况下能够得到这些信息。办法就是：在时域上和频域上安排固定位置。

同步信道每个帧发送两次，PSS、SSS 在时域的位置 TDD 和 FDD 不一样。在 FDD 中，主同步信号 PSS 和从同步信号 SSS 分别在第 0 个和第 5 个子帧的第一个时隙的最后两个符号位置上。在 TDD 中，主同步信号 PSS 在 DwPTS 位置上，次同步信号 SSS 在第 0 个子帧的第 1 时隙的最后一个符号上。

不管小区的总体传输带宽多大，SCH 信道和 BCH 信道只在小区传输带宽的中心位置传输，而且 SCH 和 BCH 总是占用相同的带宽（1.25MHz）。其中，有用子载波的数目是 64 个，中间有一个直流子载波（DC），UE 实际需要处理的是 63 个子载波。

在小区搜索开始，检测系统的中心带宽为 1.25MHz。利用同步信道进行下行同步，获取小区标识；然后在 1.25MHz 中心带宽上接收 BCH 相关的解调信息。UE 从 BCH 的解调信息中获取了分配的系统带宽，然后将工作带宽偏移到指定的频带位置，至此才可以进行数据传输，如图 10.31 所示。

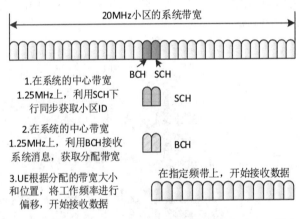

图 10.31　在中心带宽上接收 SCH 和 BCH 信息

10.11　随机接入过程

随机接入过程主要完成用户信息在网络侧的初始注册。

通过小区搜索，用户获得了网络侧的信息；而通过随机接入过程，网络侧又获得了用户的必要信息。

LTE 的随机接入过程不仅完成用户信息的初始注册，还需要完成上行时频同步，即时间提前量（Time Advanced，TA）与用户上行带宽资源的申请。

在 LTE 系统中，上行时频同步和重新申请上行带宽资源都需要启动随机接入过程来完成。

大致说来，启动随机接入过程有以下三种方式。

（1）开机。

（2）UE 从空闲状态变为连接状态。

（3）发生切换。

根据接入时终端的同步状态的不同，随机接入过程可分为同步的随机接入和非同步的随机接入。

同步的随机接入过程已经处于同步状态，没有上行同步的目的，主要的目的只是上行带宽资源的申请，而同步的随机接入过程较少使用，这里主要介绍非同步的随机接入过程。

非同步随机接入是在用户 UE 没有上行同步或丧失上行同步，需要和网络侧请求资源分配时所使用的接入过程。

10.11.1　Preamble 结构

在丧失上行同步的情况下，终端和网络侧都不知道彼此之间的距离，容易导致基站的上行接收窗错位。这就要求时域采用特殊的 Preamble 结构（加 CP）来克服可能的时间窗错位，如图 10.32 所示。

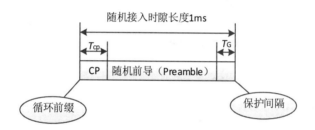

图 10.32　Preamble 的时隙

随机接入过程在系统负载较轻的时候具有很好的效果。但是在接入用户数目较多的时候，完全基于竞争的机制，就会发生比较严重的冲突碰撞，从而降低系统的容量。

一般采用基于资源预留的接入机制。在随机接入过程中，一定要选用冲突概率小、相关性较低的同步序列，进行上行同步。ZC 序列（Zadoff-Chu 序列）满足这个要求。

对于物理层来讲，物理层的随机接入过程包含以下两个步骤。

发送：UE 发送随机接入 Preamble。

应答：eUTRAN 对随机接入进行响应。

物理层首先要从高层（传输层的 RACH 信道）获取随机接入的 PRACH 信道参数，具体如下。

（1）PRACH 信道配置信息（时域、频域上的信道结构信息）。

（2）前导 Preamble 格式（前导用于上行时钟对齐和 UE 识别符，系统规定其由 Zadoff-Chu 序列产生）。

（3）前导发射功率。

（4）Preamble 根序列及其循环位移参数（小区用此来解调前导消息）。

在 LTE 中，随机接入信道（PRACH）只包括前导消息（Preamble）。正文消息部分在共享信道 PUSCH 上进行传输，不属于 PRACH 的一部分。物理层随机接入过程不包括正文消息的发送过程。

LTE 基站给终端随机接入的应答包括 PDCCH（指示是否有回应）和 PDSCH（指示回应

的具体内容），如图 10.33 所示。

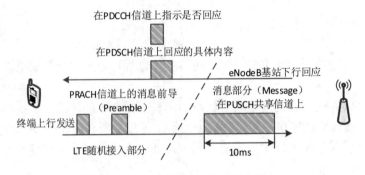

图 10.33　LTE 随机接入的相关过程

基站通过 PDSCH 信道告知 UE 随机接入允许的内容（UL-SCH grant），此内容需要传给 UE 的传输层，在共享 SCH 信道上才能解析。随机接入响应准许（UL-SCH grant）包括：无线资源 RB 指派情况、调制编码信息、功率控制命令、是否请求 CQI 等信息。根据随机接入响应准许的要求，在上行 PUSCH 信道上发送随机接入的消息部分。随机接入的具体过程如下。

（1）UE 高层请求触发物理层随机接入过程。

上层在请求中指示 Preamble index、Preamble 目标接收功率、相关的随机接入无线网络临时标识（Random Access Radio Network Temporary Identifier，RA-RNTI），以及随机接入信道的资源情况等信息。

（2）UE 决定随机接入信道的发射功率。

由于随机接入过程是在和网络侧建立联系之前的过程，因此采用的是开环功率控制。也就是说，终端在 PRACH 信道发射随机接入的前导消息（Preamble）的时候，自己根据高层指示计算一个发射功率，如下式所示。

$$发射功率 = preamble 的目标接收功率 + 路径损耗 \qquad (10\text{-}2)$$

此发射功率一定小于终端的最大发射功率，路径损耗为 UE 通过下行链路信道的值。当发现网络侧没有响应的时候，再增加前导消息（Preamble）的发射功率（还是要小于终端的最大发射功率），直到终端收到了网络侧的响应，开环功控的过程才算结束。

（3）UE 以计算出的发射功率，选择 Preamble 随机序列，在指定的随机接入信道资源中发射单个 Preamble。

（4）在传输层设置的时间窗内，UE 尝试侦测 RA-RNTI 标识的下行控制信道 PDCCH。如果侦测到，则把相应的下行共享信道 PDSCH 送往传输层。传输层从共享信道中解析出接入允许的响应信息。之后，开始在 PUSCH 信道上给基站传送正文消息。

（5）在规定时间内，如果没有收到响应，那么物理层反馈"未收到响应 NACK"给传输层，并退出随机接入过程。

10.11.2　功率控制过程

LTE 采用的是正交频分多址（OFDMA）技术，不属于自干扰系统，没有明显的远近效应。这样，对功率控制的依赖性大大降低。但是 LTE 中的功率控制对降低干扰（尤其是小区间的干扰水平）、提高信噪比、提升小区吞吐量有着非常明显的作用。因此，虽然功率控制在 LTE 中的重要性下降，但它仍是必不可少的。

在 LTE 中，频率复用因子可以是 1，但不同小区间的同频干扰制约系统容量。LTE 使用慢速功率控制，能够补偿路损和阴影衰落的变化。

在 LTE 系统中，每个用户只占用系统的一部分带宽（多个子载波），占用部分频率资源，而每个用户占用的子载波数目和位置不一样。因此对小区内和小区间的干扰是窄带干扰，是一种频率选择性干扰。LTE 中小区间的干扰对系统性能的影响比较大，因此 LTE 不但要进行小区内功率控制，还要进行小区间的功率控制。

在 LTE 中，下行功率控制着每个 RE 上的能量 EPRE（Energy per Resource Element）；上行功率则控制着每个 SC-FDMA 符号上的能量。

功率控制按照功率控制的方向可分为上行（反向）功率控制和下行（前向）功率控制。在 LTE 中，上行功率控制对小区间的干扰控制起着比较大的作用，同时上行功率控制还可以最大限度地节省终端发射功率、延长电池的使用时间。因此，上行功率控制是 LTE 重点关注的部分。

LTE 小区内的上行功率控制分别控制上行共享信道 PUSCH、上行控制信道 PUCCH、随机接入信道 PRACH，上行参考信号总是采用开环功率控制的方式。其他信道/信号的功率控制通过下行 PDCCH 信道的 TPC 信令进行闭环功率控制。

严格地说，LTE 的下行方向是一种功率分配机制，而不是功率控制。不同的物理信道和参考信号之间有不同的功率配比。这种功率分配机制对下行链路的可靠性、传输的有效性也有很大的作用。下行 RS 一般以恒定功率发射。

下行共享控制信道功率控制的主要目的是补偿路损和减慢衰落，保证下行数据链路的传输质量。下行共享信道 PDSCH 的发射功率是与 RS 发射功率成一定比例的。它的功率是根据 UE 反馈的 CQI 与目标 CQI 的对比来调整的，是一个闭环功率控制过程。

在基站 eNodeB 侧，保存着 UE 反馈的上行 CQI 值和发射功率的对应关系表。这样，基站收到 CQI，就知道用多大的发射功率可达到一定的信噪比（SINR）目标。

10.11.3　小区间的功率控制

上行功率控制不但用来补偿路损和慢衰落，还有控制小区之间的干扰的作用，如图 10.34 所示。

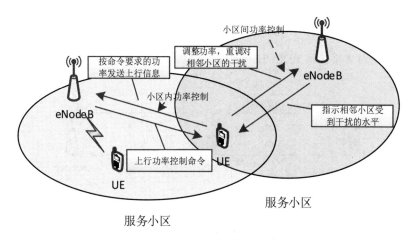

图 10.34　小区内和小区间的功率控制

小区间的功率控制有两种实现方式：一种是通过空中接口下发邻小区的干扰水平指示；另外一种是通过基站之间的 X2 接口交互干扰情况。

邻小区测量小区受到的干扰情况，将此干扰水平与可承受的干扰阈值相比较。如果超过干扰阈值，则干扰指示为"1"；如果没有超过，则干扰指示为"0"。这里面又有两种实现方案：一种是受干扰小区对所有相邻小区发送相同的干扰水平指示；另一种是受干扰小区对不同的相邻小区反馈不同的干扰水平指示。

给不同的相邻小区反馈不同的干扰水平指示，可以更精确地控制干扰源的发射功率。但需要分别测量不同的相邻小区引起的干扰，需要给不同的相邻小区传送不同的指示，这就增加了系统的复杂度和下行信令的开销。

每个用户根据自己对干扰指示的理解进行功率调整，当然也可以将干扰指示理解的结果反馈给基站，由基站集中控制。

通过基站间的 X2 接口，交换各小区的过载指示（Overload Indicator，OI），也可以实现小区间的集中式功率控制，从而抑制小区间的干扰，提升整个系统的性能。但基站之间的通信延迟较大会导致干扰信息的交互不及时。

LTE 系统定义了相关窄带发射功率（Relative Narrowband Tx Power，RNTP），用以支持可能进行的下行功率协调，该消息通过 X2 接口在基站间交换。

10.12　寻呼过程

寻呼，就是网络寻找某个特定 UE 的过程。用户被呼叫的时候，网络侧发起的呼叫建立过程一定包括寻呼过程，这也是被叫流程和主叫流程不一样的地方。寻呼流程并不是一个纯粹的物理层过程，它也需要高层的配置和指示。

10.12.1　不连续接收

如果一个 UE 始终不停地查看是否有自己的寻呼信息，就会导致手机耗电增加。在一个寻呼过程中，多数时间 UE 应该处于睡眠状态，只在预定时间醒来监听一下是否有属于自己的来自网络的寻呼信息。一个有效的寻呼过程是多数时间 UE 能够得到较好的"休息"的过程。多数时间休息，少数时间监听，是一种不连续接收（Discontinuous Reception，DRX）技术。

在 LTE 中，如图 10.35 所示，物理层的寻呼过程依靠的寻呼信息指示信道是 PDCCH，寻呼消息发送的信道为共享信道 PDSCH。同样，LTE 也采用的是不连续接收（DRX）的技术。

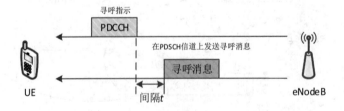

图 10.35　LTE 的寻呼过程

UE 在属于自己的特定时刻监听 PDCCH 信道，如果在 PDCCH 信道上检测到自己的寻呼组的标识，则该 UE 需解读 PDSCH，并将解码后的数据通过寻呼传输信道（PCH）传到MAC 层。

在 PCH 传输块中，包含被寻呼的 UE 的标识。如果该 UE 没有在 PCH 上找到自己的标识，就丢弃这个信息，重新进入休眠状态，等待属于自己的下一个监听时刻的到来。

在 LTE 中，借用 PDCCH 信道来传送这些指示消息，这是因为 PDCCH 信道本身的传输时间很短。

10.12.2　共享信道物理过程

在 LTE 中，物理共享信道是业务数据承载的主体。它还顺便帮忙携带一些寻呼消息，如部分广播消息，上、下行功率控制消息等。

物理共享信道主要包括物理下行共享信道 PDSCH 和物理上行共享信道 PUSCH。这两个共享信道的物理层过程主要包括数据传输过程、HARQ 过程和链路自适应过程，如图 10.36 所示。

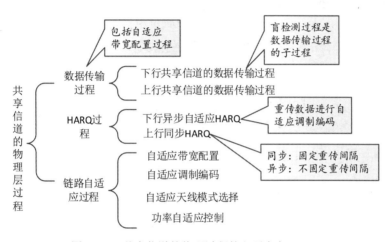

图 10.36　共享信道的物理过程的主要内容

不管是上行，还是下行，数据传输都是共享信道的主要使命；但是如果数据传输出错，就需要 HARQ 过程来解决；数据传输过程要根据无线环境的不同和信道条件的变化来调整数据传输的方式。

数据传输调度、HARQ 过程、链路自适应过程三者经常在一起配合工作，它们的关系非常密切。

1. 数据传输过程

数据传输就是把将要传送的数据放在 LTE 的时、频资源上，通过天线发射出去，然后接收端在特定的时、频位置上将这些数据接收。

系统需要配置 PDCCH 参数以决定资源的分配和使用，主要依据以下因素。

（1）QoS 参数。

（2）在 eNodeB 中准备调度的资源数据量。

（3）UE 报告的信道质量指示（CQI）。

（4）UE 能力。

（5）系统带宽。

（6）干扰水平。

在下行方向，在长度为 1ms 的子帧结构中，前面的部分（1~3 个符号）传送协调调度信息（PDCCH），后面的部分（剩余的符号）传送数据信息（PDSCH）。也就是说，调度信息和对应的数据信息可以位于同一个子帧（1ms）内。

在接收下行数据的时候，终端不断检测 PDCCH 所携带的调度信息。若发现某个协调调度信息属于自己，则按照协调调度信息的指示接收属于自己的 PDSCH 数据信息。在上行方向，终端需要根据下行的 PDCCH 的调度信息进行上行数据的发送。由于无线传输和设备处理都需要时间，因此下行的 PDCCH 和上行的 PUSCH 之间存在时延。对于 FDD 模式，这个时延固定为 4ms，即 4 个子帧，如图 10.37 所示。对于 TDD 模式，时延和上、下行时隙的比例有关，但也必须大于或等于 4ms。

在发送上行数据之前，终端需要等待基站给自己的下行协调调度信息，发现允许自己发送数据了，则在 PUSCH 上发送自己的数据。

动态实时的调度保证了灵活性，但也产生了较大的信令负荷。在 LTE 中，对于一些较规律的低速业务，如 VoIP，为了降低 PDCCH 控制信令的开销，定义了半持续调度（Semi-Persistent Scheduling，SPS）模式。半持续调度模式的主要思想是对于较规则的低速业务，不需要每个子帧都进行动态资源调度，可以按照一次指令的方式，工作较长时间，从而节省信令开销。

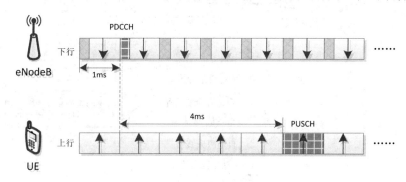

图 10.37　上行数据的调度和传输（FDD）

2. 盲检测过程

eNodeB 针对多个 UE 同时发送 PDCCH，终端需要不断检测下行的 PDCCH 调度信息。但是在检测之前，终端并不清楚 PDCCH 传递什么样的信息，使用什么样的格式，但终端知道自己需要什么。在这种情况下，只能采用盲检测的方式。

盲检测就是上层用 PDCCH 通过加扰和 CRC 携带很多标识自己特性的信息，可以让终端方便地识别出属于自己的、自己所需的控制信息。终端就是根据这些控制信息的指示在 PDSCH 信道上的特定时间和频率资源上，接收属于自己的下行数据；同时，终端按照这些控制信息的要求，在 PUSCH 信道上的相应时间和频率资源上，用一定的功率把上行信息发送出去。

eNodeB 要寻找 UE，就要通过基站发送寻呼消息的标识（Paging RNTI，P-RNTI）标识的 PDCCH。UE 会用相应的 P-RNTI 标识解码 PDCCH，并根据标识信息在 PDSCH 上找到下行寻呼数据。

在随机接入的过程中，UE 会在特定的时间和频率资源上发送一个前导码 Preamble；eNodeB 根据收到的 PRACH 消息（包括前导 Preamble）的时间和频率资源位置推算随机接入响应的标识（Random Access RNTI：RA-RNTI），并用该 RA-RNT 标识 PDCCH，然后发送随机接入响应，该响应中包含 eNodeB 为终端分配的临时用户业务调度标识号（Temporal C-RNTI，TC-RNTI）。

当终端随机接入成功后，便将 TC-RNTI 转正为 C-RNT1（用户业务调度的标识）。基站与终端建立链接后（Connected），通过 C-RNTI 等对 PDCCH 进行标识。终端对 PDCCH 进行检测，进而获得上、下行调度信息。

3. LTE HARQ 过程

无线环境随时随地在变化。任何无线制式最重要的工作就是应对无线环境的变化，降低误码率，提高传输质量。

混合自动重传请求（Hybrid Automatic Repeat reQuest，HARQ）技术是自动重传请求（Automatic Repeat reQuest，ARQ）和前向纠错（Forward Error Correction，FEC）两种技术的结合，混合是指重传和合并技术的混合。HARQ 就是 LTE 纠错技术，是重传与合并技术的混合。由于系统对错误的忍耐是有限度的，于是定义了最大重传次数（LTE 中的最大重传次数为 4 次）。

不但要重传，而且收到两次或多次重传的内容，还要进行比对，综合来看，试图把正确的内容尽快找出来，以便降低重传次数，这就是 FEC 技术的要旨。HARQ 的重传机制有以下三种。

（1）停止等待（Stop-And-Wait，SAW）：发送每一帧数据后，等待接收方的反馈应答 ACK/NACK。一旦接收方反馈数据错误 NACK，发送方就需要重发该数据，直到接收方反馈确认无误（ACK）后，才发送新数据。

（2）回退：按照数据帧的顺序不停地发送数据后，无须等待接收方的反馈，直到接收方反馈数据错误 NACK。发送方就发出错误数据帧和其后所有的数据帧，相当于回退了 N 帧，到出错帧处，然后继续顺序发送。

（3）选择重传：发送方按照数据帧的顺序不停地发送数据，并将发送的数据存储下来，当接收方反馈数据错误 NACK 时，发送方就重发错误数据帧。

在 LTE 中，下行采用异步的自适应 HARQ；上行采用同步的 HARQ。这里，异步的含义是指重传时间间隔不固定，而同步是指预定义的固定重传时间间隔。对于单个 HARQ 进程来说，采用的是停止等待重传机制，发送出去 1 个数据包以后，等待 ACK/NACK（正确/错误）反馈，如果出错，则需要重传，直到数据包被正确接收或超出最大重传次数被丢弃。LTE 的下行 HARQ 过程如图 10.38 所示。

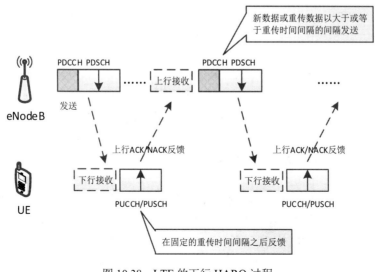

图 10.38　LTE 的下行 HARQ 过程

　　在上行 HARQ 中，终端按照基站侧指示的上行资源调度方式发送上行数据；基站接收后，在 PHICH 中反馈 ACK/NACK 信息。如果反馈 ACK，基站继续给终端发送上行资源调度信息，终端继续发送新数据；如果反馈 NACK，则终端进行数据重传，如图 10.39 所示。

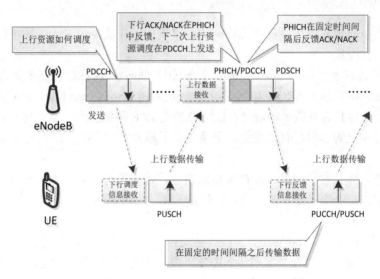

图 10.39　LTE 的上行 HARQ 过程

　　在 LTE 中，允许多个 HARQ 进程并行发送。并行发送的 HARQ 进程数取决于一个 HARQ 进程的往返时间（Round-Trip Time，RTT）。对于 FDD 来说，服务小区最多有 8 个下行 HARQ 进程；对于 TDD 来说，服务小区的最大 HARQ 进程数目取决于上、下行时隙（UL/DL）配比，如表 10.11 所示。

表 10.11　TDD 最大 HARQ 进程数目

TDD UL/DL 配置	最大 HARQ 进程数目
0	4
1	7
2	10
3	9
4	12
5	15
6	6

　　LTE TDD 模式采用了非对称的上、下行时隙配比。在上、下行 HARQ 进程中，各动作的时序先后关系与 FDD 一致，但时间间隔依赖于不同的时隙配比。

10.13　无线资源管理 RRM

　　无线资源的高效合理使用是无线网络性能卓越的重要前提。LTE 的无线资源调度模块设置在基站侧，可以根据无线环境的变化更加灵活高效地完成无线资源的调度任务。LTE 无线资源管理包括无线准入控制、无线承载控制、动态资源分配、小区间的干扰协调、负载均衡、连接移动性控制、小区间和系统间 RRM 等多个模块。

10.13.1　LTE 的无线资源管理

无线资源管理（Radio Resource Management，RRM）通过对无线通信系统中有限的无线资源进行分配调度和控制管理，来确保覆盖和提升容量，高质量地满足用户的业务使用需求，最终使系统的性能发挥到极致。

在 LTE 中的 RRM 对无线资源的管理使用过程中，要考虑单小区和多小区两种情况。覆盖、容量、质量（QoS）是无线网络性能的三个支柱，它们之间既相互影响，又相互作用，如图 10.40 所示。无线资源管理的目的就是在保证服务质量的同时，最大限度地增强覆盖和提高频谱利用效率，寻求覆盖、容量、质量三者之间的最佳工作平衡点。

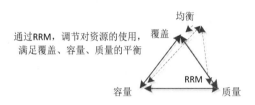

图 10.40　RRM 调度的作用

无线资源管理管理物理层负责接入用户、保障业务正常进行的无线资源，如时间、频率、码道、空间、功率。

时间资源是有特定时间长度的无线帧、无线子帧或时隙。无线制式不同，时隙的长度不同，无线帧的结构也有一定的差别。

在 LTE 中，时间的长度是用 OFDM 的符号长度来度量的；频率资源指的是可以灵活调度的子载波；空间的概念扩展为 MIMO 系统，扩大了线通路，其中，波束赋形只是它的一种工作模式；功率控制是干扰协调控制的一种手段。

此外，在 LTE 中，最小的调度周期是一个子帧，两个时隙的长度为 1ms。如果需要重传，LTE 需要重传这 1ms 的数据块。调度资源的时间粒度缩短，极大地提高了空中接口的资源的利用率和资源调度的灵活性，但缺点是信令开销也随之增加。

在 LTE 中，为了避免基站间无线资源控制的混乱，每个基站都增加了用于彼此协调的小区间 RRM 控制模块。对于需要多小区协作的工作，如小区间干扰控制、准入控制等，就可以利用基站间的无线资源管理模块来协调处理了，如图 10.41 所示。RRM 包括以下两部分。

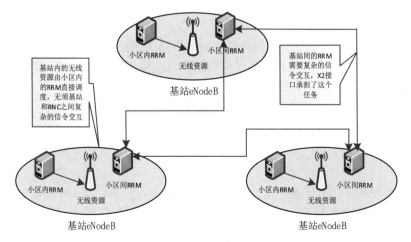

图 10.41　LTE 的 RRM

（1）基站内部的 RRM。

基站内部的 RRM 只对一个基站下的多个小区进行无线资源管理，不需要直接通过 X2 接口获取其他基站的信息。

（2）基站之间的 RRM。

基站之间的 RRM 对多个基站的各个小区间的无线资源进行管理，需通过 X2 接口和其他基站交互信息。

在 LTE 系统中，大多数 RRM 的功能放在 eNodeB 中，无须上层设备的指示。资源调度算法终结在协议栈的 MAC 层，接纳控制、切换算法、干扰协调等则安排在协议栈的 RRC 层。这样可以避免复杂的设备间的信令流程，eUTRAN 可以获得较低的时延和更高的 QoS。

但由于 MBMS 本身的业务特点，因此需要由 AGW 或其他设备承担部分 RRM 的功能。跨系统的 RRM 功能需要位于连接不同系统的网关节点上。

LTE 的无线网络架构在 eNodeB 中实现多小区间 RRM 功能。所有用户平面的无线接入层面的处理都位于 eNodeB，eNodeB 本身具有定时信息（使用连接帧序号 CFN）。

10.13.2　越区切换

LTE 根据 UE 和网络是否进行业务连接，可以把 UE 的状态分为以下两种。

（1）空闲状态（Idle）；

（2）连接状态（Connected）。

在空闲状态下，UE 的移动性处理有 PLMN 选择（开机时选择网络）、小区选择（Cell Selection）和小区重选（Cell Reselection）。

在空闲状态下，网络侧并不知道 UE 具体在哪个小区，只知道它的一个寻呼范围。此时 UE 的移动性管理（MMC）主要是 UE 的行为。它首先需要接收系统的广播消息，获取检测配置信息和小区选择、重选的阈值（Threshold）、迟滞（Hysteresis）、时延（Delay）等移动性参数。

LTE 的小区选择、小区重选的目标是始终让空闲状态的 UE 驻留在信号环境最好的小区，这样可以保证 UE 能够正确接收系统消息、寻呼消息，并提高随机接入的成功率。

在连接状态下，当 UE 需要改变服务小区的时候，所进行的移动性操作称为切换。LTE 的越区切换操作一般是由 eNodeB 控制，由 UE 执行的。在连接状态下，移动性管理的目标是在覆盖范围内提供连续不中断的通信服务，保证业务的通信质量（QoS），同时保证系统性能最优。

由于测量上报的内容不同，小区切换算法的切换判决依据不仅是 UE 或 eNodeB 的测量结果，还须考虑很多其他因素，如相邻小区的负荷、话务分布、传输资源、硬件资源及运营商策略等。

根据发生切换的网络场景的不同，切换分为系统内切换和跨系统切换。系统内切换又可分为同频切换和异频切换。

从切换触发的原因上分，切换可以分为基于覆盖的切换、基于负荷的切换、基于业务的切换等。

连接移动性控制（CMC）模块位于 LTE eNodeB 中，负责处理 UE 移动时，在驻留小区或服务小区发生变化的情况下，CMC 功能模块的组成如图 10.42 所示。

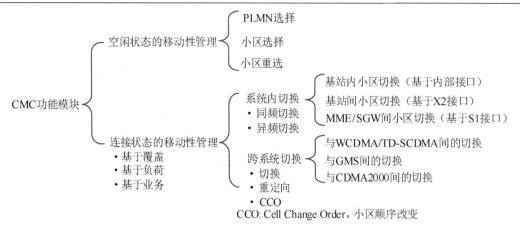

图 10.42　CMC 功能模块的组成

LTE 网络 CMC 对连接态 UE 的移动性管理主要是基于覆盖的切换，如图 10.43 所示。

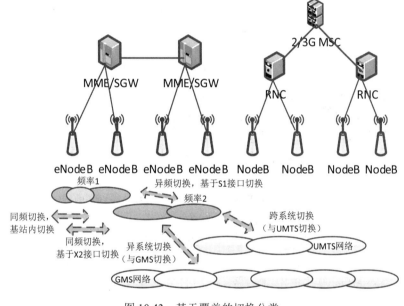

图 10.43　基于覆盖的切换分类

1. 切换步骤

切换过程实际上是测量（搜集实际信息）、判决（根据一些准则进行判断）、执行（根据决策结果落实具体动作）的三步策略，如图 10.44 所示。

（1）切换过程的第一步是测量。

切换过程的测量由 eNodeB 控制（RRC 层），由 UE 进行（物理层）。eNodeB 的 RRC 层控制 UE 的物理层进行一系列测量，然后 UE 的物理层将这些测量结果报告给自己的 RRC 层。UE 的 RRC 层将这些测量报告按照要求组装成数据包发给 eNodeB 的 RRC 对等实体。

测量控制的消息是 eNodeB 通过 RRC Connection Reconfiguration 消息下发给 UE 的。这个测量控制消息有测量 ID、测量对象、测量报告方式、测量的物理量、测量 Gap（在进行异频测量、异系统测量时，接收机需要一段没有业务数据传输和专门进行测量的时间间隔，类似 WCDMA 的压缩模式）等内容。

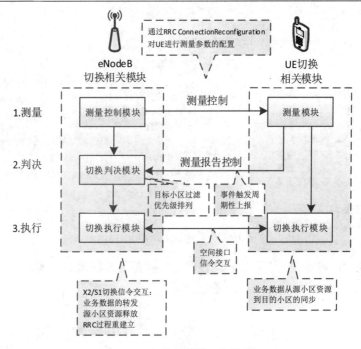

图 10.44　切换过程的三步策略

　　每个测量 ID 对应一个测量对象、一个测量报告方式、一个服务小区（主服务小区 Pcell，Primary Cell，或者从服务小区 Scell，Secondary Cell）。

　　在测量过程中，需要区别小区类型：服务小区（和 UE 正在进行业务链接的小区）、列表内小区（测量对象中列出的需要测量的小区）、监测小区（在测量对象中没有列出，但 UE 可以监测的小区）。

　　UE 可进行测量的物理量分为 eUTRAN 内的测量量和跨系统的测量量。

　　eUTRAN 内的测量量有 RSRP 和 RSSK RSRQ。

　　跨系统（inter-RAT）的测量量有 WCDMA 的 CP/CH RSCP、CPICH Ec/No；GSM 的 GSM Carrier RSSI；CDMA2000 的 PilotStrength 等。

　　UE 接受 eNodeB 的测量任务，按照要求给 eNodeB 汇报。UE 给 eNodeB 汇报工作，有两种方式：周期性汇报、事件触发型汇报。

　　由 eNodeB 对 UE 配置测量时间和上报事件的条件。在一般情况下，上报触发事件一次后，就会转成针对该事件的周期性汇报，直到不满足事件触发条件为止。

　　（2）切换过程的第二步是判决。

　　eNodeB 收到了 UE 的测量报告，但触发 UE 上报某些事件的小区不只有一个，事件也不只有一个，这样的测量报告也不只有一个。eNodeB 要把上报事件的所有小区集合起来生成切换目标小区列表（HO-Candidate_List）。按照对 UE 配置的规则进行目标小区列表的过滤，对经过过滤以后留下的目标小区进行优先级的排列，选择最合适的目标小区并切换过去。

　　（3）切换的第三步是执行。

　　切换的执行是在 eNodeB 控制下，eNodeB 和 UE 共同完成业务数据转发路径，由源小区到目的小区的变更；eNodeB 完成相应接口 X2/S1 信令的交互；切换成功后，要完成源小区的资源释放。切换失败，UE 要重新选择小区，重新建立 RRC 链接。

2．事件及触发条件

在 UE 测量过程中，满足一定条件，就会触发一些事件；当触发条件不复存在时，就应该停止该事件的汇报，离开该事件。影响 LTE 某一具体事件触发的因素如下。

（1）阈值（Threshold）：在某个值之上或之下开始考虑触发某个事件。

（2）迟滞（Hysteresis）：由于无线信号随时随地变化，所以某个测量值剧烈波动，为了减少频繁的信令交互，防止切换频繁发生，而增加的延缓触发事件的量。

（3）触发延迟时间（Time To Trigger）：无线环境剧烈波动会导致频繁切换，降低业务接续质量，从而导致掉话。为了防止某些事件的误判，减少切换次数，定义了触发延迟时间。

除了上面调节切换难易程度的参量，LTE 还定义了偏置值（Offset），它是种针对某一事件的测量值所额外考虑的参量。

3．切换流程

从技术实现上来看，切换可分为硬切换和软切换。

硬切换：手机先释放和源小区的业务连接，再和新小区建立连接，这是"释放—建立"的过程；源小区和目的小区之间为竞争关系。

软切换：手机会同时和两个或更多的小区建立业务连接，然后比较这些连接的质量好坏，选用一个最好的小区继续保持连接，将其余小区释放，这是"建立—比较—释放"的过程；源小区和目的小区之间是可以共存一段时间的。

LTE 是一种频分多址系统，因此 LTE 的切换也是硬切换：先释放和源小区的连接，再建立和目的小区的连接。

在切换流程之前，是触发切换的流程。前面已经进行了简单的介绍。eNodeB 给 UE 下发了测量控制，UE 给 eNodeB 上报了测量报告。

基于覆盖的同频切换上报。当服务小区的质量低于某个阈值后，触发事件。

基于覆盖的异频切换上报。UE 开始异频或异系统测量；异频邻区的所设高于某个阈值后，上报触发事件；

基于覆盖的异系统切换上报的都是触发事件。当异系统邻区的质量高于某个阈值后，上报触发事件。

上报触发事件后，eNodeB 进行切换判决，根据判决结果进入相应的切换流程。切换流程可以简单地分为切换准备（Handover Preparation）、切换执行（HandOver Execution）、切换完成（HandOver Completion）三个过程。

（1）切换准备：源 eNodeB 根据漫游限制配置 UE 的测量报告，UE 根据预定的测量规则发送报告；源 eNodeB 根据报告及 RRM 信息决定 UE 是否需要切换。当需要切换时，源 eNodeB 向目标 eNodeB 发送切换请求；目标 eNodeB 根据收到的 QoS 信息执行接纳控制，并返回 ACK。

（2）切换执行：源 eNodeB 向 UE 发送切换指令，UE 接到后进行切换并同步到目标 eNodeB；网络对同步进行响应，当 UE 成功接入目标 eNodeB 后，向目标 eNodeB 发送切换确认消息。

（3）切换完成：MME 向 S-GW 发送用户面更新请求，用户面切换下行路径到目标侧 eNodeB；目标 eNodeB 通知源 eNodeB 释放原先占用的资源，切换过程完成。

4．切换判决标准

切换测量在切换算法中占有重要的地位，UE 的测量报告对 eNodeB 的切换决策起关键作用，在 LTE 标准中定义的切换测量和判决的相应标准如下。

（1）参考信号接收功率（RSRP）：即对于需要考虑的小区，在需要考虑的测量频带上，承载小区专属参考信号的电磁波干扰（RE）功率贡献（以 W 为单位）的线性平均值。

（2）切换滞后差值（HOM）：即当前服务小区与相邻小区的 RSRP 差值，该值可根据通信环境的不同而自行设定，其大小决定了切换时延的长短。

（3）触发时长（TTT）：即在此段时间内必须持续满足某一 HOM 条件才能进行切换判决，TTT 可以有效防止切换过程中发生乒乓效应。

LTE 中的切换过程如下。

UE 监测所有被测小区经过滤波器后的 RSRP，并给服务小区的 eNodeB 发送测量报告。当下面的条件在给定的 TTT 内持续被满足时，eNodeB 将对 UE 进行切换。UE 根据其速度来设定 TTT 参数。RSRPT 是目标小区的参考信号接收功率，而 RSRPS 是服务小区的参考信号接收功率。

$$RSRPT > RSRPS + HOM$$

在接收到测量报告之后，当前服务的 eNodeB 使用网络内部程序开始准备将 UE 切换到新的目标小区。目标小区总有足够的资源给将要切换过来的 UE。准备时间完成之后，服务小区向 UE 发送切换命令消息。UE 根据切换命令成功接入目标 eNodeB 后，向目标 eNodeB 发送切换确认消息。

10.13.3　TD-LTE 系统的切换流程

TD-LTE 系统的切换流程如图 10.45 所示。

步骤 1：源 eNodeB 对 UE 进行测量配置，UE 的测量结果将用于辅助源 eNodeB，进行切换判决。

步骤 2：UE 根据测量配置，进行测量上报。

步骤 3：源 eNodeB 参考 UE 的测量上报结果，根据自身的切换算法，进行切换判决。

步骤 4：源 eNodeB 向目标 eNodeB 发送切换请求消息，该消息包含切换准备的相关信息，主要有 UE 的 X2 和 S1 信令上下文参考、目标小区的标识、密钥 KeNodeB*、RRC 上下文、AS 配置、eUTRAN 无线接入承载上下文等，同时包含源小区物理层标识和消息鉴权验证码，用于可能的切换失败后的恢复过程。UE 的 X2 和 S1 信令上下文参考可以帮助目标 eNode B 找到源 eNode B 的位置。E-RAB 上下文包括必要的无线网络层（Radio Network Layer，RLN）和传输层（Transport Network Layrer，TNL）寻址信息以及 E-RAB 的服务质量（Quality of Service，QoS）信息等。切换准备信息有一部分是包含于接口消息本身的（如目标小区标识），另一部分存在于接口消息的 RRC 容器（RRC Container）中（如 RRC 上下文）。

步骤 5：目标 eNodeB 根据收到的 E-RAB QoS 信息进行接纳控制，以提高切换的成功率。接纳控制要考虑预留相应的资源、C-RNTI 及分配专用的随机接入 Preamble 码等。目标小区所使用的 AS 配置可以是完全独立于源小区的完全配置，也可以是在源小区基础之上的增量配置（增量配置是指对相同的部分不进行配置，只通过信令重配不同的部分，UE 对于没有收到的配置，将继续使用原配置）。

步骤 6：目标 eNodeB 进行 L1/L2 的切换准备，同时向源 eNodeB 发送切换请求 ACK 消息，该消息中包含一个 RRC Container，具体内容是触发 UE 进行切换的切换命令。源 eNodeB 切换命令采用透传的方式（不做任何修改）发送给 UE。切换命令中包含新的 C-RNTI、目标 eNodeB 的案例算法标识，有可能还携带随机接入专用 Preamble 码、接入参数、系统信息等。

如果有必要,切换请求 ACK 消息中还有可能携带 RNL/TNL 信息,用于数据前传。当源 eNodeB 收到切换请求 ACK 消息或向 UE 转发了切换命令之后，就可以开始数据前转了。

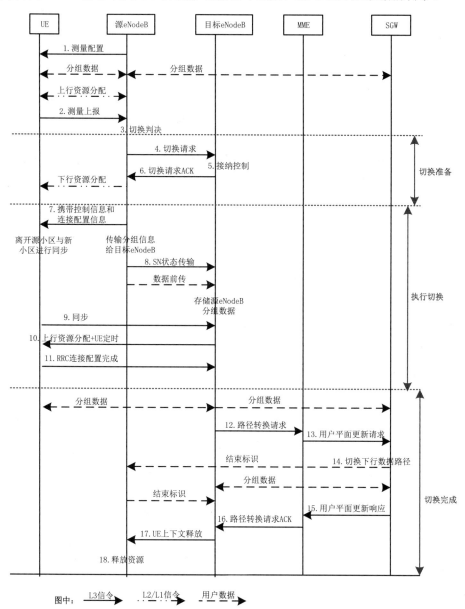

图 10.45　TD-LTE 系统的切换流程

步骤 7：切换命令（携带移动性控制信息的 RRC 连接重配置消息）是由目标 eNodeB 生成的，通过源 eNodeB 将其透传给 UE。源 eNodeB 对这条消息进行必要的加密和完整性保护。当 UE 收到该消息之后，就会利用该消息中的相关参数发起切换过程。UE 不需要等待低层向源 eNodeB 发送的混合自动重传请求（Hybrid Automatic Repeat reQuest，HARQ）/自动重传请求（Automatic Repeat reQuest，ARQ）响应，就可以发起切换过程。

步骤 8：传输源 eNodeB 发送序列号（Sequence Number，SN）状态消息到目标 eNodeB，传送 E-RAB(仅那些需要保留 PDCP 状态的 E-RAB 需要执行 SN 状态的转发,对应于 RLC AM 模式)的上行 PDCP SN 接收状态和下行 PDCP SN 发送状态。上行 PDCP SN 接收状态至少包含按序接收的最后一个上行 SDU 的 PDCP SN，也可能包含以比特映射的形式表示的那些造成接收乱序的丢失的上行 SDU 的 SN（如果有这样的 SDU，那么这些 SDU 可能需要 UE 在目标小区内进行重传）。下行 PDCP SN 发送状态指示了在目标 eNodeB 应该分配的下一个 SDU 序号。如果没有 E-RAB 需要传送 PDCP 的状态报告，那么源 eNodeB 可以省略这条消息。

步骤 9：UE 收到切换命令以后，执行与目标小区的同步，如果在切换命令中配置了随机接入专用 Preamble 码，则使用非竞争随机接入流程接入目标小区，如果没有配置专用 Preamble 码，则使用竞争随机接入流程接入目标小区。UE 计算在目标 eNodeB 所需使用的密钥并配置网络选择好的在目标 eNodeB 使用的安全算法，用于切换成功之后与目标 eNodeB 进行通信。

步骤 10：网络回复上行资源分配指示和 UE 定时。

步骤 11：当 UE 成功接入目标小区后，UE 发送 RRC 连接重配置完成消息，向目标 eNodeB 确认切换过程完成。如果资源允许，该消息也可能伴随一个上行缓存状态报告（Buffer Status Report，BSR）的改善。目标 eNodeB 通过接收 RRC 连接重配置完成消息，确认切换成功。至此，目标 eNodeB 可以开始向 UE 发送数据。

步骤 12：目标 eNodeB 向 MME 发送一个路径转换请求消息来告知 UE 更换了小区。此时空中接口的切换已经成功完成。

步骤 13：MME 向 S-GW 发送用户平面更新请求消息。

步骤 14：S-GW 将下行数据路径切换到目标 eNodeB 侧。S-GW 在旧路径上发送一个或多个 "end marker 包" 到源 eNodeB，然后就可以释放源 eNodeB 的用户平面资源了。

步骤 15：S-GW 向 MME 发送用户平面更新响应消息。

步骤 16：MME 向目标 eNodeB 发送路径转换请求 ACK 消息。步骤 12～16 完成了路径转换过程，该过程的目的是将用户平面的数据路径从源 eNodeB 转到目标 eNodeB。在 S-GW 转换了下行数据路径以后，前转路径和新路径的下行包在目标 eNodeB 中可能会交替到达。目标 eNodeB 应该首先传递所有的前转数据包给 UE，然后传递从新路径接收的数据包。在目标 eNodeB 使用这一方法可以强制性保证正确的传输顺序。为了辅助在目标 eNodeB 的重排功能，S-GW 在 E-RAB 转换路径以后，立即在旧路径发送一个或多个 "end marker 包"。"end marker 包" 内不含用户数据，由 GTP 头指示。在完成发送含有标志符的数据包以后，S-GW 不应该在旧路径发送任何数据包。在收到 "end marker 包" 以后，如果前转对这个承载是激活的，则源 eNodeB 应该将此包发送给目标 eNodeB。在察觉了 "end marker 包" 以后，目标 eNodeB 应该丢弃 "end marker 包"，并发起任何必要的流程来维持用户的按序递交，这些数据是通过 X2 接口前传的或者路径转换以后从 S-GW 通过 S1 接口接收的。

步骤 17：目标 eNodeB 向源 eNodeB 发送 UE 上下文释放消息，通知源 eNodeB 切换成功并触发源 eNodeB 的资源释放。目标 eNodeB 在收到从 MME 发回的路径转换 ACK 消息以后发送这条消息。

步骤 18：收到 UE 上下文释放消息之后，源 eNodeB 可以释放无线承载和与 UE 上下文相关的控制平面资源，任何正在进行的数据前转将继续进行。

10.13.4　LTE 初始随机接入过程

UE 选择合适的小区进行驻留以后，就可以发起初始随机接入过程了。在 LTE 中，随机接入是一个基本的功能，UE 只有通过随机接入过程与系统的上行同步以后，才能被系统调度进行上行传输。LTE 中的随机接入分为基于竞争的随机接入和无竞争的随机接入两种形式。初始的随机接入过程是一种基于竞争的接入过程，如图 10.46 和图 10.47 所示，可以分为以下四个步骤。

（1）前导序列传输。

（2）随机接入响应。

（3）MSG3 发送（RRC Connection Request）。MSG3 其实就是第 3 条消息，因为在随机接入过程中，这些消息的内容不固定，有时候可能携带的是 RRC 连接请求，有时候可能会携带一些控制消息，甚至业务数据包，因此简称为 MSG3。

（4）冲突解决消息。

第一步：随机接入前导序列传输。

LTE 的每个小区有 64 个随机接入的前导序列，分别被用于基于竞争的随机接入（如初始接入）和非竞争的随机接入（如切换时的接入）。其中，用于竞争的随机接入前导序列的数目为 Number of RA-Preambles，在 SIB2 系统消息中广播。用于竞争的随机前导序列又被分为 GroupA 和 GroupB 两组，其中，GroupA 的数目由参数 PreamblesGroupA 来决定，如果 GroupA 的数目和用于竞争的随机接入前导序列的总数相等，就意味着 GroupB 不存在。

GroupA 和 GroupB 的主要区别在于把要在 MSG3 中传输的信息的大小，由参数 MessageSizeGroupA 表示。在 GroupB 存在的情况下，如果所要传输的信息的长度（加上 MAC 头部和 MAC 控制单元等）大于 MessageSizeGroupA，并且 UE 能够满足发射功率的条件，UE 就会选择 GroupB 中的前导序列。

UE 通过选择 GroupA 或 GroupB 里面的前导序列可以隐式地通知 eNodeB 其将要传输的 MSG3 的大小。eNodeB 可以据此分配相应的上行资源，从而避免资源浪费。

eNodeB 通过 Preamble Initial Received Target Power 通知 UE 其所期待接收到的前导序列功率，UE 根据此目标值和下行路径损耗，通过开环功率控制来设置初始的前导序列发射功率。下行路径损耗可以通过 RSRP（Reference Signal Received Power）的平均值得到。这样可以使 eNodeB 接收到的前导序列的功率与路径损耗基本无关，从而利于 eNodeB 探测出在相同的时间/频率资源上发送的随机接入前导序列。

发送了随机接入前导序列以后，UE 需要监听 PDCCH 信道，是否存在 ENODEB 回复的 RAR（Random Access Response）消息。如果在此期间没有接收到回复给自己的 RAR，就认为此次接入失败。

如果初始接入过程失败，但是还没有达到最大尝试次数 PreambleTransMax，那么 UE 可以在上次发射功率的基础上提升功率 PowerRampingStep，发送此次前导序列，从而提高发送成功的概率。在 LTE 系统中，由于随机接入前导序列一般与其他的上行传输是正交的，因此，相对于 WCDMA 系统，对初始前导序列的功率要求相对宽松一些，初始前导序列成功的可能性也高一些。

步骤二：随机接入响应（RAR）。

当 eNodeB 检测到 UE 发送的前导序列后，就会在 DL-SCH 上发送一个响应，包含检测到的前导序列的索引号、用于上行同步的时间调整信息、初始的上行资源分配（用于发送随后的 MSG3），以及一个临时 C-RNTI，此临时 C-RNTI 将在步骤四（冲突解决）中决定是否转换为永久的 C-RNTI。

UE 需要在 PDCCH 上使用 RA-RNTI（Random Access RNTI）来监听 RAR 消息。并解码相应的 PDSCH 信道，如果 RAR 中的前导序列索引与 UE 自己发送的前导序列相同，那么 UE 就采用 RAR 中的上行时间调整信息，并启动相应的冲突调整过程。

在 RAR 消息中，还可能存在一个 backoff 指示，指示 UE 重传前导的等待时间范围。如果 UE 在规定的时间范围内没有收到任何 RAR 消息，或者 RAR 消息中的前导序列索引与自己的不符，则认为此次前导接入失败，UE 需要推迟一段时间，才能进行下一次前导接入，推迟的时间范围由 backoff indictor 来指示，UE 可以在 0 到 BackoffIndicator 之间随机取值，这样的设计可以减小 UE 在相同的时间再次发送前导序列的概率。

步骤三：MSG3 发送（RRC Connection Request）。

UE 接收到 RAR 消息，获得上行的时间同步和上行资源。但此时并不能确定 RAR 消息是发送给 UE 自己的而不是发送给其他 UE 的。由于 UE 的前导序列是从公共资源中随机选取的，因此，存在不同的 UE 在相同的时间/频率资源上发送相同的接入前导序列的可能性，这样，它们就会通过相同的 RA-RNTI 接收到同样的 RAR。而且，UE 也无从知道是否有其他的 UE 在使用相同的资源进行随机接入。因此，UE 需要通过随后的 MSG3 和 MSG4 消息来解决这样的随机接入冲突。

MSG3 是第一条基于上行调度，通过 HARQ（Hybrid Automatic Repeat reQuest）在 PUSCH 上传输的消息，其最大重传次数由 maxHARQ-Msg3TX 定义。在初始的随机接入中，MSG3 中传输的是 RRCConnectionRequest。如果不同的 UE 接收到相同的 RAR 消息，那么它们会获得相同的上行资源，同时发送 MSG3 消息，为了区分不同的 UE，在 MSG3 中会携带一个 UE 特定的 ID，用于区分不同的 UE。在初始接入的情况下，这个 ID 可以是 UE 的 S-TMSI（如果存在的话）或随机生成的一个 40 位的值（可以认为不同 UE 随机生成相同的 40 位值的可能性非常小）。

UE 在发完 MSG3 消息后就要立刻启动竞争消除定时器 MAC-ContentionResolutionTimer，随后每次重传 MSG3 都要重启这个定时器），UE 需要在此期间监听 eNodeB 返回给自己的冲突解决消息。

步骤四：冲突解决消息。

如果在 MAC-ContentionResolutionTimer 期间，UE 接收到 eNodeB 返回的 ContentionResolution 消息，并且其中携带的 UE ID 与其在 MSG3 上上报给 eNodeB 的相符，那么 UE 就认为自己赢得了此次随机接入冲突，随机接入成功。并将在 RAR 消息中得到的临时 C-RNTI 置为自己的 C-RNTI。否则，UE 认为此次接入失败，并按照上面所述的规则进行随机接入的重传过程。值得注意的是，冲突解决消息 MSG4 也是基于 HARQ 的。只有赢得冲突的 UE 才发送 ACK 值，失去冲突或无法解码 MSG4 的 UE 不发送任何反馈消息。

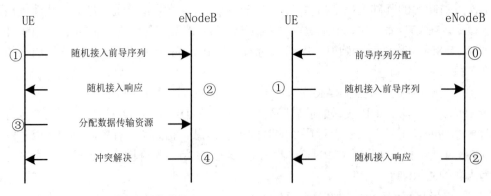

图 10.46　基于竞争的随机接入　　　　　图 10.47　无竞争的随机接入

10.13.5　LTE 小区的搜索过程

1. 搜索过程

（1）UE 一开机，就会在可能存在 LTE 小区的几个中心频点上接收数据并计算带宽 RSSI，以接收信号强度，判断这个频点周围是否可能存在小区，如果 UE 能保存上次关机时的频点和运营商信息，则开机后可能会先在上次驻留的小区上尝试驻留；如果没有先验信息，则很可能要全频段搜索，发现信号较强的频点后再尝试驻留。

（2）然后在中心频点周围接收 PSS（Primary Synchronization Signal）和 SSS（Secondary Synchronization Signal），这两个信号和系统带宽没有限制，配置是固定的，而且信号本身以 5ms 为周期重复，并且 PSS 是 ZC 序列，SSS 是 M 序列，具有很强的相关性，因此可以直接检测并接收，据此可以得到小区 ID，同时得到小区定时的 5ms 边界；这里的 5ms 是指，当获得同步的时候，我们可以根据辅助同步信号往前推一个时隙左右，得到 5ms 的边界，也就是得到 Subframe#0 或 Subframe#5，但是 UE 无法准确区分。

（3）得到 5ms 边界后，根据 PBCH 的时频位置，使用滑窗方法进行盲检测，一旦发现 CRC 校验结果正确，则说明当前的滑动窗就是 10ms 的帧边界，可以接收 PBCH 了，因为 PBCH 信号存在于每个 slot#1 中，而且是以 10ms 为周期；如果 UE 以上面提到的 5ms 边界来向后推算一个 Slot，那么很可能接收到 slot#6，所以必须使用滑动窗的方法，在多个可能存在 PBCH 的位置接收并译码，只有接收数据块的 CRC 校验结果正确，才基本可以确认这次试探的滑窗落到了 10ms 边界上，也就是找到了无线帧的帧头。也就是说同步信号的周期是 5ms，而 PBCH 和无线帧的周期是 10ms，因此从同步信号到帧头映射有一个试探的过程。接着可以根据 PBCH 的内容得到系统帧号、带宽信息及 PHICH 的配置；一旦 UE 可读取 PBCH，并且接收机预先保留了整个子帧的数据，则 UE 可同时读取获得固定位置的 PHICH 及 PCIFICH 信息，否则，一般来说至少要等到下一个下行子帧才可以解析 PCFICH 和 PHICH，因为 PBCH 存在于 slot#1 上，已经错过了本子帧的 PHICH 和 PCFICH 的接收时间点。

（4）至此，UE 实现了和 eNodeB 的定时同步。

要完成小区搜索，仅仅接收 PBCH 是不够的，还需要接收 SIB，即 UE 接收承载在 PDSCH 上的 BCCH 信息，为此必须进行如下操作。

① 接收 PCFICH，此时该信道的时频资源就是固定已知的，可以接收并解析得到 PDCCH 的 symbol 数目。

② 接收 PHICH，根据 PBCH 中指示的配置信息接收 PHICH。

③ 在控制区域内除了 PCFICH 和 PHICH 的其他 CCE 上，搜索 PDCCH 并进行译码。

④ 检测 PDCCH 的 CRC 中的 RNTI，如果为 SI-RNTI，则说明后面的 PDSCH 是一个 SIB，于是接收 PDSCH，译码后将 SIB 上报给高层协议栈。

⑤ 不断接收 SIB，HLS 会判断接收的系统消息是否足够，如果足够，则停止接收 SIB。至此，小区搜索过程结束。

2. 在接收数据的过程中，UE 还要根据接收信号测量频偏并进行纠正，实现和 eNodeB 的频率同步

对于 PHY，一般不进行 SIB 的解析，只接收 SIB 并上报。只要高层协议栈没有下发命令停止接收，则 PHY 要持续检测 PDCCH 的 SI-RNTI，并接收后面的 PDSCH。

　　DRX 在 MAC 层的概念应该是说对 PDCCH 的监视是持续的还是周期性的，是否启用 DRX 功能只在 RRC connect 状态下有意义。

　　BCCH 映射到 DLSCH 上的 PDU 是通过 SI-RNTI 在物理层 CRC 之后在 PDSCH 上发送的，这其中包含 SIB1 和 SIB2 的内容，PBCH 上发送的 MIB 只包含系统带宽、系统帧号、PHICH 配置信息。

　　UE 在两种搜索空间完成 PDCCH 的解码工作，一种是 Common Search Space，另一种是 UE-Specific Search Space。前者的起始位置是固定的，用于存放由 RARNTI、SIRNTI、PRNTI 标识的 TB。

　　当上层指示物理层需要读取 SIB 后，物理层可以在第一个搜索空间搜索 SIRNTI 标识的 TB。

　　UE 读取 PDSCH 中的 BCCH 与 PDCCH，获得 Control Information 的过程属于 Control Plane 的内容，在小区搜索过程中，要判断是否能够驻留在该小区，应该有一个 SIB 接收过程，因为 BCCH 映射到物理信道上也是 PDSCH，要接收 BCCH，所以前面这些过程不可或缺。当然了，这些过程并不是永久性进行下去，高层协议栈判断，如果接收到想要的 SIB，就可以停下来了。

　　SIB 的接收其实也并不一定需要一直接收检测，可以有下列做法：在通过 PBCCH 获得 MIB 以后，可以判断出想要的 SIB 的位置，只在该位置上接收 PDSCH 就可以了。这样可以省电，但是需要 HLS 和 PHY 交互得更加紧密，需要能够根据帧号唯一地确定想要的 SIB 的位置。

　　在接收数据的过程中，UE 还要根据接收信号测量频偏并进行纠正，实现和 eNodeB 的频率同步；UE 的频偏校正应该在读取 PBCH 等控制信道的过程中获得纠正。频偏估计和纠正不必等到滑窗结束，只要确信当前频点上有 LTE 信号，就可以根据 OFDM 信号的特点进行 FOE，并纠正频偏。不过只有滑窗成功，才可以得到 PBCH。

10.14　LTE 系统中的 UE 流程

10.14.1　LTE 的全流程

（1）UE 处于关闭状态。

（2）打开 UE 电源。

（3）搜索附近的频率。

（4）同步时间。

（5）小区搜索。

（6）小区选择。

（7）解码 MIB。

（8）解码 SIB。

（9）初始化 RACH 过程。

（10）注册/认证/附着。

（11）建立默认 EPS 承载。

（12）EPS 处于 IDLE 状态。

（13）如果此时当前小区信号变弱或 UE 移动到其他小区，则进行小区重选。

（14）如果此时 UE 侦测到了寻呼消息或 UE 发起了拨号，则进行 RACH 过程。

（15）建立专用 EPS 承载。

（16）接收数据。

（17）传输数据。

（18）如果此时网络接收到的 UE 信号太弱，则网络向 UE 发出 TPC 指令，要求 UE 提高传输能量。

（19）如果此时网络接收到的 UE 信号太强，则网络向 UE 发出 TPC 指令，要求 UE 降低传输能量。

（20）如果此时 UE 移动到其他小区，则网络和 UE 之间进行切换。

（21）用户停止通话，UE 回到 IDLE 模式。

10.14.2　UE 开机流程

UE 开机后或在漫游时，它的首要任务就是找到网络并和网络取得联系，以获得网络的服务。因此在空闲模式下，UE 的行为对于 UE 是至关重要的。UE 在空闲模式下的行为可以分为 PLMN 选择/重选、小区选择/重选和位置更新三种，如图 10.48 所示。

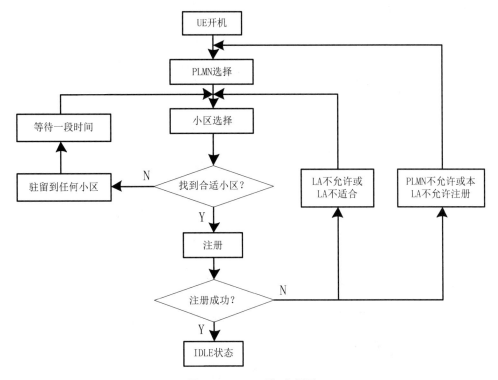

图 10.48　UE 开机流程图

当 UE 开机后，首先应该选择一个 PLMN，一般来说，这个 PLMN 是用户和运营商签约时确定的，由运营商指定。当选中了一个 PLMN 后，就开始选择属于这个 PLMN 的小区，找到一个这样的符合驻留条件的小区后，UE 就会驻留在这个小区，并继续监测小区的系统消息广播中的该小区的邻小区，从中选择一个信号最好的小区，驻留下来。接着 UE 会发起位置更新过程（Location Update 或 Attach），用以通知网络侧自己的状态，成功后，UE 就成功地驻留在这个小区中了。驻留的作用有以下 4 个。

- 使 UE 可以接收 PLMN 广播的系统信息。
- 可以在小区内发起随机接入过程。
- 可以接收网络寻呼。
- 可以接收小区广播业务。

当 UE 驻留在小区中，并登记成功后，随着 UE 的移动，当前小区和邻近小区的信号强度都在不断变化。UE 要选择一个最合适的小区，这就是小区重选过程。这个最合适的小区不一定是当前信号最好的小区，举例来说，如果一个 UE 处在一个小区的边缘，又在这两个小区间来回走，恰好这两个小区又属于不同的位置区 LA 或路由区 RA。这样，UE 就要不停地发起位置更新，既浪费了网络资源，又浪费了 UE 的能量。因此在小区中选择哪个小区是有规则的，这个规则会在后面进行详述。

当 UE 重选小区，选择了另外一个小区后，通过读取该小区的系统信息广播，如果 UE 发现这个小区属于另外一个位置区 LA 或路由区 RA，UE 就要发起位置更新过程，以通知网络最新的 UE 的位置信息。如果 Location Update 或 Attach 不成功，UE 就要进行 PLMN 重选。

10.14.3　UE 附着和去附着流程

1. UE 开机附着流程

UE 开机附着流程如图 10.49 所示。

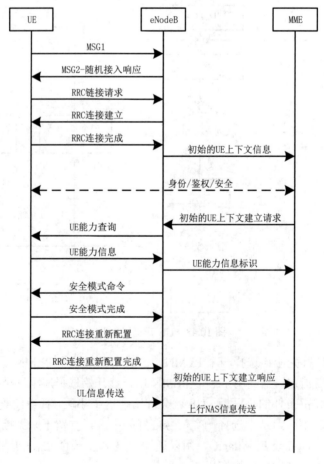

图 10.49　UE 开机附着流程

开机附着流程说明如下。

① 处在 RRC_IDLE 态的 UE 进行 Attach 过程，发起随机接入过程，即 MSG1 消息。

② eNodeB 检测到 MSG1 消息后向 UE 发送随机接入响应消息，即 MSG2 消息。

③ UE 收到随机接入响应后，根据 MSG2 的 TA 调整上行发送时机，向 eNodeB 发送 RRCConnectionRequest 消息申请建立 RRC 连接。

④ eNodeB 向 UE 发送 RRC ConnectionSetup 消息，包含建立 SRB1 信令承载信息和无线资源配置信息。

⑤ UE 完成 SRB1 信令承载和无线资源配置后，向 eNodeB 发送 RRCConnectionSetupComplete 消息，包含 NAS 层 Attach Request 消息。

⑥ eNodeB 选择 MME，向 MME 发送 INITIAL UE MESSAGE 消息，包含 NAS 层的 Attach Request 消息。

⑦ MME 向 eNodeB 发送 INITIAL CONTEXT SETUP REQUEST 消息，包含 NAS 层的 Attach Accept 消息。

⑧ eNodeB 接收到 INITIAL CONTEXT SETUP REQUEST 消息后，如果不包含 UE 能力信息，则 eNodeB 向 UE 发送 UECapabilityEnquiry 消息，查询 UE 的能力。

⑨ UE 向 eNodeB 发送 UECapabilityInformation 消息，报告 UE 的能力信息。

⑩ eNodeB 向 MME 发送 UE CAPABILITY INFO INDICATION 消息，更新 MME 的 UE 能力信息。

⑪ eNodeB 根据 INITIAL CONTEXT SETUP REQUEST 消息中 UE 支持的安全信息，向 UE 发送 SecurityModeCommand 消息，进行安全激活。

⑫ UE 向 eNodeB 发送 SecurityModeComplete 消息，表示安全激活完成。

⑬ eNodeB 根据 INITIAL CONTEXT SETUP REQUEST 消息中的 ERAB 建立信息，向 UE 发送 RRCConnectionReconfiguration 消息进行 UE 的资源重配，包括重配 SRB1 信令承载信息和无线资源配置，建立 SRB2、DRB（包括默认承载）等。

⑭ UE 向 eNodeB 发送 RRCConnectionReconfigurationComplete 消息，表示无线资源配置完成。

⑮ eNodeB 向 MME 发送 INITIAL CONTEXT SETUP RESPONSE 响应消息，表明 UE 上下文建立完成。

⑯ UE 向 eNodeB 发送 ULInformationTransfer 消息，包含 NAS 层的 Attach Complete、Activate Default EPS Bearer Context Accept 消息。

⑰ eNodeB 向 MME 发送上行直传 UPLINK NAS TRANSPORT 消息，包含 NAS 层的 Attach Complete 消息。

2. UE 开机去附着流程

（1）IDLE 状态下的 UE 关机去附着流程如图 10.50 所示。

IDLE 状态下的 UE 关机去附着流程说明如下。

① 处在 RRC_IDLE 态的 UE 进行 Detach 过程，发起随机接入过程，即 MSG1 消息。

② eNodeB 检测到 MSG1 消息后，向 UE 发送随机接入响应消息，即 MSG2 消息。

③ UE 收到随机接入响应后，根据 MSG2 的 TA 调整上行发送时机，向 eNodeB 发送 RRCConnectionRequest 消息。

④ eNodeB 向 UE 发送 RRCConnectionSetup 消息，包含建立 SRB1 信令承载信息和无线

资源配置信息。

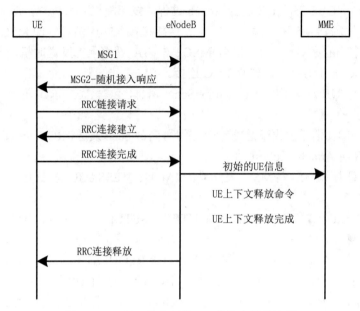

图 10.50　IDLE 状态下的 UE 关机去附着流程

⑤ UE 完成 SRB1 承载和无线资源配置，向 eNodeB 发送 RRCConnectionSetupComplete 消息，包含 NAS 层的 Detach request 信息，Detach request 消息中包括 Switch off 信息。

⑥ eNodeB 选择 MME，向 MME 发送 INITIAL UE MESSAGE 消息，包含 NAS 层的 Detach Request 消息。

⑦ MME 向 eNodeB 发送 UE CONTEXT RELEASE COMMAND 消息，请求 eNodeB 释放 UE 上下文信息。

⑧ eNodeB 接收 UE CONTEXT RELEASE COMMAND 消息，释放 UE 上下文信息，向 MME 发送 UE CONTEXT RELEASE COMPLETE 消息进行响应，并向 UE 发 RRCConnectionRelease 消息，释放 RRC 连接。

（2）CONNECTED 状态下的 UE 关机去附着流程如图 10.51 所示。

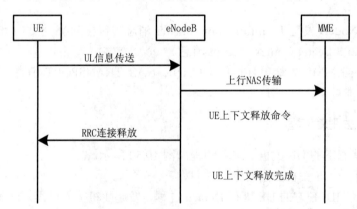

图 10.51　CONNECTED 状态下的 UE 关机去附着流程

CONNECTED 状态下的 UE 关机去附着流程说明如下。

① 处在 RRC_CONNECTED 状态下的 UE 进行 Detach 过程，向 eNodeB 发送

ULInformationTransfer 消息，包含 NAS 层的 Detach request 信息。

② eNodeB 向 MME 发送上行直传 UPLINK NAS TRANSPORT 消息，包含 NAS 层的 Detach request 信息。

③ N0040 eNodeB 向 UE 发送 DLInformationTransfer 消息，包含 NAS 层时 Detach Request 消息，Detach request 消息中包括 Switch off 信息。

10.15　LTE 的组网方案及设备

LTE 系统的网络结构如图 10.52 所示。

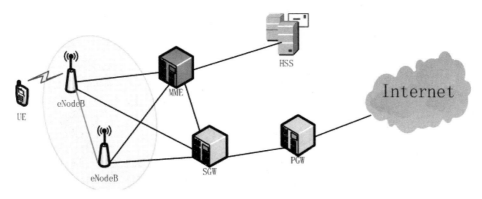

图 10.52　LTE 系统的网络结构

在图 10.52 中，各部分的功能如下。

移动管理实体（Mobility Management Ebtity，MME）：分发寻呼给 eNodeB、安全控制、空闲状态的移动性管理、非接入层（NAS）信令的加密及完整性保护。

服务网关（Serving Gateway，SGW）：支持 UE 的移动性切换用户面数据、支持 eUTRAN 空闲模式下行分组数据的缓存和寻呼。

数据包网络网关（Packet Data Network Gateway，PGW）：PGW 终结和外面数据网络（如互联网等）的 SGi 接口，负责管理 3GPP 和 non-3GPP 间的数据路由，管理 3GPP 接入和 non-3GPP 接入（如 WLAN、WiMAX 等）间的移动，还负责动态主机配置协议（Dynamic Host Configuration Protocol，DHCP）、策略执行、计费等功能。

归属用户服务器（Home Subscriber Server，HSS）：包含用户配置文件，执行用户的身份验证和授权，并可提供有关用户的物理位置信息。

eNodeB 的功能如下。

（1）无线资源管理。

（2）IP 头压缩和用户数据流加密。

（3）UE 附着时的 MME 选择。

（4）用户面数据向 SGW 的路由。

（5）寻呼消息和广播消息的调度和发送。

（6）移动性测量和测量报告的配置。

10.15.1　LTE 系统的组网方案

1．LTE 系统的组网方案

LTE 系统的组网方案如图 10.53 所示。

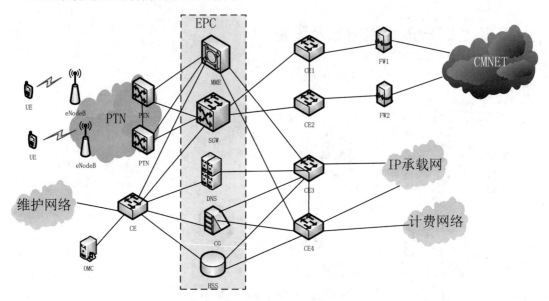

图 10.53　LTE 系统的组网方案

　　LTE 系统的组网方案中各模块的功能如表 10.12 所示。CMNET（China Mobile Network）是中国移动互联网的简写，是中国移动独立建设的全国性的、以宽带互联网技术为核心的电信数据基础网络。

表 10.12　LTE 系统的组网方案中各模块的功能

模 块 类 型	模　　块	功　　能
核心网	MME	LTE 业务的信令控制和转发核心节点
	SGW	实现所有 LTE 业务的路由和转发功能
	DNS	负责 2G/3G/4G 网络的路由解析转发
	CG	4G 网络的计费模块
	HSS	负责用户数据管理、鉴权、存储位置信息
IP 承载网	CE	负责信令转发和 LTE 业务承载
	PTN	负责 LTE 业务承载
	FW	（Firewall）防火墙
无线网	OMC	管理无线站点，LTE 基站（eNodeB）远程开站必须通过网管
	eNodeB	LTE 基站

　　LTE 的扁平化结构使一个 eNodeB 可以同时归属多套 MME 和 SGW；而相邻 eNodeB 间需要 X2 接口。X2 接口要求 IP 承载网提供相邻 eNodeB 间的转发通信功能。IP 承载网的 PTN 和 CE 设备负责将 X2 接口信息按照 IP 地址转发给相邻 eNodeB，将 S1 接口信息按照 IP 地址转发给 SGW/MME。

　　以 TD-LTE 组网为例，TD-LTE 接口对 IP 承载网的 QoS 性能需求如表 10.13 所示。

表 10.13　TD-LTE 接口对 IP 承载网的 QoS 性能需求

TD-LTE 接口	流　量	传 输 时 延	抖　动	丢 包 率	连 接 关 系
S1-U	90%以上	≤5ms	≤2ms	≤0.001%	eNodeB-SGW
OM	100～1M/eNodeB	60ms		≤0.001%	eNodeB-NMS
S1-MME	1%～3% S1-U	100ms		≤0.001%	eNodeB-MME
X2	3%～5% S1-U	≤10ms（2 倍 S1 延时）	≤3.5ms	≤0.001%	eNodeB-eNodeB

由表 10.13 可知，S1-U 接口对延时的要求最严格，带宽最大，是组网设计保障的重点。X2 延时是 S1 的两倍，在 IP 承载网的任何位置均需要满足要求。IP 承载网需支持基于差分服务代码点（Differentiated Services Code Point，IP DSCP）的 QoS 调度。

2．LTE 系统的组网方式

（1）同频组网。

同频组网的主要特点如下。

- 优点：LTE 系统覆盖范围内的所有小区可以使用相同的频带为本系统内的用户提供服务，具有更高的扇区吞吐率和频谱效率。
- 缺点：干扰比较严重，特别是在小区边缘；具有更加复杂的网络规划与优化和更精细的干扰控制要求。
- 适用场景：适合频谱资源有限、容量需求较高的场景，如密集城区。

同频组网需要重点解决的问题如下。

- 由于每个小区的频率一样，所以小区之间会出现同频干扰，即小区间干扰。TD-LTE系统严格同步且同时隙配比时，在下行时隙会出现基站对另一个基站边缘终端的干扰，在上行时隙会出现边缘终端对另一个基站的干扰。
- LTE 同频组网的性能好坏取决于小区间所采取的解决手段。针对同频干扰的抑制措施如下。

网规网优手段，合理规划相邻小区，确保相邻小区的导频尽量错开；合理规划工程参数，包括基站位置、天线类型、天线方向角、天线倾角、信道发射功率等。进行精细化的 RF 优化，优化各类算法及网络性能相关参数。具有针对性的优化方案，对于难以控制干扰的区域，可采用多 RRU 共小区、分层覆盖等技术。

性能算法手段，降低边缘用户的干扰，如小区间干扰协调（Inter Cell Interference Cooperation，ICIC）、小区间功率控制、闭环功率控制等。提升系统性能，如参数 HARQ、AMC 等。合理利用资源调度。

（2）异频组网。

异频组网的主要特点如下。

- 优点：具有更小的干扰，更大的覆盖半径，对站址选择和 RF 参数设置的要求低；RRM算法简单，不需要开启 ICIC。
- 缺点：具有较低的扇区吞吐率和频谱效率；需要频率规划，会增加成本。
- 适用场景：频谱资源丰富的运营商；广覆盖的场景，如农村。

异频组网需要重点解决的问题如下。

- 需要进行合理的频率规划，确保网络干扰最小。
- 受限于频带资源，所以存在干扰控制与频带使用的平衡问题。

（3）室外部分异频组网。

室外部分异频组网又称为频率偏移频率复用（Frequency Shifted Frequency Reuse，FSFR），是指相邻小区的频点带宽有部分重叠，如 2320～2370MHz 的 50MHz 带宽可以部分重叠划分为 3 个 20MHz 的子带：$f1$（2320～2340MHz）/$f2$（2335～2355MHz）/$f3$（2350～2370MHz），其主要特点如下。

- 优点：提升了小区边缘用户吞吐率，对于小区边缘的干扰有很好的消除作用；使网络用户的体验更好，同时有效使用频率资源。
- 缺点：存在各小区干扰不平衡的现象；实现多载波聚合比较困难，不利于向 LTE-A 过度。
- 适用场景：适合频谱资源稀缺的运营商和对小区边缘用户感受要求高的场景。

重点需要解决的问题如下。

需要进行合理的频率规划和功率控制，在确保网络干扰最小的前提下尽量提升小区边缘速率。

FSFR 组网干扰优化手段如下。

- 为了降低干扰，同站的不同小区间的边缘频带应错开。
- 对小区边缘用户进行功率控制，加大发射功率。

10.15.2 LTE 系统的组网设备

1. MME 设备

（1）MME 设备的功能。

接入控制功能：支持鉴权、GUTI 分配、用户设备识别、信令及其数据的加密和完整性保护功能。

移动性管理功能：支持移动定时器管理、附着、去附着、更新跟踪区、切换、清除、业务请求功能。

会话管理功能：支持 EPS 承载的建立、修改、释放，以及接入侧承载的释放和建立功能。

网元选择功能：支持 SGW、PGW、MME 的选择功能。

（2）MME 设备的接口。

支持 S1-C 接口：到 eNodeB 的控制面接口。

支持 S6a 接口：到 HSS 的接口。

支持 S10 接口：到 MME 的接口。

支持 S11 接口：到 SGW 的接口。

2. SGW 设备

（1）SGW 设备的功能。

会话管理功能：支持 EPS 承载的建立、修改、释放，以及网络侧触发业务请求的承载建立功能。

路由选择及其数据转发功能：在 eNodeB 和 PGW 之间转发 GTP-U 数据包；在 eNOdeB 间进行切换时，通过 end marker 协助实现数据包的重排。

QoS 控制功能：支持 EPS 主要的 QoS 参数，如 QCI、ARP 等；支持终端和网络发起 QoS 修改；支持 bear-level 的 GBR 管理和 bear-level 的 DSCP Marking 功能。

（2）SGW 设备的接口。

支持 S1-U：到 eNodeB 的用户面接口。

支持 S5 接口：到 PGW 的接口。

支持 S11 接口：到 SGW 的接口。

3．PGW 设备

（1）PGW 设备的功能。

IP 地址分配功能：支持通过本地资源池分配 IPV4 地址功能。

会话管理功能：支持 EPS 承载的建立、修改、释放功能。

路由选择及其数据转发功能：支持下行数据包进行 GTP 封装并转发到 SGW，支持上行数据包解封后通过 SGi 接口路由到外部网络。

QoS 控制功能：支持 EPS 主要的 QoS 参数，如 QCI、ARP 等；支持 QoS 更新的承载写入，支持基于 APN 配置的默认承载 QoS 修改；支持本地配置 PCC，以及基于本地静态 PCC 发起专有承载的建立；支持终端或网络侧发起的专有承载建立和修改，QoS 由 EPC 决定；支持 bear-level 的 GBR 管理和 bear-level 的 DSCP Marking 功能；支持 non-GBR 的 APN-AMBR 管理等功能。

（2）PGW 设备的接口。

支持 S5 接口：到 SGW 的接口。

支持 SGi 接口：到外部 PDN 的接口。

4．HSS 设备

（1）HSS 设备的功能。

EPS 数据管理功能：支持用户信息、EPS APN 签约信息、鉴权参数的管理，以及开户、销户、HSS 和 MME 数据的一致性管理等。

用户鉴权功能：支持鉴权参数的生成等。

移动性管理功能：支持 MME 地址的存储、用户附着、位置更新、去附着、清除等。

HSS 备份和恢复功能：支持数据的容灾备份等。

（2）HSS 设备的接口。

支持 S6a 接口：到 MME 的接口。

5．eNodeB 设备

eNodeB 设备由基带处理单元（Building Base band Unit，BBU）、拉远无线单元（Remote Radio Unit，RRU）和天线组成。eNodeB 的组成结构如图 10.54 所示。

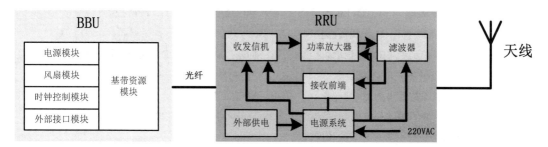

图 10.54　eNodeB 的组成结构

　　BBU 的主要功能：交换、业务管理、时钟同步、基带处理和无线接口。

　　RRU 的主要功能：光传输的调制解调、数字上/下变频、信号放大和滤波、中频信号到射频信号的变换、A/D 转换等。

　　RRU 和 BBU 之间需要用光纤连接。一个 BBU 可以支持多个 RRU。采用 BBU+RRU 多通道方案可以很好地解决室外和大型场馆的室内覆盖。eNodeB 的实际连接图如图 10.55 所示。LTE 八通道 3 扇区配置方案示意图如图 10.56 所示。

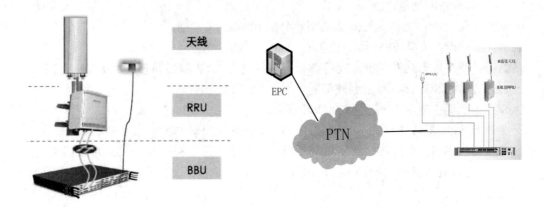

　　图 10.55　eNodeB 的实际连接图　　　　　图 10.56　LTE 八通道 3 扇区配置方案示意图

本 章 小 结

　　本章介绍了 LTE 移动通信系统，主要包括 LTE 系统的标准、演进策略、系统结构、功能模型和关键技术。主要围绕 LTE 系统的技术原理、网络架构和技术特点进行了描述。较系统地介绍了 LTE 系统的基本概念、原理、系统架构、接口及典型系统解决方案，使学生通过对 LTE 系统有更深刻的了解和认识。本章的主要内容如下。

　　（1）LTE 系统的标准、演进策略、技术原理、技术特点和频谱分配。

　　（2）LTE 系统的网络协议分层结构、功能模型、关键技术和功能。

　　（3）系统地描述了 LTE 系统的网络结构、信道、无线网和核心网、接口及系统解决方案。

　　（4）LTE 系统切换、接入和 UE 开机等流程。

习 题 10

10.1　单选题

（1）（　　）功能不属于 MME 的功能。

　　　A. NAS 信令处理　　　B. TA List 管理　　　C. 合法监听　　　　　D. 漫游控制

（2）（　　）功能不属于 RRM 无线资源管理功能。

　　　A. 无线接入控制　　　B. 无线承载控制　　　C. 拥塞控制　　　　　D. 动态资源分配

（3）关于 LTE 下列说法中正确的是（　　）。

　　　A. 下行峰值数据速率为 100Mbps　　　　　B. 用户面时延为 5ms

　　　C. 不支持离散的频谱分配　　　　　　　　D. 支持不同大小的频段分配

（4）在 LTE 系统中，一个常规时隙的长度为（　　）。

　　　A. 0.5ms　　　　　　B. 1ms　　　　　　C. 5ms　　　　　　D. 10ms

（5）以下（　　　）是属于 SGW 的功能。

　　A．外部 IP 地址的连接　　　　　　　B．对 UE 用户的寻呼

　　C．针对 UE、PDN 和 QCI 的计费　　D．用户策略的实现

（6）承载 HARQ 信息的信道是（　　　）。

　　A．PDCCH 物理下行控制信道　　　　B．PDSCH 物理下行共享信道

　　C．PHICH 物理 HARQ 指示信道　　　D．PCFICH 物理控制格式指示信道

（7）ICIC 技术是用来解决（　　　）的。

　　A．邻频干扰　　　　B．同频干扰　　　　C．随机干扰　　　　D．异系统干扰

（8）UE 在（　　　）的情形下可以进行无竞争的随机接入。

　　A．有 IDLE 状态进行初始接入

　　B．无线链路失败后进行初始接入

　　C．切换时进行随机接入

　　D．在 Active 情况下，上行数据到达，没有建立上行同步，或者没有资源发送调度请求

（9）以下说法中错误的是（　　　）。

　　A．在 ECM-IDLE 状态下，UE 和网络间没有 NAS 信令连接，UE 执行小区选择、重选及 PLMN 选择

　　B．MME 能在 UE 注册的 TA 列表的全部小区中发起寻呼

　　C．UE 在 ECM-IDLE 状态下的位置是可知的，这时向 UE 发送 Paging，等同于向所有注册小区发送广播消息

　　D．在 EPS 中，注册区域由一系列 TA 组成，即 TA 列表。每个 TA 由一到多个小区组成。TA 之间的区域可以重叠

（10）用于 TDLTE VoIP 业务的最佳资源调度方案是（　　　）。

　　A．静态调度　　　　B．动态调度　　　　C．半静态调度　　　　D．半持续调度

（11）LTE 中信道编码的作用是（　　　）。

　　A．纠错　　　　　　B．检错　　　　　　C．纠错和检错　　　　D．加扰

（12）EPC/LTE 的所有接口都是基于（　　　）协议的。

　　A．SCTP　　　　　B．UDP　　　　　　C．IP　　　　　　　D．GTP

（13）eNodeB 和 SGW 之间使用的是（　　　）协议。

　　A．S1AP　　　　　B．X2AP　　　　　C．GTP-C　　　　　D．GTP-U

（14）RLC 层和 MAC 层之间的接口是（　　　）。

　　A．传输信道　　　　B．逻辑信道　　　　C．物理信道

（15）以下（　　　）协议负责 HARQ 及调度的功能。

　　A．PDCP　　　　　B．MAC　　　　　　C．RRC　　　　　　D．RLC

（16）当 UL-SCH 资源没有被分配时，（　　　）信道用于承载上行的 ACK/NACK。

　　A．PUSCH　　　　　B．PRACH　　　　　C．PUCCH　　　　　D．PDCCH

（17）（　　　）功能不属于 RRM（无线资源管理）。

　　A．无线接入控制　　B．无线承载控制　　C．拥塞控制　　　　D．动态资源分配

（18）（　　　）网络单元在 UE 开机附着过程中为其分配 IP 地址。

　　A．eNodeB　　　　　B．MME　　　　　　C．PGW　　　　　　D．SGW

（19）（　　　）情况下 UE 可能被分配一个新的 GUTI。

　　A．附着　　　　　　　　　　　　　　　B．跨 MME TA Update

　　C．MME 内的 TA Update　　　　　　　D．以上都对

（20）频域资源调度的最重要的依据是（　　　）。

　　　A．CQI　　　　　　B．UE 能力　　　　　C．系统带宽　　　　　D．缓存数据量

10.2　多选题

（1）TD-LTE-Advanced 系统的关键技术包括（　　　）。

　　　A．载波聚合技术　　B．中继技术　　　　C．智能检测技术　　D．多点协作技术

（2）LTE 支持灵活的系统带宽配置，LTE 协议支持的带宽有（　　　）。

　　　A．5MHz　　　　　B．10MHz　　　　　C．20MHz　　　　　D．40MHz

（3）LTE 下行物理信道主要有（　　　）。

　　　A．物理下行共享信道 PDSCH　　　　　　B．物理随机接入信道 PRACH

　　　C．物理下行控制信道 PDCCH　　　　　　D．物理广播信道 PBCH

（4）按资源占用时间来区分，LTE 调度包括（　　　）。

　　　A．静态调度　　　　B．半静态调度　　　C．动态调度　　　　D．QoS 调度

（5）下列关于 LTE 功率控制描述正确的是（　　　）。

　　　A．功率控制可以通过调整发射功率使业务质量刚好满足 BLER（Block Error Rate）的要求，避免
　　　　 功率浪费

　　　B．LTE 干扰主要来自邻区，功率控制可减小对邻区的干扰

　　　C．上行功率控制可减少 UE 的电源消耗，下行功率控制可减小 eNodeB 的电源消耗

　　　D．恒定功率，无法调整

（6）关于 PGW 的数据配置，下列说法错误的是（　　　）。

　　　A．不可以配置与 APN 对应的地址池用于动态分配用户地址

　　　B．SGW 与 PGW 可以合设

　　　C．只能配置 1 个相连接的 PCRF

　　　D．不能独立部署 PGW

（7）关于 SRS 说法正确的是（　　　）。

　　　A．SRS 是 TD-LTE 独有的　　　　　　　B．SRS 可以配置在 UPPTS 上

　　　C．SRS 用于下行赋形权值估算　　　　　D．SRS 用于上行 CHANNEL AWARE 调度

（8）（　　　）因素可能造成 RRH 和 BBU 之间的光纤连接异常

　　　A．光纤头受污染　　　　　　　　　　　B．光纤长度过长

　　　C．光纤走纤时曲率半径过大　　　　　　D．光模块类型不匹配

（9）物理层过程包括（　　　）。

　　　A．小区搜索　　　　B．上行同步过程　　C．功率控制过程　　D．随机接入过程

　　　E．寻呼

（10）随机接入的目的是（　　　）。

　　　A．初始接入　　　　B．建立上行同步　　C．小区搜索　　　　D．寻呼

（11）上行物理信道基本处理流程有（　　　）。

　　　A．加扰　　　　　　B．调制　　　　　　C．层映射　　　　　D．预编码

　　　E．映射到资源元素

（12）为了减少小区间的干扰，在 PUSHC 的功控方案中使用的是（　　　）。

　　　A．部分路损补偿　　B．开环功率控制　　C．闭环功率控制　　D．全部路损补偿

（13）下面不属于用户面协议的是（　　　）。

　　　A．RLC　　　　　　B．GTPU　　　　　　C．RRC　　　　　　D．UDP

（14）在 LTE 系统协议中，RLC 层对数据进行（　　）。

    A．压缩加密　　　　B．分段　　　　　C．映射　　　　　D．调制

（15）ICIC（小区间干扰协调）技术的缺点包括（　　）。

    A．干扰水平的降低　　　　　　　　B．以牺牲系统容量为代价

    C．降低频谱效率　　　　　　　　　D．降低频谱带宽

（16）MME 具有（　　）功能。

    A．鉴权授权　　　　B．NAS 信令　　　C．TA 列表管理　　D．PGW 和 SGW 选择

（17）CQI 的反馈方式有（　　）。

    A．周期性 CQI　　　B．非周期性 CQI　C．事件触发　　　D．事件转周期

（18）关于 LTE 系统中的功率控制，以下说明正确的有（　　）。

    A．功率控制可以提升覆盖容量　　　B．功率控制是 MAC 层的功能之一

    C．功率控制的目的是节能　　　　　D．功率控制的目的是保证业务质量

（19）关于 LTE 系统的主要网元，下列说法正确的有（　　）。

    A．自配置

    B．LTE 的接入网 eUTRAN 由 eNodeB 组成，提供用户面和控制面

    C．LTE 的核心网 EPC 由 MME、SGW 和 PGW 组成

    D．自规划

（20）下行 RS 参考信号，通常也称为导频信号，主要作用包括（　　）。

    A．下行信道质量测量

    B．下行信道估计，用于 UE 端的相干检测和解调

    C．下行搜索

（21）在小区搜索过程中，UE 可以获得的基本信息包括（　　）。

    A．初始符号定位　　B．位置同步　　　C．小区传输宽带　　D．小区标识号

（22）在 LTE 网络中，切换可以由（　　）触发。

    A．基于覆盖的切换　　　　　　　　B．基于负荷的切换

    C．基于业务的切换　　　　　　　　D．基于 UE 移动速度的切换

（23）eNodeB 上的 RRC 协议实体主要完成（　　）功能。

    A．广播和寻呼　　　　　　　　　　B．RRC 连接管理

    C．RB 控制和移动性管理　　　　　　D．UE 的测量和测量上报控制

10.3　下行 DL-SCH 处理包括哪些步骤？

10.4　随机接入通常发生在哪几种情况中？

10.5　LTE 系统越区切换的判决标准是哪些参数？

10.6　LTE 切换有几种分类？分别应用于什么场景？

10.7　PRACH 信道用作 UE 随机接入时起什么作用？

10.8　PCI 是用于区分不同小区的无线信号，其作用范围限于本地，主要起什么作用？

10.9　在 LTE 下，EPC 主要由哪几部分组成？简述各部分的功能。

10.10　同频组网时，位于小区边缘的用户之间的干扰比较强，会影响用户性能，应采取什么措施？

10.11　LTE 的测量事件有哪些？

10.12　LTE 有哪些关键技术？请简要说明（至少 3 条）。

10.13　查找资料，综合考虑频谱利用率、ICIC、小区边缘、算法复杂度和网络规划等参数，分析通常 TD-LTE 系统的室外组网方案是采用同频组网、异频组网还是 FSFR 组网？并简单说明理由。

第11章 数据终端单元（DTU）的原理与应用

【内容提要】

数据终端单元（DTU）在移动数据传输领域的应用日益广泛，本章先介绍 DTU 的原理、网络协议、工作模式和应用场合，最后介绍 DTU 在移动数据传输系统中的应用开发设计及实现方式。

随着移动通信技术的发展，GPRS 和 CDMA2000 1x 产品在移动数据传输领域的应用日益广泛。GPRS 和 CDMA2000 1x 模块产品的出现促进了这种应用的发展。由于 GPRS 和 CDMA2000 1x 采用分组交换技术，在通信过程中不需要建立和保持电路，且存在呼叫建立时间短、提供实时在线、按流量计费、覆盖区域大等特点，在远程突发性数据传输中，相对于有线网络具有不可比拟的优越性。另外，采用大功率、电信专线、卫星通信等方式构建的监控网络，组网成本高，对大范围、分散的远程监控系统基本上是不可行的。正是由于这些优点，基于 GPRS 和 CDMA2000 1x 网络的数据终端产品在医疗、工业控制和远程监控等领域得到了广泛的应用。

11.1 DTU 原理与应用场合

数据终端单元（Data Terminal Unit，DTU）可理解为下位 GPRS 和 CDMA2000 1x 传输终端，在进行通信时，传输数据的链路两端存在 DTU，其作用是对所传信息进行格式转换和数据整理校验。在国内，实际上对 DTU 有更加明确的约定：DTU 是专门用于将串行数据通过 GPRS 或 CDMA2000 1x 网络进行传送的移动数据传输设备。

在软件设计上，DTU 封装了协议栈内容并具有嵌入式操作系统，在硬件上，可将 DTU 看作嵌入式 PC 和移动网无线接入部分的结合。

11.1.1 DTU 的 5 个核心功能

1. 内部集成 TCP/IP 协议栈

DTU 内部封装了 PPP（Point—to—Point Protocol）拨号协议和 TCP/IP 协议栈，并且具有嵌入式操作系统。在硬件上，可将 DTU 看作嵌入式 PC 与 GPRS 或 CDMA2000 1x 的结合；它具备 GPRS 或 CDMA2000 1x 拨号上网的功能，以及 TCP/IP 的数据通信功能。

2. 提供串行口数据双向转换功能

DTU 提供串行口，EIA-RS-232C、RS-485 和 RS-422 等都属于常用的串行口方式，而且

DTU 在设计上大多将串行数据设计成"透明转换"的方式，也就是说，DTU 可以将串行口上的原始数据转换成 TCP/IP 数据包进行传送，而不需要改变原有的数据通信内容。因此，DTU 可以和各种使用串行口通信的用户设备进行连接，而且不需要对用户设备进行修改。

3．支持自动心跳，保持永久在线

GPRS 和 CDMA2000 1x 通信网络的优点之一就是支持终端设备永久在线，因此典型的 DTU 在设计上都支持永久在线功能，这就要求 DTU 包含上电自动拨号、采用心跳包保持永久在线（当长时间没有数据通信时，移动网关将断开 DTU 与中心的连接，心跳包就是 DTU 与数据中心在连接断开前发送的一个数据包，以保持连接不被断开，支持断线自动重连和自动重拨号等功能。

4．支持参数配置，永久保存

DTU 作为一种数据通信终端设备，其应用场合十分广泛。在不同的应用中，数据中心的 IP 地址及端口号，串行口的比特率等都是不同的。因此，DTU 都应支持参数配置，并且将配置好的参数保存在内部存储器 Flash 或 E^2PROM 中。一旦上电，就自动按照设置好的参数进行工作。

5．支持用户串行口参数设置

不同用户设备的串行口参数有所不同，DTU 连接用户设备的串行口时，要根据用户设备串行口的实际参数对 DTU 端进行相应的设置，保证用户设备的通信正常和数据传输可靠。

另外，较为专业的 DTU 还提供一些扩展功能，主要包括支持数据中心域名解析、支持远程参数配置、支持远程固件升级、支持远程短信/电话唤醒、支持本地串行口固件升级、提供短信通道、提供 DTU 在线和离线电平指示灯。

更高级的 DTU 可为用户提供二次开发功能，如通信插件、DLL 和接口文档，以便用户根据自己的实际情况对 DTU 进行开发，完善 DTU 产品，使其更加符合自身需求。

11.1.2　DTU 工作原理

DTU 组成原理框图如图 11.1 所示。

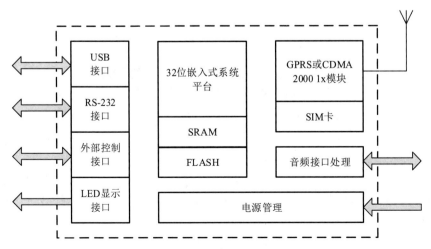

图 11.1　DTU 组成原理框图

1. 实现原理

（1）嵌入式处理单元通过软件对 GPRS 和 CDMA2000 1x 通信模块进行控制，建立与公共网络之间的 TCP/IP 协议连接，并通过 TCP/IP 协议连接到目录服务系统上，将预置的身份 ID 注册到目录服务系统中。

（2）嵌入式处理单元通过对接口单元的驱动接收上位机的数据，并将数据进行打包，形成 TCP/IP 包发送到 GPRS 或 CDMA2000 1x 网络上；同时，对来自 GPRS 或 CDMA2000 1x 网络的 TCP/IP 包进行拆包处理，并将数据通过接口单元发送至上位机。

2. 目录与数据转发服务

目录服务系统的功能建立在 GPRS 或 CDMA2000 1x 的 DTU 身份 ID 和 IP 之间的转换的基础上，同时可依据预定义的规则建立不同 DTU 之间的数据传输通道，具体如下：数据终端（DTU）通过网络连接到目录服务系统上，DTU 声明自己的身份 ID 和密码，经网络身份确认后，记录身份 ID 与当前 IP 地址之间的对应表，按预定义规则建立不同 ID 终端之间的数据通道。

3. 数据传输模式

主要有两种数据传输模式。

（1）直接的点对点模式。在这种模式下，连接一旦建立，通信过程中将不再需要目录服务的支持；在连接断开后，任何一方都必须自动重新建立连接，并重新向目录服务系统声明 ID。

（2）虚拟数据通道模式。目录服务系统需要建立一个虚拟通信通道，并启动数据转发服务，由数据转发服务自动建立与源 ID 和目标 ID 的 TCP/IP 连接。

11.1.3　DTU 应用场合

1. 现场只能使用无线通信环境

当数据采集现场设备需要在移动中工作，或者采集现场处于野外等情况下，无法提供有线通信环境时，采用 GPRS 和 CDMA2000 1x 网络就是一个好的选择，因为 GPRS 和 CDMA2000 1x 的网络覆盖率很高，全国大部分地区均有 GPRS 和 CDMA2000 1x 信号覆盖。

2. 现场终端的传输距离分散

由于 GPRS 和 CDMA2000 1x 网络是覆盖全国的公共网络，因此采用 GPRS 和 CDMA2000 1x 来传输数据的一大优势就是现场采集点可以分布在全国范围内，数据中心与现场采集点之间的距离不受限制。无线公网（GPRS、CDMA、3G 网等）通信的显著优点是专用无线通信网络（如数传电台、WLAN 等）无法达到的。

3. 适当的数据实时性要求

GPRS 和 CDMA2000 1x 网络的传输数据的延时为秒级范围。在绝大部分时间内，GPRS 和 CDMA2000 1x 网络数据通信的平均整体延时为 2 秒左右。也就是说，从 DTU 端发送的数据包大致在 2 秒后到达数据中心。反之，从数据中心发送的数据包大致在 2 秒后到达 DTU。

总体而言，GPRS 和 CDMA2000 1x 网络的实时性可以满足大多数行业的应用要求。因此，我们希望设计的系统通过 GPRS 或 CDMA2000 1x 网络来传输数据，就要在设计通信协议时考虑上述延时情况。

4．适当的数据通信速率

虽然 GPRS 可提供高达 115kbps 的数据通信速率，但通常 DTU 与数据中心的数据通信速率一般在 10～60kbps 之间；而 CDMA2000 1x 可提供高达 153.6kbps 的数据通信速率，但通常 DTU 与数据中心的数据通信速率一般在 50～90kbps 之间。从系统应用可靠性的角度来看，当应用系统本身的数据平均通信速率在 30kbps 以内时，使用 GPRS 网络进行数据传输是比较合适的；当应用系统本身的数据平均通信速率在 60kbps 以内时，使用 CDMA2000 1x 网络进行数据传输是比较合适的。

11.2　DTU 的 TCP/IP/PPP 协议栈

在移动数据通信中，DTU 负责整个系统的数据收发，GPRS 和 CDMA2000 1x 网络的数据通信需要 TCP/IP/PPP 协议的支持，常见的 DTU 可分为自带 TCP/IP 协议栈与不带 TCP/IP 协议栈两大类。自带 TCP/IP 协议栈的 DTU 使用起来较方便，用户只需通过 AT 指令来控制数据传输就能实现无线通信，当然，其价格相对较高；而不带 TCP/IP 协议栈的 DTU 还需要用户自己在处理器中实现嵌入式 TCP/IP/PPP 协议栈，以实现数据传输，这是一项复杂而烦琐的工作。

通常的 Internet 网络通信只需实现 TCP/IP 协议簇，但是对于移动网络的接入还需实现 PPP 协议。TCP/IP/PPP 协议其实是一系列网络通信协议的集合，为了实现网络数据传输，只能根据特定的功能来实现相应的协议，包括 PPP、IP、ICMP、UDP、TCP 等协议，并在此基础上构建应用程序的 API 接口。

网络协议采用分层结构，在 DTU 中采用了 5 层结构，如图 11.2 所示。位于最底层的是网络硬件驱动程序，也就是 DTU 的驱动，DTU 与 GPRS 网络的连接、断开及数据通信都是通过一系列的 AT 指令来实现的。

接下来是数据链路层，数据链路层控制互联网上主机之间的数据链路的建立，该层实现了精简的 PPP 点到点协议。PPP 链路提供全双工操作，并按照顺序传送数据包。其目的主要是通过拨号或专线方式来实现用户的身份认证，建立点对点连接发送数据，使其成为各种主机、网桥和路由器之间简单连接的一种共通的解决方案。GPRS 模块在拨号后首先要与 GPRS 网关进行通信链路的协商，即协商点到点的各种链路参数配置。协商过程遵守 LCP（Link Control Protocol）、PAP（Password Authentication Protocol）、IPCP（Internet Protocol Control Protocol）等协议。其中，LCP 协议用于建立、构造、测试链路连接；PAP 协议用于处理密码验证部分；IPCP 协议用于设置网络协议环境，并分配 IP 地址。一旦协商完成、链路创建完成、IP 地址已经分配好，就可以按照协商的标准进行 IP 报文的传输了。数据传输完成之后，处理器会向 GGSN 发送 LCP 的断开连接报文，以终止网络连接。

DTU 与网络服务器链接成功后便可以进行数据通信。网际层实现了 ICMP 协议与 IP 协议。ICMP 协议是网际控制报文协议，负责传递网络状况信息。IP 协议为 TCP/IP 协议中最核心的协议，它负责数据报路由的选择，以及将上层协议传输的数据包加上 IP 报头后传送给下层协议，并选择将下层协议接收到的 IP 数据包剥离 IP 报头检验信息后接收或丢弃。

传输层实现了 TCP 和 UDP 协议。UDP 是面向数据报的传输协议，不能保证可靠的数据交付，但开销较小，发送数据的时延也相对少。如果对可靠性要求高，可以选择 TCP 协议，TCP 为不可靠的 IP 连接提供可靠的、具有流量控制的、端到端的数据传输，但对系统资源的要求相应地增加。实际应用时可根据传输数据的内容来选取传输协议。

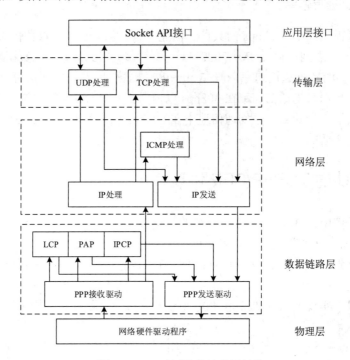

图 11.2　DTU 网络协议分层结构

　　为了方便上层程序调用相关的协议并进行通信，可以建立一个数据结构，将本地和远程的 IP 地址、端口号及通信状态封装起来，构成一个 Socket，并提供相应的 API 函数供应用程序调用，这就是应用层接口。

　　TCP/IP 协议是一个标准协议套件。打包处理数据时，每一层把自己的信息添加到一个数据头中，而这个数据头又被下一层中的协议包装到数据体中。数据包在处理器和GPRS/CDMA2000 1x 网络服务器群中传输使用的是基于 IP 的分组，即所有的数据报文都要基于 IP 包。但明文传送 IP 包不可取，故一般使用 PPP 协议进行传输。模块向网关发送的 PPP报文都会被传送到 Internet 网中相应的地址，而从 Internet 传送过来的应答帧也会根据 IP 地址传送到 DTU，从而实现数据和 Internet 网络通过 DTU 的透明传输。

　　要注意的是，GPRS 和 CDMA2000 1x 网络无静态 IP 地址，故其他网络通信设备不能向它提出建立连接的请求，监控中心必须拥有一个固定的 IP，以便监测终端可以在登录 GPRS或 CDMA2000 1x 网络后通过该 IP 找到监控中心。

　　DTU 登录 GPRS 或 CDMA2000 1x 网络后，会自动连接到数据中心，向数据中心报告其IP 地址，并保持和维护数据链路的连接。GPRS 或 CDMA2000 1x 网络监测链路的连接情况，一旦发生异常，DTU 自动重新建立链路，数据中心和 DTU 之间就可以通过 IP 地址和 TCP/IP协议进行双向通信，实现透明的可靠数据传输。

　　中国移动统一的接入号码（SERVICE CODE）均为“*99***1#”，用户在用 GPRS DTU进行数据通信时，无须向当地 GPRS 服务商申请。中国移动的 SERVICE CODE 是公用的接入号码，无须支付费用，实际运行时只需支付终端 DTU 实际流量的费用。

　　中国电信 CDMA 网络统一的接入号码（SERVICE CODE）均为“#777”。

11.3　DTU 的工作模式

1．透明传输模式

用户设备需要传输的数据通过 DTU 透明传输到 Internet，再与中心数据服务器进行数据的传输与交换，DTU 只充当命令和数据流的传输媒介，不进行命令解释。

当用户完成对 DTU 的各项配置参数的设置后，DTU 根据配置参数自动运行；当用户设备有新的数据传输要求时，DTU 将连接网络中心服务器，建立连接后，开始传输数据，数据传输完成后，DTU 断开与数据中心的连接，等待下一次数据传输。

传输过程中如果网络断开，DTU 会自动重新连接网络，直到连接重新建立。

2．命令交互数据模式

在命令交互数据模式下，用户只能通过 AT 命令的方式实现 DTU 与网络服务器的数据传输和交互。

3．用户控制数据模式

在用户控制数据模式下，DTU 在透明传输数据的同时，仍然可以通过 AT 命令从透明传输方式切换到命令交互数据模式。

4．点对点数据模式

点对点数据模式示意图如图 11.3 所示。

图 11.3　点对点数据模式示意图

在点对点数据模式中，当 DTU-A 上电，连接到 Internet 之后，就会立即将自身的 IP 地址通过短信方式发送给 DTU-B。

DTU-A 在收到 DTU-B 的含有 IP 地址信息的短信前，DTU-A 定时将自身的 IP 地址发送给 DTU-B，直到收到 DTU-B 的 IP 地址。

当 DTU-A 收到 DTU-B 的 IP 地址后，双方 IP 地址确定，并建立连接。

当用户 A 有数据传输的需求时，数据通过串行口传输给 DTU-A，由 DTU-A 通过 GPRS 或 CDMA2000 1x 网络传输给 DTU-B，最后，DTU-B 通过串行口将数据传输给与其连接的用户 B。

在通信过程中，外部原因会造成一端的 DTU 重启或断开，该 DTU 会重新开始新的连接过程，以保证两个 DTU 的连接建立。而由于 GPRS 或 CDMA2000 1x 网络的 IP 地址为网内 IP 地址，因此在点对点数据模式中，两个 DTU 的 IP 地址应处于同一网段中。

5. 普通 MODEM 模式

当 DTU 设置为普通 MODEM 模式时，DTU 只接收 AT 命令，相当于一个简单的 MODEM；同时，可以通过 PC 机的拨号程序连接 DTU，登录 Internet。

11.4　DTU 的工作过程

DTU 上电后，首先读出内部 Flash 存储器中保存的工作参数，如拨号参数、串行口比特率和网络数据中心的 IP 地址等。

DTU 登录 GPRS 或 CDMA2000 1x 网络，先进行 PPP 拨号，拨号成功后，DTU 将获得一个由 GPRS 或 CDMA2000 1x 网络分配的内部 IP 地址（一般是 10.x.x.x）。也就是说，DTU 处于该移动网内，而且其内网 IP 地址通常是不固定的，随着每次拨号接入而变化。这样可以理解为此时的 DTU 为一个移动内部局域网内设备，通过移动网关来实现与外部网络的通信。这与局域网内的 PC 通过网关访问外部网络的方式相似。

DTU 主动发起与网络数据中心的通信连接，并保持通信连接一直存在。由于 DTU 处于移动网内，且 IP 地址不固定。因此，只能由 DTU 主动连接网络数据中心，而不能由网络数据中心主动连接 DTU。这就要求网络数据中心具备固定的公网 IP 地址或固定的域名。网络数据中心的公网 IP 地址或固定域名存储在 DTU 内，以便 DTU 上电拨号成功就可以主动连接网络数据中心。

具体而言，DTU 通过网络数据中心的 IP 地址及端口号等参数，向网络数据中心发起 TCP 或 UDP 通信请求，在得到该网络数据中心的响应后，DTU 即认为与网络数据中心"握手"成功，随后就保持该通信连接一直存在，如果通信连接中断，DTU 将立即重新与该网络数据中心"握手"。

由于 TCP 或 UDP 通信连接已经建立，所以可以进行数据双向通信。

对 DTU 来说，只要建立了与网络数据中心的双向通信，完成用户串行口数据与 GPRS 或 CDMA2000 1x 网络数据包的转换就相对简单了。一旦 DTU 接收到用户的串行口数据，就立即把串行口数据封装在一个 TCP 包或 UDP 包里，发送给网络数据中心。反之，当 DTU 收到网络数据中心发来的 TCP 包或 UDP 包时，从中读取数据内容，并立即通过串行口发送给用户设备。

通过网络数据中心，可同时与多台 DTU 进行双向数据通信。

11.5　AT 控制指令

DTU 是采用 AT 指令集进行控制的，采用 AT 指令集可以实现 DTU 参数的设置和数据的发送与接收。AT 指令集是调制解调器（MODEM）通信接口的工业标准，指令由 ASCII 字符组成，除"A/"和"＋＋＋"指令外，其他指令都以"AT"开头，以<回车><换行>结束，绝大多数指令被执行后都有返回参数。

常见的 AT 指令如下。

- 设置通信比特率：使用 AT+IPR=19200 命令，可把比特率设为 19200bps。
- 设置接入网关：通过 AT+CGD CONT=1，"IP"，"CMNET"命令设置 GPRS 接入网关为移动网。

- 设置移动终端的类别：通过 AT+CGCLASS=B 设置移动终端的类别为 B 类，即同时监控多种业务，但只能运行一种业务，在同一时间只能使用 GPRS 上网或使用 GSM 的语音通信。
- 测试 GPRS 服务是否开通：使用 AT+CGACT=1，1 命令激活 GPRS 功能。如果返回 OK，则 GPRS 连接成功；如果返回 ERROR，则意味着 GPRS 失败。中国移动在 GPRS 与 Internet 网间建立了许多网关支持节点（GGSN），以连接 GPRS 网与外部的 Internet 网络。GPRS 模块可以通过拨"*99***1#"登录到 GGSN 上，并通过 PPP 协议获取动态分配到 Internet 网的 IP 地址。

11.6　DTU 设计应用实例

11.6.1　CDMA DTU 的远程数据传输系统

利用 CDMA DTU 的 TCP/IP 协议进行数据的远程通信，可以实现对各种物理参数的远程无线监控。本设计采用的是深圳宏电技术股份有限公司的 H7710 DTU 及其与基于处理器的采集器构成的数据远程传输系统和软件流程。该设计可以通过 TCP/IP/PPP 协议利用网络接收数据，并与 PC 进行远程数据传输，如图 11.4 所示。该系统采用的模型为客户/服务模型，采集器终端为系统提供数据服务，网络中的计算机作为客户端接收数据，并对数据进行存储和处理。系统以 CDMA 为无线通信链路，主链路采用 Internet 互联网链接，从而实现远距离的数据传输。

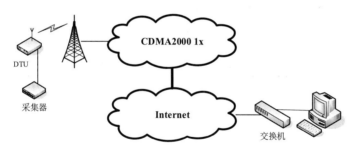

图 11.4　CDMA DTU 的远程数据传输系统

1. 宏电 H7710 DTU

H7710 DTU 是基于 800MHz 单频或 800/1900MHz 双频的工业级应用模块，该 DTU 能够承载 CDMA2000 1x 网络支持的所有业务，对外提供标准的 AT 命令接口，硬件采用的是全新的 ARM7 32 位嵌入式 RISC CPU；软件采用的是完整的嵌入式 OS 及 TCP/IP 协议包，H7710 DTU 可广泛用于以数据、语音为目的的行业。H7710 DTU 的内部结构如图 11.5 所示。

H7710 DTU 的基本功能如下。

- CDMA2000 1x Rev0 标准，向下兼容 IS-95A/B 标准。
- 8kEVRC 及 13kΩ 的 CELP 高质量语音。
- 支持 IS-637 短信和 IS-707 数据。
- 高速数据速率为 153.6kbps，稳定数据传输速率为 80～100kbps。
- R-UIM 接口符合国家标准。
- UART 硬件接口及 AT 指令集软件接口。

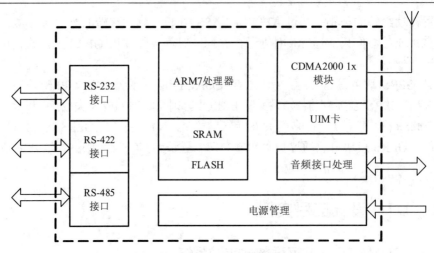

图 11.5　H7710 DTU 的内部结构

- 提供完整的数据中心服务程序，可实现数据的透明转发。
- 点对点、中心对多点等数据传输，传输时延一般小于 1s。
- 提供函数开发包，便于二次开发。
- 具有音频接口。
- 内嵌 PPP、TCP/IP、UDP/IP 标准协议，支持 TCP/IP Server/Client、UDP/IP、DDP、SMS、AT 等多种通信方式。
- 动态域名解析，自动识别终端设备，保证虚拟专用网络的连接和安全性。
- 电源：+5～+26V DC，纹波小于 300mV。

宏电 H7710 DTU 的主要技术指标如表 11.1 所示。

表 11.1　宏电 H7710 DTU 的主要技术指标

CDMA 数据	设备接口	
支持 CDMA2000 1x； 800MHz 单频，可选 450MHz 单频或 800/1900MHz 双频 支持 IS 707 数据业务；Class 2.0 Group 3 传真 符合 IS-95A、IS-95B CDMA 空中接口标准	天线口	50Ω/SMA-K（阴头）
	UIM 卡	3V
	串行数据接口	TTL/RS-232/RS-422/RS-485
	数据速率	300～115200bps
	话音接口	标准语音电平输出
带宽（CDMA）	操作系统	
理论带宽：300kbps； 实际带宽：100kbps	Windows 9X/ME/NT/2000/XP Linux	
设备供电	其他参数	
峰值电流：1.5A@+12VDC 通信时平均电流：150mA@+5VDC	尺寸：93×54×22mm（不包括天线和安装件） 重量：150g 工作环境温度：-30～+70℃ 储存温度：-40～+85℃ 相对湿度：95%（无凝结）	

在使用 H7710 DTU 前必须设置参数：CDMA2000 1x 网络的用户登录名和密码、串行口参数、通信服务器的固定 IP 地址和端口、通信服务器的域名、DTU 的在线工作方式等。

2．接口设计

DTU 与用户端 RS-232 串口接口电路，如图 11.6 所示。

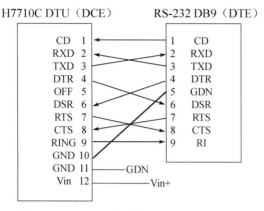

图 11.6　DTU 与用户端 RS-232 串口接口电路

要特别注意，如果 DTU 的工作电压典型值为 3.8V，而用户端的工作电压典型值为 5V，当两个设备的工作电压不一致时，需要将 5V 的电源电压转换为 3.8V。在接口电路设计中，可选用 MICREL 公司的 MIC29302BU 芯片作为电压转换芯片，此芯片具有高电流、高精度、瞬态响应快速等特点，同时对过流、输入极反向、反插引脚、高温等状态具有保护功能。

3．软件编程

设计系统软件的重点在于采集器中的处理器编程，通过向 DTU 写入不同的 AT 指令能完成多种数据传输功能。

采样处理器与 DTU 之间是通过串行口进行通信的，AT 指令则是采样处理器与 DTU 之间实现信息交互的接口协议，采样处理器可以通过 AT 指令完成对模块的各种操作。DTU 要建立无线网络连接，则需要采样处理器使用特定的指令来完成对 DTU 的功能操作。

初始化采集器，利用 I/O 引脚控制电源模块，对 DTU 上电，利用 AT 命令对 DTU 初始化，包括工作方式和查询 DTU 状态等。DTU 正常工作后，进行拨号连接，PPP 建立成功后将返回动态的 IP 地址，DTU 在此地址上进行操作。TCP 协议是建立在 IP 协议基础上的传输层，与 UDP 相比是一种可靠性较高的协议。利用 AT 指令建立 TCP 连接，用于以 TCP 方式发送数据。使用 AT 命令查看网络连接状态，检查数据包的到达情况，处理新到的数据包，并重新传送丢失的数据包。发送完数据后，若长时间不用发送数据，可将连接断开。远程数据传输系统的另一端（PC）以 VS2005 作为开发平台，以 VC 作为开发语言，以 SQL 作为数据库编写中心数据处理存储软件。利用 VC 2005 Socket 控件完成网络数据的接收与发送，并对接收的数据进行处理，分类存入 SQL 数据库。软件流程图如图 11.7 所示。

基于 DTU 的远程数据传输系统利用采集器与 DTU 实现了实时双向远程通信。DTU 利用 TCP/IP 协议发送数据给监控中心，从而建立监控中心和采集控制系统的远程通信；采集器通过 AT 指令与 DTU 建立通信，从而达到实现系统功能的目的。

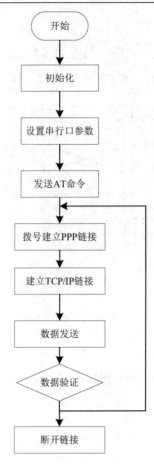

图 11.7　软件流程图

11.6.2　无线上网卡

目前常见的无线上网卡有三种接口方式。

- 第一种可通过 PCMICA 接口直接插入笔记本电脑里，也就是我们常说的 PC 卡接口。
- 第二种采用 USB 接口方式。
- 第三种通过 RS-232 接口，也就是串口连接的无线上网卡。

无论是 GPRS/CDMA 无线上网卡，还是 3G 无线上网卡，从产品技术架构的角度来说，都必须由无线通信部分和外围接口电路两大部分组成，如图 11.8 所示。

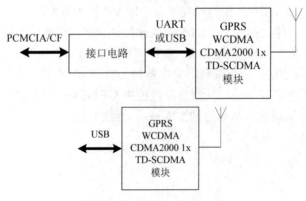

图 11.8　无线上网卡的结构

　　无论是 GRRS 还是 WCDMA/CDMA2000/TD-SCDMA 无线模块，除了完成自身的无线网络通信功能，还必须对外提供通信接口，以便与电脑主机进行数据传递和交换。通常采用的无线模块都是提供 RS-232 或 USB 作为对外通信接口。如果要转换成笔记本的 PCMCIA 接口，就必须采用接口电路来完成整个方案的设计。

　　无线模块到笔记本 PCMCIA 接口可采用 Oxford Semiconductor（牛津半导体）公司 OXCFU950 芯片的单芯片方案。该芯片采用 64 引脚，9mm×9mm 的 QFN 封装，3.3V 电压供电。该芯片集 16 位 PC 卡主机接口、USB 2.0 全速主机控制器和 UART 于一身，为高速 PC 和闪存卡在 3G 手机、移动 TV 和无线网络产品中的应用提供了更高的灵活性。同时，芯片支持 PCMCIA revision 8.0 和 Compact Flash revision 3.0 规范，对电脑接口方面可以支持笔记本电脑的 PCMCIA 接口和 PAD 上的 CF 接口，而对无线模块方面，可以同时提供 USB 接口及 UART 接口。OXCFU950 芯片的结构图，如图 11.9 所示。

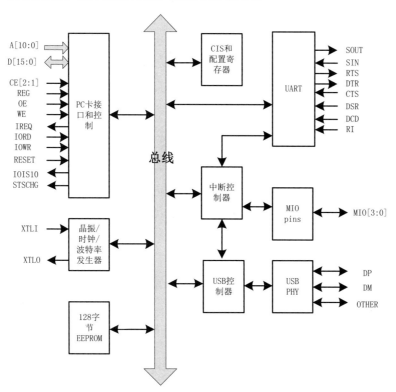

图 11.9　OXCFU950 芯片的结构图

　　GRPS/CDMA 无线模块通常只提供 UART 口作为对外通信接口，所以上网传输速率往往受制于 UART 口本身的传输速率。而在 3G 时代，无线模块都已经集成了 USB 接口作为对外通信的接口，这样上网的速率就大幅度提高，而不再受限于 UART 口。UART 口作为辅助的控制接口可以实现上网过程中的来电提示、短信通知、睡眠唤醒等功能。

本 章 小 结

本章介绍了数据终端单元（DTU）的工作原理与应用设计开发的实现方式，主要内容如下。

（1）数据终端单元（DTU）的工作原理、DTU 的网络协议分层结构、工作模式、应用场合及特点。

（2）数据终端单元（DTU）在移动数据传输系统中的结构组成、程序设计流程、配置参数和实现形式等。

习　题　11

11.1　简述 DTU 的工作原理和应用范围。

11.2　简述 DTU 的数据传输模式。

11.3　DTU 中的 PPP 协议在移动数据传输中起什么样的作用？

11.4　DTU 的透明传输模式有什么特点？

11.5　试用 GPRS 或 CDMA2000 1x DTU 设计完成远程数据传输系统的可实现的技术方案。

附录 A　移动通信技术缩略语

A

AAA	Authentication、Authorization、Accounting	鉴权、授权、计费
AB	Access Burst	接入突发脉冲
ACH	Access Channel	接入信道
ACA	Adaptive Channel Allocation	自适应信道分配
ACI	Adjacent Channel Interference	邻道干扰
ACK	Acknowledge	确认
ADPCM	Adaptive Digital Pulse Code Modulation	自适应数字脉码调制
AGCH	Access Grant Channel	允许接入信道
AM	Amplitude Modulation	调幅
AMPS	Advanced Mobile Phone System	高级移动电话系统
AMSS	Aviatic Mobile Satellite System	航空移动卫星系统
ANSI	American National Standards Institute	美国国家标准协会
ARQ	Automatic Repeat reQuest	自动重复请求
ATC	Adaptive Transform Code	自适应变换编码
ATM	Asynchronous Transfer Mode	异步传输模式
AUC	Authentication Center	鉴权中心

B

BCH	Broadcast Channel	广播信道
BCCH	Broadcast Control Channel	广播控制信道
BER	Bit Error Rate	误码率
BFSK	Binary Frequency Shift Keying	二进制频移键控
BIE	Base Station Interface Equipment	基站接口设备
B-ISDN	Broadband Integrated Service Digital Network	宽带综合业务数字网
BIU	Base Station Interface Unit	基站接口单元
BPSK	Binary Phase Shift Keying	二进制相移键控
BS	Base Station	基站
BSC	Base Station　Controller	基站控制器
BSS	Base Station Subsystem	基站子系统
BTS	Base Transceiver Station	基站收发信机

C

CAI	Common Air Interface	公共空中接口

CAMEL	Customized Application for Mobile Network Enhanced Logic	移动网络定制应用增强逻辑
CCH	Control Channel	控制信道
CCCH	Common Control Channel	公共控制信道
CCIR	International Radio Consultative Committee	国际无线电咨询委员会
CCITT	International Telegraph and Telephone Consultative Committee	国际电报电话咨询委员会
CCS	Common Channel Signaling	公共信道信令
CDMA	Code Division Multiple Access	码分多址
CELP	Code Excited Linear Predictor	码激励线性预测编码器
CGI	Cell Global Identification	全球小区识别
C/I	Carrier-to-interference Ratio	载干比
CN	Core Network	核心网络
CO	Central Office	中心局
CODEC	Corder/Decoder	编码/解码
CS	Circuit Switched	电路交换
CT-1	Cordless Telephone-1	第一代无绳电话系统
CT-2	Cordless Telephone-2	第二代无绳电话系统（数字无绳电话系统）
CU	Control Unit	控制单元
CW	Continuous Wave	连续波
CWTS	China Wireless Telecommunication Standard	中国无线通信标准组织

D

DB	Dummy Burst	空闲突发脉冲系列
DCA	Dynamic Channel Allocation	动态信道分配
DCCH	Dedicated Control Channel	专用控制信道
DCS	Digital Communication System	数字通信系统
DECT	Digital Enhanced Cordless Telephone	数字增强无绳电话
DPPS	Digital Post Processing System	数据后处理系统
DQPSK	Differential Quadrature Phase Shift Keying	差分四相相移键控
DRNS	Drift RNS	漂移 RNS
DSSS	Direct Sequence Spread System	直接系列扩频
DTMF	Dual Tone Multiple Frequency	双音多频
DTx	Discontinuous Transmission	间断传输

E

EDGE	Enhanced Data GSM Environment	增强型数据 GSM 环境
FER	Frame Error Rate	误帧率
EIA	Electronic Industry Association	电子工业协会

EIR	Equipment Identity Register	设备识别寄存器
EIRP	Effective Isotropic Radiated Power	有效全向辐射功率
E_b/N_o	Bit Energy-to-noise Density	比特能量噪声密度比
ETSI	European Telecommunication Standard Institute	欧洲电信标准协会

F

FA	Foreign Agent	外部代理
FAC	Factory Assembly Code	工厂装配码
FACCH	Fast Associated Control Channel	快速辅助控制信道
FB	Frequency Correction Burst	频率校正突发脉冲系列
FCC	Federal Communication Channel	（美国）联邦通信委员会
FCC	Forward Control Channel	前向控制信道
FCCH	Frequency Correction Control	频率校正信道
FDD	Frequency Division Duplex	频分双工
FH	Frequency Hopping	跳频
FHSS	Frequency Hopped Spread Spectrum	跳频扩频
FDMA	Frequency Division Multiple Access	频分多址
FM	Frequency Modulation	调频
FPLMTS	Future Public Land Mobile Telecommunication System	未来公用陆地移动通信系统
FSK	Frequency Shift Keying	频移键控

G

3GPP	3th Generation Partner Project	第三代伙伴关系计划
3GPP2	3th Generation Partner Project2	第三代伙伴关系计划 2
GFSK	Gaussian Frequency Shift Keying	高斯频移键控
GGSN	Gateway GPRS Supporting Node	网关 GPRS 支持节点
GIU	Gateway Interface Unit	网关接口单元
GMSC	Gateway Mobile Switch Center	网关移动交换中心
GMSK	Gaussian Filtered Minimum Shift Keying	高斯滤波最小频移键控
GPRS	General Packet Radio Services	通用分组无线电业务
GPS	Global Positioning System	全球定位系统
GSM	Global System for Mobile Communication	全球移动通信系统

H

HA	Home Agent	归属代理
HDB	Home Data Base	原籍数据库
HCMTS	High Capacity Mobile Telephone System	大容量移动电话系统
HLR	Home Location Register	原籍位置寄存器
HSCSD	High Speed Circuit Switched Data	高速电路交换数据

HSDPA	High Speed Download Packet Access	高速下行分组接入

I

IE	Information Element	信息单元、信息要素
IEEE	Institute of Electrical and Electronic Engineers	电器和电子工程师协会
IF	Intermediate Frequency	中频
IMEI	International Mobile Equipment Identity	国际移动设备识别码
IMSI	International Mobile Subscriber Identity	国际移动用户识别码
IMT—2000	International Mobile Telecommunication-2000	国际移动电信 2000
IMTS	Improved Mobile Telephone System	改进移动电话业务
INMARSAT	International Maritime Satellite Organization	国际海事卫星组织
IP	Internet Protocol	互联网协议
IS-54	EIA Interim Standard for U.S. Digital Cellular（USDC）	美国数字蜂窝 EIA 暂行标准
IS-95	EIA Interim Standard for U.S. Code Division Multiple Access （CDMA）	美国码分多址 EIA 暂行标准
IS-136	EIA Interim Standard 136-USDC with Digital Control Channel	美国 EIA 暂行标准 136——具有数字控制信道的 USDC
ISDN	Integrated Service Digital Network	综合业务数字网
ISM	Industrial，Scientific and Medical	工业、科学和医疗
ITU	International Telecommunication Union	国际电信联盟
IWF	Interworking Function	交互工作功能

J

JDC	Japanese Digital Cellular	日本数字蜂窝

L

LAC	Location Area Code	位置区码
LAI	Local Area Identification	位置区识别
LAN	Local Area Network	局域网
LLC	Logical Link Control	逻辑链路控制
LMSS	Load Mobile Satellite System	陆地移动卫星系统

M

MAC	Medium Access Control	媒体接入控制
MAHO	Mobile Assisted Handoff	移动辅助切换
MAN	Metropolitan Area Network	城域网
MCC	Mobile Country Code	移动台国家码
ME	Mobile Equipment	用户设备
MFSK	Minimum Frequency Shift Keying	最小频移键控

MIN	Mobile Identification Number	移动台识别号
MMSS	Maritime Mobile Satellite System	海事移动卫星系统
MNC	Mobile Network Code	移动网编号
MS	Mobile Station	移动台
MSC	Mobile Switch Center	移动交换中心
MSK	Minimum Shift Keying	最小频移键控
MSIN	Mobile Subscriber Identification Number	移动用户识别码
MSISDN	Mobile Station ISDN Number	移动台 ISDN 号
MSRN	Mobile Subscriber Roaming Number	移动用户漫游号码
MTSO	Mobile Telephone Switching Office	移动电话交换局
MUX	Multiplexer	多路器

N

NACK	Negative Acknowledge	否定确认
NB	Normal Burst	常规突发脉冲系列
NDC	National Destination Code	国内目的地码
NMC	Network Management Center	网络管理中心
NMSI	National Mobile Subscriber Identity	国家移动用户识别码
NMT	Nordic Mobile Telephone	北欧移动电话系统
NodeB	WCDMA Base Station	WCDMA 基站
NSP	Network Service Part	网络业务部分
NSS	Network and Switching Subsystem	网络子系统

O

OM	Okumura Model	奥村模型
OMC	Operation and Maintenance Center	操作维护中心
OQPSK	Offset Quadrature Phase Shift Keying	交错四相相移键控
OS	Operation System	操作系统
OSI	Open System Interconnect	开放系统互联
OSS	Operation Support System	操作支持系统
OTD	Orthogonal Transmit Diversity	正交发送分集
OVSF	Orthogonal Variable Spreading Factors	正交可变扩频因子

P

PBAX	Private Branch Automatic Exchange	用户自动交换机
PACCH	Packet Associated Control Channel	分组随路应答信道
PACS	Personal Access Communication System	个人接入通信系统
PAGCH	Packet Access Grant Channel	分组应答信道
PCF	Packet Control Function	分组控制功能
PCH	Paging Channel	寻呼信道

PCM	Pulse Code Modulation	脉冲编码调制
PCS	Personal Communication System	个人通信系统
PDC	Pacific Digital Cellular	太平洋数字蜂窝
PDN	Public Data Network	公用数据网
PDP	Packet Data Protocol	信息包数据协议
PDSN	Packet Data Service Network	分组数据服务器
PDTCH	Packet Data Traffic Channel	分组数据业务信道
PDU	Packet Data Unit	分组数据单元
PH	Personal Handset	便携式电话
PHS	Personal Handy System	个人手提电话系统
PIM	PHS Subscriber Identity Module	PHS 用户识别卡
PLMN	Public Land Mobile Network	公用陆地移动网
POCSAG	Post Office Code Standardization Advisory Group	邮政标准化编码咨询组
PPCH	Packet Paging Channel	分组寻呼信道
PRACH	Packet Random Access Channel	分组随机接入信道
PRI	Primary Rate Interface	基本速率接口
PS	Packet Switched	分组交换
PSK	Phase Shift Keying	二相相移键控
PSTN	Public Switching Telephone Network	公用交换电话网

Q

| QoS | Quality of Service | 服务质量 |
| QPSK | Quadrature Phase Shift Keying | 四相相移键控 |

R

RACH	Random Access Channel	随机接入信道
RAN	Radio Access Network	无线接入网络
RANAP	Radio Access Network Application Part	无线接入网络应用部分
RC	Radio Configuration	无线配置
RF	Radio Frequency	射频
RFP	Radio Fixed Part	无线固定部分
RNC	Radio Network Controller	无线网络控制器
RRC	Radio Resource Control	无线资源控制
RS	Rate Set	速率集
RTT	Radio Transmission Technology	无线传输技术
RX	Receiver	接收机

S

SACCH	Slow Associated Control Channel	慢辅助控制信道
SAT	Supervisory Audio Tone	监控音
SB	Synchronization Burst	同步突发脉冲系列

SCH	Synchronization Channel	同步信道
SDCCH	Stand-alone Dedicated Control Channel	独立专用控制信道
SELP	Stochastically Excited Linear Predictive	随机激励线性预测编码器
SF	Spreading Factor	扩展因子
SGSN	Serving GSN	服务 GPRS 支持节点
S/I（SIR）	Signal-to-Interference Ratio	信号干扰比
SIM	Subscriber Identity Module	用户识别卡
SMS	Short Messaging System	短消息系统
SN	Subscriber Number	用户号
SNDC	Subnetwork Dependent Convergence	子网依赖结合层
S/N（SNR）	Signal-to-Noise Ratio	信噪比
SR	Spreading Rate	扩展速率
SRNC	Serving RNC	服务 RNC
SRNS	Serving RNS	服务 RNS
SS	Spread Spectrum	扩频
ST	Signaling Tone	信号音
STS	Space Time Spreading	空时扩展

T

TAC	Type Approval Code	型号批准码
TACS	Total Access Communication System	全接入通信系统
TB	Transport Block	传输块
TBS	Transport Block Set	传输块集
TCH	Traffic Channel	业务信道
TDD	Time Division Duplex	时分双工
TDMA	Time Division Multiple Access	时分多址
TD-SCDMA	Time Division- Synchronous Code Division Multiple Access	时分同步码分多址接入
TIA	Telecommunication Industry Association	电信工业协会
TMSI	Temporary Mobile Subscriber Identity	临时移动用户识别号码
TRAU	Transcoder Rate Adaptation Unit	编码变换器和速率适配单元
TTI	Transmission Time Interval	传输时间间隔
TX	Transmitter	发射机

U

UE	User Equipment	用户设备
UIM	User Identity Model	用户识别卡
UMTS	Universal Mobile Telecommunication System	通用移动电信系统
USIM	The UMTS Subscriber Module	用户业务识别单元
UTRAN	Universal Terrestrial l Radio Access Network	UMTS 无线接入网

V

VDB	Visitor Database	访问数据库
VLR	Visitor Location Register	访问位置寄存器
VLSI	Very Large-Scale Integration	大规模集成电路
VSELP	Vector Sum Excited Linear Predictor	矢量和激励线性预测器

W

WACS	Wireless Access Communication System	无线接入通信系统
WAN	Wide Area Network	广域网
WARC	World Administrative Radio Conference	世界无线电管理委员会
WCDMA	Wideband Code Division Multi Access	宽带码分多址
WIU	Wireless Interface Unit	无线接口单元
WLAN	Wireless Local Area Network	无线局域网

附录 B 陆地移动信道的场强估算

B.1 中等起伏地形上传播损耗的中值

1. 市区传播损耗的中值

在计算各种地形、地物上的传播损耗时，均以中等起伏地上市区的损耗中值或场强中值作为基准，因此把它称为基准中值或基本中值。

由电波传输理论可知，传播损耗取决于传播距离 d、工作频率 f、基站天线高度 h_b 和移动台天线高度 h_m 等。在大量实验、统计分析的基础上，可做出传播损耗基本中值的预测曲线。图 B.1 所示为中等起伏地上市区的基本损耗中值，其中，纵坐标刻度以 dB 为单位，是以自由空间的传播损耗为 0dB 的相对值。图 B.1 中的曲线是在基准天线高度的情况下测得的，即基站天线高度 h_b=200m，移动台天线高度 h_m=3m。

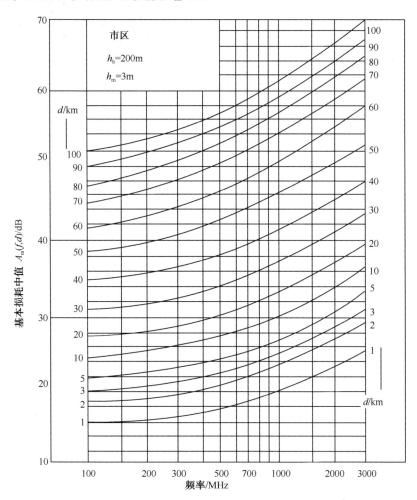

图 B.1 中等起伏地上市区的基本损耗中值

　　如果基站天线高度不是 200m，则基本损耗中值的差异用基站天线高度增益因子 H_b（h_b，d）表示。图 B.2(a)给出了不同通信距离 d 时，H_b（h_b，d）与 h_b 的关系。显然，当 $h_b>200m$ 时，H_b（h_b，d）$>0dB$；反之，当 $h_b<200m$ 时，H_b（h_b，d）$<0dB$。

　　同理，当移动台天线高度不是 3m 时，需用移动台天线高度增益因子 H_m（h_m，f）加以修正，参见图 B.2(b)。当 $h_m>3m$ 时，H_m（h_m，f）$>0dB$；反之，当 $h_m<3m$ 时，H_m（h_m，f）$<0dB$。

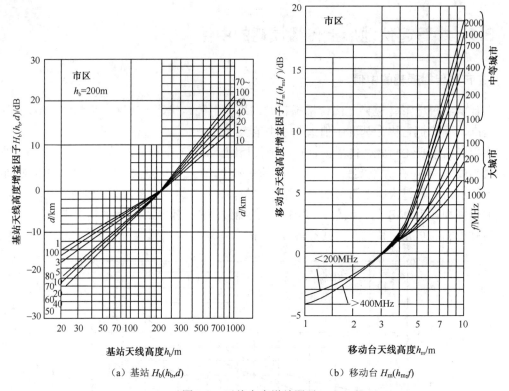

（a）基站 $H_b(h_b,d)$　　　　　　（b）移动台 $H_m(h_m,f)$

图 B.2　天线高度增益因子

　　此外，市区的场强中值还与街道走向（相对于电波传播方向）有关。纵向路线（与电波传播方向相平行）的损耗中值明显小于横向路线（与电波传播方向相垂直）的损耗中值。图 B.3 所示为街道走向的修正曲线。

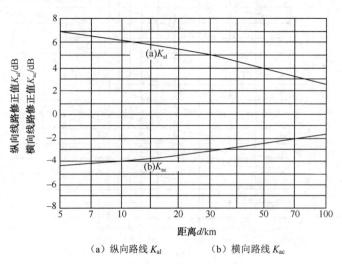

（a）纵向路线 K_{al}　　　　　　（b）横向路线 K_{ac}

图 B.3　街道走向的修正曲线

2. 郊区和开阔地损耗的中值

郊区的建筑物一般是分散的、低矮的，故电波传播条件优于市区。郊区场强中值与基准场强中值之差称为郊区修正因子，记为 K_{mr}，它与频率和距离的关系如图 B.4 所示。由图 B.4 可知，郊区场强中值大于市区场强中值。

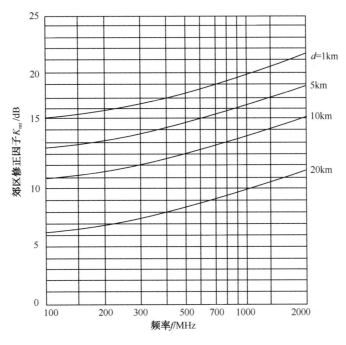

图 B.4　郊区修正因子

图 B.5 所示为开阔地、准开阔地（开阔地与郊区间的过渡区）的修正因子。Q_o 表示开阔地的修正因子，Q_r 表示准开阔地的修正因子。显然，开阔地的传播条件优于市区、郊区和准开阔地。

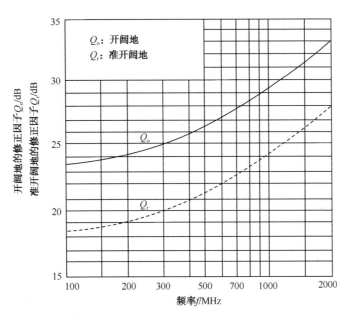

图 B.5　开阔地、准开阔地的修正因子

为了求出郊区、开阔地和准开阔地的损耗中值，应先求出相应的市区传播损耗中值，再减去由图 B.4 或图 B.5 查得的修正因子即可。

B.2　不规则地形上传播损耗的中值

对于丘陵、孤立山岳、斜坡及水陆混合等不规则地形，其传播损耗计算同样可以采用基准场强中值修正的方法。

1. 丘陵地的修正因子 K_h

丘陵地的地形参数用地形起伏高度 Δh 表征。它的定义是：自接收点向发射点延伸 10km 的范围内，地形起伏的 90% 与 10% 的高度差（参见图 B.6(a) 上方）就是 Δh。

丘陵地的场强中值修正因子分为两项：一是丘陵地的平均修正因子 K_h；二是丘陵地的微小修正因子 K_{hf}。

图 B.6（a）是丘陵地的平均修正因子 K_h 的曲线，它表示丘陵地的场强中值与基准场强中值之差。由于在丘陵地中，场强中值在起伏地的顶部与谷部必然有较大差异，为了对场强中值进一步修正，图 B.6（b）给出了丘陵地上的起伏的顶部与谷部的微小修正因子曲线。在图 B.6 中，上方是地形起伏与电场变化的对应关系，顶部处的修正因子 K_{hf}（单位为 dB）为正，谷部处的修正因子 K_{hf} 为负。

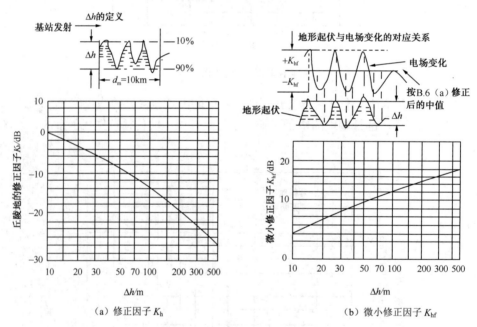

（a）修正因子 K_h　　　　　　　（b）微小修正因子 K_{hf}

图 B.6　丘陵地场强中值的修正因子

2. 孤立山岳的修正因子 K_{js}

图 B.7 给出的是适用于工作频段为 450～900MHz、山岳高度在 110～350m 范围，由实测所得的孤立山岳地形的修正因子 K_{js} 的曲线。其中，d_1 是发射天线至山顶的水平距离，d_2 是山顶至移动台的水平距离。在图 B.7 中，K_{js} 是针对山岳高度 $H=200$m 所得到的场强中值与基准场强的差值。当实际的山岳高度不是 200m 时，上述求得的修正因子 K_{js} 还需乘以系数 α，计算 α 的经验公式为

$$\alpha = 0.07\sqrt{H} \qquad\qquad (B.1)$$

式中，H 的单位为 m。

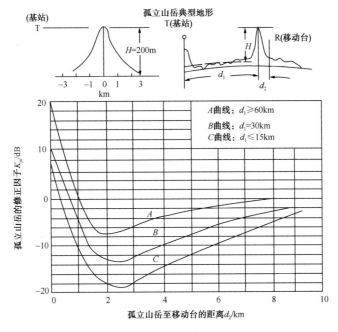

图 B.7 孤立山岳的修正因子 K_{js}

3. 斜波地形的修正因子 K_{sp}

斜坡地形系指在 5～10km 范围内的倾斜地形。若在电波传播方向上，地形逐渐升高，则称为正斜坡，倾角为 $+\theta_m$；反之为负斜坡，倾角为 $-\theta_m$，如图 B.8 的下半部分所示。图 B.8 给出的 450MHz 和 900MHz 工作频段下斜坡地形的修正因子 K_{sp} 的曲线。

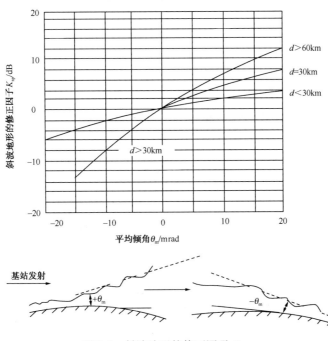

图 B.8 斜波地形的修正因子 K_{sp}

横坐标为平均倾角 θ_m，以毫弧度（mrad）为单位。图 B.8 中给出了三种不同距离的修正值，其他距离的值可用内插法近似求出。此外，如果斜坡地形处于丘陵地带时，还必须增加由 Δh 引起的修正因子 K_h。

4．水陆混合路径的修正因子 K_S

为估算水陆混合路径情况下的场强中值，用水面距离 d_{SR} 与全程距离 d 的比值作为地形参数。此外，水陆混合路径的修正因子 K_S 的大小还与水面所处的位置有关。在图 B.9 中，曲线 A 表示水面靠近移动台一方时的修正因子，曲线 B（虚线）表示水面靠近基站一方时的修正因子。在同样的 d_{SR}/d 的情况下，水面位于移动台一方时的修正因子 K_S 较大。如果水面位于传播路径中间，应取上述两条曲线的中间值。

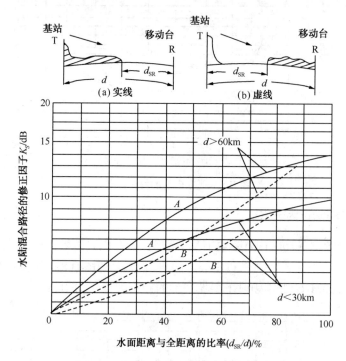

图 B.9　水陆混合路径的修正因子 K_S

B.3　任意地形地区的传播损耗的中值

1．中等起伏地市区中接收信号的功率中值 P_P

中等起伏地市区接收信号的功率中值 P_P（不考虑街道走向）可由下式确定：

$$[P_P]=[P_0]-A_m(f,d)+H_b(h_b,d)+H_m(h_m,f) \tag{B.2}$$

式中，P_0 为自由空间传播条件下的接收信号的功率，即

$$P_0=P_T\left(\frac{\lambda}{4\pi d}\right)^2 G_b G_m \tag{B.3}$$

式中，P_T——发射机发送至天线的发射功率；

λ——工作波长；

d——收发天线间的距离；

G_b——基站天线增益；

G_m——移动台天线增益。

$A_m(f, d)$ 是中等起伏地市区的基本损耗中值，即在自由空间损耗为 0dB、基站天线高度为 200m、移动台天线高度为 3m 的情况下得到的损耗中值，它可由图 B.1 求出。

$H_b(h_b, d)$ 是基站天线高度的增益因子，它是以基站天线高度为 200m 的基准得到的相对增益，其值可由图 B.2(a)求出。

$H_m(h_m, f)$ 是移动天线高度的增益因子，它是以移动台天线高度为 3m 的基准得到的相对增益，可由图 B.2(b)求得。

2. 任意地形地区接收信号的功率中值 P_{PC}

任意地形地区接收信号的功率中值是以中等起伏地市区接收信号的功率中值 P_P 为基础，加上地形地区的修正因子 K_T 得到的，即

$$P_{PC}=P_P+K_T \tag{B.4}$$

地形地区的修正因子 K_T 一般可写成：

$$K_T=K_{mr}+Q_o+Q_r+K_h+K_{hf}+K_{js}+K_{sp}+K_S \tag{B.5}$$

式中，K_{mr}——郊区的修正因子，可由图 B.4 求得；

Q_o、Q_r——开阔地或准开阔地的修正因子，可由图 B.5 求得；

K_h、K_{hf}——丘陵地的修正因子及微小修正因子，可由图 B.6 求得；

K_{js}——孤立山岳的修正因子，可由图 B.7 求得；

K_{sp}——斜坡地形的修正因子，可由图 B.8 求得；

K_S——水陆混合路径的修正因子，可由图 B.9 求得。

根据地形地区的不同情况确定 K_T 包含的修正因子，如果传播路径是开阔地的斜坡地形，那么 $K_T=Q_o+K_{sp}$，其余各项为零；如果传播路径是郊区和丘陵地，那么 $K_T=K_{mr}+K_h+K_{hf}$。其他情况以此类推。

任意地形地区的传播损耗中值为

$$L_A=L_T-K_T \tag{B.6}$$

式中，L_T 为中等起伏地市区传播损耗的中值，即

$$L_T=L_{fs}+A_m(f,d)-H_b(h_b,d)-H_m(h_m,f) \tag{B.7}$$

B.4　举例

例 B.1　某一移动信道，工作频段为 450MHz，基站天线高度为 50m，天线增益为 6dB，移动台天线高度为 3m，天线增益为 0dB；在市区工作，传播路径为中等起伏地，通信距离为 10km。试求：

（1）传播路径损耗中值；

（2）若基站发射机发送至天线的信号功率为 10W，求移动台天线得到的信号功率中值。

解：

（1）已知 $K_T=0$，$L_A=L_T$，根据式（B.7）可计算以下值。

由式（3.1）可得自由空间传播损耗

$$[L_{fs}]=32.44+20\lg f+20\lg d$$
$$=32.44+20\lg 450+20\lg 10=105.5\text{dB}$$

由图 B.1 查得市区基本损耗中值为

$$A_m(f,d)=27\text{dB}$$
$$H_b(h_b,d)=-12\text{dB}$$
$$H_m(h_m,f)=0\text{dB}$$
$$L_A=L_T=105.5+27+12=144.5\text{dB}$$

（2）中等起伏地市区中接收信号的功率中值。

$$[P_P]=\left[P_T\left(\frac{\lambda}{4\pi d}\right)^2 G_b G_m\right]-A_m(f,d)+H_b(h_b,d)+H_m(h_m,f)$$
$$=[P_T]-[L_{fs}]+[G_b]+[G_m]-A_m(f,d)+H_b(h_b,d)+H_m(h_m,f)$$
$$=[P_T]+[G_b]+[G_m]-[L_T]$$
$$=10\lg 10+6+0-144.5=-128.5\text{dBW}=-98.5\text{dBm}$$

例 B.2　若将上题改为在郊区工作，传播路径是正斜坡，且 $\theta_m=15\text{mrad}$，其他条件不变。试求传播路径损耗中值及接收信号的功率中值。

$$K_T=K_{mr}+K_{sp}$$
$$K_{mr}=12.5\text{dB}$$
$$K_{sp}=3\text{dB}$$
$$L_A=L_T-K_T=L_T-(K_{mr}+K_{sp})=144.5-15.5=129\text{dB}$$
$$[P_{PC}]=[P_T]+[G_b]+[G_m]-L_A$$
$$=10+6-129=-113\text{dBW}=-83\text{dBm}$$

或
$$[P_{PC}]=[P_P]+K_T=-98.5\text{dBm}+15.5\text{dB}=-83\text{dBm}$$

附录 C Hata-Okumura 传输模型

大部分传输工具都使用了 Hata 模型的变体。Hata 模型是从 Okumura 技术报告中得出的经验关系，因此这些结果可以用于计算工具中。Okumura 模型可用于无线通信传输模型中，其表达式如下。

郑区：

$$L_{50}=69.55+26.16\lg f_o-13.82\lg h_b-a(h_m)+(44.9-6.55\lg h_b)\lg r \quad \text{(dB)} \quad \text{(C.1)}$$

式中，f_o——频率（MHz）；

L_{50}——平均路径损耗（dB）；

h_b——基站天线高度（m）；

$a(h_m)$——移动台天线的修正因子（dB）；

r——距基站的距离（km）。

保证 Hata 模型有效的参数范围是

$$150 \leqslant f_c \leqslant 1500\text{MHz}$$
$$30 \leqslant h_b \leqslant 200\text{m}$$
$$1 \leqslant h_m \leqslant 10\text{m}$$
$$1 \leqslant r \leqslant 20\text{km}$$

$a(h_m)$按照以下公式计算。

小型或中等城市：

$$a(h_m)=(1.11\lg f_c-0.7)h_m-(1.56\lg f_c-0.8) \quad \text{(dB)} \quad \text{(C.2)}$$

大型城市：

$$a(h_m)=8.29(\lg 1.54h_m)^2-1.1, \quad f_c \leqslant 200\text{MHz} \quad \text{(dB)} \quad \text{(C.3)}$$

或

$$a(h_m)=3.2(\lg 11.75h_m)^2-4.97, \quad f_c \geqslant 400\text{MHz} \quad \text{(dB)} \quad \text{(C.4)}$$

开阔地区：

$$L_{50}=L_{50郑区}-4.78(\lg f_c)^2+18.331\lg f_c-40.94 \quad \text{(dB)} \quad \text{(C.5)}$$

Okumura 传输模型要求采用相当多的工程判断，尤其是在适当的环境因子选择方面。根据接收机周围建筑的物理特性预测出环境因素需要一定的数据。将 Okumura 传输模型平均路径预测转化为适用于特定路径的预测，除需要适当的环境因子外，还需要特定路径预测修正值。详细的内容可参见参考文献 [6]。

参 考 文 献

[1] 郭梯云，邬国扬，李建东. 移动通信[M]. 西安：西安电子科技大学出版社，2000.

[2] 华为技术有限公司. CDMA2000 1x 无线网络规划与优化[M]. 北京：人民邮电出版社，2005.

[3] 沈嘉等. 3GPP 长期演进（LTE）技术原理与系统设计[M]. 北京：人民邮电出版社，2008.

[4] [芬]哈里·霍尔马，安提·托斯卡拉著. 周胜等译. WCDMA 技术与系统设计[M]. 北京：机械工业出版社，2002.

[5] 张平. WCDMA 移动通信系统（第二版）[M]. 北京：人民邮电出版社，2004.

[6] [美]Theodore S. Rappaport 著. 蔡涛，李旭，杜振民译. 无线通信原理与应用[M]. 北京：电子工业出版社，1999.

[7] [美]Vilay K. Grag 著. 于鹏，白春霞，刘睿译. 第三代移动通信系统原理与工程设计：IS-95 CDMA 和 CDMA2000[M]. 北京：电子工业出版社，2001.

[8] [法]Michel MOULY，Marie-Bernadette PAUTET 著. 骆健霞，顾龙信，徐云霄译. GSM 数字移动通信系统[M]. 北京：电子工业出版社，1996.

[9] 竺南直，肖辉. 码分多址（CDMA）移动通信系统[M]. 北京：电子工业出版社，1999.

[10] 孙立新，邢宁霞. CDMA（码分多址）移动通信技术[M]. 北京：人民邮电出版社，1997.

[11] 李世鹤. TD-SCDMA 第 3 代移动通信系统标准[M]. 北京：人民邮电出版社，2003.

[12] 杨大成等. CDMA2000 1x 移动通信系统[M]. 北京：机械工业出版社，2003.

[13] 孙宇彤. LTE 教程：原理与实现（第二版）[M]. 北京：电子工业出版社，2014.

[14] 胡捍英，杨峰义. 第三代移动通信系统[M]. 北京：人民邮电出版社，2001.

[15] 韦惠民，李白萍. 蜂窝移动通信技术[M]. 西安：西安电子科技大学出版社，2002.

[16] 朱海波，傅海阳，吴志忠，等. 无线接入网[M]. 北京：人民邮电出版社，2000.

[17] 邬国扬. CDMA 数字蜂窝网[M]. 西安：西安电子科技大学出版社，2000.

[18] 陈德荣. 移动通信原理与应用[M]. 北京：高等教育出版社，1998.

[19] 周月臣. 移动通信工程设计[M]. 北京：人民邮电出版社，1996.

[20] 郑祖辉，张笑钦. 集群移动通信工程[M]. 北京：人民邮电出版社，1996.